图1-4　红陶三足壶

图1-5　红陶双口四系壶

图1-6　红陶兽形壶

图1-7　灰陶绳纹碗

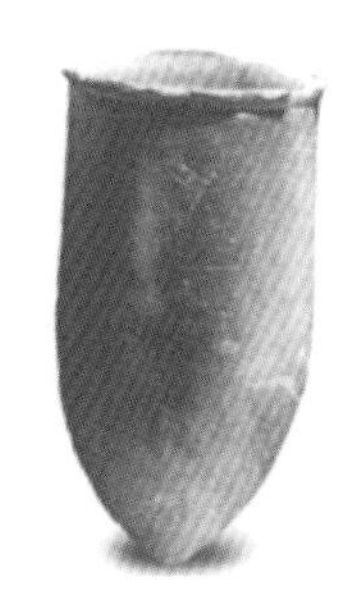

图1-8　灰陶尊

图1-9　灰陶埙

图1-10　灰陶武官俑（秦）

图1-11　灰陶将军俑（秦）

图1-12　灰陶铠甲武士俑（秦）

图1-13　黑陶釜

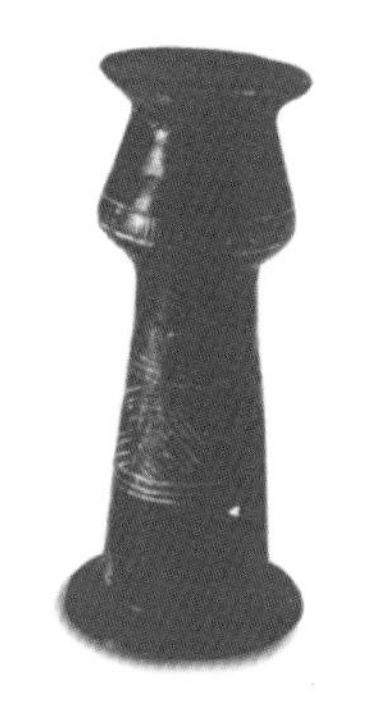

图1-14　黑陶镂空高柄杯

图1-15　蛋壳黑陶高柄杯

图1-16　彩陶鱼纹盆

图1-17　彩陶树叶纹豆

图1-18　彩陶网纹船形壶

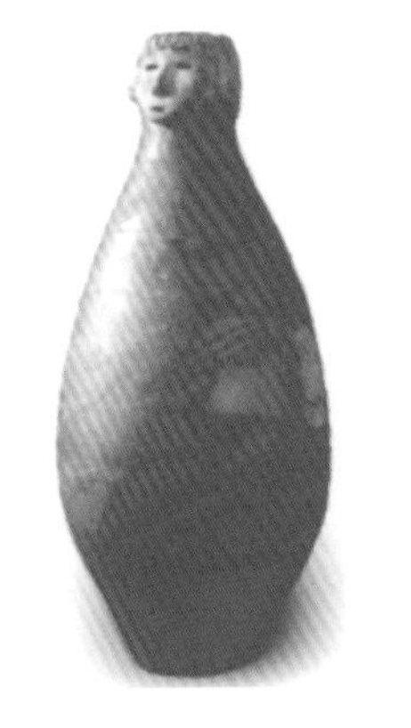
图1-19　彩陶人头形器口瓶

图1-20　彩陶旋纹尖底瓶

图1-21　彩陶小口壶

图1-22　白陶鬶

图1-23　硬陶回纹双耳甗

图1-24　硬陶回纹折肩豆

图1-26　彩绘云雷纹陶鬲（青铜时代）

图1-27　彩绘载壶陶鸟（西汉）

图1-28　彩绘铠甲陶俑（西汉）

图1-31　三彩陶塔形罐（唐）

图1-32　三彩陶女立俑（唐）

图1-33　彩陶载乐骆驼（唐）

图1-34　青釉尊（商）

图1-35　原始瓷鸟饰盖罐（西周）

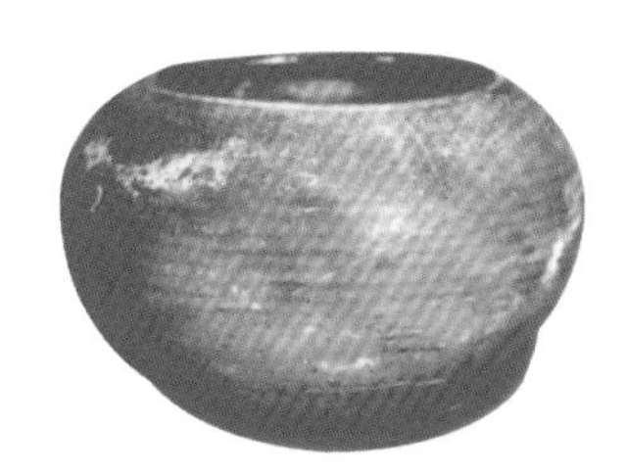

图1-36　原始青瓷双系敛口罐（春秋）

图1-37　越窑青釉绳纹罐（东汉）

图1-38　越窑海棠式碗（唐）

图1-39　秘色瓷盘（唐）

图1-40　耀州窑提梁倒灌壶（五代）

图1-41　耀州窑青釉碗（金）

图1-42　耀州窑荷叶盖罐（金）

图1-43　龙泉窑贯耳壶（宋）

图1-44　龙泉窑三足炉（南宋）

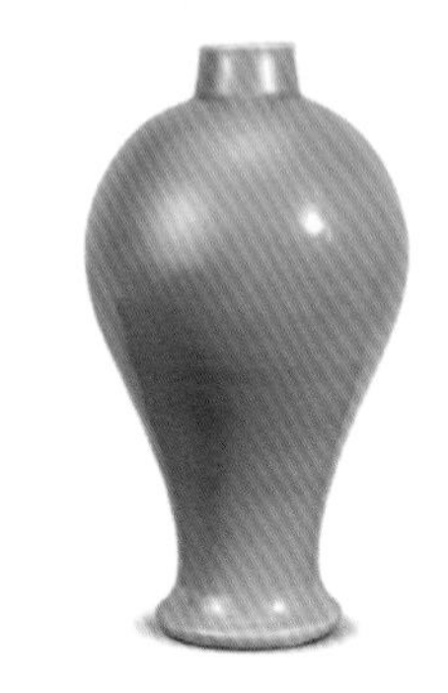

图1-45　龙泉窑青釉梅瓶（明）

图1-46　邢窑白釉罐（唐）

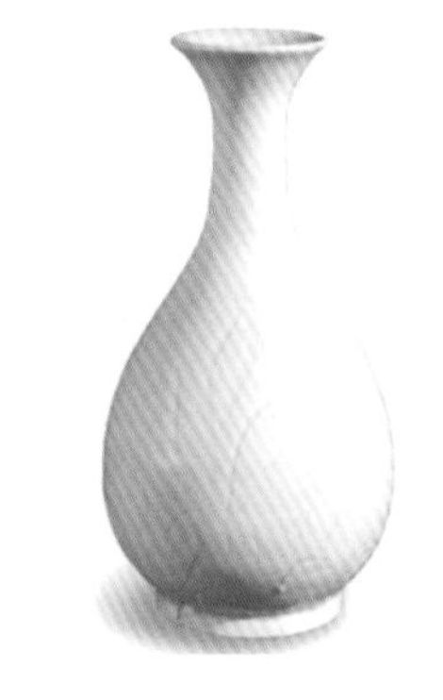

图1-47　定窑白釉刻花瓶（北宋）

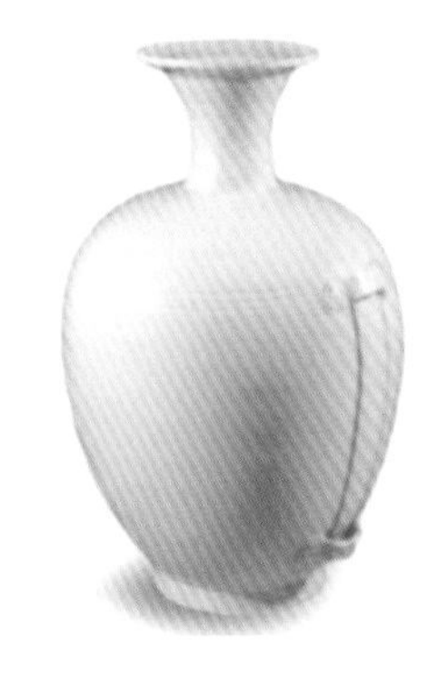

图1-48　白釉穿带瓶（辽）

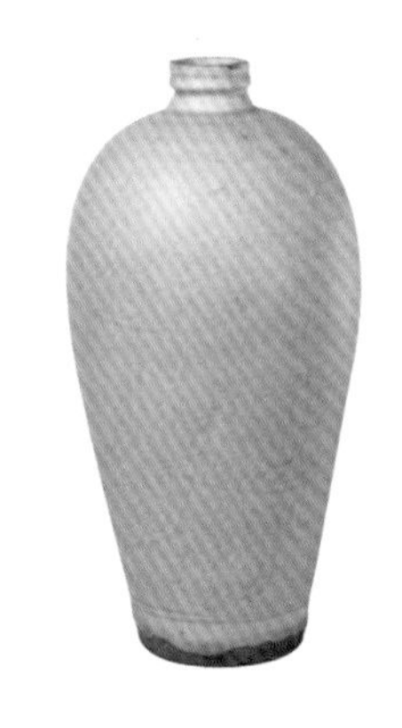

图1-49　青白釉刻花梅瓶（宋）

图1-50　青白釉观音坐像（北宋）

图1-51　白釉达摩像（明）

图1-52　建窑黑釉兔毫纹盏（宋）

图1-53　建窑黑釉油滴盏（宋）

图1-54　建窑黑釉曜变盏（宋）

图1-58　红釉暗花龙纹盘（明）

图1-59　郎窑红梅瓶（清）

图1-60　胭脂红釉盘（清）

图1-61　弘治黄釉碗（明）

图1-62　绿釉菊瓣式茶壶（清）

图1-63　天蓝釉花盆（清）

图1-64　青花梅瓶（元）

图1-65　青花罐（明）

图1-66　青花执壶（明）

图1-67　釉里红玉壶春瓶（元）

图1-68　釉里红梅瓶（明）

图1-69　釉里红盏托（明）

图1-70　青花釉里红玉壶春瓶（清）

图1-71　五彩鱼藻纹瓷盖罐（明）

图1-72　珐琅彩蒜头瓶（清）

图1-73　粉彩鹿纹尊（清）

图1-74　绿地粉彩瓶（清）

图1-75　斗彩鸡缸杯（明）

图1-76　汝窑碗

图1-77　汝窑三足洗

图1-78　汝窑青釉洗

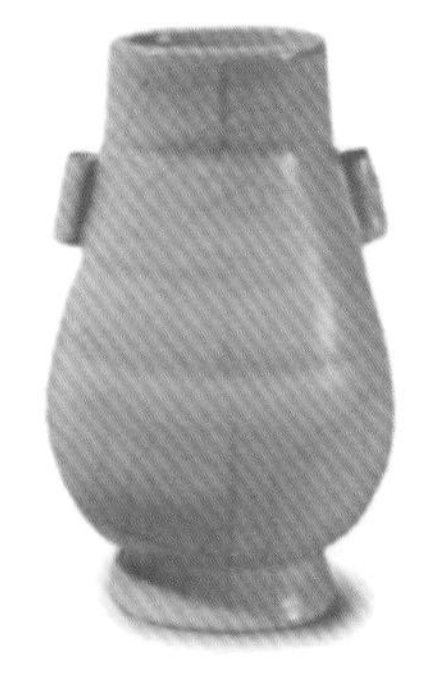
图1-79　贯耳瓶

图1-80　粉青釉海棠式套盒

图1-81　官窑青釉暗龙纹洗

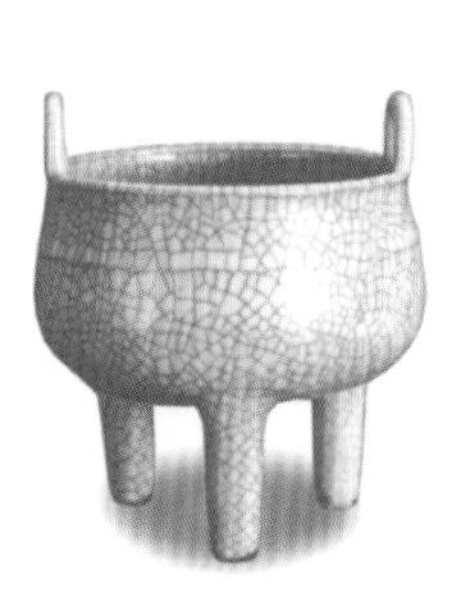

图1-82　哥窑鼎

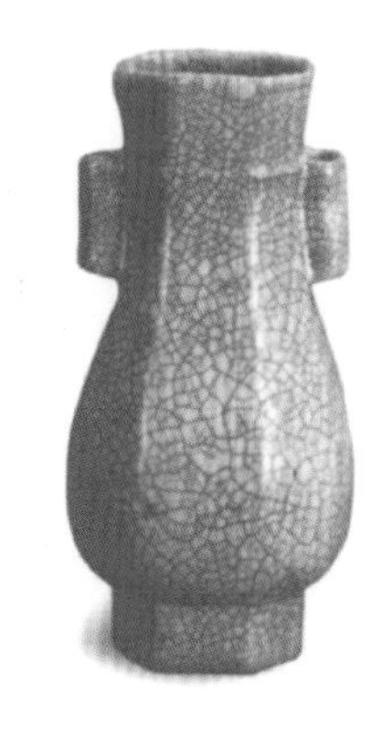

图1-83　哥窑双耳瓶

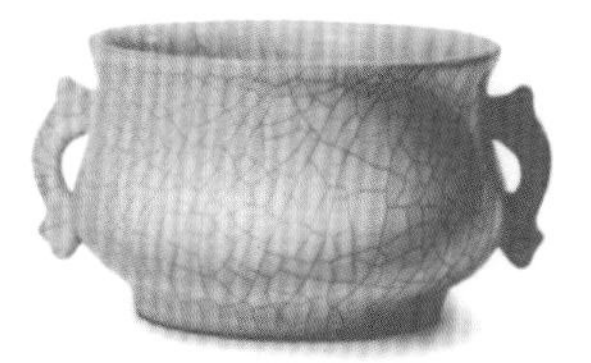

图1-84　哥窑鱼耳炉

图1-85　月白釉出戟尊

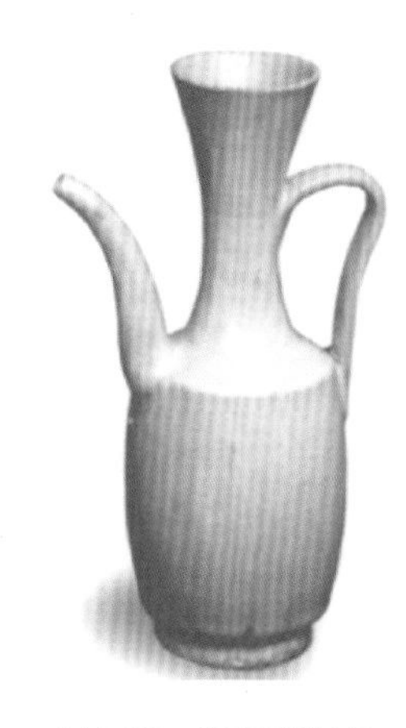

图1-86　天蓝釉执壶

图1-87　玫瑰紫釉瓷花盆

图1-88　莲瓣纹长颈瓶

图1-89　莲瓣纹碗

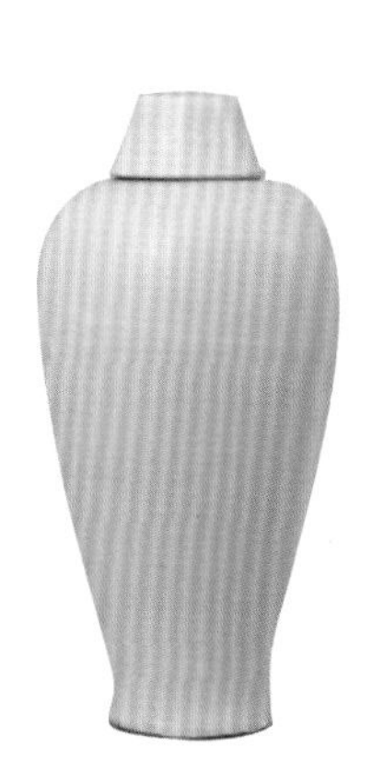

图1-90　白釉带盖梅瓶

图1-95　后母戊方鼎

图1-96　何尊

图1-97　四羊方尊

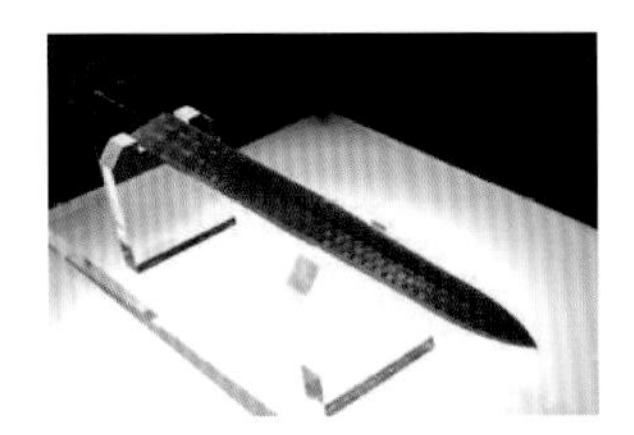
图1-98　越王勾践剑

图1-99　青铜纵目面具

图1-100　曾侯乙尊盘

图1-102　秦始皇陵铜车马

图1-103　长信宫灯

江苏省高等学校重点教材

# 化学史教程

HUAXUESHI JIAOCHENG

王香善　李广超　主编

化学工业出版社

·北京·

## 内容简介

本书为江苏省高等学校重点教材。本书介绍了古代实用化学如陶瓷工艺、青铜和钢铁冶炼工艺、传统日用工艺中所蕴含的化学知识，以及炼丹术和炼金术、中国本草学和冶金化学中所蕴含的化学知识；近代化学学科的确立及化学经典分支学科（无机化学、有机化学、物理化学和分析化学）的诞生和发展过程；现代化学的确立以及现代化学分支学科的诞生和发展过程。

本书可作为普通高等教育师范院校化学史课程的教材，也可以作为理工科本科生和学科教学（化学）专业硕士研究生开设有关化学史课程的教材。本书还可以作为普通高校、各类职业院校进行课程思政以及中学化学教师进行课程设计和课程育人的参考用书。

**图书在版编目（CIP）数据**

化学史教程 / 王香善，李广超主编. -- 北京：化学工业出版社，2024.4

ISBN 978-7-122-45543-7

Ⅰ. ①化… Ⅱ. ①王… ②李… Ⅲ. ①化学史-中国-高等学校-教材 Ⅳ. ①O6-092

中国国家版本馆CIP数据核字（2024）第086586号

责任编辑：王文峡　　文字编辑：昝景岩
责任校对：宋　夏　　装帧设计：王晓宇

出版发行：化学工业出版社
（北京市东城区青年湖南街13号　邮政编码100011）
印　　刷：北京云浩印刷有限责任公司
装　　订：三河市振勇印装有限公司
787mm×1092mm　1/16　印张17½　彩插4　字数410千字
2025年1月北京第1版第1次印刷

购书咨询：010-64518888　　售后服务：010-64518899
网　　址：http://www.cip.com.cn
凡购买本书，如有缺损质量问题，本社销售中心负责调换。

定　　价：59.00元

# 前言
PREFACE

《义务教育化学课程标准》（2022版）和《普通高中化学课程标准》（2020年修订）将化学史知识作为课程育人的重要内容，并对化学史的许多重要历史事实提出了具体要求。因此，具有丰富扎实的化学史知识是成为一名优秀的中学化学教师所必备的学科素养。

编者依据化学史课程的建设成果和多年从事化学史课程的教学经验，通过阅读典籍文献并查阅大量的化学史资料，精心编写了这本《化学史教程》。既考虑满足高等学校一流课程建设的高阶性、创新性和挑战度的要求，科学合理地拓展了古代化学时期知识的广度和深度，又体现《高等学校课程思政建设指导纲要》和《中华人民共和国爱国主义教育法》关于加强中华优秀传统文化教育的要求，深度挖掘提炼中华优秀传统文化、传统技艺中所蕴含的化学知识，适当增加了人文知识，以充分发挥课程的育人功能。

本书的主要内容包括：古代实用化学如陶瓷工艺、青铜和钢铁冶炼工艺、传统日用工艺中所蕴含的化学知识，炼丹术和炼金术、中国本草学和冶金化学中所蕴含的化学知识；近代化学学科的确立及化学经典分支学科（无机化学、有机化学、物理化学和分析化学）的诞生和发展过程；现代化学的确立以及现代化学分支学科的诞生和发展过程。

本书具有以下几方面的特色：一是增加了古代化学时期内容的比重，注重挖掘古代实用化学如陶瓷工艺、青铜和钢铁冶炼工艺以及古代日用工艺（如制盐、酿造、织染、造纸等）中所蕴含的化学知识，深入挖掘古代炼丹术和炼金术、古代医药化学和冶金化学中的化学知识，精心提炼古代化学成就及其对近代化学发展的贡献；二是编入了多张著名文物包括陶器、瓷器、青铜器等图片，采用多幅古代工艺插图和近代化学实验插图，增强了内容的直观性、真实性；三是编写了多个阅读材料，并在介绍古代工艺的相关内容中，用不同字体列出了与该项工艺相关的国家级非物质文化遗产技艺类代表性项目名称；四是在章节后编写了填空题、选择题、辨析题、线索题、简答题和话题讨论题等多种类型的练习题。

本书由王香善、李广超担任主编并编写第一章至第五章，谭伟编写第六章，杨伟华编写第七章和第八章，徐州科技中学王延群参与部分内容的编写。本书在编写过程中得到了江苏师范大学化学与材料科学学院的鼎力支持，得到了化学工业出版社在编写和出版方面给予的大力支持，另外还得到了部分同事、同行以及研究生的帮助，在此一并表示感谢。

在本书编写过程中，编者阅读了大量的典籍文献和相关资料，参考了一些有影响力的著作，但由于编者的知识水平和能力所限，再加上内容繁多，书中难免有不妥之处，诚望广大读者批评指正。

编者

2024年3月

目录

CONCENTS

## 绪 论 001



## 第一章 古代实用化学 006

# 绪　论

## 一、化学史与化学学科

人类在生活和生产活动中产生经验，经验的积累和消化形成认识，认识经过思考、归纳、理解、抽象而上升为知识。知识在经过运用和验证后得到进一步的发展，从而形成知识体系。随着知识体系不断发展和演进，其内容越来越丰富，门类特征越来越多，根据某些共性特征将其进行划分，进而形成学科。因此，学科是相对独立的知识体系。

在科技统计中通常将学科分为5大门类，即自然科学、农业科学、医药科学、工程与技术科学、人文与社会科学。《学科分类与代码》（GB/T 13745—2009）将学科分类定义到一级、二级、三级，共设62个一级学科或学科群、676个二级学科或学科群、2382个三级学科。

化学是一门研究物质的组成、性质、结构、用途及变化规律的科学，属于一级学科。化学学科分为13个二级学科和58个三级学科，这13个二级学科分别为：化学史、无机化学、有机化学、分析化学、物理化学、化学物理学、高分子物理、高分子化学、核化学、应用化学、化学生物学、材料化学、化学其他学科。

化学史是研究化学的产生和发展史实的科学，属于化学的二级学科，是科学史的一个分支。

## 二、化学的发展时期

人们根据发展阶段所显示的本质特点，将化学的发展分为三个时期，即古代化学时期、近代化学时期和现代化学时期。

### 1. 古代化学时期

古代化学时期是指从化学知识的萌芽时期至17世纪中叶。该时期的特点表现在化学知识是在社会生活和生产实践中产生的，以实用为主，并没有成为一个专门的学科，经历时间漫长，属于化学的萌芽和知识积累时期，其发展中心在中国和埃及。

### 2. 近代化学时期

近代化学时期是指17世纪中叶至19世纪90年代，分为两个阶段：第一阶段是17世纪中叶至18世纪80年代，是化学学科形成时期；第二阶段是18世纪80年代至19世纪90年代，是近代化学的发展时期，在这个时期化学工业兴起，其发展中心在欧洲。

### 3. 现代化学时期

现代化学时期是指从19世纪90年代末至21世纪，在该时期化学从宏观发展到微观。

## 三、化学史的研究内容

### 1. 古代化学时期

古代化学时期化学还不存在具体的研究对象。人们在日常生活和生产活动中，偶然观察到一些化学变化，获取了一些经验，逐渐地了解并掌握了一些规律，再将这些规律用于改善物质生活条件，在日常生活和生产活动中，形成了一些认识，经过漫长的积累转化，形成了一些零碎的化学知识。

古代化学时期化学知识的积累主要来源于以下几个方面。

（1）古代工艺化学　包括日用工艺化学、陶瓷玻璃工艺化学、金属冶炼与铸造化学。其中，日用工艺化学主要有制盐、制糖、食品与腌渍、酿造、染织、纸墨笔砚与印刷装帧、胶漆工艺等。金属冶炼与铸造化学包括铜的冶炼、青铜器的铸造、炼铁、炼钢、其他金属的冶炼工艺化学。

（2）古代化学物质观　人类对自然界物质的本质、构成及变化的认识，形成了早期的朴素的化学物质观，是古代自然哲学的重要组成部分。古代化学物质观由早期的朴素的化学元素论和化学物质结构论组成，是原始的化学理论的萌芽。

（3）古代炼丹术、炼金术　经过古代实用化学工艺的孕育和化学知识的累积，化学在封建社会时期从生产工艺中分化出来，并以炼丹术、炼金术的原始形式出现。炼丹术、炼金术是以自然界的一些矿物为主要原料，通过化学加工方法制造出“使人长生不老的灵丹妙药”，或将贱金属转化为贵金属。炼丹术、炼金术采用化学方法，设计并制造出原始的化学实验仪器，进行了很多的化学实验，观察到许多化学变化，制备了一些物质。

（4）医药化学　中国古代的医药化学源于炼丹术活动，自唐代《新修本草》问世以后，诸家本草开始出现化学药剂。中国炼丹术活动中含汞、铅、砷的制剂，几乎全被中国医药化学继承和发扬。13世纪前后，人们已经将酒精蒸馏物用于医药。在16世纪出现了医药与化学的结合，炼金术也向医学方向转移，出现了医药派化学家。医药派化学家将升汞用于医药，还制造了许多化学药物。

### 2. 近代化学时期

17世纪下半叶，波义耳确立了科学的元素概念，并提出了关于原子、分子和化学反应的观念，使化学成为科学。近代化学时期的到来以道尔顿原子论的提出为标志，这个时期的化学有了具体的研究对象，认识了原子也就从本质上认识了化学。通过实验研究，逐步发展出一些概念和定律，建立起无机化学、有机化学、分析化学和物理化学等经典的化学分支学科，化学工业逐渐兴起。19世纪，化学成为引领科学发展的学科。

### 3. 现代化学时期

现代化学时期的到来以19世纪末电子和放射性的发现为标志。人们对物质的研究从宏观过渡到微观，把宏观理论研究与微观理论研究结合起来，更深刻揭示了化学现象的本质。现代化学从原子结构、量子化学和核化学三个方向发展，并向化学的多方面渗透，突出表现在化学动力学、元素的人工合成和生命过程的化学等方面。

在物理学发展的推动下，各种先进的新型仪器相继出现，促进了化学实验水平的大幅度提高和化学理论的深入发展。化学的分支学科越来越多，化学学科之间的相互交叉渗透，以及与其他学科之间的交叉渗透，预示着化学将更加深入地揭示自然界的本质。

## 四、化学史的研究方法

中国学者对化学史的研究是从20世纪20年代开始的。章鸿钊、王琎、梁津等人探讨了中国古代金属化学，曹元宇、黄素封等人探讨了中国古代炼丹术。陈文熙对古代黄铜的冶炼进行了研究。1926年，丁绪贤著《化学史通考》一书出版，这是我国第一部化学史专著。1940年出版、李乔苹著的《中国化学史》，是第一部中国古代化学史的专著。1956年出版的袁翰青编著的《中国古代化学史论文集》，对我国古代化学史研究起到了推动作用。

通常来说，化学史的研究方法主要有文献研究法、现场考察法和实验室验证法。

### 1. 文献研究法

文献研究法主要是对古代历史文献进行考证，并用现代科学进行解释。在我国的古籍文献中，很少有专门记述古代化学工艺的，即使有描述也不过是只言片语。因此，必须对古代文献中的有关化学工艺进行考证，同时还要将文献考证分析与考古发掘、文物分析、模拟试验及民间传统工艺生产现场调研相结合。

中国古代化学史资料主要有以下几类。

（1）中国古代经籍史书类　宋朝以后所尊崇的“十三经”，即《诗经》《尚书》《周礼》《仪礼》《礼记》《周易》《左传》《公羊传》《穀梁传》《论语》《尔雅》《孝经》《孟子》。其中化学史学者感兴趣的主要有《周易》《尚书》《周礼》《诗经》《礼记》《左传》《尔雅》。

（2）中国古代工艺技术著述类　《周礼·冬官考工记》，贾思勰《齐民要术》，朱肱《北山酒经》，王灼《糖霜谱》，陈椿《熬波图》，宋应星《天工开物》，黄大成《髹饰录》，朱琰《陶说》，方以智《物理小识》。

（3）中国本草及方剂类　孙星衍、孙冯翼辑《神农本草经》，陶弘景辑《名医别录》，陶弘景撰《本草经集注》，苏敬等修撰《唐·新修本草》，李时珍著《本草纲目》，葛洪著《肘后备急方》，孙思邈撰《备急千金要方》，孙思邈撰《备急千金翼方》，苏轼、沈括合撰《苏沈良方》。

（4）中国古代笔记小说类　葛洪《西京杂记》，段成式《酉阳杂俎》，沈括《梦溪笔谈》，苏轼《东坡志林》，陆容《菽园杂记》。

（5）炼丹术黄白术的丹经与丹诀类　魏伯阳《周易参同契》，狐刚子《五金粉图诀》，葛洪《抱朴子内篇》，孙思邈《太清丹经要诀》，梅彪《石药尔雅》，独孤滔《丹方鉴源》，金陵子《龙虎还丹诀》，李光玄《金液还丹百问诀》，吴悮《丹房须知》，朱熹《周易参同契考异》，陈致虚《周易参同契分章注》，朱元育《参同契阐幽》。

另外，现代有关化学史的研究资料主要有：《中华大典·理化典·化学分典》，李约瑟著《中国科学技术史》，卢嘉锡总主编《中国科学技术史·化学卷》等。

### 2. 现场考察法

现场考察法可以分为遗址现场考察法、民间传统工艺生产现场考察法。

遗址现场考察法不仅包括对烧制陶瓷的古窑遗址进行现场考察，寻找可能存在的不同时期的陶瓷标本并进行分析，还包括对炼铜、冶铁、炼钢等古遗址进行现场考察，探索这些遗址中可能存在的证据信息。

民间传统工艺生产现场考察法就是到偏远地区寻找可能存在的古老化学工艺的民间作坊，了解传统制作工艺，这不仅可以帮助理解文献的记述，还可以弥补一些文献中的空白。例如，新疆喀什地区现在还存在使用传统手工制作陶器的作坊，滇东北和黔西一带的村寨中现在还有使用传统法炼锌的作坊，安徽宣城有一直采用古法造纸的宣纸制作作坊。

### 3. 实验室验证法

实验室验证法一是采用物理学、化学、金相学的方法对出土文物进行检测，了解中国冶铁技术史、青铜合金配比、古钱成分的演进、瓷釉成分和烧成温度等。二是在实验室中进行模拟实验验证。1920年，张子高和张江树就对《本草纲目》中的“轻粉方”进行模拟试验，确定得到的是纯净的氯化亚汞。1982年，赵匡华等人通过模拟试验，确定了我国唐代方士金陵子用砒霜点化赤铜为含砷大于10%的砷白铜（丹阳银）。1984年，赵匡华等人通过模拟试验，确证了中国炼丹者最早发现了砷元素。

## 五、进行化学史教育的意义

我国老一辈的化学家、教育家都十分重视化学史教育。在20世纪30年代，丁绪贤首先在北京大学开设化学史课程，讲授世界化学史。20世纪50年代，袁翰青在北京师范大学开设化学史课程，着重讲授中国化学史。当代著名物理化学家、化学教育家、中国胶体科学的主要奠基人傅鹰曾经说过：“化学给人以知识，化学史给人以智慧。”为了更好地学习和研究现代化学，对于化学专业的学生来说，特别是化学专业的师范生，进行化学史教育具有以下几方面的重要意义。

### 1. 学习化学史，有助于学生提升化学学科素养

通过了解化学产生和发展过程的系统知识，认识化学发展的规律，使学生能够深入理解化学学科的知识体系、基本思想和方法，提升化学基础知识、基本原理、实践应用等方面的学科素养。

### 2. 学习化学史，有助于培养师范生的教学能力和教学研究能力

通过化学史的学习，可以培养化学专业师范生的中学化学教学设计和教学实施等方面的教学能力，以及中学化学课程资源开发和教学研究能力，为将来从事中学化学教学工作打下坚实的基础。

### 3. 学习化学史，有助于学生树立辩证唯物主义观点

化学的历史进程可以清楚地告诉人们，化学的每一项重大发明都有其历史的必然性，化学史是人类认识自然界中化学现象和本质的发展史，是科学发现和技术发明的历史，是唯物主义战胜唯心主义及辩证法战胜形而上学的历史。因此，学习化学史有助于学生树立正确的自然观、科学观，并利用唯物辩证法批判唯心主义世界观和形而上学的方法论。

### 4. 学习化学史，有助于学生传承科学精神、工匠精神和创新思想

学习化学史可以了解著名化学家的生平事迹，学习他们勤于观察、善于思考和尊重科学实验的科学精神；学习他们分析问题和解决问题的正确思想方法，治学严谨的科学态度，开拓进取的创新精神；学习他们遇到困难时所表现出的顽强毅力。学习化学史，通过对巧夺天工、精美绝伦的物质文化遗产的认知，还可以从中国古代化学科技成就的角度，激发学生科技报国的家国情怀和使命担当。

### 5. 学习化学史，可以促进学生热爱中国传统文化，增强文化自信

学习化学史能够使学生认识到中国古代先民在化学工艺方面创造的非凡成就，在古代化学史上所留下的光辉足迹。例如，陶瓷是古人的一项伟大发明，中国古代陶瓷的生产和发展历史悠久，工艺精湛，成为全球共享的文化遗产之一；中国古代青铜器在世界青铜器中享有极高的声誉和艺术价值，这代表着中国青铜制造的高超技术；中国的生铁冶炼技术和炼钢技术、造纸术和火药的发明等对世界文明的发展具有重要的推动作用。通过对中国古代化学史的学习，不仅可以领略中国先民创造的优秀文化遗产，感悟民族智慧，增强文化自信，而且可以教育引导学生热爱中国传统文化，传承中国文化。

# 第一章 古代实用化学

古代化学最突出的特点是实用性，表现为原始的化学工艺和技术，主要包括陶瓷工艺、铜冶炼工艺、钢铁冶炼工艺、酿造工艺、制盐工艺、染色工艺、造纸工艺等。这些工艺和技术是伴随着人们生活和生产的过程产生和发展的。

## 第一节 火的认识与化石燃料的利用

### 一、火的认识与利用

人类在观察自然界的燃烧现象时逐渐认识了火，并在长期的实践过程中学会了利用火。

考古发现我国早期人类遗址都有火的遗迹。在距今约170万年的云南元谋人遗址，出土了大量的炭屑和烧骨。在距今100万年的陕西蓝田人遗址，发现了用火遗迹。距今40万~50万年的周口店北京猿人，不但已学会用火，还掌握了保存火种的方法。

古代取火的方法是摩擦生火。在《庄子·外物篇》中有“木与木相摩则燃”的说法，《韩非子·五蠹》中有“钻燧取火以化腥臊”的提法。恩格斯对人类发明取火方法的评价是：“就世界性的解放作用而言，摩擦生火还是超过了蒸汽机，因为摩擦生火第一次使人支配了一种自然力，从而最终把人和动物界分开。”

人类支配了火，为实现一系列的化学变化创造了条件。学会用火是人类最早也是最伟大的化学实践。人类的文明史就是火的利用史。

海南省保亭黎族苗族自治县黎族钻木取火技艺在2006年被列为第一批国家级非物质文化遗产传统技艺类项目。

### 二、化石燃料的利用

人类最先使用的燃料是天然植物类燃料，如树枝、树叶、柴草等，后来学会了烧制木炭。与植物类燃料相比，化石类燃料（煤炭、石油和天然气）在燃烧时能产生更高的温度，因此人类认识并利用了煤炭，可以为陶瓷的烧制和金属的冶炼提供较高的温度。

在中国古代，煤炭有多个异名，如石炭、乌薪、黑金、石涅等。《山海经》中有关于石涅的记载："风雨之山，其上多白金，其下多石涅。"《天工开物》中记载了煤炭的开采和使用："凡煤炭普天皆生，以供煅炼金石之用。……煤有三种，有明煤、碎煤、末煤。明煤大块如斗许，燕、齐、秦、晋生之。不用风箱鼓扇，以木炭少许引燃，熯炽达昼夜。其傍夹带碎屑，则用洁净黄土调水作饼而烧之。"

古代石油又称为石漆、石脂、石脑油等。我国是世界上发现、开采和使用石油最早的国家。有些地方石油从地下流出，常常和溪流混在一起。《梦溪笔谈》中首次提出了"石油"这个名词："鄜、延境内有石油，旧说'高奴县出脂水'，即此也。生于水际，沙石与泉水相杂，惘惘而出，土人以雉尾裛之，乃采入缶中。颇似淳漆，燃之如麻，但烟甚浓，所沾帷幕皆黑。"

古代天然气的开采与井盐的开采有一定的关联。当盐井开凿至一定深度时，如果刚好碰到浅层含天然气地层，则盐井同时也产天然气。古人把天然气井称为火井。两千年以前，四川出现了我国第一批天然气井。《天工开物》中有关于井火煮盐的记载："西川有火井，事奇甚。其井居然冷水，绝无火气。但以长竹剖开去节合缝漆布，一头插入井底，其上曲接，以口紧对釜脐，注卤水釜中。只见火意烘烘，水即滚沸。"

# 第二节　古代陶瓷玻璃工艺化学

人类最初使用的工具大多是天然材料或将天然材料经简单加工制成的，如木器、石器、骨器、贝壳等。自从学会人工取火以后，原始人逐渐摆脱了茹毛饮血的生活方式。随着社会文明的发展以及人们对各种烹饪器、饮食器、储存器及生产工具的需求，人们开始寻找新的材料。大约在1万年前旧石器时代晚期或新石器时代早期，人类发现黏土容易塑造成型，经过火烧后变得十分坚硬，且不易透水，从而发明了陶器。中国是世界上最早出现陶器的古代文明中心之一。随着制陶水平的提高，特别是烧制温度从低于1000℃提升至1200℃，在中国商周时期的长江中下游和东南沿海地区出现了比普通陶器硬度更高的印纹硬陶。中国商周时期出现了原始瓷，发明了釉。东汉晚期，以越窑为代表的南方青釉瓷的烧制成功标志着中国陶瓷工艺发展的又一个飞跃，中国成为发明瓷器的国家。

陶瓷是指以黏土等无机非金属矿物为原料制成的人工产品，是陶器和瓷器的总称。陶瓷的发展历程为：陶器→印纹硬陶→原始瓷器→瓷器。

## 一、陶器

陶器是指用黏土或陶土经捏制成型后烧制而成的器具。

关于陶器的发明，中国古代文献中曾有多种记述。《周书》：神农作瓦器；《吕氏春秋》：黄帝有陶正，昆吾作陶；《周礼·冬官考工记》：有虞氏上陶；《史记·五帝本纪》：舜耕历山、渔雷泽、陶河滨，作什器于寿丘……这些文献的记述没有具体的年代，只是古人的推测罢了。当代对陶器的科学研究主要依靠考古发掘的资料和对出土陶器的科学检测。根据彭头山遗址、后李文化遗址、大地湾遗址、裴李岗遗址和甑皮岩遗址的考古发现，可以断定中国陶器的制作至少有8000年的历史了。2004年，考古工作人员对湖南玉蟾岩遗址出土的陶器碎片进行碳-14年代测定，初步确定该陶片距今已有1.8万年，这比世界其他任何地方发现的陶片要早几千年，这表明人类在旧石器时代晚期就发明了陶器。

### 1. 陶器制作工序

陶器制作有很多工序，一般可分为五道工序：选土→炼泥→成型→装饰→烧制。

（1）选土　选土即选择制作陶器的原料。制作陶器的原料主要是黏土，是由硅酸盐矿物在地球表面风化后形成的一种矿物原料，除含有硅、铝外，还含有少量钙、镁、铁、钠和钾等。黏土具有可塑性，没有固定熔点，在一定的温度范围内逐渐软化。

（2）炼泥　将采集的原料（黏土或高岭土）经过晾晒，除去杂质后，加水搅拌成泥浆，再沉淀过滤除去粗大的砂粒，脱除部分水分，经敲打、揉搓成为陶泥。

（3）成型　采用泥板成型、手工捏制、盘条成型（见图1-1）或慢轮制坯（见图1-2）等方法，用陶泥制作坯。慢轮是一种用脚或其他动力转动的圆盘，泥料在转动的圆盘上制成坯。待坯半干时，用刀旋削器物表面使其光洁规整，即利坯（修坯）。将加工成型后的坯放在木架上晾干，即凉坯。

图1-1　盘条成型

图1-2　慢轮制坯

（4）装饰　采用压印、雕刻、镶嵌、镂空、彩绘等方法对坯进行装饰。

（5）烧制　干燥后的坯体经高温烧制，当温度达到800~900℃时，低共熔物开始熔化，填充在固体颗粒之间，由于液相表面张力的作用，未熔颗粒进一步靠拢，从而引起体积收缩。

在早期的制陶工艺中，采用露天堆烧方式温度只能达到600~800℃，采用一次性泥质薄壳封烧的温度能达850℃左右，而采用横穴窑、竖穴窑烧陶的温度可达900~1000℃（见图1-3）。

### 2. 中国陶器的种类与化学组成

《周礼·冬官考工记》中是按照陶器的用途对古代陶器进行分类的，如旊（fǎng）、甗（yǎn，炊器）、鬴（fǔ，量器）、甑（蒸器）、鬲（lì，煮器）、瓬（hú，量器）等。人们根据用途将陶器分为贮水器、提水器、贮粮器、煮食器以及砖瓦、水管等；根据外观颜色将陶器分为红陶、灰陶、黑陶、彩陶和彩绘陶等。另外，还有印纹硬陶、釉陶、三彩陶等。

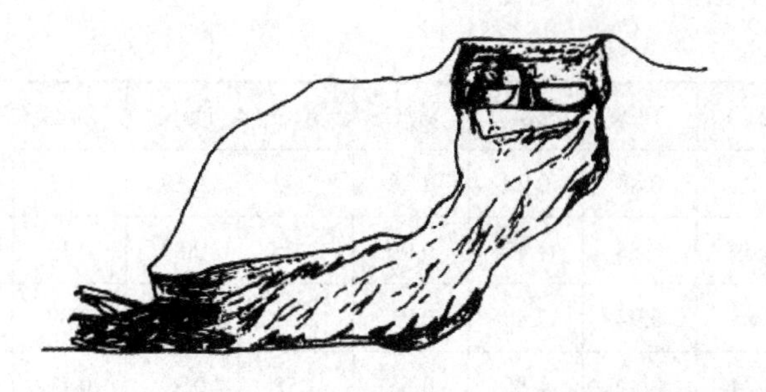
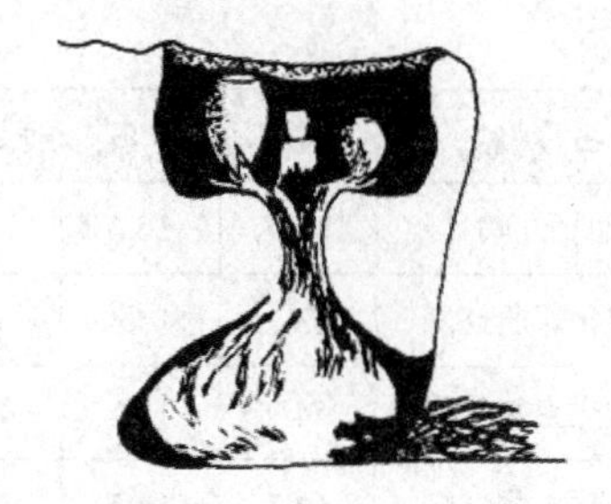

图1-3　横穴窑（左图）和竖穴窑（右图）示意图

（1）红陶　在烧制过程中，若火焰中含有大量过剩氧气，那么烧成气氛即为氧化气氛。此时，铁呈高价态（$Fe_2O_3$），于是陶器的外观呈红色。

1962年在江西万年县仙人洞遗址发现的圆底罐，据放射性碳素测试其年代为公元前6875年±240年，属于夹砂红陶。在全国不少地方先后出土了公元前7000年至公元前5000年新石器时代早期的陶器。河南新郑（裴李岗文化）出土的陶器中泥质红陶数量最多，夹砂红陶次之。河北邯郸（磁山文化）、河南渑池（仰韶文化）、山东泰安（大汶口文化）、内蒙古赤峰（红山文化）、西安半坡遗址等出土了夹砂红陶和泥质红陶。图1-4所示的红陶三足壶是新石器时代裴李岗文化的泥质红陶。图1-5所示的红陶双口四系壶属于新石器时代红山文化的夹砂红陶，现收藏于内蒙古博物院。图1-6所示的红陶兽形壶属于新石器时代大汶口文化的夹细砂红陶，现藏于山东博物馆。图1-4~图1-6彩图参见彩插。

图1-4　红陶三足壶

图1-5　红陶双口四系壶

图1-6　红陶兽形壶

经测定几种不同地域文化红陶的化学组成见表1-1。从表中可知，红陶中$Fe_2O_3$含量均较高，而MnO的含量均很低。$SiO_2$和$Al_2O_3$含量之和在72%~83%之间。

表1-1　几种红陶的化学组成　　单位：%

| 名称 | $SiO_2$ | $Al_2O_3$ | $Fe_2O_3$ | $TiO_2$ | CaO | MgO | $K_2O$ | $Na_2O$ | MnO | 烧失 |
|---|---|---|---|---|---|---|---|---|---|---|
| 裴李岗陶片细泥红陶 | 57.43 | 17.1 | 7.31 | 0.96 | 1.55 | 1.96 | 1.33 | 2.24 | 0.03 | 6.19 |
| 河北磁山红陶 | 62.98 | 17.1 | 5.49 | 0.67 | 2.42 | 2.61 | 2.81 | 1.62 | 0.03 | 3.59 |
| 半坡遗址夹砂红陶 | 63.43 | 17.7 | 6.91 | 1.19 | 3.17 | 2.03 | 3.48 | 1.86 | 0.15 | |

续表

| 名称 | $SiO_2$ | $Al_2O_3$ | $Fe_2O_3$ | $TiO_2$ | CaO | MgO | $K_2O$ | $Na_2O$ | MnO | 烧失 |
|---|---|---|---|---|---|---|---|---|---|---|
| 仰韶村红陶 | 66.5 | 16.6 | 6.24 | 0.88 | 2.28 | 2.28 | 2.98 | 0.69 | 0.06 | 1.43 |
| 大溪文化泥质红陶 | 63.7 | 15.3 | 6.69 | 0.88 | 1.47 | 0.99 | 3.05 | 0.53 | 0.16 | 4.79 |
| 大溪文化夹炭红陶 | 54.9 | 17.1 | 4.85 | 0.94 | 2.50 | 0.71 | 2.22 | 0.29 | 0.09 | 8.49 |
| 大溪文化植物红陶 | 64.7 | 14.5 | 5.24 | 0.90 | 1.85 | 0.53 | 1.52 | 0.89 | 0.11 | 5.77 |

（2）灰陶　在烧制过程中，若燃料过多，火焰中含有大量游离烟，或在烧窑后期封闭窑顶，喷水降温时产生还原性气体，此时烧成气氛即为还原气氛。这样陶坯中的铁呈低价状态（FeO），陶器外观呈灰色。

在大地湾文化、裴李岗文化、仰韶文化、河姆渡文化、大汶口文化和龙山文化时期出土的陶器均有灰陶。图1-7所示的灰陶绳纹碗属于新石器时代大地湾文化的泥质陶，造型古朴端庄，现藏于甘肃省博物馆。图1-8所示的灰陶尊是大汶口文化的夹砂灰陶，胎质坚硬，制作规整。图1-9所示的灰陶埙是新石器时代龙山文化的泥质灰陶，是最早的乐器之一，现收藏于山东博物馆。夏朝、商朝、周朝时期的陶器以灰陶为主，秦朝时期的武官俑（见图1-10）、将军俑（见图1-11）、铠甲武士俑（见图1-12）均属于泥质灰陶。图1-7~图1-12彩图参见彩插。

图1-7　灰陶绳纹碗

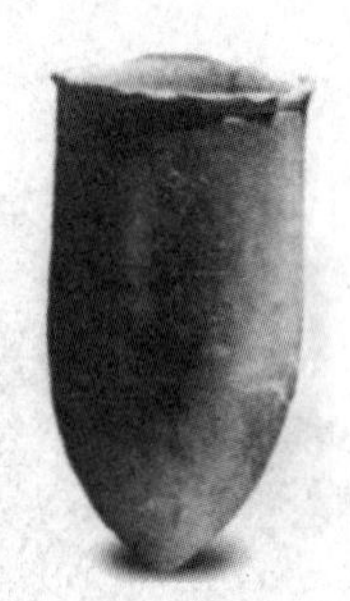

图1-8　灰陶尊

图1-9　灰陶埙

图1-10　灰陶武官俑（秦）

图1-11　灰陶将军俑（秦）

图1-12　灰陶铠甲武士俑（秦）

经测定可知，灰陶中的$Fe_2O_3$、MnO含量与红陶中的含量相比没有明显差异，如屈家岭文化泥质浅灰陶中$Fe_2O_3$、MnO含量分别为6.41%和0.04%。注意：这不是说灰陶中的铁是以$Fe_2O_3$形态存在，实际上是以$Fe_3O_4$形态存在，只是习惯上用$Fe_2O_3$含量表示硅酸盐中铁的含量。

（3）黑陶　在黏土中加入炭末或采用渗碳技术烧制，烧成温度约为1000℃，陶器外观呈黑色。渗碳技术是在烧成即将结束时，用泥封住窑门，并在窑顶徐徐喷水，使之渗入窑中，使产生的炭颗粒吸附并渗入陶器的孔隙中而成为黑陶。

仰韶文化、河姆渡文化、屈家岭文化、良渚文化、大汶口文化、龙山文化遗址均出土了黑陶。图1-13所示的黑陶釜是新石器时代河姆渡文化的夹炭黑陶，制作规整，造型古朴，现收藏于浙江省博物馆。图1-14所示的黑陶镂空高柄杯属于新石器时代屈家岭文化的黑陶器，制作精湛，胎质细腻，为屈家岭文化黑陶的代表作。图1-15所示的蛋壳黑陶高柄杯属于新石器时代龙山文化的泥质黑陶，胎的厚度一般为0.5~1毫米，是4000年前地球文明最精致之制作，具有“黑如漆，亮如镜，薄如纸，硬如瓷”的美誉。据考证，龙山文化时期的黑陶已使用快轮成型，采用渗碳技术烧制而成，代表了原始社会时期制陶工艺发展的最高水平。图1-13~图1-15彩图参见彩插。

图1-13　黑陶釜

图1-14　黑陶镂空高柄杯

图1-15　蛋壳黑陶高柄杯

经测定几种不同地域文化黑陶的化学组成见表1-2。从表中可知，屈家岭文化薄胎黑陶与龙山文化薄胎黑陶在烧失上有较大差别，其他化学组成没有太大差异。$SiO_2$和$Al_2O_3$含量之和均为79%左右。

表1-2　黑陶的化学组成　　单位：%

| 名称 | $SiO_2$ | $Al_2O_3$ | $Fe_2O_3$ | $TiO_2$ | CaO | MgO | $K_2O$ | $Na_2O$ | MnO | 烧失 |
|---|---|---|---|---|---|---|---|---|---|---|
| 屈家岭文化薄胎黑陶 | 60.5 | 18.3 | 5.41 | 1.05 | 1.45 | 1.14 | 2.60 | 0.44 | 0.04 | 3.29 |
| 日照两城镇遗址黑陶 | 61.1 | 18.3 | 4.89 | 0.81 | 2.70 | 1.34 | 1.55 | 2.42 | 0.11 | 6.97 |
| 章丘城子崖遗址黑陶 | 63.57 | 15.2 | 5.99 | 0.92 | 2.65 | 2.43 | 2.77 | 1.62 | 0.07 | 5.39 |

（4）彩陶　彩陶是以铁、锰矿物质与泥土配成彩料，在红陶或灰陶上施以彩绘，经

800~900℃高温烧制而成的陶器。呈现红褐色条纹的颜料是赭石粉，黑褐色条纹的颜料是铁锰矿粉，白色条纹的颜料是掺入方解石粉的白瓷土。

仰韶文化、马家窑文化、红山文化、大汶口文化、齐家文化等文化遗址均出土彩陶，其中以仰韶文化和马家窑文化的彩陶最具特色。图1-16所示的彩陶鱼纹盆属于新石器时代仰韶文化的泥质红陶，通体施红色陶衣，外壁用黑彩绘有三尾游鱼纹，形象生动，现收藏于中国国家博物馆。图1-17所示的彩陶树叶纹豆属于新石器时代仰韶文化的泥质红陶，腹部涂白底，用黑彩绘树叶纹和三道弦纹，绘制细致。图1-18所示的彩陶网纹船形壶属于新石器时代仰韶文化的泥质红陶，两侧用黑彩绘出网纹，制作精巧，现收藏于中国国家博物馆。图1-19所示的彩陶人头形器口瓶属于新石器时期仰韶文化的泥质红陶，表面施红色陶衣，用黑彩绘有三角纹，将雕塑与彩绘相结合，为仰韶文化庙底沟类型彩陶中的精品。图1-20所示的彩陶旋纹尖底瓶属于新石器时期马家窑文化的泥质红陶，用黑彩绘有平行线纹和旋涡纹，色彩明快，制作精湛，现藏于甘肃省博物馆。图1-21所示的彩陶小口壶属于新石器时期大汶口文化的泥质红陶，施红色陶衣，腹部上半部分用白彩勾画花瓣纹，花瓣纹外空地处涂黑彩。此陶器纹饰构思巧妙，色彩运用协调，1966年在江苏邳县出土，现藏于南京博物院。图1-16~图1-21彩图参见彩插。

图1-16 彩陶鱼纹盆

图1-17 彩陶树叶纹豆

图1-18 彩陶网纹船形壶

图1-19 彩陶人头形器口瓶

图1-20 彩陶旋纹尖底瓶

图1-21 彩陶小口壶

（5）白陶　白陶是指选择铁含量很低的白色黏土（主要成分为硅酸铝）或高岭土为制作原料，经900℃以上的温度烧制而成，外观颜色呈白色的陶器。

在浙江桐乡的罗家角遗址中出土的马家浜文化时期的白陶片是早期的白陶。图1-22所示是大汶口文化时期的白陶鬶，它是采用白色高岭土加细砂制胎烧制而成，通体施白陶衣，表面光滑，制作精致，为大汶口文化陶器中的佳作（参见彩插）。

图1-22　白陶鬶

商代的白陶是用瓷土（高岭土）作原料，烧成温度达1000℃以上，它是原始瓷器出现的基础。白陶的烧制成功对瓷器的出现具有十分重要的作用。

罗家角遗址白陶片、大溪文化白陶以及大汶口文化白陶的化学组成见表1-3。从表中可知，白陶比红陶和黑陶中的$Fe_2O_3$含量要低很多，这表明在制作白陶时，要求原料中的铁含量要低。$SiO_2$和$Al_2O_3$含量之和除罗家角遗址白陶片较低外，其余的达到92%左右。

表1-3　白陶的化学组成　　单位：%

| 名称 | $SiO_2$ | $Al_2O_3$ | $Fe_2O_3$ | $TiO_2$ | CaO | MgO | $K_2O$ | $Na_2O$ | MnO | 烧失 |
|---|---|---|---|---|---|---|---|---|---|---|
| 罗家角遗址白陶片 | 58.25 | 6.35 | 2.01 | 0.28 | 9.39 | 21.5 | 0.47 | 0.16 | 0.04 | 0.94 |
| 大溪文化白陶 | 69.71 | 22.1 | 1.54 | 1.00 | 0.21 | 0.81 | 3.08 | 0.13 | 0.01 | 1.27 |
| 大汶口文化白陶 | 66.24 | 25.3 | 2.42 | 1.05 | 1.54 | 0.44 | 1.61 | 0.28 |  | 1.74 |

（6）**印纹硬陶**　在陶坯表面拍印成有规则的几何图案的陶器被称为几何印纹陶。印纹硬陶是指采用含杂质较多的瓷石类黏土为原料，烧成温度达1100℃，比一般陶器的胎质更加坚硬的印纹陶。一般认为印纹硬陶始见于新石器时期晚期，成熟于商周时期，大量出现在中国长江中下游和东南沿海一带。研究表明，商周时期不同地域的印纹硬陶中，$SiO_2$含量在58%~81%之间，$Al_2O_3$含量在11.8%~29.8%之间，而$SiO_2$和$Al_2O_3$含量之和在86%~92%之间，$Fe_2O_3$的含量在1.5%~8.8%之间。印纹硬陶的出现为原始瓷的出现创造了重要的条件。图1-23所示的硬陶回纹双耳甗属于青铜时代的泥质灰陶，胎质坚硬，制作精致，现藏于福建博物院。图1-24所示的硬陶回纹折肩豆属于青铜时代的泥质灰陶，造型别致，制作精细，为印纹硬陶的代表作，现藏于福建博物院。图1-25所示的硬陶几何印纹瓮是西周时期南方印纹硬陶的典型器物，现藏于镇江博物馆。图1-23和图1-24彩图见彩插。

图1-23　硬陶回纹双耳甗

图1-24　硬陶回纹折肩豆

图1-25　硬陶几何印纹瓮

（7）彩绘陶　彩绘陶是指在已经烧成的泥质陶器上再进行彩绘的陶器。这与在陶坯上画彩后经高温烧制而成的彩陶不同，彩绘陶的色料花纹受潮或经水容易脱落。彩绘陶通常为黑地绘红白彩、红地绘黑白黄彩以及白地绘红黑彩等。通常来说，黑地以墨打底，红地以朱砂或铅丹打底，白地多用白黏土打底。彩绘陶主要出现在青铜时代至秦汉时期，图1-26所示的彩绘云雷纹陶鬲属于青铜时代的泥质黑陶，施云雷纹，红白彩相间，色彩艳丽。图1-27所示的彩绘载壶陶鸟是西汉时期的泥质灰陶，鸟的颈与胸部绘赭色羽纹，壶身施朱色带纹和锯齿纹，现藏于济南市博物馆。图1-28所示的彩绘铠甲陶俑是西汉时期泥质灰陶，施以红、黑、白三色彩绘，色彩艳丽，现藏于咸阳博物院。图1-26~图1-28彩图见彩插。

图1-26　彩绘云雷纹陶鬲（青铜时代）

图1-27　彩绘载壶陶鸟（西汉）

图1-28　彩绘铠甲陶俑（西汉）

3. 陶器的特性

科学研究表明，新石器时期陶器中$SiO_2$的含量在54%~79%之间，$Al_2O_3$的含量在5%~32%之间，$Fe_2O_3$的含量在1.42%~12.28%之间。商、周至西汉时期陶器中$SiO_2$的含量通常在60%~74%之间，$Al_2O_3$的含量在14% ~19%之间，$Fe_2O_3$的含量在3.6%~7.8%之间（白陶除外）。新石器时期陶器的烧成温度通常在600~1000℃之间（平均约880℃），其中白陶的烧成温度为800~1000℃。吸水率一般为6%~10%，烧失量一般为1%~6%。对于夹炭黑陶来说，吸水率更高，一般为20%左右，烧失量为9%~13%。

总之，陶器的出现是人类认识自然、改造自然过程中取得的首批重要成果，是人类以自然物为原料通过高温化学反应制造出来的第一种人造材料，不仅改变了自然物的形态，而且改变了它的本质。从广义上来说，陶器的烧制是一种化学过程，制陶技术是人类最早从事的一项化学工艺生产活动，也是早期科学技术发展史中的重要组成部分。

江苏省宜兴紫砂陶制作技艺、江苏省宜兴均陶制作技艺、广西钦州坭兴陶烧制技艺、云南建水紫陶烧制技艺、重庆荣昌陶器制作技艺、四川省荥经砂器烧制技艺、云南和四川等地藏族黑陶烧制技艺、贵州牙舟陶器烧制技艺、海南省黎族泥片制陶技艺、山西省平定砂器制作技艺、安徽省界首彩陶烧制技艺、海南省黎族原始制陶技艺、云南省傣族慢轮制陶技艺、新疆维吾尔族模制法土陶烧制技艺均为国家级非物质文化遗产代表性传统技艺项目。

阅读材料

## 中国新石器时代遗址及出土陶器简介

彭头山文化（距今8200—7800年）：彭头山文化遗址位于湖南省澧县澧阳平原中部，出土的陶器比较原始，器坯用泥片粘贴而成，胎厚而不匀。大部分陶器的胎泥中夹有炭屑，一般呈红褐色或灰褐色。

后李文化（距今8500—7500年）：后李文化遗址位于山东省淄博市临淄区齐陵街道后李官村。陶器制作工艺为泥条盘筑，以红褐陶为主，红陶、灰陶次之。

裴李岗文化（距今8200—7500年）：裴李岗文化遗址位于河南新郑县城西北约8公里的裴李岗村西。裴李岗文化是中原地区发现最早的新石器时代文化之一。出土陶器以泥质红陶为主，夹砂红陶次之，泥质灰陶最少。陶器均为手制，大多为泥条盘筑。

大地湾文化（距今8000—7000年）：大地湾文化遗址位于甘肃天水市秦安县东北五营张邵店村。出土的陶器皆为手制，以夹细砂红陶为主，泥质陶很少，部分陶器外红里黑。大地湾遗址的彩陶是中国最古老的彩陶之一。

磁山文化（距今7500—6700年）：磁山文化遗址位于河北邯郸市武安市西南20公里磁山村。陶器制作多采用泥条盘筑法，以夹砂红陶为主，质地粗糙，器表多素面。

北辛文化（距今7500—6500年）：北辛文化遗址位于山东滕州官桥镇北辛村北，薛河旁的高地处。出土的陶器以夹砂黄褐陶和泥质红陶为主，有少量黑陶。

河姆渡文化（距今7000—6000年）：河姆渡文化遗址位于浙江省余姚市河姆渡镇。出土的陶器以夹炭黑陶为主，少量夹砂、泥质灰陶，还有一些彩绘陶，均为手制，烧成温度800~930℃。

仰韶文化（距今7000—5000年）：仰韶文化遗址位于河南省三门峡市渑池县城北9公里处的仰韶村。出土的陶器以红陶为主，灰陶、黑陶次之。红陶分细泥红陶和夹砂红陶两种。主要原料是黏土，有的也掺杂少量砂粒。西安市半坡村发掘的图案精美的彩陶盘也是属于仰韶文化的产品。

大溪文化（距今6400—5300年）：大溪文化遗址位于瞿塘峡东口，大宁河宽谷岸旁的大溪镇。出土的陶器以红陶为主，有少量彩陶，多为红陶黑彩。

马家浜文化（距今6700—5200年）：马家浜文化遗址在距浙江省嘉兴市区7.5公里的秀城区城南街道马家浜村。出土的陶器主要是红陶，以外红里黑或表红胎黑的泥质陶为特色。

大汶口文化（距今6100—4600年）：大汶口文化遗址位于山东省泰山南麓泰安市郊区大汶口镇。早期的陶器以夹砂红陶和泥质红陶为主，灰陶和黑陶的数量较少。陶器的制作以手制为主，轮修技术已普遍使用。中期泥质黑陶、泥质灰陶数量增多，还出现了一些质地较为细密的灰白陶。晚期的陶器以灰陶为主，其次为黑陶和白陶。

红山文化（距今5300—4800年）：红山文化遗址位于内蒙古赤峰红山后巴林右旗那斯台。出土的陶器中有泥质红陶、夹砂褐陶和彩陶，彩陶多为泥质，以红陶黑彩为主。

良渚文化（距今5300—4300年）：良渚文化遗址位于浙江余杭良渚、安溪、长命三个乡，是新石器时代晚期人类聚居的地方。出土的陶器以夹细砂的灰黑陶和泥质灰胎黑皮陶为主，器表的装饰多素面，打磨光亮，少数有精细的刻花和镂空纹饰，或施以彩绘。

马家窑文化（距今5300—4050年）：马家窑文化遗址位于甘肃省临洮县的马家窑村。出土的陶器中最具特色的是彩陶，早期以纯黑彩绘花纹为主，中期使用纯黑彩和黑、红二彩相间绘制花纹，晚期多以黑、红彩并用绘制花纹。

屈家岭文化（距今5000—4600年）：屈家岭文化遗址位于湖北京山屈家岭。屈家岭文化的陶器多为手制，但快轮制陶已普及。以灰陶为主，黑陶次之，另有少量红陶、彩陶及彩绘陶。

龙山文化（距今4300—4000年）：龙山文化遗址位于山东章丘龙山镇，属于新石器时代晚期的一类文化遗存。陶器在制法上有了很大的进步，普遍使用轮制技术。出土的陶器中以黑陶为主，还有少量灰陶、红陶、白陶。黑陶的烧成温度达1000℃，红陶950℃，白陶800~900℃。胎薄质坚的蛋壳黑陶是龙山文化最具有代表性的陶器，反映了当时高度发展的制陶业水平。

阅读材料

## 宜兴紫砂陶器

宜兴紫砂陶器是采用深藏于江苏宜兴山腹地层中质地细腻、含铁量较高的特殊黏土（紫砂泥）制作而成，呈色以赤褐为主，质地坚硬而透气性能好的无釉陶器。宜兴紫砂陶器初创于北宋，成熟于明朝，繁荣于明清，鼎盛于近、现代时期。宜兴紫砂陶器的装饰不仅采用了镶嵌、雕琢、镂空、染色等传统工艺手法，而且将中国传统书法、绘画、诗词、金石、印章、篆刻等特色美术展现于紫砂陶器之上，形成了独树一帜的陶器工艺美术品。

宜兴紫砂陶器品类众多，有壶、杯、碟、瓶、盆、文具雅玩、人物雕塑等，其中最具代表性的是紫砂壶。宜兴紫砂壶造型多样，制作精良，装饰高雅，集实用性与艺术性于一体。图1-29所示的陈曼生紫砂竹节壶，现收藏于上海博物馆。图1-30所示的紫砂山水纹执壶，现藏于故宫博物院。

图1-29 陈曼生紫砂竹节壶（清）

图1-30 紫砂山水纹执壶（清）

科学研究表明，宜兴紫砂泥的主要化学组成：$SiO_2$含量为60%左右，$Al_2O_3$含量为20%左右，$Fe_2O_3$含量为8%左右。紫砂陶器在氧化气氛中烧制而成，一般烧成温度在1100~1200℃，吸水率通常大于2%。

## 二、釉的形成与原始瓷器

### 1. 釉的形成

釉是覆盖在器物表面的无色或有色的玻璃质薄层，是施于坯体上的一层硅酸盐矿物原料经一定温度烧制而成，其主要成分是$SiO_2$和$Al_2O_3$，还有$Fe_2O_3$、$TiO_2$、CaO、MgO、$K_2O$、$Na_2O$等。釉层既能增加器物的硬度，又能美化器物，使其表面光滑而易于清洗。

在商代以前，彩陶上的陶衣和泥釉黑陶，由于在组成上缺少助熔剂，烧制的温度又在1000℃以下，虽然具有釉的形式，但没有达到釉的效果，因此被认为是釉的孕育阶段。考古资料证明，釉最早出现于商代。商周时期是陶器到瓷器的过渡时期，这一时期出现的釉质中CaO含量有了较大提高。有研究者认为商周时期的高温釉可能是草木灰中的CaO、$K_2O$黏附在胎体上形成的玻璃釉层。也有研究者认为商周时期的人们在长期实践的基础上逐渐认识到，在釉的配方中使用石灰石或草木灰作为助熔剂可以降低釉的熔融温度，使其在当时所能达到的温度下烧成玻璃釉层。通常所说的石灰釉就是釉中的CaO含量达到15%左右，烧制温度达1150~1200℃时，呈现青色的高温釉。

总之，使用助熔剂和提高烧成温度是釉形成的两大重要因素。高温釉的发明是我国陶瓷工艺发展过程中的一次重要突破，为中国瓷器的诞生创造了至关重要的条件。

### 2. 富铅釉与三彩釉陶

汉代以后，出现了以PbO为主要熔剂的低温釉，又称富铅釉。表面施富铅釉的陶器称为釉陶。由于釉陶表面釉层的存在，釉陶的吸水率明显降低。釉陶主要包括绿釉陶、三彩釉陶以及琉璃等。

西汉时期开始出现了以铜为着色剂的低温绿釉陶，是我国利用铅釉制陶的重大创举。

唐代时期盛行一种低温多色彩釉陶器，是以白色黏土作胎，先经过1100℃左右的素烧，冷却后施以不同釉料，再于950℃左右的温度下烧制，这样在同一器物上便形成了以黄、白、绿三色为基本釉色的多彩釉陶器，被称为“唐三彩”。唐三彩的釉彩有黄、绿、白、褐、蓝、黑等，绿色釉的着色剂为CuO（孔雀石、蓝铜矿），黄色釉的着色剂为$Fe_2O_3$（赭石），蓝色釉的着色剂为CoO（含钴的铁锰矿）。享誉中外的唐三彩的确独具特色，色釉的浓淡变化和色彩的互相浸润体现了高超的艺术效果。图1-31所示的三彩陶塔形罐现藏于陕西历史博物馆。图1-32所示的三彩陶女立俑现藏于陕西历史博物馆。图1-33所示的彩陶载乐骆驼现藏于中国国家博物馆。图1-31~图1-33彩图参见彩插。

图1-31　三彩陶塔形罐（唐）

图1-32　三彩陶女立俑（唐）

图1-33　彩陶载乐骆驼（唐）

科学研究表明，唐三彩绿釉、黄釉、蓝釉和白釉的主要化学组成：$SiO_2$含量为30%左右，$Al_2O_3$含量为5.8%~20.6%，PbO含量为36.7%~59.5%。

### 3. 原始瓷器

在商代和西周遗址中发现的“青釉器”已明显具有瓷器的基本特征。它们质地比陶器坚硬，胎色以灰白居多，烧结温度高达1100~1200℃，胎质基本烧结，吸水性较弱，器物表面施有一层以CaO为助熔剂的石灰釉。但由于对胎的原料处理粗糙，釉与胎的结合不牢，因此被称为“原始瓷器”。图1-34所示的商代青釉尊以高岭土为原料，在1200℃烧制而成，胎质坚硬，胎呈灰色，施青釉，釉层较薄，反映出原始青瓷的特点，是目前所见最早的原始青瓷之一，现藏于河南博物院。图1-35所示的西周时期的原始瓷鸟饰盖罐，通体施釉，釉色青黄，胎釉烧结紧密，是一件制作趋于成熟的早期青瓷。图1-36所示的春秋时期的原始青瓷双系敛口罐，造型规整，釉面均匀光亮，为原始青瓷中的佳品。图1-34~图1-36彩图参见彩插。

图1-34　青釉尊（商）

图1-35　原始瓷鸟饰盖罐（西周）

图1-36　原始青瓷双系敛口罐（春秋）

原始瓷是在印纹硬陶的基础上发展起来的，因此胎质所用的原料与某些印纹硬陶基本相同，$SiO_2$的含量通常在67%~84%之间，$Al_2O_3$的含量在11.5%~21.6%之间，$Fe_2O_3$的含量在1.0%~5.4%之间。科学研究表明，原始瓷釉中$SiO_2$的含量较高（68%~76%），$Al_2O_3$的含量较低（6%~8%），CaO含量为0.7%~25.3%，$Fe_2O_3$含量为1.6%~10%。

原始瓷器的出现为我国青釉瓷的诞生创造了物质基础和必要的工艺条件。

## 三、瓷器

商周时期出现了原始瓷器，并发明了釉，因此可认为这个时期是陶器到瓷器的过渡时期。随着原料选择和精制工艺的发展，窑炉的改进和烧成温度的进一步提高，以及汉代以后釉的成熟和不断发展，在汉、晋时期的中国南方诞生了青釉瓷，隋、唐时期北方的白釉瓷烧制成功，宋朝以后至清朝，青釉瓷、黑釉瓷、红釉瓷和青白釉瓷等颜色釉瓷以及彩绘瓷的大放异彩，使我国陶瓷的科学和艺术的辉煌成就达到了历史的高峰。

瓷器与陶器的区别在于以下几点：①以高岭土作胎，$Al_2O_3$含量高，$Fe_2O_3$含量低；②胎的表面施有玻璃釉质；③烧成温度在1200 ℃以上；④吸水率小于1%；⑤胎体坚硬，敲击声音清脆。

瓷器的原料主要有高岭土和瓷石等。高岭土是以高岭石类矿物为主的一种土质岩石，因最早在江西景德镇高岭村开采而得名。高岭土经过沉降淘洗制成的精泥，其矿物组成含高岭石约65%~70%，含云母状矿物约25%~30%，其余为多水高岭石和石英等。高岭土的化学组成主要是$SiO_2$和$Al_2O_3$，还含有少量的$Fe_2O_3$、$TiO_2$、CaO、MgO、$K_2O$和$Na_2O$等。瓷石是一种主要由石英和绢云母矿物组成的岩石，化学组成与高岭土类似，既具有可塑性，又具有一定的助熔作用。优质瓷石中的$Fe_2O_3$和$TiO_2$含量很低，是适合烧制白瓷的原料。

$SiO_2$在坯体中的作用一方面是与$Al_2O_3$在高温下形成胎体骨架，另一方面是与碱金属和碱土金属氧化物在高温下形成玻璃物质填充于胎体骨架，从而使瓷器致密。

瓷器的釉是以石英、长石、硼砂、黏土等为原料制成的玻璃物质。按烧成温度可分为高温釉、低温釉；按外表特征可分为透明釉、乳浊釉、颜色釉、有光釉、无光釉、裂纹釉（开片）、结晶釉等；按釉料组成可分为石灰釉、长石釉、铅釉、无铅釉、硼釉、铅硼釉等。釉料中的$SiO_2$与碱金属和碱土金属在高温下生成玻璃物质，以提高釉面的温度和化学稳定性。$Al_2O_3$可以提高釉面的硬度和化学稳定性。CaO与$SiO_2$形成玻璃质，增加釉的高温流动性，使釉面光洁透明。MgO能增强釉的乳浊性，提高釉面白度。$K_2O$和$Na_2O$与部分$SiO_2$和$Al_2O_3$形成玻璃，以提高釉面的透明度和光洁度。

瓷器有多种分类方法，根据功能用途分为以实用为目的的生活用瓷（如碗、盘、壶等）和以观赏为目的的陈设瓷（如佛像、动物塑像）；按照器形可分为碗类、杯类、盘类、壶类、罐类、瓶类、炉类、盒类、枕类、洗类、尊类等；根据装饰技法可分为颜色釉瓷、彩绘瓷和雕塑瓷。

### 1. 颜色釉瓷

颜色釉瓷是指以颜色釉作为表面装饰的瓷器，分为单色釉瓷和杂色釉瓷。单色釉瓷是指用一种釉色进行装饰的釉瓷，如青釉、白釉、红釉、蓝釉、黄釉、绿釉、褐釉、黑釉等。红釉又可分为铜红、霁红、牛血红；蓝釉又可分为霁蓝、天蓝等。

（1）青釉瓷　青釉瓷是指表面施一层青釉的瓷器。青釉是最早出现的颜色釉，着色剂主要是铁，若在还原气氛中烧成，釉色呈青绿色；若在氧化气氛中烧成，釉色泛黄。根据颜色的不同又将青釉分为天青、豆青和梅子青等。

在所有青釉瓷中，以越窑烧制的青釉瓷最负盛名、历史最悠久。越窑创建于东汉，鼎盛于唐、五代时期，分布在浙江东北部杭州湾南岸的绍兴、上虞、余姚、慈溪、宁波等地区。图1-37所示的越窑青釉绳纹罐，胎质细腻，施釉均匀，为东汉早期青釉瓷的代表作。图1-38所示的越窑海棠式碗，胎体灰白色，通体施青釉，胎质细腻，釉质润泽，为唐代越窑青釉瓷中的精品，现藏于上海博物馆。

越窑青釉瓷中的精品被称为秘色瓷。“秘色”一词最早出自晚唐诗人陆龟蒙的《秘色越器》，其中诗句“九秋风露越窑开，夺得千峰翠色来”赞美了秘色瓷的颜色美如“千峰翠色”。唐末诗人徐夤的《贡馀秘色茶盏》中诗句：“捩翠融青瑞色新，陶成先得贡吾君；功剜明月染春水，轻旋薄冰盛绿云。”描述了秘色瓷的颜色为绿色。“秘色瓷”是指用保密的釉料配方施釉后烧成的瓷器，因烧制的条件不同而呈现为青绿、青灰、青黄等不同颜色。若釉中大部分$Fe_2O_3$被还原，釉色呈现较纯净的青色；当还原气氛弱时，釉中仍有大部分铁以氧化铁形态存在，釉色则呈现青中泛黄的色调。1987年4月，在陕西省扶风县法门寺塔的地宫中，出土了13件唐懿宗用来供奉释迦牟尼舍利的宫廷用越窑青釉瓷，自此终于揭开了传说中“秘色瓷”的神秘面纱。图1-39所示的秘色瓷盘即为法门寺塔地宫中出土账册中明确记载的越窑青瓷。该盘胎质细腻，釉面晶莹纯净，釉色青翠，为秘色瓷中的精品，现收藏于中国国家博物馆。图1-37~图1-39彩图见彩插。

图1-37 越窑青釉绳纹罐（东汉）

图1-38 越窑海棠式碗（唐）

图1-39 秘色瓷盘（唐）

科学研究表明，越窑历代青釉瓷胎中$SiO_2$含量在73.51%~80.65%之间，$Al_2O_3$含量在12.61%~18.87%之间。越窑历代青釉瓷釉中$SiO_2$含量在53.96%~69.13%之间，$Al_2O_3$含量在9.68%~14.91%之间，$Fe_2O_3$含量在1.06%~3.34%之间，$TiO_2$含量在0.16%~1.14%之间，CaO含量在11.09%~21.33%之间。烧成温度多数为1100~1200℃，有的达到了1300℃。

除了越窑外，烧制青釉瓷的还有耀州窑、汝窑、官窑和龙泉窑等。耀州窑始烧于唐朝，至北宋时期发展到高峰。图1-40所示的耀州窑刻花提梁倒灌壶，因注水时须将壶倒置而得名，通体施青釉，釉色青翠，现藏于陕西历史博物馆。图1-41所示的耀州窑青釉刻犀牛望月纹碗，通体施青釉，釉色莹润，现收藏于中国国家博物馆。图1-42所示的耀州窑青釉荷叶盖罐，胎质细腻，通体施淡青釉，釉面温润如玉，色泽纯净淡雅，现藏于上海博物馆。研究表明，耀州窑青釉瓷釉中CaO含量从5.58%变化至16.0%，$Fe_2O_3$的含量为1.43%~2.24%，$TiO_2$含量为0.11%~0.41%，烧成温度达1300℃左右。图1-40~图1-42彩图见彩插。

图1-40 耀州窑提梁倒灌壶（五代）

图1-41 耀州窑青釉碗（金）

图1-42 耀州窑荷叶盖罐（金）

龙泉窑为宋代著名的青瓷窑，成功烧制了具有玉质感的梅子青釉和粉青釉。梅子青釉的烧制以还原性气氛为主，烧成温度能使釉呈现较好的玻化状态，加厚的釉层增加了釉色的碧绿感，使釉色青翠透彻。图1-43所示的龙泉窑弦纹贯耳壶，通体施梅子青釉，釉质细腻，色泽光洁如玉，现藏于中国国家博物馆。图1-44所示的龙泉窑三足炉，施梅子青釉，釉色青翠欲滴，可谓巧夺天工之作，现藏于上海博物馆。图1-45所示的龙泉窑青釉梅瓶，通体施纯正的梅子青釉，釉色青翠欲滴，光洁似玉，现藏于中国国家博物馆。图1-43~图1-45彩图见彩插。

图1-43　龙泉窑贯耳壶（宋）　图1-44　龙泉窑三足炉（南宋）　图1-45　龙泉窑青釉梅瓶（明）

（2）白釉瓷　白釉瓷是指表面施一层白釉的瓷器。

白釉瓷萌发于南北朝，隋朝发展到成熟阶段，唐、宋时期有新的发展。以邢窑、巩窑、定窑为代表的北方白釉瓷烧制技术的发展，表现在以下四个方面：一是胎料使用了$Fe_2O_3$和$TiO_2$含量很低的高岭土和长石；二是釉中使用了长石，釉中$Fe_2O_3$和$TiO_2$含量很低，不仅使釉色洁白，而且使釉中$K_2O$含量大幅度增加，改善了釉的质量；三是烧成温度一般都超过1300℃，实现了我国制瓷史上高温技术的又一次突破；四是采用匣钵装烧，提高了瓷器的质量。白瓷釉中$Fe_2O_3$含量很低，通常小于1.5%，细瓷白釉中$Fe_2O_3$含量已降至1.0%以下。细瓷白釉中$TiO_2$含量一般小于0.5%。现收藏于中国国家博物馆的邢窑白釉罐（见图1-46），胎白质细，釉质莹润，釉色洁白，有“类银似雪”之誉。图1-47所示的定窑白釉刻花瓶，胎体轻薄，胎质洁白，通体施白釉，为北宋时期定窑白瓷中的珍品。

辽代北方的白瓷在胎体、釉质及器物造型等方面具有鲜明的特色。图1-48所示的白釉穿带瓶，造型优美，胎体轻薄，胎质细腻，通体施白釉，釉面光润，为辽代白瓷中的佳作。图1-46~图1-48彩图见彩插。

图1-46　邢窑白釉罐（唐）

图1-47　定窑白釉刻花瓶（北宋）

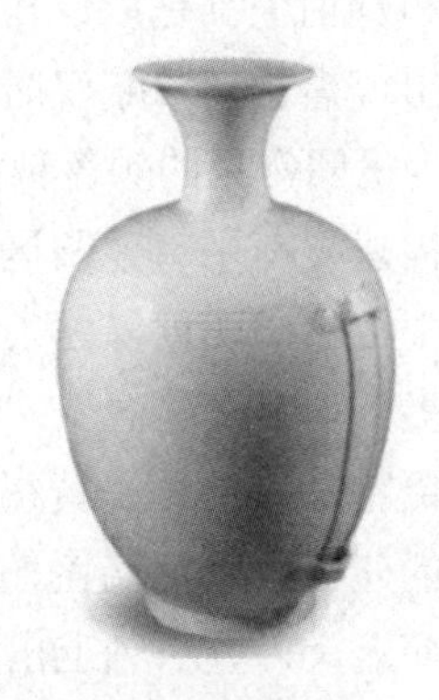

图1-48　白釉穿带瓶（辽）

景德镇被誉为“中国瓷都”，是南方窑烧制白釉瓷的代表。传统的景德镇白釉瓷的釉是以釉石为原料配合釉灰制成，以CaO为主要熔剂，所以称为钙釉。研究表明，随着时代的顺延，CaO的含量从宋代时期的15%左右降低至元、明时期的5%左右。随着CaO含量的减少，$K_2O$和$Na_2O$的含量随之增加，甚至超过了CaO的含量。这也表明，白釉也从钙釉发展为钙碱釉和碱钙釉。景德镇窑历来使用马尾松柴作燃料，容易烧还原焰，当釉中$Fe_2O_3$含量较低时烧成的是清澈透亮的白釉，当$Fe_2O_3$含量较高时则烧成白中泛青的青白釉。图1-49所示的景德镇窑青白釉刻花梅瓶，胎薄质坚，通体施青白釉，釉色青中泛白，白中泛青，现收藏于故宫博物院。图1-50所示的景德镇窑青白釉观音坐像，外衣及须弥座施青白釉，釉色纯正，青白淡雅，温润如玉，为宋代青白瓷的精品，现藏于常州博物馆。

德化窑白釉瓷以胎釉洁白、制作精细、风格独特而闻名于世，享有“象牙白”和“中国白”的美誉，可谓南方白釉瓷的后起之秀。一般来说，德化窑白釉瓷在宋代是龙窑中烧制的，这类窑易烧还原焰，较多的$Fe_2O_3$转变为低价态，因此颜色泛青。元代以后，由于使用了能烧氧化焰的分室龙窑和阶段窑，很少的$Fe_2O_3$转变为低价态，因此颜色泛黄，即所谓的“象牙白”。图1-51所示的德化窑白釉达摩像为明代雕塑大师何朝宗的作品，胎体厚重，通体施象牙白釉，釉如凝脂，滋润柔滑似美玉，现收藏于故宫博物院。图1-49~图1-51彩图见彩插。

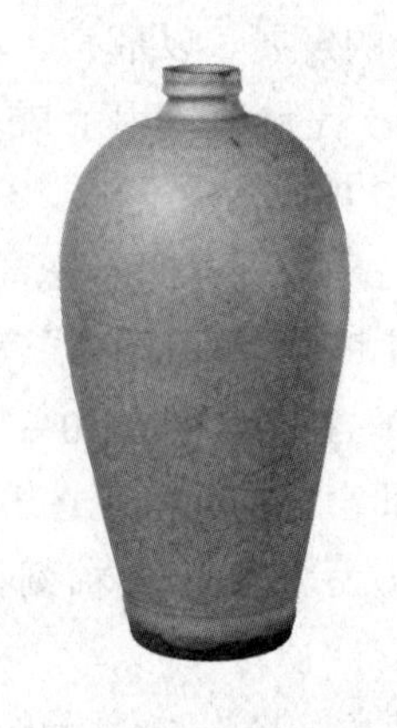

图1-49　青白釉刻花梅瓶（宋）

图1-50　青白釉观音坐像（北宋）

图1-51　白釉达摩像（明）

（3）黑釉瓷　黑釉瓷是指施黑色高温釉的瓷器，是随着青瓷的出现而相继产生的。黑釉瓷和青釉瓷都是以铁作釉的呈色剂，黑釉瓷的釉中$Fe_2O_3$含量通常大于5%。我国商周时期已出现黑釉瓷，东汉时期得到发展，宋代时期品种大量出现，至元、明、清时期，黑釉瓷成为民间常见的颜色釉瓷。

福建省南平市建阳区水吉镇的建窑，宋代时期以产黑釉瓷而闻名，烧制的黑釉瓷茶盏因釉中结晶出现黄褐色条纹，细如兔毫，俗称“兔毫盏”，其中尤以“油滴”和“曜变”最为名贵，享有“建盏”的专称。现收藏于故宫博物院的建窑黑釉兔毫纹盏（见图1-52），内外施黑釉，口沿釉呈黄褐色，釉面上有放射状黄褐色条纹，是建窑黑瓷中的精品。图1-53所示的建窑黑釉油滴盏，黑釉上布满圆形或椭圆形的油滴状的斑点。图1-54所示的建窑黑釉曜变盏，内壁黑釉上出现大小不等的圆形和椭圆形的结晶斑点，斑点周围有薄的干涉膜，在阳光照射下釉层会出现艳丽的色彩变化。图1-52~图1-54彩图见彩插。

图1-52 建窑黑釉兔毫纹盏（宋）

图1-53 建窑黑釉油滴盏（宋）

图1-54 建窑黑釉曜变盏（宋）

科学研究表明，建盏釉中$Fe_2O_3$的含量较高，通常大于6.5%。在烧制过程中由于钙长石析晶而引起钙长石晶间液相的富铁冷却到一定程度发生液相分离，在缓慢的冷却过程中液相中的$Fe_2O_3$或$Fe_3O_4$过饱和而析晶，从而形成棕黄色（$Fe_2O_3$）或黄褐色（$Fe_2O_3$与$Fe_3O_4$混合）的兔毫纹。

在中国陶瓷发展史上，位于江西省吉安县的吉州窑在黑釉瓷的制造技法上有独到之处，利用涂绘、洒釉、剪贴花纹等各种装饰手法和施釉技术，制造出黑釉碗盏（吉州素天目）、吉州鹧鸪斑盏、吉州玳瑁盏、吉州木叶天目盏等具有独特风格的黑釉器。吉州鹧鸪斑盏是以乳浊白釉洒滴在黑釉上，形成直径约5~10毫米边沿毛糙的白色斑点，看起来类似鹧鸪鸟羽毛的斑点，如图1-55所示。吉州玳瑁盏是在黑釉上滴蛋黄釉并涂成玳瑁的几何形状，烧成后整体呈现玳瑁的色彩，如图1-56所示。吉州木叶天目盏是在黑釉上装饰一至三片树叶纹，树叶纹与黑釉经一次高温烧制而成，高温烧制时树叶的叶脉处改变了黑釉的颜色，从而形成树叶纹，如图1-57所示。

图1-55 吉州窑鹧鸪斑盏（宋）

图1-56 吉州窑玳瑁釉撇口碗（宋）

图1-57 吉州窑黑釉木叶纹碗（宋）

（4）红釉瓷　在釉料中加入少量CuO在还原性气氛中烧成时釉呈红色，也被称为铜红釉。通常认为铜红釉的着色剂主要是Cu和Cu的胶态粒子所形成。传统配制铜红釉的原料是“铜灰”或“铜花”，即将紫铜煅烧后的氧化皮层粉碎磨细的粉末。因此，烧制时一定要在充分的还原性气氛中才能使釉呈现美丽的红色，若还原不充分有少量的$Cu^{2+}$存在，会使釉产生不同程度的暗红和黑红色，甚至产生绿色。红釉的形成难度极高，明朝永乐年间景德镇窑烧制出色调纯正的鲜红釉，有人称之为“宝石红”，明永乐时期的代表作如图1-58所示。

明末时，因为高质量的铜红釉烧制技术逐渐失传了，所以只好用矾红釉代替铜红釉。矾红又称“铁红”，属于低温釉上彩料。清朝康熙时期，高温铜红釉的烧制技术得到了恢复和发展，成功烧制出郎窑红、豇豆红和霁红釉等红釉瓷。清朝康熙年间，在景德镇督陶的官员郎廷极烧制出了一种釉面垂流、有细裂纹的红釉，称为“郎窑红”。图1-59所示的是郎窑红梅瓶，釉色鲜艳，口沿处由于流釉而呈现白边，现收藏于故宫博物院。

清朝康熙年间，以铁为着色剂，烧制出珊瑚红釉，属于低温铁红釉类。以黄金为着色剂，烧制出胭脂红釉，属于低温釉。图1-60所示的胭脂红釉盘，外壁施胭脂红釉，釉色鲜艳，色泽典雅，现收藏于中国国家博物馆。图1-58~图1-60彩图见彩插。

图1-58　红釉暗花龙纹盘（明）

图1-59　郎窑红梅瓶（清）

图1-60　胭脂红釉盘（清）

（5）**黄釉瓷**　以$Fe_2O_3$为着色剂的黄釉最早出现于汉朝，而颜色纯正的低温锑黄釉产生于明代宣德年间，到成化、弘治年间达到了最高水平。低温锑黄釉是以铁、锑为着色剂，以PbO为熔剂，素坯挂釉，经低温氧化焰烧制而成。图1-61所示的明朝弘治黄釉碗，内外施黄釉，釉色晶莹，颜色娇嫩，现收藏于中国国家博物馆。清代康熙时期，烧制的黄釉瓷器较多，釉面光亮，釉层均匀，略有颜色深浅变化。

（6）**绿釉瓷**　在釉料中加入少量CuO在氧化性气氛中烧成时釉呈绿色，也被称为铜绿釉。以CuO为着色剂的铜绿釉最早出现于汉代，明代以前的绿釉呈现暗的青绿色，明清时期的孔雀绿釉是在氧化性气氛中低温烧制而成的。现收藏于中国国家博物馆的绿釉菊瓣式茶壶（图1-62），通体施绿釉，颜色鲜艳。

（7）**蓝釉瓷**　元代时期的景德镇窑将钴作为色料用于高温石灰碱釉的着色剂，烧制成蓝釉瓷。明朝以后，蓝釉瓷烧造逐渐增多，清朝康熙年间除了烧制祭蓝釉外，还烧制出天蓝釉和洒蓝釉瓷。图1-63所示的天蓝釉花盆，花盆内外施天蓝釉，釉色浅蓝纯净，现收藏于中国国家博物馆。图1-61~图1-63彩图见彩插。

图1-61　弘治黄釉碗（明）

图1-62　绿釉菊瓣式茶壶（清）

图1-63　天蓝釉花盆（清）

### 2. 彩绘瓷

彩绘瓷是指用釉彩绘制成各种花纹图案的瓷器，分为釉下彩瓷、釉上彩瓷、釉下彩与釉上彩的结合彩瓷。釉下彩是指先在坯胎上画好图案，施釉后入窑烧成，如青花、釉里红、青花釉里红等；釉上彩是指施釉后入窑烧成的瓷器再彩绘，然后入窑二次烧结而成，如五彩、珐琅彩、粉彩等；釉下彩与釉上彩的结合彩如斗彩、青花五彩等。

（1）青花瓷　青花瓷是指用含钴的矿物原料在坯胎上绘画，施釉后在高温下一次烧成，呈现蓝色花纹的青花釉下彩瓷。所用青料为钴土矿，含有CoO、$MnO_2$和其他氧化物。唐朝时期发明了青花瓷，明朝时期成为瓷器的主流，清康熙时发展到了顶峰。图1-64所示为元青花萧何月下追韩信纹梅瓶（现藏于南京博物院），图1-65所示为明青花携琴访友图罐（现藏于中国国家博物馆），图1-66所示为明青花折枝花卉纹执壶（现藏于故宫博物院）。图1-64~图1-66彩图见彩插。

通过对宣德青花大盘的化学分析，可知青花部分的化学组成为：$SiO_2$（68.94%）、$Al_2O_3$（15.35%）、$Fe_2O_3$（2.17%）、MnO（0.25%）、CoO（0.24%）、CuO（0.025%）、CaO（5.98%）、MgO（0.97%）、$Na_2O$（2.84%）、$K_2O$（3.16%）。

图1-64　青花梅瓶（元）

图1-65　青花罐（明）

图1-66　青花执壶（明）

（2）釉里红釉下彩瓷　釉里红釉下彩瓷是指用含铜的矿物或铜的氧化皮作为颜料，在坯胎上绘画，施釉后在高温还原气氛中一次烧成，釉下呈红色花纹的彩瓷。釉里红釉下彩瓷始于宋代湖南的铜官窑，但真正以铜着色的红色釉下彩始创于元代的景德镇。图1-67所示为釉里红刻画兔纹玉壶春瓶（现藏于故宫博物院），图1-68所示为釉里红松竹梅纹梅瓶（现藏于南京博物院），图1-69所示为釉里红缠枝莲纹盏托（现藏于中国国家博物馆）。图1-67~图1-69彩图见彩插。

图1-67　釉里红玉壶春瓶（元）

图1-68　釉里红梅瓶（明）

图1-69　釉里红盏托（明）

青花釉里红瓷是青花与釉里红两种釉下彩相互搭配装饰制成的瓷器，始于元代，明代时期制作不多，清代时期具有较高的制作水平。图1-70（彩图见彩插）所示为青花釉里红桃纹玉壶春瓶（现藏于中国国家博物馆）。

（3）釉上五彩瓷　釉上五彩瓷是指将红、黄、绿、蓝、紫五种带玻璃质的彩料按照图案纹饰施于釉上，再在温度800~900℃二次焙烧而成的一种彩瓷。彩料所呈现各种颜色的化学元素是：红彩（矾红，Fe）、蓝彩（Co）、绿彩（Cu）、黄彩（Fe、Sb）、粉红（Au）、黑色（Fe、Co、Mn、Cu）。图1-71（彩图见彩插）所示为五彩鱼藻纹瓷盖罐（现藏于中国国家博物馆）。

（4）珐琅彩瓷　珐琅彩瓷是清朝康熙年间中国制瓷工匠在传统制瓷工艺的基础上，将铜胎画珐琅技法成功地移植到瓷胎上而创造的一种彩瓷新品种，即用珐琅彩料进行彩绘的瓷器。珐琅彩料是一种以$SiO_2$-PbO-$B_2O_3$体系为基料的低温玻璃质彩料，硼在彩料中既具有助熔剂的作用，又能增强折射率而改善釉的光泽。图1-72（彩图见彩插）所示为珐琅彩缠枝花卉纹蒜头瓶（现藏于故宫博物院）。

图1-70　青花釉里红玉壶春瓶（清）

图1-71　五彩鱼藻纹瓷盖罐（明）

图1-72　珐琅彩蒜头瓶（清）

（5）粉彩瓷　粉彩瓷是在康熙年间创造出来的一种具有独特风格的釉上彩瓷。彩料是在$SiO_2$-PbO-$K_2O$低温玻璃釉料中掺入一定量的金属氧化物作为呈色剂和含砷的白色彩料配制而成。彩绘后的瓷器在750℃烧烤后，彩料中因$As_2O_3$的乳浊作用使色釉不透明，给人以“粉”的感觉。图1-73所示为粉彩鹿纹尊（现藏于中国国家博物馆）。图1-74所示为绿地粉彩花卉诗文纹瓶（现藏于中国国家博物馆）。图1-73~图1-74彩图见彩插。

（6）斗彩瓷　斗彩瓷是将釉下青花和釉上彩相结合的彩饰工艺制成的彩绘瓷。以釉下青花勾画轮廓，再于轮廓内填入釉上彩，以达到釉下彩和釉上彩相互争妍斗艳的效果，故名“斗彩”。最负盛名的斗彩制作工艺莫过于明代成化斗彩，釉上彩料利用天然矿物原料中所含铁、铜、锰等着色元素，结合釉下青花利用钴的着色，创造了色彩鲜艳的彩瓷。图1-75（彩图见彩插）所示为成化款斗彩鸡缸杯（现藏于故宫博物院）。

3. 雕塑瓷

雕塑瓷是指在坯上采用刻、划、印等技法形成花纹图案，通体施以单色釉，利用浮雕式的胎面高低形成釉色的深浅变化的瓷器，如刻花瓷、划花瓷、雕花瓷、印花瓷、贴花瓷等。

图1-73　粉彩鹿纹尊（清）

图1-74　绿地粉彩瓶（清）

图1-75　斗彩鸡缸杯（明）

江西省景德镇手工制瓷技艺、浙江省龙泉青瓷烧制技艺、浙江省越窑青瓷烧制技艺、河南省钧瓷烧制技艺、河南省汝瓷烧制技艺、河北省磁州窑烧制技艺、河北省定瓷烧制技艺、河北省邢窑陶瓷烧制技艺、福建省德化瓷烧制技艺、福建省建窑建盏烧制技艺、陕西省耀州窑陶瓷烧制技艺、陕西省澄城尧头陶瓷烧制技艺、山东省淄博陶瓷烧制技艺、湖南省长沙窑铜官陶瓷烧制技艺、湖南省醴陵釉下五彩瓷烧制技艺、广东省广彩瓷烧制技艺均为国家级非物质文化遗产代表性传统技艺项目。

阅读材料

## 中国宋代五大名窑

汝窑：窑址在今河南省宝丰县大营镇清凉寺村一带，因北宋属汝州而得名。北宋晚期为宫廷烧制青瓷，是古代第一个官窑，又称北宋官窑。釉面多开片，胎呈灰黑色，釉色以天青为主。代表性的瓷器如图1-76～图1-78所示（彩图见彩插）。

图1-76　汝窑碗

图1-77　汝窑三足洗

图1-78　汝窑青釉洗

官窑：宋室南迁后设立的专烧宫廷用瓷的窑场。窑址前期设在龙泉（今浙江龙泉大窑、溪口一带），后期设在临安郊坛下（今浙江杭州南郊）。釉面开片，釉层丰厚，有粉青、米黄、青灰等色。代表性的瓷器如图1-79～图1-81所示（彩图见彩插）。

图1-79　贯耳瓶

图1-80　粉青釉海棠式套盒

图1-81　官窑青釉暗龙纹洗

哥窑：传世的哥窑瓷器，胎有黑、深灰、浅灰、土黄等色，釉面有大小纹开片，釉色有青色、米黄、乳白等。代表性的瓷器如图1-82～图1-84所示（彩图见彩插）。

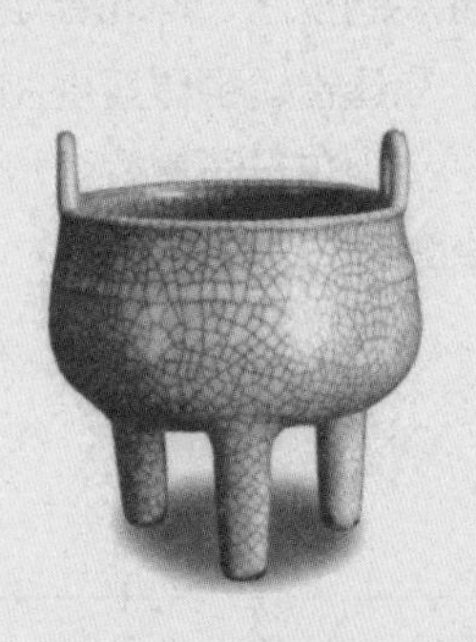

图1-82　哥窑鼎

图1-83　哥窑双耳瓶

图1-84　哥窑鱼耳炉

钧窑：窑址在今河南许昌禹州市，因唐、宋时为钧州所辖而得名。始于唐代，盛于北宋，至元代衰落。以烧制铜红釉为主，还大量生产天蓝、月白等乳浊釉瓷器。钧窑瓷器历来被人们称为“国之瑰宝”，在宋代五大名窑中以“釉具五色，艳丽绝伦”而独树一帜。代表性的瓷器如图1-85～图1-87所示（彩图见彩插）。

图1-85　月白釉出戟尊

图1-86　天蓝釉执壶

图1-87　玫瑰紫釉瓷花盆

定窑：主要产地在今河北省保定市曲阳县的涧磁村一带，因唐宋时期属定州管辖而得名。在宋代时期除烧白釉瓷外，还烧制黑釉、酱釉和绿釉瓷等。代表性的瓷器如图1-88～图1-90所示（彩图见彩插）。

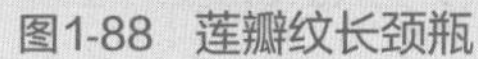

图1-88　莲瓣纹长颈瓶

图1-89　莲瓣纹碗

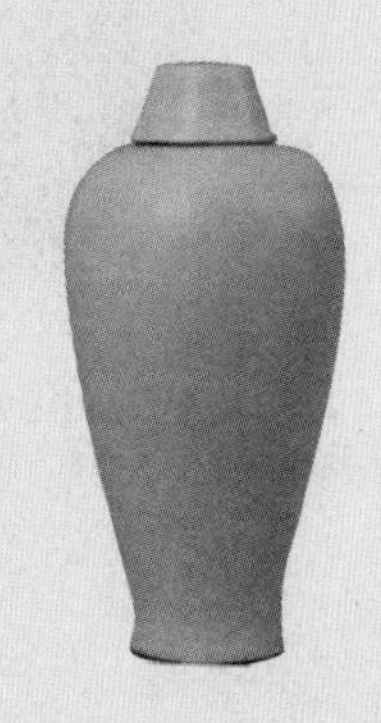

图1-90　白釉带盖梅瓶

## 四、玻璃

玻璃是由石英砂（$SiO_2$）、纯碱（$Na_2CO_3$）、石灰石（$CaCO_3$）、长石（钾长石、钠长石、钙长石）等为主要原料经高温（约1600℃）熔融、凝固而成的固体物质。

最早的玻璃制品是公元前2500年左右的珠子，最初可能是金属加工（炉渣）的偶然副产品，或者是在陶器生产中产生的。玻璃生产大约出现在公元前1600年的美索不达米亚和公元前1500年左右的埃及。

我国考古发现最早的玻璃制品是战国时期的玻璃珠。徐州北洞山汉墓出土了16件玻璃杯，因为含有3.5%左右的$Na_2O$和0.2%的CuO，所以玻璃呈淡绿色，这是迄今已知年代最早的中国自制玻璃杯。西汉南越王墓中出土的蓝色透明平板玻璃镶嵌在长方形铜框牌饰中，成分以PbO和BaO为主，铅、钡含量分别高达33%和12%，属于中国铅钡玻璃系统，这是迄今我国考古发现的最早的平板玻璃。

中国古代玻璃萌芽于西周，铅玻璃盛行于战国和两汉时期。隋朝以前的玻璃主要为$PbO-BaO-SiO_2$体系、$PbO-SiO_2$体系和$K_2O-SiO_2$体系，这种铅钡玻璃及高氧化钾含量（15%）的钾玻璃为中国所独有。唐朝至元朝时期的玻璃以$PbO-SiO_2$体系为主，同时也有$K_2O-CaO-SiO_2$、$Na_2O-CaO-SiO_2$、$Na_2O-CaO-PbO-SiO_2$体系的玻璃。

图1-91所示的绿玻璃盖罐和图1-92所示的绿玻璃瓶均为1957年西安李静训墓出土的隋朝时期生产的玻璃器，通体呈透明绿色，质地为高铅玻璃，属于中国制造的玻璃器。该玻璃器与传统的透明度不高的铅玻璃不同，它是含钠钙成分较高的钠钙玻璃，这表明隋朝时期中国的玻璃制造水平进入了一个新的发展阶段。

云南围棋子（云子、永子）制作技艺为国家级非物质文化遗产代表性项目。北京市琉璃烧制技艺、山西省琉璃烧制技艺、山东省琉璃烧制技艺均为国家级非物质文化遗产代表性项目。

图1-91　绿玻璃盖罐（隋）

图1-92　绿玻璃瓶（隋）

## 练习题

1. 填空题

（1）高岭土因最早在江西景德镇高岭村开采而得名，其化学组成主要是________。

（2）对于相同材料的陶瓷来说，烧制时窑温越高，陶瓷的密度________。

（3）红陶制作工艺中利用了现代化学中的________反应，灰陶制作工艺中利用了现代化学中的________反应。

（4）制作釉陶、“三彩”低温釉陶器，作为助熔剂的金属是________。

（5）晚唐诗人陆龟蒙的诗句“九秋风露越窑开，夺得千峰翠色来”赞美的瓷器种类是________。

2. 选择题

（1）古代红陶显示红色的根本原因是（　　）的存在。

A. 三氧化二铁　　B. 四氧化三铁　　C. 三氧化二铝　　D. 氧化亚铁

（2）以铁、锰矿物质与黏土配成彩料，在陶坯上施以彩绘，经800~900℃高温烧成彩陶。下列有关彩陶的叙述，（　　）说法是不正确的。

A. 红褐色条纹的彩料是赭石（赤铁矿）

B. 黑褐色条纹的彩料是铁锰矿

C. 白色条纹的彩料是白瓷土（主要成分是铝硅酸盐）

D. 黑褐色条纹的彩料是木炭

（3）山东省日照市出土的被称为蛋壳黑陶杯的陶器“黑如漆、亮如镜、薄如纸、硬如瓷”，该黑陶的制作技术是（　　）。

A. 加入炭末　　B. 渗碳技术

C. 四氧化三铁的存在　　D. 加入铁锰矿

（4）盛行于唐代的一种低温釉陶器，釉彩有黄、绿、白、褐、蓝、黑等色彩，而以黄、绿、白三色为主，所以人们习惯称之为（　　）。

A. 唐三彩　　B. 彩陶　　C. 彩绘陶　　D. 彩瓷

（5）青花瓷是中国瓷器的典型代表，制作青花瓷的青料是（　　）。

A. 赤铁矿　　B. 铁锰矿　　C. 蓝铜矿　　D. 钴土矿

（6）有关瓷器和陶器特点的叙述，（　　）说法不正确。

A. 陶器可以用黏土烧制，而瓷器必须以瓷土（高岭土）作胎

B. 瓷器胎中二氧化硅和三氧化二铝的含量之和高于陶器中的二者含量之和

C. 陶瓷和瓷器的表面均施有玻璃釉质

D. 陶器的烧制温度一般低于1000℃，而瓷器烧成温度要在1200℃以上

（7）古代制陶技术发展成制瓷技术过程中，关键技术不包括（　　）。

A. 黏土和高岭土的识别和利用　　B. 高温釉的发明

C. 炉窑温度的提高　　D. 陶车（慢轮）的使用

（8）二氧化硅在坯体中的作用一方面是与（　　）在高温下形成胎体骨架，另一方面是与（　　）在高温下形成玻璃物质填充于胎体骨架。

A. 三氧化二铝　　B. 碱金属和碱土金属氧化物

C. 钾长石　　D. 钠长石

（9）关于青釉瓷和黑釉瓷的叙述中，（　　）说法不正确。

A. 青釉和黑釉的呈色剂均是铁

B. 青釉瓷烧制通常为还原性气氛

C. 黑釉中$Fe_2O_3$的含量通常大于青釉中$Fe_2O_3$的含量

D. 黑釉中$Fe_2O_3$的含量通常小于青釉中$Fe_2O_3$的含量

（10）关于红釉瓷和绿釉瓷的叙述中，（　　）说法不正确。

A. 铜红釉的呈色剂是亚铜或单质铜，在还原气氛中烧制而成

B. 绿釉的呈色剂是CuO，在氧化气氛中烧制而成

C. 以铁为着色剂，可以烧制出珊瑚红釉

D. 绿釉的呈色剂是铁，在还原气氛中烧制而成

### 3. 辨析题

（1）古代灰陶中的铁以氧化亚铁形态存在。

（2）由于陶器已经失去了使用价值，因此现代民间已经没有陶器制作了。

（3）建窑黑釉兔毫纹盏的兔毫纹是由于$Fe_2O_3$或$Fe_3O_4$过饱和析晶产生的。

（4）被称为郎窑红的红釉瓷，其红釉为矾红釉。

### 4. 线索题

（1）根据提示线索说出一种瓷器种类的名称。（　　）

线索1：中华陶瓷烧制工艺的珍品，是中国瓷器的主流品种之一；

线索2：属釉下彩瓷；

线索3：用含氧化钴的钴矿为原料，在陶瓷坯体上描绘纹饰；

线索4：白底蓝花瓷器的专称。

（2）根据提示线索说出一个古窑址的名称。（　　）

线索1：烧制的瓷器是中华陶瓷烧造中的艺术珍品，始于宋代，明代后得到巨大发展。

线索2：明朝的陶瓷雕塑大师何朝宗制作的达摩瓷塑像代表着这类瓷器的最高水平。

线索3：窑址所在地区曾经是“海上丝绸之路的东方起点”，法国人将该窑烧制的瓷器

称为“中国白”。

线索4：2017年厦门金砖国家领导人会议上，该瓷器作为国礼再次向世人展示了它的魅力。

5. 问答题

（1）分析古代陶瓷制作工艺中的化学知识。

（2）简述陶瓷制作工艺的化学成就。

6. 话题讨论

话题1：紫砂器属于陶器还是瓷器？

话题2：清乾隆年间制作的“各色釉大瓶”的尺寸、颜色釉、釉彩。

话题3：说说古代琉璃中的化学知识。

# 第三节　古代铜和钢铁冶炼工艺化学

金属冶炼是继烧制陶器之后，人类利用火而掌握的另一项重要技术。考古发现，最早被加工利用的金属是铜及铜合金。在金属使用史上，铜器先于铁器的原因有三：一是因为自然界中有天然红铜；二是因为翠绿色的铜矿石比铁矿石更容易被发现和识别；三是因为在远古的冶炼技术条件下，炼铜比炼铁要容易。

## 一、铜的冶炼工艺

在当今塞尔维亚的普洛尼克（Plocnik）附近的考古遗址中发现了公元前5500年的铜斧，这是冶炼铜的最早证据。中国冶铜技术出现的时间史书中并没有确切的记载，大致认为在距今5000年至4000年的五帝时代，中国的先民开始冶炼铜。《史记·孝武本纪》和《史记·封禅书》：“黄帝采首山铜，铸鼎于荆山下。”《墨子·耕柱篇》：“昔者夏后开使蜚廉，采金（铜）于山川，而陶铸之于昆吾。”1973年在临潼姜寨遗址出土的铜片（含锌25%左右）距今已有6000年之久。1975年甘肃东乡马家窑文化遗址出土了一件青铜刀，为公元前3000年的制品，这也是目前在中国发现的最早的青铜器。

1959年开始发掘的河南偃师二里头遗址（距今3800—3500年）出土了青铜器、铸铜作坊和陶范。1959年，河南郑州南关外发现大型商代时期的铸铜遗址，出土大量泥范。

1. 火法炼铜

铜在自然界中的主要存在形式为自然铜和铜矿石。常见的铜矿石有赤铜矿（$Cu_2O$）、孔雀石［$CuCO_3 \cdot Cu(OH)_2$］、黄铜矿（$CuFeS_2$）、辉铜矿（$Cu_2S$）、斑铜矿（$Cu_5FeS_4$）等。

火法炼铜就是通过焙烧矿料得到金属铜的过程。火法炼铜技术一是要求温度要足够高，二是要求还原性气氛要强。中国早期的炼铜设备主要是设在地下或半地穴中的地穴炉和坩埚，依靠自然抽风。到了商代后期炼炉开始高于地面，逐步发展到竖炉炼铜。1973年，考古工作人员对湖北省大冶市铜绿山古铜矿遗址（从夏朝早期至汉代）进行发掘，发现古代工匠为掘取铜矿石，开凿竖井、平巷与盲井等，并用木质框架支护，采用了提升、通风、排水等技术。冶铜炉由炉基、炉缸、炉身三部分组成，炉基下有风沟，冶炼时可确保炉缸的温度，炉缸设有放铜、排渣的门，炉身有鼓风口。炼炉附近有工棚遗迹和碎石用的石砧、石球，以及加工过的矿石及陶片、铜块等。清理的古炉渣总量超过40万吨，炉渣中含铜量仅0.7%，这表明当时的冶铜技术已达到相当高的水平。

在炼铜遗址发现，古代早期炼铜采用的是氧化型铜矿石（如孔雀石、赤铜矿）。因为氧化型铜矿炼铜技术要求不高，在炼炉中用木炭加热到一定温度，就能直接还原出金属铜。木炭既是燃料，又是还原剂。《天工开物》中叙述炼铜方法（如图1-93所示）：“凡铜砂，在矿内形状不一，或大或小，或光或暗，或如鍮石，或如姜铁。淘洗去土滓，然后入炉煎炼，其熏蒸旁溢者为自然铜。”“凡铜质有数种：有全体皆铜，不夹铅、银者，洪炉单炼而成；有与铅共体者，其煎炼炉法，旁通高低二孔，铅质先化，从上孔流出，铜质后化，从下孔流出。”

图1-93《天工开物》中炼铜图

氧化型铜矿石炼铜过程中可能发生的化学反应如下：

$$CuCO_3 \cdot Cu(OH)_2 \xlongequal{\triangle} 2CuO + CO_2\uparrow + H_2O$$

$$2CuO + C \xlongequal{\triangle} 2Cu + CO_2\uparrow$$

$$2Cu_2O + C \xlongequal{\triangle} 4Cu + CO_2\uparrow$$

含硫铜矿的冶炼比氧化型铜矿的难度大，因此开始冶炼时间相对较晚。考古工作者对安徽铜陵地区的古铜矿冶遗址出土的铜锭进行检测，发现铜锭中含有冰铜锍体（$2Cu_2S \cdot FeS$）及其他氧化焙烧的中间产物，这表明在春秋战国时期已开始冶炼含硫铜矿了。当然，普遍开采和冶炼含硫铜矿是在汉代以后，明清时期火法炼铜技术更加成熟。

含硫铜矿冶炼一般要经过焙烧、造锍熔炼、炼制粗铜、炼制精铜等步骤。首先是通过氧化焙烧，使硫铜矿中的铜大部分转化为$Cu_2S$和$Cu_2O$，在此过程中生成被称为“冰铜”的$xCu_2S\text{-}yFeS$烧结物，同时生成$FeO \cdot SiO_2$残渣和$SO_2$，以除去其中部分硫和铁。第二步是在竖炉中被还原气氛还原得到粗铜。第三步是将得到的粗铜压碎，以石灰石为助熔剂，加入石英砂于坩埚中反复熔炼造渣，除去铁和硫杂质，得到较纯的红铜。冶炼过程中可能发生的化学反应（以黄铜矿为例）如下：

$$2CuFeS_2 \xlongequal{\triangle} Cu_2S + 2FeS + S$$

$$2FeS + 3O_2 + 2SiO_2 \xlongequal{\triangle} 2(FeO \cdot SiO_2) + 2SO_2$$

$$2Cu_2S + 3O_2 \xlongequal{\triangle} 2Cu_2O + 2SO_2$$

$$Cu_2S + 2Cu_2O \xlongequal{\triangle} 6Cu + SO_2\uparrow$$

$$2Cu_2O + C \xlongequal{\triangle} 4Cu + CO_2\uparrow$$

### 2. 胆水炼铜

胆水炼铜是利用化学性质比较活泼的金属铁从含铜离子的天然胆水中将铜置换出来，再经烹炼得到铜锭。天然胆水是自然界中的含硫铜矿经缓慢氧化生成硫酸铜，再经雨水淋洗溶解后汇集于泉水中，便形成所谓的“胆水”。当泉水中的硫酸铜浓度足够大时，汲取胆水，投入铁片，制取金属铜。因此，胆水炼铜法也称为“胆铜法”。胆水炼铜的化学反应为：

$$CuSO_4 + Fe \xlongequal{} FeSO_4 + Cu$$

胆铜法的渊源可追溯到我国西汉时期。西汉淮南王刘安著《淮南万毕术》中说：“白青，得铁即化为铜。”《神农本草经》中说：“石胆能化铁为铜。”晋朝炼丹家葛洪《抱朴子内篇》中说：“以曾青涂铁，铁赤色如铜。”这里古人所说的白青、曾青可能是指蓝铜矿石，在《神农本草经》中被称为空青、碧青。古人所称的石胆为硫酸铜晶体。

沈括在《梦溪笔谈》中介绍了熬胆矾成铜的方法：“信州铅山县有苦泉，流以为涧，挹其水熬之，则成胆矾，烹胆矾则成铜。熬胆矾铁釜，久之亦化为铜。”

《宋会要辑稿 · 食货》中介绍了浸铜方法：“先取生铁打成薄片，目为锅铁，入胆水槽，排次如鱼鳞，浸渍数日，铁片为胆水所薄，上生赤煤，取出刮洗铁煤，入炉烹炼，凡三炼方成铜。其未化铁，却添新铁片，再下槽排浸。”

明朝方以智在《通雅 · 金石》中说：“信州铅山胆水，自山下注，势若瀑布，用以浸铜，铸冶是赖。盛于春夏，微于秋冬。……近年水流断续，浸铜费工。凡古坑有水处曰胆水，无水处曰胆土。胆水浸铜，工省利多；胆土煎铜，工费利薄。水有尽，土无穷。”

胆水炼铜在中国五代时期正式成为生产铜的方法，在宋朝时期盛行，是中国古代冶金化学的一项重大发明。

## 二、青铜冶炼与青铜器的铸造

青铜是铜-锡合金，或者铜-锡-铅合金。红铜质地柔软，既不适合制作工具，也不适宜制造兵器。铜-锡合金的硬度比红铜大很多，适合制作工具和制造兵器。锡或铅的加入还可以降低铜的熔点，从而提高青铜的铸造性能。

约公元前4000年，人类把铜、锡一起熔炼成青铜，这是人类史上的第一种合金，从此人类开启了青铜时代。中国究竟从何时开始用红铜与金属锡按一定比例熔炼为青铜的，文献中没有明确的记载。《史记·封禅书》中说："黄帝作宝鼎三，象天地人也。禹收九牧之金，铸九鼎。"根据河南偃师二里头文化遗址出土的铜爵、铜锛，以及河南郑州二里岗遗址出土的大量青铜铸造工具和礼器，可以推断我国的青铜器铸造工艺大约出现在公元前2000年的夏代初期，到公元前1500年的商代达到成熟阶段。

### 1. 青铜的冶炼

古人在进行青铜冶炼时，是采用金属铜和锡一起熔炼，还是采用铜和锡矿石一起熔炼，还是采用孔雀石和锡矿石一起熔炼呢？

《天工开物》中记述："凡铜供世用，出山与出炉，止有赤铜。"这里说的"赤铜"指红铜，出山的赤铜是指自然铜，出炉的赤铜是指冶炼出的纯铜。《天工开物》中还记述："凡用铜造响器，用出山广锡无铅气者入内，钲（锣）、镯（铜鼓）之类，皆红铜八斤，入广锡二斤，铙、钹，铜与锡更加精炼。"这说明青铜的冶炼是采用红铜加锡后熔炼而成的。

《周礼·冬官考工记》中记述："金有六齐：六分其金而锡居一，谓之钟鼎之齐；五分其金而锡居一，谓之斧斤之齐；四分其金而锡居一，谓之戈戟之齐；三分其金而锡居一，谓之大刃之齐；五分其金而锡居二，谓之削杀矢之齐；金、锡半，谓之鉴燧之齐。"有学者认为"六分其金而锡居一"中的"金"指青铜，也有学者认为这里的"金"指红铜。因此，"六齐"中铜和锡的含量就有两种计算方法（见表1-4）。

表1-4 《考工记》中"六齐"的铜、锡含量计算值

| 六齐 | 第一种"金"指青铜 | | 第二种"金"指红铜 | |
|---|---|---|---|---|
| | 铜锡比 | 铜含量 | 铜锡比 | 铜含量 |
| 六分其金而锡居一，谓之钟鼎之齐 | 5∶1 | 83.3% | 6∶1 | 85.7% |
| 五分其金而锡居一，谓之斧斤之齐 | 4∶1 | 80.0% | 5∶1 | 83.3% |
| 四分其金而锡居一，谓之戈戟之齐 | 3∶1 | 75.0% | 4∶1 | 80.0% |
| 三分其金而锡居一，谓之大刃之齐 | 2∶1 | 66.7% | 3∶1 | 75.0% |
| 五分其金而锡居二，谓之削杀矢之齐 | 3∶2 | 60.0% | 5∶2 | 71.4% |
| 金、锡半，谓之鉴燧之齐 | 1∶1 | 50.0% | 2∶1<br>1∶1 | 66.7%<br>50.0% |

现代考古通过对出土的青铜器进行检测，可知其中铜、锡、铅的含量。那么，能否通过测定值来验证"六齐"中铜锡的比例呢？

第一，关于"钟鼎之齐"。春秋战国时期几种钟成分的测定结果表明，铜含量在72%~85%之间，锡含量介于12%~15%之间，锡铅之和介于14%~19%之间。例如，曾侯乙甬钟：铜83.66%、锡12.49%、铅1.29%，锡铅之和13.78%，铜∶锡约为6∶1，铜∶锡铅之和为5.5∶1。该钟的铜含量接近第一种情况，而铜锡比例更接近于第二种情况。对殷商和周朝的青铜鼎的不同部位成分的测定结果表明，铜的含量在60%~86%之间，锡含量在6%~19%之间，锡铅含量在13%~29%之间。铜锡的比例从4∶1、5∶1、6∶1、7∶1到8∶1，铜与锡铅之和比例从4∶1、5∶1到6∶1。因此，很难判断鼎中的铜锡之比是符合5∶1还是

6∶1。例如，后母戊方鼎：铜84.77%、锡11.64%、铅2.79%，锡铅之和14.43%，铜∶锡为7.3∶1，铜∶锡铅之和为5.9∶1，说明该鼎铜锡的比例更接近于第二种情况。

第二，关于“斧斤之齐”。河南安阳“妇好”墓出土的铜锛：铜79.39%、锡16.52%、铅2.66%，锡铅之和19.18%，铜∶锡为4.8∶1，铜∶锡铅之和为4.1∶1。该铜锛的铜含量比较符合第一种情况，铜锡（不计铅）比接近第二种情况，而铜锡（计铅）比更符合第一种情况。

第三，关于“戈戟之齐”。殷商和周朝的青铜戈的测定结果表明，铜含量介于74%~90%之间，锡含量介于5%~21%之间，锡铅含量之和介于10%~26%之间。其实，测定结果中锡含量达到或者超过20%的并不多，而铜锡含量之和有的达到或超过了20%。例如，山西曲沃村出土的西周时期的一种戈的铜含量74.44%，锡含量10.49%，锡铅含量之和为25.07%，说明该戈的铜锡（计铅）比例符合第一种情况。再如，同样是山西曲沃村出土的西周时期的一种戈的铜含量77.78%，锡含量13.85%，锡铅含量之和为20.00%，该戈的铜锡（计铅）比例符合第二种情况。

第四，关于“大刃之齐”。殷商和周朝的青铜刀、剑的测定结果表明，铜含量介于71%~87%之间，锡含量介于8%~22%之间，锡铅含量之和介于14%~27%之间。如东周时期的剑中铜含量为73.85%，锡的含量为17.48%，锡铅含量之和为24.32%，说明该剑的铜锡（计铅）比例符合第二种情况。

第五，关于“削杀矢之齐”。安阳“妇好”墓中出土的铜镞中铜含量为79.64%，锡的含量为18.70%，锡铅含量之和为19.32%，说明该铜镞的铜锡比例两种情况均不符合。临潼秦俑坑中出土的削中铜含量为61.74%，锡的含量为25.99%，锡铅含量之和为35.97%，说明该削的铜锡含量接近第一种情况。

第六，关于“鉴燧之齐”。周代、战国、西汉和唐代出土的铜镜的测定结果表明，铜含量介于63%~77%之间，锡含量为18.70%，锡铅含量之和介于23%~37%之间，说明这些铜镜的铜锡比例符合第二种情况中的2∶1比例。

### 2. 青铜器的铸造

中国古代青铜器的铸造方法分为范铸法、失蜡法、分铸法和焊接法。

（1）**范铸法** 商周时期的中国先民最先采用的青铜器铸造法是范铸法。范铸法工艺分为塑模、制范、浇注、修整四个步骤。塑模是用陶、木、竹、骨、石等材质制作要铸造器物的模型。制范是用泥料敷在模型表面制作铸件的外范和内范，内、外范套合后形成型腔，经过烧制后成为范，分为泥范和陶范。浇注就是向预热好的范中注入熔化的铜液，待铜液凝固冷却后，去除范，取出铸件。修整就是打磨铸件，去除多余的铜块、毛刺和飞边等，使铸件光滑平整。

（2）**失蜡法** 指用易熔化的黄蜡、牛油等制成所铸器物的蜡模，用细泥浆涂抹在蜡模表面，使蜡模表面形成一层泥壳。然后在泥壳表面涂上耐火材料，待其硬化后就做成了铸型。最后再用高温烘烤，使蜡油熔化流出铸型，形成空的型腔。趁型腔在高温状态时，向型腔内浇铸铜液，凝固冷却后拆去外壳。湖北随州出土的曾侯乙尊盘被认为是用失蜡法铸造的。

（3）**分铸法** 先浇铸器物的小件（如提梁、把手等），再将小铸件嵌放在器物的主体范上加以固定，与待铸青铜器固定部件或活动部件的空腔套嵌在一起，从而使先铸的部件和器物主体套铸在一起。分铸法最早出现于商代，西周时期大部分青铜器的附件都采用了分铸法。据考古学者分析，四羊方尊是用两次分铸技术铸造的。

（4）焊接法　先铸器体，再合铸附件，然后将铸成的器身与附件焊接起来。

《天工开物》中介绍了铸造大钟、鼎的方法（见图1-94）：“凡造万均钟与铸鼎法同。掘坑深丈几尺，燥筑其中如房舍，埏泥作模骨。其模骨用石灰、三和土筑，不使有丝毫隙拆。干燥之后，以牛油、黄蜡附其上数寸。油蜡分两：油居什八，蜡居什二。其上高蔽抵晴雨。油蜡墁定，然后雕镂书文、物象，丝发成就。然后舂筛绝细土与炭末为泥，涂墁以渐而加厚至数寸，使其内外透体干坚，外施火力炙化其中油蜡，从口上孔隙熔流净尽，则其中空处即钟鼎托体之区也。凡油蜡一斤虚位，填铜十斤。塑油时尽油十斤，则备铜百斤以俟之。中既空净，则议熔铜。凡火铜至万钧，非手足所能驱使。四面筑炉，四面泥作槽道，其道上口承接炉中，下口斜低以就钟鼎入铜孔，槽旁一齐红炭炽围。洪炉熔化时，决开槽梗，一齐如水横流，从槽道中枧注而下，钟鼎成矣。”

《周礼·冬官考工记》中描述了熔炼青铜时的火候：“凡铸金之状，金与锡，黑浊之气竭，黄白次之；黄白之气竭，青白次之；青白之气竭，青气次之，然后可铸也。”

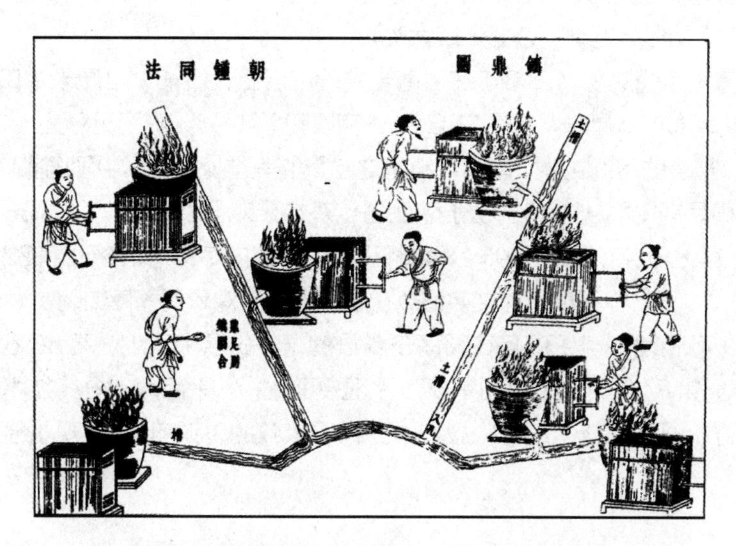


图1-94《天工开物》中铸鼎、朝钟方法示意图

湖北省青铜器制作技艺、山西省大同铜器制作技艺、新疆喀什维吾尔族铜器制作技艺为国家级非物质文化遗产代表性项目。

## 阅读材料

### 中国古代典籍《周礼·冬官考工记》

《周礼·冬官考工记》是《周礼》中的一篇。《周礼》为儒家十三经之一，是一部通过官制来表达治国方案的著作，将官职分为六类：天官冢宰、地官司徒、春官宗伯、夏官司马、

秋官司寇、冬官百工。

《周礼·冬官考工记》是中国春秋战国时期记述官营手工业各工种规范和制造工艺的文献，记述了攻木之工、攻金之工、攻皮之工、设色之工、刮磨之工、搏埴之工六大类30个工种。其中“搏埴之工”即为制陶工艺，分为陶人和旊人。

《周礼·冬官考工记》是中国目前所见年代最早关于手工业技术的文献，在中国科技史、工艺美术史和文化史上都占有重要地位，反映出当时中国所达到的科技及工艺水平，在当时世界上也是独一无二的。

阅读材料

## 中国古代青铜器简介

中国古代青铜器的类别有食器、酒器、水器、乐器、兵器、车马器、农器与工具、货币、玺印与符节、度量衡器、铜镜、杂器十二大类。

后母戊方鼎（商晚期）：1939年在河南省安阳市出土，口长112厘米、口宽79.2厘米，壁厚6厘米，连耳高133厘米，重达832.84千克（见图1-95，彩图见彩插）。该鼎是迄今为止出土的最大、最重的青铜礼器，享有“镇国之宝”的美誉，现藏于中国国家博物馆。

何尊（西周早期）：1963年出土于陕西省宝鸡市宝鸡县贾村镇，尊高38.8厘米，口径28.8厘米，重14.6千克（见图1-96，彩图见彩插）。尊内底铸有12行共122字铭文，其中“宅兹中国”为“中国”一词最早的文字记载。现收藏于宝鸡青铜器博物院。

四羊方尊（商晚期）：1938年在湖南宁乡县的一座山腰上出土，高58.6厘米，每边边长为52.4厘米，重34.6千克（见图1-97，彩图见彩插）。采用两次分铸技术，即先将羊角与龙头单个铸好，再进行整体浇铸。被称为“臻于极致的青铜典范”。现收藏于中国国家博物馆。

图1-95　后母戊方鼎

图1-96　何尊

图1-97　四羊方尊

越王勾践剑（春秋后期）：1965年冬天出土于湖北省荆州市江陵县望山楚墓群中。剑长55.7厘米，宽4.6厘米，柄长8.4厘米，重875克，剑有两行鸟篆铭文“越王鸠浅，自作用剑”八字（见图1-98，彩图见彩插）。经测定剑刃中含锡22.5%、硫5.39%、铅0.12%。现收藏于湖北省博物馆。

青铜纵目面具：1986年出土于四川省广汉市三星堆遗址2号坑，宽138厘米，高66厘米，重约80千克，角尺形的大耳高耸，长长的眼球呈柱状向外凸出（见图1-99，彩图见彩插）。现收藏于三星堆博物馆。

曾侯乙尊盘（战国早期）：1978年在位于湖北随州市的曾侯乙墓中出土，尊通高30.1厘米，口径25厘米，重约9千克。盘通高23.5厘米，口径58厘米，重约19.2千克。全套器物通高42厘米，口径58厘米，重约30千克。铜尊上共有34个部件，经过56处铸接、焊接而连成一体，尊体上装饰着28条蟠龙和32条蟠螭，颈部刻有“曾侯乙作持用终”7字铭文，铜盘盘体上共装饰了56条蟠龙和48条蟠螭（见图1-100，彩图见彩插）。它是春秋战国时期最复杂、最精美的青铜器件，现收藏于湖北省博物馆。

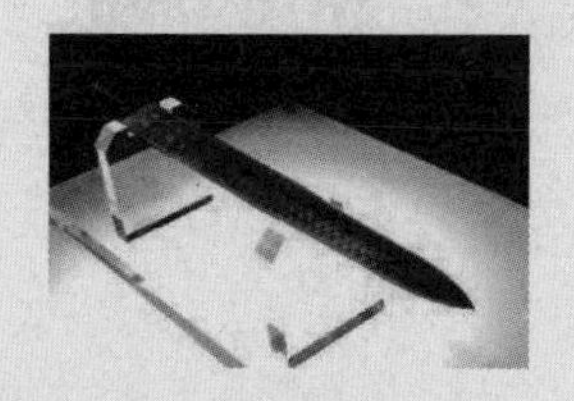

图1-98　越王勾践剑

图1-99　青铜纵目面具

图1-100　曾侯乙尊盘

曾侯乙编钟（战国早期）：1978年在位于湖北随州市的曾侯乙墓中出土。曾侯乙编钟共六十五件，最大的1件高152.3厘米，重203.6千克，最小的1件通高20.2厘米，重2.4千克，其音域跨五个半八度，十二个半音齐备（见图1-101）。它是我国迄今为止发现的数量最多、保存最好、音律最全、气势最宏伟的一套编钟，被中外专家学者称为“稀世珍宝”。现收藏于湖北省博物馆。

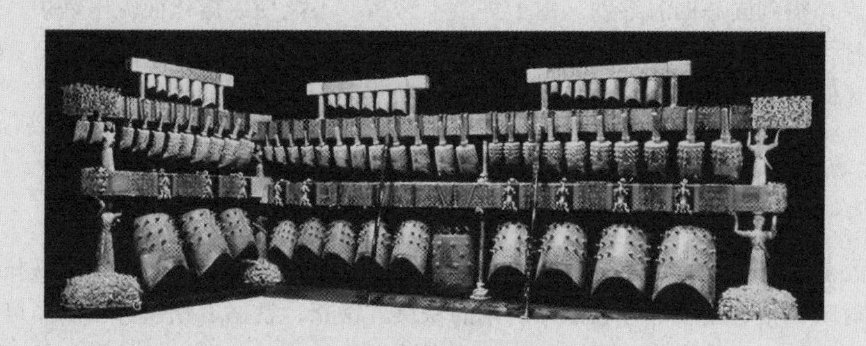

图1-101　曾侯乙编钟

秦始皇陵铜车马（秦）：秦始皇陵的大型陪葬彩绘青铜车马模型，1980年出土于中国陕西临潼秦始皇陵坟丘西侧，是目前发现年代最早、形体最大、保存最完整的铜铸车马（见图1-102，彩图见彩插）。铜车马用含锡量较高的青铜制作，运用了铸造、焊接、镶嵌、粘接以及子母扣、纽环扣、锥度配合、销钉连接等各种工艺，证实秦朝掌握了先进的青铜器铸造技术。

长信宫灯（西汉）：1968年于河北省满城县中山靖王刘胜妻窦绾墓中出土，灯体通高

48厘米，重15.85千克。宫灯灯体为一通体鎏金、双手执灯跽坐的宫女，一手执灯，另一手袖似在挡风（见图1-103，彩图见彩插），实为虹管，用以吸收油烟，既防止了空气污染，又有审美价值。现藏于河北博物院。

图1-102　秦始皇陵铜车马　　图1-103　长信宫灯

## 三、冶铁技术

人类最早接触到的铁是陨铁，陨铁中一般含有5%~7%的镍。人们在加工陨铁的过程中获得了对铁的最初的一些认识。用铁矿石冶炼出来的铁称为人工冶铁，人工冶铁分为块炼铁、生铁、熟铁和钢四种。铁的发现和大规模使用，是人类发展史上的一个里程碑，它把人类从石器时代、青铜器时代带到了铁器时代，推动了人类文明的发展。

### 1. 块炼铁技术

采用木炭燃料和还原剂，在1000℃左右的炉温下，将赤铁矿（$Fe_2O_3$）、磁铁矿（$Fe_3O_4$）中的铁还原，得到固态的海绵铁。由于炉温不够高，不能使铁熔化而流出炼炉。若将海绵铁趁热锻打，去除一些杂质，就成了块炼铁。一般情况下，块炼铁中含碳量低于0.5%，但含有较多其他杂质。冶炼过程中的主要化学反应如下：

$$Fe_2O_3 + 3CO \xlongequal{\triangle} 2Fe + 3CO_2$$

$$Fe_3O_4 + 4CO \xlongequal{\triangle} 3Fe + 4CO_2$$

约公元前1200年，位于地中海东北岸小亚细亚的赫梯人首先掌握了块炼铁技术，人类进入铁器时代。根据出土的春秋战国时期的铁铲、铁斧、铁凿、铁锤等铁制品可知，我国的人工冶铁大约出现在春秋战国时期。湖北大冶铜绿山古矿井出土的铁耙和铁砧就是用块炼铁制成的。

### 2. 生铁冶炼技术

约公元前6世纪，在掌握块炼铁法的同期或稍后时期，中国发明了生铁冶炼技术。我国在春秋时代就有了炼铜竖炉，稍加改造就可以用来炼铁，这可能就是我国的生铁冶炼与块炼铁几乎同时出现的原因。

生铁是指含碳量为2%~5%的铁，是铁矿石在1200℃高温下冶炼得到的，可用于铸造铁器。早期生铁中的碳以碳化铁（$Fe_3C$）和游离碳的形态存在，断口呈银白色，故称白口铁。这种白口铁具有很高的硬度，耐磨，适合于铸造犁铧之类的农具。

由于采用炼铁竖炉，使炉温明显提升，铁水中溶解的硅量明显增大，从而使铁中的碳在凝固时发生石墨化，形成条条的石墨片，降低了基体中的碳含量，断面呈灰色，称为灰口铁。这种铁的脆性低，铸造性能良好，适合铸造精巧、纹细的器物，应用范围较广。

《天工开物》中介绍生铁的冶炼方法："凡铁一炉载土二千余斤，或用硬木柴，或用煤炭，或用木炭，南北各从利便。扇炉风箱必用四人、六人带拽。土化成铁之后，从炉腰孔流出。炉孔先用泥塞。每旦昼六时，一时出铁一陀。既出即叉泥塞，鼓风再熔。"

中国发明的生铁冶炼技术在冶铁史上具有划时代的意义。早期的块炼铁因质地疏松、杂质多，需要反复锻打除去杂质后才能制成铁器，费时又费力。生铁冶炼技术彻底改变了铁器的生产方法。以木炭、煤炭作燃料，使用鼓风设备，使得竖炉的炉温达到1200℃以上，由于使用石灰石或白云石作助熔剂以及冶炼过程中碳的渗入，降低了铁的熔点，铁能够熔化为液态聚集在炉的底部。铁水与炉渣因密度不同而分离，铁水通过炉孔流出炉外，可以直接铸成铁器，从而大大提高了生产效率。

生铁冶铸技艺（山西省阳城县、河北省泊头市、甘肃省永靖县）和浙江省永康铸铁技艺为国家级非物质文化遗产代表性传统技艺项目。

### 3. 生铁炒成熟铁

熟铁是指含碳量在0.02%以下，其他杂质含量也很低的铁，又称纯铁。生铁炒成熟铁工艺是将铸铁加热到半熔融状态，通过不断搅拌，使铁与空气充分接触，这样一来，铸铁中的碳被氧气氧化而除去。随着温度的升高，其中的硅、锰、磷等杂质被氧化转变为硅酸盐、磷酸盐夹杂物，再经锻打，排挤出夹杂物，便炒成熟铁。

《天工开物》中叙述了炒铁的方法（见图1-104）："凡铁分生、熟，出炉未炒则生，既炒则熟。……若造熟铁，则生铁流出时相连数尺内，低下数寸筑一方塘，短墙抵之。其铁流入塘内，数人执持柳木棍排立墙上，先以污潮泥晒干，舂筛细罗如面，一人疾手撒滟，众人柳棍疾搅，即时炒成熟铁。"这里的"撒滟"是指撒播干泥粉，其目的是促进铁中碳的氧化。

图1-104 《天工开物》中生铁炒成熟铁方法

阅读材料

## 中国古代的生铁铸造的大型器物简介

黄河铁牛（唐代）：1998年8月在山西省永济市蒲津渡遗址出土。铸于唐开元十二年，有四尊铁牛、四个铁人、两座铁山、一组七星铁柱和三个土石夯堆（见图1-105和图1-106）。四尊铁牛是迄今为止我国发现的质量最大（每尊45~72吨）、历史最久、工艺水平最高的铁铸器物，在国内外极为罕见。

图1-105　黄河铁牛一

图1-106　黄河铁牛二

沧州铁狮子（后周）：位于河北省沧州市东南郊，又被称作“镇海吼”，铸造于后周广顺三年。身长6.1米，体宽3.17米，通高5.3米，重29.3吨（见图1-107）。采用“泥范明铸法”分节叠铸而成，狮身内外有铸文，头顶及颈下还铸有“狮子王”三字，腹腔内还有以秀丽的隶书字体铸造的金刚经文。

开元寺铁佛像（宋代）：位于福建省福州市开元寺内，铸于北宋元丰六年之前，佛身高5.96米，宽4米，重约50吨。据考证，这尊铁佛是以失蜡法浇铸的，为研究我国古代金属冶炼技术提供了珍贵的实物资料。

玉泉寺铁塔（宋代）：位于湖北省当阳市玉泉寺山门外。据塔身铭文记载建于宋嘉祐六年，塔高17.9米（见图1-108）。经现代取样检验结果表明，塔身是用麻口铁铸成，其杂质含量分别为：碳3.66%，硅0.05%，锰0.05%，硫0.022%，磷0.29%。塔构件之间的垫片为白口铁或灰口铁，其杂质含量也略高于塔身铁。

图1-107　沧州铁狮子

图1-108　玉泉寺铁塔

## 四、古代炼钢工艺

通常来说，钢是指含碳量低于2%的铁碳合金。古代炼钢技术有固体渗碳炼钢技术、铸铁脱碳炼钢技术、炒钢技术和灌钢技术等。

### 1. 固体渗碳炼钢

块炼铁是在较低的炉温（800~1000℃）下用木炭还原铁矿石得到的含有较多杂质的固体铁料，但基体中含碳量很少。固体渗碳炼钢就是将碳渗入铁中，使铁中碳的含量达到钢的要求，同时还要降低杂质的含量。

早期的固体渗碳炼钢技术是以块炼铁为原料，分为两种方法。一种是把块炼铁放在炉内长时间加热，使铁的表面渗碳后变成低碳钢，再经反复加热、锻打而成；另一种是将块炼铁和渗碳剂一起密封加热而成，即所谓的“焖钢”。

现在的冶金史学家认为“焖炉炼钢”最早出现在公元3世纪的波斯萨珊王朝，北魏时期传入中国。

### 2. 铸铁脱碳炼钢

由于铸铁中碳含量为2%~5%，将铸铁中的碳含量降低至2%以下，其他杂质含量也比较低时就成为碳钢。

铸铁脱碳炼钢就是以铸铁为炼钢原料，把铸铁铸成薄铁板，经过热处理，退火的同时在固态下进行氧化脱碳，使碳含量降低至2%以下，从而成为铸铁脱碳钢。在固态时脱碳，通常不析出石墨，所得钢中的夹杂物很少。

### 3. 炒钢

炒钢就是将生铁加热到半液态半固态状态，不断搅拌，利用铁矿粉或空气中的氧进行氧化脱碳，使碳含量降低至2%以下。这种以生铁作为制钢原料的炒钢技术，是炼钢史上一次重大的技术革新。

北京西汉燕王墓中发现了最早的生铁脱碳钢制成的环首刀，这表明炒钢技术在西汉时期已经发明。1976年在河南渑池汉魏窖藏的发掘中，出土了大批铁器、方铁板以及宽窄不一的方形铁板范。出土的铁器中包括斧、镰等工具，其中碳含量为0.24%~0.9%，硅含量为0.05%~0.69%，锰含量为0.05%~0.6%，硫含量为0.01%~0.02%，磷含量为0.1%~0.3%，表明这些工具属于铸铁脱碳钢。

### 4. 百炼钢

人们在炼制渗碳钢的过程中发现，反复加热锻打可使钢件更加坚韧，于是很自然地把它定为正式工序，出现了“标准”的百炼钢工艺。

百炼钢从西汉时期开始出现，发展到三国时期已趋成熟。《梦溪笔谈》中叙述：“但取精铁，锻之百余火，每锻称之，一锻一轻，至累锻而斤两不减，则纯钢也，虽百炼不耗矣。”

1974年在山东苍山县东汉墓中出土了一把环首钢刀，全长111.5厘米，刀宽3厘米，刀身上有隶书铭文：“永初六年五月丙午造卅湅大刀，吉祥宜子孙。”这里的“卅湅”可能是指加热锻打的次数。

### 5. 灌钢

将生铁与熟铁一起加热，由于生铁的熔点低，比熟铁先熔化，于是先熔化的生铁便

“灌入”后熔化的熟铁中，从而使得熟铁中的碳含量增加，只要控制好生铁和熟铁的用量，再经过多次锻打就能得到质地均匀的钢。

我国南北朝时期发明的灌钢技术，在宋朝以后成为主要的炼钢方法之一。《梦溪笔谈》中叙述：“世间锻铁所谓钢铁者，用柔铁屈盘之，乃以生铁陷其间，泥封炼之，锻令相入，谓之团钢，亦谓之灌钢。”《天工开物》中记述：“凡钢铁炼法，用熟铁打成薄片如指头阔，长寸半许，以铁片束包尖紧，生铁安置其上。火力到时，生铁先化，渗淋熟铁之中。取出加锤，再炼再锤。俗名团钢，亦曰灌钢者是也。”

浙江省龙泉宝剑锻制技艺、浙江省张小泉剪刀锻制技艺、北京王麻子剪刀锻制技艺、甘肃省保安族腰刀锻制技艺、西藏和青海藏刀锻制技艺、新疆维吾尔族传统小刀制作技艺均为国家级非物质文化遗产代表性项目。

## 练习题

1. 填空题

（1）人类史上的第一种合金是______。

（2）胆水炼铜的化学方程式是____________________。

（3）青铜的主要成分是_________。

（4）《考工记》中描述了铸造青铜器的火候：“凡铸金之状，金与锡，黑浊之气竭，黄白次之；黄白之气竭，青白次之；青白之气竭，青气次之，然后可铸也。”与此描述相关的汉语成语是___________。

（5）《梦溪笔谈》中记述：“信州铅山县有苦泉，流以为涧，挹其水熬之则成胆矾，烹胆矾则成铜，熬胆矾铁釜，久之亦化为铜。”这句话蕴含的化学原理是___________。

2. 选择题

（1）（　　）这句话表达的不是指铁置换铜。

A.《神农本草经》：“石胆能化铁为铜”

B.《抱朴子内篇》：“以曾青涂铁，铁赤色如铜”

C.《淮南万毕术》：“白青，得铁即化为铜”

D.《天工开物》：“淘洗去土滓，然后入炉煎炼，其熏蒸旁溢者为自然铜”

（2）古代早期炼铜采用的是氧化型铜矿石，主要是指（　　）。

A. 孔雀石和赤铜矿　　B. 赤铜矿和黄铜矿

C. 孔雀石和辉铜矿　　D. 黄铜矿和辉铜矿

（3）《考工记》中记述：“金有六齐：六分其金而锡居一，谓之钟鼎之齐。”据此判断下列关于古代钟鼎中铜与锡含量的叙述，（　　）说法不正确。

A. 铜含量为83.3%，锡含量为16.7%　　B. 铜含量为85.7%，锡含量为14.3%

C. 铜与锡含量之比为5比1或6比1　　D. 铜占四分之一或五分之一

（4）与成语“卧薪尝胆”的故事有关联的中国古代青铜器是（　　）。

A. 四羊方尊　　　B. 后母戊方鼎　　　C. 越王勾践剑　　　D. 青铜纵目面具

（5）《天工开物》中记载："凡铜供世用，出山与出炉，止有赤铜。以炉甘石或倭铅掺和，转色为黄铜。"这里的炉甘石和倭铅分别是指（　　）。

A. 菱锌矿和金属锌　　　B. 菱锌矿和金属铅

C. 碳酸锌和金属铅　　　D. 氧化锌和金属铅

（6）关于生铁炒成熟铁工艺的叙述，（　　）说法不正确。

A. 将生铁加热到半熔融状态，使铁与空气充分接触

B. 生铁中的碳被氧气氧化生成二氧化碳而除去

C. 生铁中的硅、锰、磷等杂质被转变为硅酸盐、磷酸盐夹杂物，再经锻打被去除

D. 利用铁矿粉或空气中的氧进行氧化脱碳，使碳含量降低至2%以下

3. 线索题

根据提示线索说出一件青铜器的名称。

线索1：西周早期的青铜器；

线索2：1963年出土于陕西省宝鸡市宝鸡县，现收藏于宝鸡青铜器博物院；

线索3：器内底铸有12行共122字铭文；

线索4：其中"宅兹中国"为"中国"一词最早的文字记载。

4. 简答题

（1）简述含硫铜矿用火法炼制铜过程中的化学反应。

（2）简述中国发明的生铁冶炼技术在冶铁史上的意义。

5. 话题讨论

话题1：青铜的颜色。

话题2：湖北随州出土的曾侯乙尊盘的铸造方法。

话题3：斑铜制作技艺。

话题4：成语"炉火纯青"的由来。

# 第四节　古代日用工艺化学

古代的日用工艺主要包括制盐、酿造工艺、织染工艺、农艺与茶糖工艺、纸墨笔砚与印刷装帧工艺、胶漆工艺等。

## 一、制盐

食盐是人类生存、生长所必需的营养品和调味品。人类采盐、制盐的具体时间尚未见明确的文字记载。《尚书·禹贡》中记述青州"厥贡盐、絺（chī）"，也就是说在距今4000年前中国青州就贡盐了。《周礼·天官冢宰》中记载："盐人掌盐之政令，以共百事之盐。祭祀，共其苦盐、散盐。宾客，共其形盐、散盐。王之膳馐，共饴盐；后及世子亦如之。凡齐事，煮盐以待戒令。"这里所说的"盐人"是指在朝廷宫中掌握盐事务的官员。

根据盐的来源和在自然界中存在的状态分为石盐、池盐、海盐、井盐和土盐等。

### 1. 采取石盐

石盐是自然界天然形成的食盐晶体，又名岩盐。石盐大多是自盐湖或盐井中自然凝结析出的。《唐·新修本草》中记载："盐池下凿取之。大者如升，皆正方光澈。一名石盐。"《水经注》中记载："翼带盐井一百所，巴川资以自给，粒大者方寸，中央隆起，形如张伞，故因名之曰伞子盐。"石盐常带有不同颜色，正如明朝陆容《菽园杂记》中所说："甘肃、灵夏之地又有青、黄、红盐三种，皆生池中。"

有一种石盐生于山谷之中、石崖之上，称为崖盐。《唐·新修本草》中记载："戎盐即胡盐，沙州（今甘肃敦煌）名为秃登盐，廓州（今青海西宁）名为阴土盐，生河岸山坂之阴土石间，块大小不常，坚白似石，烧之不鸣灹者。"宋应星《天工开物·作咸》中记载："其岩穴自生盐，色如红土，恣人刮取，不假煎炼。"

还有一种含有较多的硅酸盐的石盐，即所谓咸石。这种咸石需经过煎炼提取才能食用。晋代王隐在《晋书·地道记》中记载："巴东郡入汤口四十三里，有石，煮以为盐。石大者如升，小者如拳，煮之，水竭盐成。"

### 2. 垦畦浇晒池盐

池盐指盐湖中天然结晶或以盐湖卤水晒制的盐。中国最早、最著名的池盐产地莫过于解州盐池（今山西运城盐湖）。自原始社会后期到春秋时代早期，解州盐池的获取方式还只是采集石盐。春秋时代以后解州盐池已出现原始的晒盐方法了。到了唐朝时期，晒制池盐的方法趋于成熟，形成了"垦畦浇晒"的完整工艺。唐代张守节在《史记正义》中详细记载了"垦畦浇晒"工艺："河东盐池畦种，作畦若种韭一畦，天雨下池中，咸淡得均。既驮池中水上畦中，深一尺许，以日曝之，五六日则成盐，若白凡石，大小若双陆。及暮则呼为畦盐。"

《本草纲目》中有关于解州池盐的记载："池盐出河东安邑、西夏灵州。今惟解州种之。疏卤地为畦垄，而堑围之。引清水注入，久则色赤。待夏秋南风大起，则一夜结成，谓之盐南风。"

这里所说的"盐南风"最早出自宋朝沈括的《梦溪笔谈·杂志一》："解州盐泽之南，秋夏间多大风，谓之'盐南风'。其势发屋拔木，几欲动地。……解盐不得此风不冰，盖大卤之气相感，莫知其然也。"其实，"盐南风"就是热风，可加速卤水的蒸发和食盐的结晶。上面所说的"清水"是指清澈的湖水，宋应星在《天工开物·作咸》中也说："土人种盐者池傍耕地为畦陇，引清水入所耕畦中，忌浊水，参入即淤淀盐脉。"

### 3. 海盐制法

古代制取海盐的方法主要有煎卤成盐、砚晒海盐与海滩晒盐。

（1）煎卤成盐　自秦代至唐宋时期，中国的东部沿海生产海盐的方法主要是煎卤法。制取卤水的方法分为淋沙制卤和晒灰淋卤。

淋沙制卤就是将浸过海潮的沙晒干，海水中的盐分便凝结在沙上，然后利用潮汐淋洗或人工舀水浸卤，以获取高浓度的卤水。北宋的苏颂在《图经本草》中记载："于海滨掘土为坑，上布竹木，覆以蓬茅，又积沙于其上。每潮汐冲沙，卤咸淋于坑中。"这里所说的"积沙于其上"是指将已吸附过海盐并经晒干的海沙平铺在蓬草和茅草上。

晒灰淋卤是另一种海水制卤方法。元朝陈椿的《熬波图》中用47幅图示加文字说明以及诗歌描述的手法，介绍了海盐的生产过程。用21幅图展现了海水制卤的工艺流程，其中6幅为海水引取，6幅为摊场建造，3幅为淋卤设施构筑，6幅为晒灰淋卤。从海水引取的"车接海潮”（见图1-109）和摊场建造的“海潮浸灌”（见图1-110）两幅图中可看出，当时已使用人力水车引水。

图1-109 《熬波图》中车接海潮图

图1-110 《熬波图》中海潮浸灌图

晒灰淋卤是海水制卤的关键步骤，共有6幅图。第一幅“担灰摊晒”（图1-111），就是将用来富集海水盐分的“灰”担挑至摊场上，摊开吸水，晒干。正如文中诗句所描述：“海天无风云色开，相呼上场早晒灰。满场大堆仍小堆，前担未了后担催。”第二幅“筱灰取匀”（图1-112），就是指用筱竿将“灰”均匀地摊开于摊场，以富集盐分。第三幅“筛水晒灰”（图1-113），是指在摊开“灰”的摊场上泼洒水，使灰沾地，以防被风吹起。第四幅“扒扫聚灰”（图1-114），是指将已富集过盐分的“咸灰”用扫帚和木扒推聚成堆。第五幅“担灰入淋”（图1-115），是指将聚成堆的“咸灰”担挑至灰淋中。第六幅“淋灰取卤”（图1-116），是指用水浇淋“咸灰”，得到的卤水流入灰淋旁的蓄卤池中。这里所说的“灰”分为三种：第一种是煎盐时从锅底扒出的“生灰”，主要用于摊场富集海水盐分，还要在“淋灰取卤”时于灰淋底部先铺一层“生灰”，在“咸灰”上再覆盖一层“生灰”，用来去除淋水及卤水中的杂质，提高盐的纯度；第二种是已在摊场中富集了海水盐分的“咸灰”，用于淋取卤水；第三种是淋过卤水的“残灰”，可以重复用于摊场。

图1-111 《熬波图》中担灰摊晒图

图1-112 《熬波图》中筱灰取匀图

图1-113 《熬波图》中筛水晒灰图

图1-114 《熬波图》中扒扫聚灰图

图1-115 《熬波图》中担灰入淋图

图1-116 《熬波图》中淋灰取卤图

古人为了判断所得卤水的咸淡，采用“莲管称”进行检验。所谓莲管称就是在竹管中放入四个莲子，将卤水汲入竹管中，根据沉入和浮起的莲子个数判断卤水的浓度。所用莲子要经过如下处理：均先在淤泥中浸过，然后再分别用四等卤水浸泡。第一等为最咸卤水，第二等为三分卤一分水，第三等为一半卤一半水，第四等为一分卤二分水。由于四个莲子分别在四种不同盐浓度的溶液中浸泡，因此，将浸第一等卤水的莲子放在第二、三、四等卤水中，莲子会下沉，将浸第二等卤水的莲子放在第三、四等卤水中，莲子会下沉，以此类推。检验时分别取经过四等卤水浸泡过的莲子各一个于竹管中，吸入卤水，观察沉入和浮起的莲子个数就能检验出卤水的浓度。可以说这种莲管称是现代液体密度计或浓度计的原始形式。

明代宋应星《天工开物·作咸》中介绍了海水制卤的三种方法：“一法高堰地，潮波不浸者，地可种盐。……度诘朝无雨，则今日广布稻麦稿灰及芦茅灰寸许于地上，压使平匀。明晨露气冲腾，则其下盐茅勃发，日中晴霁，灰、盐一并扫起淋煎。一法潮波浅被地，不用灰压。候潮已过，明日天晴，半日晒出盐霜，疾趋扫起煎炼。一法逼海潮深地，先掘深坑，横架竹木，上铺席苇，又铺沙于苇席之上。俟潮灭顶冲过，卤气由沙渗入坑中，撤去沙、苇，以灯烛之，卤气冲灯即灭，取卤水煎炼。”第一种方法“种盐”与《熬波图》中的方法相似，如图1-117所示。第二种方法得到的是无灰的盐料，但含有泥沙，也需要淋沙制卤。第三种方法就相当于淋沙得到的卤水，可以直接用于煎炼。

《天工开物·作咸》中比较详细地介绍了淋沙制卤方法：“凡淋煎法掘坑二个，一浅一深。浅者尺许，以竹木架芦席于上，将扫来盐料铺于席上。四围隆起作一堤垱形，中以海水灌淋，渗下浅坑中。深者深七八尺，受浅坑所淋之汁，然后入锅煎炼。”如图1-118所示。

图1-117 《天工开物》中布灰种盐图

煎卤成盐就是在铁盘中煎炼卤水，使水分蒸发后得到固体的盐。《熬波图》中用6幅图和文字说明较详细地介绍了煎盘的建造过程。第一幅“铁盘模样”（图1-119），从图中可以看出铁盘有大有小，大的要用多块铁柈拼凑在一起。第二幅“铸造铁柈”（图1-120），先熔化生铁，然后按照设计的铁盘模样进行铸造，有三角形、四方形或长条形。第四幅“排凑柈面”（图1-121），将铸造好的各种形状的铁柈拼接在一起，形成圆形的铁盘。第六幅“装泥柈缝”（图1-122），将反复打碎的草木灰与石灰混合，用咸卤和成黏稠的泥，然后用泥塞满拼接好的铁柈间的缝隙，以防渗漏。

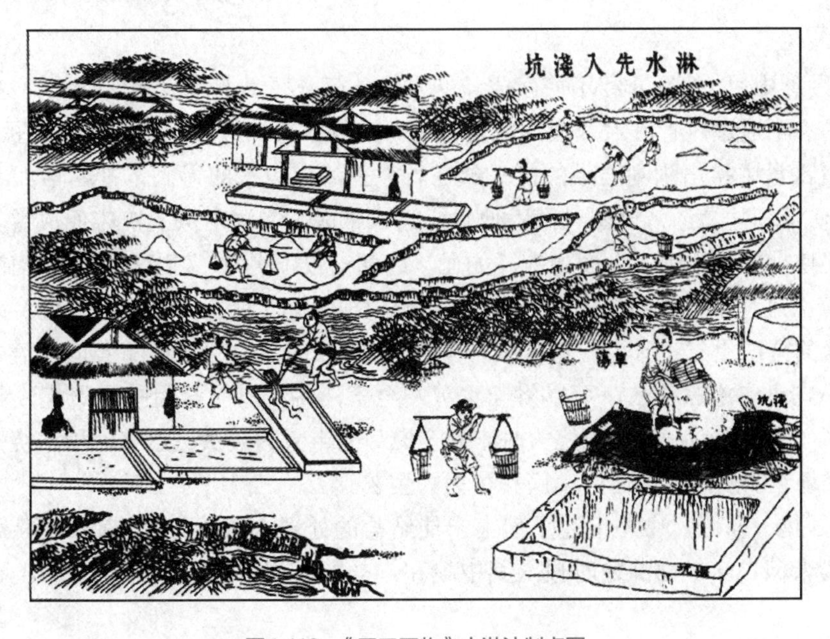


图1-118 《天工开物》中淋沙制卤图

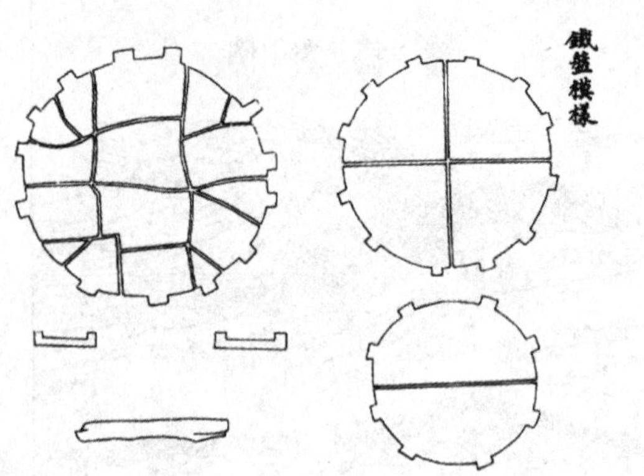


图1-119 《熬波图》中铁盘模样图

图1-120 《熬波图》中铸造铁柈图

图1-121 《熬波图》中排凑柈面图

图1-122 《熬波图》中装泥柈缝图

《熬波图》中用4幅图介绍了煎卤成盐的方法。第一幅“上卤煎盐”（图1-123），就是将淋灰得到的卤水通过竹管流入煎卤的铁盘中进行煎炼。第二幅“捞洒撩盐”（图1-124），在沸腾的煎卤铁盘中捞出刚刚结成的盐，放在竹篾上滤出卤水即得到干盐。恰如文中诗句的描述：“火伏上则盐易结，日烈风高胜他月。欲成未成干又湿，撩上撩床便成雪。盘中卤干时时添，要使柈中常不绝。人面如灰汗如血，终朝彻夜不得歇。”当时用来煎卤的铁盘称为“柈”。在煎卤过程中持续地捞盐、不停地添加生卤的煮盐方法，比一盘一盘将卤水直接蒸发至干结盐的方法更省工省力。第三幅“干柈起盐”（图1-125），指随着煎卤盘中卤水浓度的改变，不宜再实施撩盐法，可以将卤水蒸发至干，将结出的盐用扫帚聚集收起。第四幅“出扒生灰”（图1-126），将煎卤烧火时未完全燃尽的半灭的炭灰扒出来，用水浇灭，成为木炭，用作摊场晒灰及淋灰取卤时铺底和覆盖的生灰。

《天工开物 · 作咸》中还记述了煎卤未能结盐的处理方法：“凡煎卤未即凝结，将皂角椎碎，和粟米糠二味，卤沸之时投入其中搅和，盐即顷刻结成。盖皂角结盐，犹石膏之结腐也。”

（2）砚晒海盐　将卤水加入类砚台的石槽中晒成盐的方法，被称为“砚”晒海盐。

图1-123 《熬波图》中上卤煎盐图

图1-124 《熬波图》中捞洒撩盐图

图1-125 《熬波图》中干料起盐图

图1-126 《熬波图》中出扒生灰图

海南洋浦千年古盐田是砚晒海盐的发源地，为我国保存最完整的日晒手工制盐的古盐场。唐末年间，福建一群盐工来到海南岛西部的儋耳郡（现海南省儋州市），在新英湾建设盐田。盐工们发现，在石头上晒盐比在沙地上快得多。于是，他们试着把大小不等的石头凿成砚式石槽（图1-127），至今还保留着1000多个砚式石槽。

图1-127 砚晒海盐

砚晒海盐的工艺流程：晒沙→收沙→收卤→试卤→晒盐。

① 晒沙　开垦的晒盐泥沙地在涨潮时被海水淹没浸透，待退潮后将晒盐泥沙地中的盐沙翻开暴晒，直至水分完全蒸发。

② 收沙　在筑好的盐池中铺上一层干茅草，用工具将晒干的盐沙抛至盐池中，用脚踩实。

③ 收卤　将蓄水池中的海水挑至盐池并慢慢注入其中，直至水与堰平。海水慢慢渗透到盐池的底部，透过盐池底部的石头缝隙汇入卤水池。经过一夜的渗滤，卤水池中便得到澄清的卤水。

④ 试卤　将黄鱼茨茎秆投入卤水中，若浮于水面则说明卤水浓度达到晒盐的要求。

⑤ 晒盐　用小木桶舀卤水浇于晒盐石槽中。在太阳下暴晒至傍晚，盐卤水即可结晶成盐。

（3）海滩晒盐　我国海盐的晒制方法出现较晚，元代始兴于福建，是依解州池盐经验，兼用晒法。大约至明朝中期，已有更多地方改煎为晒。《明史 · 食货志》中记载：“淮南之盐煎，淮北之盐晒，山东之盐有煎有晒。”明代宋应星《天工开物·作咸》中记载：“其海丰、深州引海水入池晒成者，凝结之时扫食不加人力，与解盐同。”

在海滩上建造蓄水池，待海潮漫入蓄水。依据地势由高至低建造多级晒池，用风车翻水或人工提水车将蓄水池中的海水灌入高层的一级晒池，经过日晒，海水蒸发，卤水得到初步浓缩后放入次层的二级晒池，如此逐级浓缩，最后得到颗盐。

### 4. 井盐制法

井盐是从井中汲取卤水，经过煎炼或日晒而得到的盐。中国井盐开采大约始于战国晚期，自秦初李冰开凿广都盐井至南北朝时期，为我国盐井史发展的第一阶段，即大口浅井时期。1956年，中国人民邮政发行了一枚主题为井盐生产的汉画像砖邮票（见图1-128）。这块东汉时期的汉画像砖是成都扬子山一号墓中出土的，长40.8厘米，高46.7厘米，厚7厘米。图中左下角有一盐井，井上竖架，有四人成双站于两层架上，引绳提取盐水，绳上有滑车，盐水顺着竹筒流到锅灶内，灶口一人在烧火，其上有二人背柴。画像砖上把汉代的井盐生产情况以及烧盐工人的劳动生活生动地表现了出来，整个画面为群山层层环绕，山中有禽兽与树木以及射猎者点缀其间，呈现出浓厚的生活气息。

我国盐井史发展的第二阶段是北宋时期的小口深井时期，即卓筒井时期。苏轼在其《东坡志林》中有详细记载：“自庆历、皇祐（1049—1054年）以来，蜀始创筒井，用圆刃凿如碗大，深者数十丈。以巨竹去节，牝牡相衔为井，以隔横入淡水，则咸泉自上。又以竹之差小者，出入井中为桶，无底而窍其上，悬熟皮数寸，出入水中，气自呼吸而启闭之，一筒致水数斗。凡筒井皆用机械，利之所在，人无不知。”这表明当时的凿井技术和开采工艺十分先进。利用巨竹去节，首尾阴阳相接成套管下入井中，防止周围淡水渗入。发明了单项阀式的汲卤筒，即将一定厚度的熟皮放在竹筒的底部，将

图1-128　井盐生产的汉画像砖邮票

汲卤筒沉入井底时，卤水冲击皮阀而进入筒中。提起竹筒时，依靠筒内卤水重力压迫皮阀，致使皮阀关闭，而卤水不漏。这种汲卤筒可谓最古老的水样采集器。

《天工开物·作咸》中详细记载了井盐的生产工艺，并配有“开井口、下石圈、凿井、制木竹、下木竹、汲卤（图1-129）、场灶煮盐、井火煮盐（图1-130）、川滇载运”九幅精美插图。其中“井火煮盐”是指以天然气作燃料，锅煮卤水成盐。据文献记载，我国至迟在三国时期已开始利用天然气作燃料煎煮井盐了。晋代张华《博物志》记载：“临邛火井一所，纵广五尺，深二三丈。井在县南百里。昔时人以竹木投以取火，诸葛丞相往视之。后火转盛热，盆盖井上，煮水得盐。”

海盐晒制技艺、卤水制盐技艺、井盐晒制技艺以及四川省自贡井盐深钻汲制技艺为国家级非物质文化遗产代表性项目。

图1-129 《天工开物》中汲卤图

图1-130 《天工开物》中井火煮盐图

阅读材料

## 芒康盐井古盐田

芒康盐井古盐田位于西藏芒康县盐井镇澜沧江东西两岸，距芒康县城120多千米，至今仍保留着完整的古老手工晒制井盐工艺，起源于唐朝时期，距今已有1300年的历史。盐民从澜沧江边的盐卤水井中将卤水背上来，倒入卤池中进行自然浓缩，再从卤池中倒入盐田，经过多日的风吹日晒，结晶成盐。目前有盐田3000多块，西岸地势低缓，盐田较宽，所产的盐为淡红色，俗称桃花盐（见图1-131）。江东地势较窄，盐田不成块，产的盐是白色的。

图1-131　芒康盐井古盐田

## 二、酿造工艺化学

酿造是人类最早掌握的一种加工有机物质的方式，也就是利用微生物在特定的环境中促使粮食、豆类或果品中的糖类或淀粉发生生物化学反应，加工成酒、醋、酱等物质的过程。

1. 酿酒

酿酒是利用微生物发酵生产含一定浓度酒精饮料的过程。酿酒也是世界上最古老的食品加工方式之一，早在中国夏朝或更早时期就已经出现。许慎《说文解字》中说：“古者仪狄作酒醪，禹尝之而美，遂疏仪狄，杜康作秫酒。”《世本·作篇》中有“仪狄造酒”“杜康造酒”“少康作秫酒”的说法。

位于河南省中部舞阳县北舞渡镇贾湖村的贾湖遗址（距今约9000—7500年），是中国新石器时代前期重要遗址。通过对贾湖遗址出土的陶器壁上的附着物进行化验分析，发现了酒类挥发后的酒石酸成分，这是古代中国人掌握酿酒技术的证据，也是目前世界上发现最早酿造酒类的古人类遗址。

在自然界中，凡是富含糖（葡萄糖、蔗糖、麦芽糖、乳糖）的物质（如水果），在酵母菌的作用下都能自然地转化为乙醇。

由于谷物中的淀粉不能像水果中的糖分一样被酵母菌直接转化为乙醇，因此用谷物酿酒要先在糖化酶的作用下将淀粉分解成葡萄糖，然后再用酵母菌将葡萄糖转化为乙醇。有关化学反应式为：

$$(C_6H_{10}O_5)_n\text{（淀粉）} + nH_2O \longrightarrow C_{12}H_{22}O_{11}\text{（麦芽糖）}$$

$$C_{12}H_{22}O_{11}\text{（麦芽糖）} + H_2O \longrightarrow 2C_6H_{12}O_6\text{（葡萄糖）}$$

$$C_6H_{12}O_6\text{（葡萄糖）} \longrightarrow 2C_2H_5OH + 2CO_2\uparrow$$

早在原始社会时，人们发现谷物受潮后会发芽，谷物发芽产生的酶可以将淀粉转化为糖，酵母菌可以将糖转变成酒。谷物因保藏不当会发霉，人们用发霉的谷物制成酒曲。酒曲上有大量的微生物（米曲霉菌），这些米曲霉菌所分泌的酶将淀粉转化为糖，酵母菌再将糖转变成酒。由于酒曲中既有起糖化作用的霉菌，又有起酒化作用的酵母菌，因此采用酒曲可直接将谷物酿制成酒。《尚书·说命下》中说："若做酒醴，尔惟曲糵（niè）。"这里的"曲"即为酒曲，有大曲、小曲之分，为糖化-发酵剂；"糵"指麦芽，含有糖化酶，为糖化剂。在上古时期有"曲造酒、糵造醴"之说，而自汉代以来，人们嫌醴的酒味太淡，多只用曲造酒。这种用酒曲酿酒的方法是中国先民的一项伟大发明。

贾思勰著《齐民要术》中关于制曲、酿酒的叙述，是当时制曲、酿酒技术和经验的总结，书中记载了三斛麦曲、神曲、白醪曲等9种酒曲和20多种酒的制法。宋朝朱肱《北山酒经》中介绍了白醴曲、小酒曲、香桂曲等十多种曲及多种酒的制法。《天工开物》中也记载了酒母、神曲和丹曲等酒曲的制作工艺，在介绍用红酒糟作为丹曲（红曲）的菌种制作丹曲时，特别提到要将马蓼自然汁与明矾水混合，利用明矾水的酸性抑制杂菌的繁殖。因为红曲霉菌生长缓慢，难与杂菌竞争，但它耐酸性。

**注：**

西方国家自古代至近代均采用两步法酿酒，即利用谷芽中的糖化酶将淀粉转化成糖类，再用酵母菌将葡萄糖转化为乙醇。直至19世纪50年代，法国科学家巴斯德（L. Pastear）揭示了发酵酿酒的原理后，西方人才注意到中国酿酒的独特方法。19世纪末，法国学者研究了中国酒曲，发现酒曲确实能将谷物中的淀粉直接发酵成酒，并将这种制酒方法称为淀粉发酵法，随后逐渐在酒精工业中推广使用。

贵州省茅台酒酿制技艺、四川省泸州老窖酒酿制技艺、山西省杏花村汾酒酿制技艺、蒸馏酒传统酿造技艺（西凤酒酿造技艺、古井贡酒酿造技艺、洋河酒酿造技艺、沱牌曲酒传统酿造技艺、古蔺郎酒传统酿造技艺、剑南春酒传统酿造技艺、水井坊酒传统酿造技艺、五粮液酒传统酿造技艺、衡水老白干传统酿造技艺、北京二锅头酒传统酿造技艺、青海青稞酒传统酿造技艺）、酿造酒传统酿造技艺、绍兴黄酒酿制技艺为国家级非物质文化遗产代表性项目。

### 2. 酿醋

乙醇在空气中被缓慢氧化成乙醛，进一步氧化生成乙酸。在适宜的温度（25~35℃）条件下，在醋酸菌的作用下乙醇被氧化成乙酸。其化学反应式为：

$$C_2H_5OH + O_2 \longrightarrow CH_3COOH + H_2O$$

古人总结出的经验是由酒变成醋需要大约21天的时间。由此可知，酿醋首先是酿酒。酿造醋的原料通常分为谷物和水果。西方及世界上的其他国家主要采用水果酿醋，如苹果醋、葡萄醋。因为中国采用谷物发酵法酿酒，所以也采用谷物发酵法直接得到醋。由于在醋酸菌的作用下，乙醇必须与氧气作用才能转变为醋，因此发酵的过程中必须每天翻动醋醅，以保证它与空气充分接触。

《齐民要术》中记述了二十多种早期制醋方法，所用的原料有粟米、秫米、大麦、面粉、酒糟、麸皮、大豆、小豆、小麦等。

酿醋要利用醋酸菌使乙醇转变成乙酸，而酿酒要防止乙醇变酸。采用相同的原料，利用两种酿造工艺，酿造出酒和醋两种不同的产品。这充分证明中国先民在微生物的利用方面表现出了高超的智慧和技艺。

山西省清徐老陈醋酿制技艺、山西省太原市老陈醋酿制技艺、江苏省镇江恒顺香醋酿制技艺、山西省襄汾县小米醋酿造技艺、天津市独流老醋酿造技艺、四川省南充市保宁醋传统酿造工艺、贵州省赤水晒醋制作技艺、宁夏吴忠老醋酿制技艺均为国家级非物质文化遗产代表性项目。

### 3. 酿造酱和酱油

酱的酿造过程同样经历生物化学的复杂变化。《梦溪笔谈》中记载了制作酱的方法：用小麦制成的曲称为黄衣，用磨细的小麦粉制成的曲称为黄蒸。将煮好的大豆瓣冷却至适宜温度时均匀地裹上曲，在适宜的环境温度条件下，让米曲霉在大豆的表面繁殖，待黄绿色的菌丝包裹大豆时便完成了制曲。

将制好的曲放入盐水的晒缸中，在蛋白酶的作用下，豆中的蛋白质慢慢分解转化为氨基酸类而产生鲜味。豆中的淀粉在淀粉酶的作用下分解为糖，再由酒化酶作用生成乙醇，一部分乙醇散发到空气中，少部分乙醇与酸类物质发生酯化反应产生香味。由于做酱的后期加入盐，发酵要在高盐分的环境中进行，要求霉菌在高盐分的条件下仍能存活和繁殖，这与酿酒、制醋是不同的。

汉代时期，出现用大豆制作酱。酱油是从豆酱中滤出来的液体，在南北朝时称为“酱清”，在唐代时称为“酱汁”，到宋代时称为“酱油”。由于在相当长的时间内，人们没有把酱和酱油区分开来，因此记载制酱油的方法出现较晚。

### 4. 饴糖

《说文解字·食部》：“饴，米蘖煎也。”“蘖”是指谷芽。饴糖是利用谷芽的淀粉酶使淀粉糖化，加水调成糖化汁液，滤去米渣后经煎熬浓缩而成的糖。《齐民要术》详细记述了三种蘖和三种饴糖的制作工艺。

## 三、古代染色工艺与染料化学

在新石器时代，先民们或是对美的追求，或者是对某些事物的向往和崇拜，就已经利用矿物涂料对陶器施以彩绘。在中国夏代时期，中原地区已经在丝、麻编织物和服饰上进行着色和彩绘了。《周礼·天官冢宰》中就有"染人，掌染丝帛"的记载。

### 1. 早期的染色工艺

中国古代染色工艺形成于春秋战国时期，主要采用石染和彩绘工艺。先秦时期出现了复染和套染工艺。

（1）石染　早期用于着色的原料就是从自然界采集的矿物，把矿石研磨成细的粉末，用水调和后均匀涂在编织物上，或者绘制条纹和图案。这种染色方法称为石染。

为了利于上色，在染色之前要对丝、麻、帛进行漂洗处理，以去除胶质，古人称为练。《周礼·天官冢宰》记载："凡染，春暴练，夏纁玄，秋染夏，冬献功。"《周礼·冬官考工记》中详细记载了练丝和练帛：练丝要用草木灰水浸泡七天，将浸泡后的蚕丝放在离地一尺的架子上曝晒。白天在日光下曝晒，晚上将其浸泡在井水中。这样操作连续七天七夜，称为水练法。练帛要用楝树叶灰水（含有较多的$K_2CO_3$）浸泡，将其放在光滑的容器中，再加上蜃灰（煅烧蚌壳、牡蛎壳得到的白灰）浸泡，将浸泡水沉淀、澄清，抖掉帛上的灰，加水洗，过滤，再涂上蜃灰，放置过夜。第二天再用水洗，滤水后在阳光下曝晒，晚上将其浸泡在井水中。这样操作连续七天七夜，即为帛的水练法。

（2）复染与套染　复染是指将丝、麻、帛等织品用同一种染料反复多次着色，使颜色逐渐加深。套染是指用两种或者两种以上不同染色的染料交替染色，以获得丰富多彩的色调。

（3）彩绘　模仿陶器上的彩绘，将各种颜料的细粉加胶拌和，在均匀着色的织物上描绘。《周礼·冬官考工记》中有在衣服上彩绘的记述："画缋之事，杂五色。……青与赤谓之文，赤与白谓之章，白与黑谓之黼（fǔ），黑与青谓之黻（fú），五彩备谓之绣。"

### 2. 印花工艺

我国自秦汉至明清时期染色工艺逐渐成熟，先后发明了蜡缬、绞缬、夹缬和灰缬四大印花技艺。

（1）**蜡缬**　蜡缬即蜡染，是以蜡为防染材料进行防染的传统手工印染技艺，古代称"蜡缬"。大约在秦汉时期，我国西南地区发明了蜡染技术。利用蜂蜡或白蜡作为防染剂，用蜡刀蘸熔蜡绘花卉图案于棉布上，入蓝靛缸浸染。染好后将织物在汤中煮，脱去蜡质，布面就呈现出色调饱满、简洁明快的蓝底白花的图案。

（2）**绞缬**　绞缬即扎染，就是把布料的局部进行扎结，防止局部染色而形成预期花纹的印染方法。预先将待染织物设计好图案，用线沿着图案边缘进行钉缝，用线紧扎成蝴蝶、蜡梅、海棠等各式各样的花团，这样在将织物浸染时钉扎部分就不能充分着色，染完拆线后钉扎的部分就形成着色不充分的花纹图案。

（3）**夹缬**　夹缬即为镂空型版双面防染印花技术，始于秦汉时期，盛行于唐宋时期。唐代诗人白居易就曾留下"成都新夹缬，梁汉碎胭脂"的诗句。

夹缬工艺是用两块相同图案的镂空木花版，将织物夹持于镂空版之间加以紧固，将夹紧织物的刻板浸入染缸浸染，镂空部分着色，被夹紧的部分则保留本色。

（4）灰缬　用碱性的防染剂进行防染的印花方法。所用的防染剂为豆粉与石灰混合成的糊状物，俗称“灰药”。将布折叠夹在两块相同图案的镂空木花板之间，涂上“灰药”后，取出织物进行浸染，待织物浸染晾干后，洗掉“灰药”的部分呈白色花纹。

### 3. 矿石类染料

周代时期的矿物类染料主要有以下几种。

（1）赭石　赤铁矿粉，棕红色，主要成分$Fe_2O_3$。

（2）丹砂　红色，主要成分HgS。

（3）空青　碱式碳酸铜矿石，翠绿色，主要成分$CuCO_3 \cdot Cu(OH)_2$。

（4）曾青　蓝铜矿石，蓝色，主要成分$2CuCO_3 \cdot Cu(OH)_2$。

（5）石黄　分为雌黄和雄黄。雌黄为黄色，主要成分$As_2S_3$。雄黄为橙色，主要成分$As_2S_2$。

（6）胡粉　又称铅白，白色，主要成分$PbCO_3 \cdot Pb(OH)_2$。

### 4. 植物染料

在周朝至先秦时期还使用了靛蓝（蓝色）、茜素（红色）、紫草（紫色）、地黄、皂斗等几种天然植物染料。这在《周礼·天官司徒》中有记载，“掌染草”之职，“掌以春秋敛染草之物”。到了秦汉以后，植物染料的品种增至20余种，色谱逐渐扩大。常见的植物染料如下：靛蓝；紫草、紫檀；茜草、红花、苏木、血竭；荩草、栀子、姜黄、黄栌、槐花、黄檗、地黄、山矾、柘木；鼠李；五倍子、没食子、胡桃、狼把草、乌桕、槐子、栗壳、薯良等。

（1）植物染料的提取　汉代以前，植物染料的使用一般是用热水浸取植物色素，然后直接上染丝麻或织物。汉代以后则是提取植物色素，并加工为染料成品。《齐民要术》《天工开物》等均记载了制造蓝靛的方法。其中《齐民要术》记载了提取红花染料的“杀花法”。《天工开物》记载了造红花饼法。

（2）植物染料色素的酸碱提纯和调色　为了获得较纯净的色素，有时可以利用植物色素在酸性或碱性溶液中溶解性的差异进行提纯。中国古代采用的酸性水主要有醋、发酵的米汤、乌梅水、石榴浆等，采用的碱性水则有草木灰浸取液和石灰水。如造红花饼时，把红花捣烂后，先用水和酸米汤浸出黄色素，这样就能够让红色素留在余渣中。《天工开物》中关于染大红色的记载：“大红色，其质红花饼一味，用乌梅水煎出，又用碱水澄数次。或稻稿灰代碱功用亦同，澄得多次，色则鲜甚。”

古代的染色工匠利用酸碱进行调色，如栌木中的黄色素在酸性介质中呈淡黄色，在碱性介质中呈金黄色。《天工开物》中关于染金黄色的记述：“金黄色，栌木煎水染，复用麻稿灰淋，碱水漂。”

（3）发酵作用在染料加工中的应用　用蓝草提取的靛蓝染料是不溶于水的，不能直接上染织物。我国古代染工发明了用酒糟作发酵剂，将靛蓝还原成白色的可溶于碱性水的靛白，便可制成染液。染液浸透织物后，再经曝晒，利用空气中氧气将靛白氧化成靛蓝，从而实现染蓝的目的。

### 5. 媒染剂与色淀反应的利用

有些天然色素不能使织物着色，即使着色也不牢固，易被清洗掉。可以借助于某种媒介物使色素与纤维结合在一起而使纤维着色，这种媒介物被称作媒染剂。

中国古代的媒染剂主要是一些金属的硫酸盐，如绿矾（$FeSO_4 \cdot 7H_2O$）、黄矾［$Fe_2(SO_4)_3 \cdot 9H_2O$］、明矾［$KAl(SO_4)_2 \cdot 12H_2O$］、胆矾（$CuSO_4 \cdot 5H_2O$）等。

有机染料色素的分子中有可以与金属离子发生配位作用的基团（媒染基团），如羟基、羧基、氨基等。媒染基团遇到金属盐媒染剂时因生成螯合物而使染料分子牢固地作用在纤维上，从而使纤维着色。

江苏省南通市蓝印花布印染技艺、湖南省蓝印花布印染技艺、浙江省蓝印花布印染技艺、浙江省蓝夹缬技艺、贵州省蜡染技艺、云南省扎染技艺、四川省扎染技艺、广东省香云纱染整技艺、贵州省枫香印染技艺、海南黎族传统纺染织绣技艺、新疆维吾尔族花毡和印花布织染技艺、新疆维吾尔族艾德莱斯绸织染技艺均为国家级非物质文化遗产代表性项目。

## 四、古代造纸与印刷工艺

造纸术、印刷术、指南针和火药并称为中国古代科学技术的四大发明。那么什么是纸？古代造纸工艺中蕴藏着哪些化学知识呢？

### 1. 纸的科学定义

东汉刘熙著《释名》中说："纸，砥也，谓平滑如砥石也。"《说文解字》："纸者，絮一苫也。" 1963年出版的《美国百科全书》中将纸定义为：从水悬浮液中捞在帘上，形成由植物纤维交结成毡的薄片。1979年版中国《辞海》中将纸定义为：用以书写、印刷、绘画或包装等的片状纤维制品，一般由经过制浆处理的植物纤维的水悬浮液，在网上交错组合，初步脱水，再经压榨、烘干而成。

由上述纸的定义可知，纸的形成必须具备三个关键要素。第一个关键要素是"植物纤维"，即纸是由植物纤维构成，其他纤维构成的不能被称为纸。第二个关键要素是"水悬浮液"，即经过制浆处理的植物纤维分散在水中，形成水悬浮液。要制成比较纯净的植物纤维水悬浮液，就必须脱出原料中的果胶、木素、色素等杂质。果胶能被碱性溶液分解，也可利用发酵过程的生物化学作用使之降解。中国古代采用的沤制法处理原料就是一种利用发酵法使原料脱胶的过程。在原料脱胶后，还要在草木灰水或石灰水的碱性稀溶液中蒸煮，以除去木素、脂肪、半纤维素等杂质，经过漂白纯制后可制得含量在90%以上的纤维素。第三个关键要素是"交结成的片状物"，即将植物纤维从水悬浮液中捞在多孔模具或帘上，纤维在帘上形成湿的薄层，干燥脱水后，纤维素分子之间靠氢键缔合并交结成具有一定强度的片状物。

图1-132所示的是植物叶片的显微图片，图1-133所示的是仿古麻纸的显微图片。从图片中不难看出两者的明显差别，植物叶片上的细胞和叶绿素清晰可见，而麻纸的纤维交织重叠，已完全不是原生态的植物，而是一种人造材料。

### 2. 造纸术的起源

（1）纸出现之前的书写材料　古埃及人把象形文字刻在石碑上。巴比伦人将楔形文字刻在黏土坯上，再烧制成硬砖。公元前450年，著名的罗马成文法是铸在12块青铜板上的。

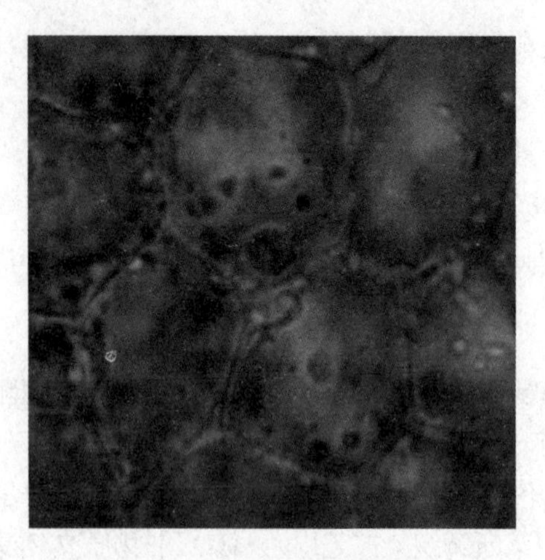
图1-132　植物叶片显微图片

图1-133　仿古麻纸显微图片

公元前1世纪，西西里岛上的人们在橄榄叶上书写法律。古埃及人在棕榈叶或莎草片上书写。亚洲的印度人、巴基斯坦人、泰国人等在贝叶上书写。美洲印第安人、拉丁人在树皮上书写。欧洲人在羊皮上书写。

公元前2500年，古埃及人将莎草茎的硬质绿色外皮削去，把浅色的内茎切成一定长度的长条，再切成一片片薄片。将切下的薄片在水中浸泡，除去糖分后，在亚麻布上将这些薄片并排放成一层，然后在上面覆上另一层，使两层薄片互相垂直。趁湿用木槌捶打，将两层薄片压成一层并挤去水分，再用石头等重物压制，干燥后用浮石磨光就得到所谓的“莎草纸”。由于这只是对莎草进行一定处理而做成的书写介质，因此“莎草纸”并不是现代概念的纸，更确切地说应该称之为莎草片。

公元前后，古墨西哥的玛雅人将一种称为阿玛特树的树皮剥下后，除去外表皮，将内皮撕成2.5厘米宽的长条，放在锅内加水和草木灰煮沸，用水冲洗后，将树皮纤维长条纵横交错地排列在木板上，用槌捶打成为薄片，用石头压平磨光，从而制成所谓的阿玛特纸。尽管使用的树皮属于植物纤维，但没有经过制浆处理，因此，阿玛特纸也不是现代概念的纸，更确切地说应该称之为树皮毡。

在纸出现之前，中国殷商时期出现了写在甲骨上的甲骨文，铸在青铜上的金文，以及刻写在石、玉上的文字。中国古人还在竹签、木片、缣帛上书写。王祯《农书·造活字印书法》中说：“或书之行，谓之行简；或书于缣帛，谓之帛书。”1973年，长沙战国楚墓出土了一幅“人物御龙”帛画。1973年，长沙马王堆汉墓出土了竹简、木牍、帛画、帛书等，其中有《老子》和《战国策》及天文、历法等重要文献。

（2）造纸术发明的条件　造纸术之所以起源于中国，是与中国的丝绸制作紧密相关的。早在商代时期，丝织品的制作就有很高的水平。原始的缫丝方法是将上等茧浸在热水中，手工抽丝并缠绕于丝框上。有一些断掉的、短的蚕丝就落入锅底，而蚕茧中含有的丝胶在蒸煮后也散发在水中，当锅中水干后，落在锅底的残丝因丝胶的作用而结成片，这或许为造纸的发明带来了启发。另外，对于那些不能用来缫丝的病茧、恶茧，就用来制作丝绵。将这些次等茧加草木灰煮沸，脱除胶质，剥开漂洗，再放到浸没于水中的篾席上，用棍棒反复捶打，直至茧衣被捣烂散开。这个过程称为“漂絮”。每次漂絮完毕，就会有一些被打断的丝遗留在篾席上，晾干后就在篾席上附着一层由残絮交织而成的薄片，或是被捶打捣烂的茧衣晾干后也会在篾席上形成薄片（如图1-134所示），人们将其揭下来，发现可以用于书写。这就是所谓的“丝絮纸”。尽管“丝絮纸”不是现代概念上的纸，但“漂絮”促使人们产生了通过在水中制浆使纤维分散和抄纸的联想。

图1-134　漂絮及在篾席上形成薄片图

中国是世界上第一个植桑养蚕的国家，也是世界上最早种植麻类的国家之一。因为新麻含胶而质硬，使用前常采用“沤麻”的方法进行处理。“沤麻”就是将麻浸泡在水中，利用微生物分泌的果胶酶分解胶质，使纤维分散而柔软。《诗经·陈风》中有关于“沤麻”的最早记载：“东门之池，可以沤麻。”古人在长期处理麻的过程中，或许受到“缫丝”和“漂絮”的启发，将“缫丝”“漂絮”与“沤麻”结合在一起，从而发明了由植物纤维制成的纸。

（3）西汉麻纸　苏易简《文房四谱·纸谱》中记述：“成帝时有赫蹄书诏。”成帝是指西汉孝成皇帝刘骜（前33—前7年），“赫蹄”是指又薄又小的纸。20世纪的考古发现证明西汉时期已出现纸。1933年，新疆罗布泊汉代烽燧亭遗址首次发掘一片白色麻质古纸，纸质粗糙，为造纸初期的纸。1942年，在甘肃额济纳河汉代居延地区查科尔帖的烽燧下出土一张有文字的纸，由植物纤维制成，纸质粗厚，被认为是西汉时期的纸（见图1-135）。1978年，在甘肃额济纳河东岸汉代金关屯戍遗址出土了西汉麻纸。20世纪出土的这些西汉麻纸表明在我国西汉时期已经出现纸了。

图1-135　居延查科尔帖汉代烽燧遗址出土的有字西汉纸

（4）蔡侯纸　蔡伦（约62—121）字敬仲，东汉桂阳郡人，于汉明帝永平末年（公元75年）入宫，汉和帝即位时（公元89年）升为中常侍，两年后兼任尚方令。永元九年（公元97年），监作秘剑及诸器械，达到了极高的水准。蔡伦对当时的造纸工艺进行改进，以树皮、麻头及破旧布、破旧渔网等为原料，经过反复试验，终于成功制成原料来源广泛、价格低廉的纸。元兴元年（公元105年），蔡伦将造纸的方法写成奏折，连同纸张呈献皇帝，并得到皇帝的赞赏。汉和帝诏令天下朝廷内外推广使用蔡伦造纸法。从此，人们将采用蔡伦改进造纸法制造出来的纸称为“蔡侯纸”。1959年，在新疆民丰县一东汉墓中出土揉成团的纸。1974年，甘肃武威旱滩坡地区的一座东汉墓中出土了一件牛车模型，车棚上贴有几片有字的古纸，经考古鉴定为东汉晚期的纸。

1978年，美国的麦克·哈特（Michael Hart）著《影响人类历史进程的100名人排行榜》，将蔡伦排在第七位，并指出蔡伦是中国造纸术的重大改进者。造纸术在7世纪经过朝鲜传入日本，8世纪中叶经中亚传到阿拉伯，12世纪传入欧洲。

### 3. 古代的造纸工艺

古代造纸术发明于汉朝，由于当时没有明确的文献记载，因此要弄清早期的造纸工艺是非常困难的。宋朝以后，有关造纸术记载的著作相继问世，如北宋苏易简《文房四谱·纸谱》，元朝费著《蜀笺谱》，明朝陆容《菽园杂记》、宋应星《天工开物》等。《文房四谱·纸谱》和《蜀笺谱》主要介绍几种名纸的名称由来和加工方法，《菽园杂记》简单记述了当时楮皮造纸工艺，《天工开物》较详细地介绍了造纸原料及竹纸和皮纸的制造工艺。

用树皮造出来的纸称为皮纸，用藤皮造出来的纸称为藤纸，用竹造出来的纸称为竹纸。皮纸的制造技术始于汉代，隋唐五代时期逐步得到发展，宋元明时期达到了极高的水平。楮皮纸因其具有洁白、柔韧、平滑的特点，特别适用于书法及绘画，因此受到了一代又一代文人的青睐。藤纸属于皮纸。从晋代开始，今浙江嵊州市的剡溪一带用藤皮造纸，造出的剡藤纸非常有名，又称剡纸。两晋南北朝时期，藤纸得到发展，到唐朝时期，藤纸进入全盛时期。竹纸始创于晋代，唐朝时开始兴起，北宋时期逐步得到发展，明朝时期开始出现竹纸制造技术的记载。2008年，在浙江杭州富阳发现了宋代造竹纸遗址，遗址中出土一些捞纸槽、石臼等。

综合造纸工艺的相关文献资料，将古代造纸工艺概括为：原料的预处理→原料的化学处理→舂捣与打浆→捞纸与干燥→纸的加工。

（1）原料的预处理　原料的预处理是指对造纸原料的初级处理，不同的原料处理方法略有不同。汉朝时期造麻纸的原料主要是麻，包括旧麻袋、麻绳、麻鞋等。魏晋南北朝至隋唐时期，造纸原料从麻类拓展到桑树皮、楮树皮、藤皮、竹等，宋朝时期又使用麦茎稻秆造纸。《文房四谱·纸谱》："蜀中多以麻为纸，有玉屑、屑骨之号。江浙间多以嫩竹为纸。北土以桑皮为纸，剡溪以藤为纸，海人以苔为纸，浙人以麦茎稻秆为之者脆薄焉，以麦稿油藤为之者尤佳。"

原料的预处理包括沤浸、浸泡、槌洗等。对于麻头、破旧布、破旧渔网等造纸原料来说，需要先浸泡，再槌洗。对于树皮、嫩竹、麦茎稻秆等原料来说，要在水塘中沤制，利用生物化学发酵作用脱除果胶等杂质。《天工开物》中关于造竹纸的记述："节界芒种，则登山砍伐。截断五七尺长，就于本山开塘一口，注水其中漂浸……浸至百日之外，加功槌洗，洗去粗壳与青皮（是名杀青）。"图1-136为《天工开物·杀青》篇中的插图"斩竹漂塘"。《天工开物》中关于造皮纸的记述："凡皮纸，楮皮六十斤，仍入绝嫩竹麻四十斤，同塘漂浸。"这里的"漂浸"就是沤制。

（2）原料的化学处理　原料的化学处理是指原料浸灰、蒸煮和暴晒，使其脱胶、脱色和漂白。浸灰就是将经过预处理的原料用石灰水浸透，或用石灰浆涂布的过程。《菽园杂记·衢州造纸法》篇中有"糁入石灰浸渍三宿，蹂之使熟"的记述。

**注：**

浙江省温州市瓯海区西部的泽雅镇人造竹纸时，要将新鲜竹子放在石灰水中浸泡三个月，使竹料变软，并去除部分木质素。

蒸煮是将浸过石灰水的原料装入置于铁锅上的木桶中进行加热蒸煮的过程。《天工开物·杀青》篇中关于造竹纸的记述："用上好石灰化汁涂浆，入楻桶下煮，火以八日八夜为率。"图1-137是《天工开物·杀青》篇中的插图"煮楻足火"。对于竹纤维来说，蒸煮后取出漂洗干净，用草木灰水浸透，还要再放入木桶中煮沸，并用热的草木灰水反复淋洗，直至竹纤维腐烂。

图1-136 《天工开物》斩竹漂塘图

图1-137 《天工开物》煮楻足火图

（3）舂捣与打浆　舂捣是将处理好的原料用石臼、踏碓或水碓舂至纤维完全分散成棉絮状的过程。《天工开物·杀青》篇中有"取出入臼受舂""舂至形同泥面"的记述。人工舂捣如图1-138所示，在山涧有流水动力的地方还可以用水碓，如图1-139所示。

打浆就是将舂捣好并切细的白色絮状纤维放入盛有清水的槽中，加入悬浮剂等辅助物后充分搅拌，使纤维分散并悬浮在水中，制成适当稠度的纸浆的过程。《天工开物·杀青》篇中关于造竹纸的记述："竹麻已成，槽内清水浸浮其面三寸许，入纸药水汁于其中。"这里说的"纸药"是指杨桃藤汁，因为其中含有胶质，具有使纤维在水中悬浮的作用，可使浆液更为均匀，使堆在一起的湿纸不发生粘连而易于分开，从而实现连续抄纸作业。《菽园杂记·衢州造纸法》篇中也有"舂烂，水漂，入胡桃藤等药"的记述。

图1-138　人工舂捣图

图1-139　水碓图

（4）捞纸与干燥　捞纸用的抄纸帘分为固定式和床架式两种，分别如图1-140和图1-141所示。原始的捞纸方法是积滤法，又称浇纸法，即将纸浆浇到固定式的草帘、麻布帘或篾席上，滤干水分，晒干。这种方法造出来的纸很粗糙，薄厚不均。

**注：**

目前，我国云南省丽江市的纳西族人的东巴纸手工作坊中使用的捞纸方法就是浇纸法。

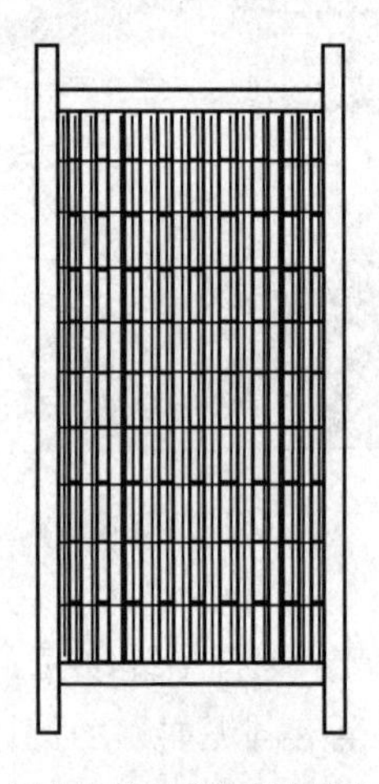
图1-140　固定式抄纸帘

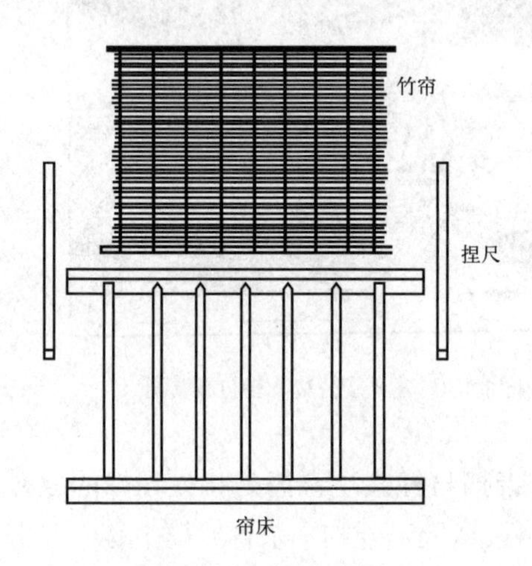

图1-141　床架式抄纸帘

由于固定式抄纸帘四边的框是固定的，抄出的湿纸不方便取出，特别是薄的纸容易揭烂，有时必须连同抄纸帘一起晒干后再将纸取下来，因此帘子的利用率很低，捞纸的效率也比较低。床架式抄纸帘的捏尺是活动的，抄纸时将竹帘放在帘床上，再把捏尺放在帘上用手捏住使帘固定，抄好一张纸后从帘床上取出抄纸帘，翻过来将纸落于板上。《天工开物·杀青》篇造竹纸中详细记述了抄纸的方法：“凡抄纸帘，用刮磨绝细竹丝编成。展卷张开时，下有纵横架框。两手持帘入水，荡起竹麻入于帘内。厚薄由人手法，轻荡则薄，重荡则厚。竹料浮帘则顷，水从四际淋下槽内。然后覆帘，落纸于板上，叠积千万张。数满则上以板压。”图1-142、图1-143分别为《天工开物·杀青》篇中造竹纸的插图“荡料入帘”和“覆帘压纸”。

图1-142 《天工开物》荡料入帘图

图1-143 《天工开物》覆帘压纸图

纸的干燥方法分为晾晒和烘焙。早期用积滤法捞纸时，直接将纸和帘一起晒干。造粗纸、草纸时将脱帘后的纸压水去湿，然后再晒干。对于抄出来的细纸，压水去湿后再进行烘焙。《天工开物·杀青》篇中详细记述了竹纸的烘焙法：“凡焙纸先以土砖砌成夹巷，下以砖盖巷地面，数块以往，即空一砖。火薪从头穴烧发，火气从砖隙透巷外。砖尽热，湿纸逐张贴上焙干，揭起成帙。”图1-144为《天工开物·杀青》篇中造竹纸的插图“透火焙干”。

图1-144 《天工开物》透火焙干图

（5）纸的加工　古代纸的加工技术有很多种，常见的主要有砑光、施胶、填粉、涂蜡、染色、洒金、印花等。

砑光就是用卵形光滑石块在纸面上碾磨，把纸面上原本凸凹不平的地方磨平。这样既可以使纸平滑，具有一定的光泽，还可以压扁纤维间存在的孔隙，堵住毛细管，防止走墨、洇彩。还可以将百张纸叠在一起，每隔十张左右用粉浆将纸稍微润湿，用厚石压一夜，再用打纸槌敲打数百下，揭开晒干。

施胶分为纸表施胶和纸内施胶。纸表施胶是用毛刷将施胶剂均匀刷在纸面上，使纸面上形成一层平滑的胶膜。魏晋南北朝、隋唐时期，多以淀粉糊作纸的表面施胶剂，宋以后改用动物胶和明矾。纸内施胶是将动物胶和明矾一起配成胶矾水，加入纸浆中，抄成纸的纤维间隙中就有胶粒进入，在纸烘干时也能形成光滑的胶膜。施胶不仅使纸表面光滑，还能够堵塞纸的毛细管，有效防止洇水的发生。通常将经过施胶处理的纸称为熟纸。

填粉是指将石膏、白垩和高岭土等矿物粉末借胶黏剂涂于纸的表面，形成外表坚固的保护层，再用细石研光，既能够提高纸的白度、平滑度，又能使纸面紧密，降低吸湿性。这种涂布的纸古称粉笺。

涂蜡是在纸的表面上涂一薄层蜡，增加纸的防水性，同时增加纸的透明度。表面涂蜡的纸称为蜡笺。

染色就是用各种植物染料把本色纸染成各种颜色，以增加纸的美观度。纸的染色始于汉代，魏晋南北朝以后，染纸技术发展很快。当时流行的是黄色纸，称为染潢纸。用这类纸写成书稿，再制成卷叫装潢。古代染潢所用的黄色染料是黄柏（古称黄檗）皮中所含的小檗碱，将黄檗切开去皮，熬成汁液，再混入矿物质和动物胶，然后用刷子均匀涂抹在纸张上，就同时完成了涂布和染色两个工序。经过加工的这种纸既可以防蛀，又方便在写错时用雌黄（$As_2S_3$）涂后改写。另外，这种纸不刺眼，适宜长时间阅读。

图1-145　纸上洒金图

洒金就是先在纸上涂黏结剂，再把金粉洒在上面（见图1-145）。这种洒有金粉的加工纸称为洒金纸。用黏结剂在纸面上描绘花纹图案，再洒上金粉，或者直接用笔蘸上金粉在纸面上绘出各种花纹图案的纸，称为金花纸或金花笺。金花纸始创于唐代，盛行于明清。

印花就是在纸面上印出各种花纹，分为明花和暗花。明花是利用印刷的方法在纸面上印出各种图案。暗花是指不用着墨的凹凸暗花，即用两块相同图案的阳纹和阴纹轧制出的凹凸暗花。这种用压力压出花纹的纸，称为砑花纸。

通过对古代造纸工艺的了解，人们对纸的定义也就更加明确了。纸是指植物纤维原料经机械、化学作用制成纯度较大的分散纤维，用水配成浆液，使浆液流经多孔帘滤去水分，纤维在帘的表面形成湿的薄层，干燥后形成具有一定强度的纤维素交结成的片状物。

安徽省宣纸制作技艺、江西省铅山连四纸制作技艺、贵州省皮纸制作技艺、浙江省皮纸制作技艺、山西省皮纸制作技艺、云南省傣族和纳西族手工造纸技艺、藏族造纸技艺、新疆维吾尔族桑皮纸制作技艺、安徽省潜山市桑皮纸制作技艺、陕西省楮皮纸制作技艺、浙江省竹纸制作技艺、四川省竹纸制作技艺、湖南省竹纸制作技艺均为国家级非物质文化遗产代表性项目。

阅读材料

## 文房四宝

文房四宝是指纸、墨、笔、砚，是中国独有的文书工具。在南唐时，“纸墨笔砚”特指澄心堂纸、徽州李廷珪墨、宣城诸葛笔、徽州龙尾砚。自宋朝以来，“纸墨笔砚”则特指宣纸、徽墨、宣笔、歙砚（安徽歙县）、洮砚（甘肃卓尼县）、端砚（广东肇庆）。北宋苏易简《文房四谱》中记述了笔谱、砚谱、纸谱和墨谱。

1. 纸

造纸术作为我国古代科学技术的四大发明之一，是我国古代文化繁荣发展的物质基础，也是中华民族对人类文明作出的重大贡献之一。文房四宝中的纸是指书写和绘画用纸。古代的名纸主要有：澄心堂纸、宣纸、薛涛笺、谢公笺等。

澄心堂纸：澄心堂本是南唐宫中的一处重要建筑。南唐后主李煜（937—978）在位时，因擅写诗词，喜欢收藏书籍和纸张，设管局监造御用佳纸，取名为澄心堂纸。

北宋学者、史学家、散文家刘敞（1019—1068）《公是集》中诗句：“臂笺弄翰春风里，斫冰析玉作宫纸。当时百金售一幅，澄心堂中千万轴。”欧阳修（字永叔，1007—1072）从刘敞那里得到数张澄心堂纸，并分赠梅尧臣（1002—1060）。梅尧臣《婉陵集·永叔寄澄心堂纸二幅》诗句表达了获赠澄心堂纸的感受和对澄心堂纸的赞美：“昨朝人从东郡来，古纸两轴缄縢开。滑如春冰密如茧，把玩惊喜心徘徊。”后来梅尧臣收到宋敏求（字次道，1019—1079）赠的百幅澄心堂纸，再次写下赞美的诗句：“寒溪浸楮舂夜月，敲冰举帘匀割脂。焙干坚滑若铺玉，一幅百金曾不疑。”

梅尧臣将澄心堂纸样寄给歙州人潘谷进行仿制。潘谷仿制成功后又赠梅尧臣300幅，梅尧臣收到潘谷仿制的澄心堂纸后，赋诗一首：“文房四宝出二郡，迩来赏爱君与予。予传澄心古纸样，君使制之精意余。”

明·王佐《古墨迹论上·古纸》中说：“五代南唐有澄心堂纸绝佳。宋有澄心堂纸……”南唐澄心堂纸的原料为楮皮，造于歙州和池州（今安徽歙县和池州市）。北宋·苏易简《文房四谱·纸谱》记述:“歙县间多良纸，有凝霜、澄心之号。”澄心堂纸的特点是洁白、表面平滑、纸质坚韧，在当时被评为纸中第一品。

宣纸：宣纸始于唐代，产于泾县，因唐代泾县隶属宣州管辖而得名，迄今已有1500余年历史。宣纸是书画名纸，不仅吸附性强、不易变形，而且还能抗老化、防虫蛀。早期宣纸的主要原料为青檀皮，后来配入一些沙田稻草。青檀皮纤维长而韧，决定了纸的韧性；稻草纤维短而粗，决定了纸的白度和柔软性：用这两种不同的纤维造纸可以取长补短。青檀皮是宣纸的“骨干”，稻草是宣纸的“肌肉”，皮多则纸坚韧，草多则纸柔软。青檀皮纤维含量达到60%以上的宣纸称为净皮宣，稻草纤维含量达到60%以上的宣纸称为绵料宣，两者融合才使得宣纸具有薄、轻、软、韧、细、白的特点及其独特的润墨效果，具有“薄如蝉翼洁如雪，抖似细绸不闻声”和“纸寿千年，墨韵万变”的美誉。

宣纸是中国造纸技术皇冠上的明珠，无数绘画杰作、书法墨宝、传世经典、名碑拓片等都是以宣纸为载体，为中华文化的传承做出了不可替代的贡献。

宣纸的现代生产工序为：水浸、灰浸、堆料、蒸煮、摊晒（自然漂白）、洗料、选料、舂捣、切料、打浆、捞纸、焙干。

冬天砍下成长三年左右的青檀枝条，扎成小捆，码放整齐，用蒸汽将枝条蒸熟，剥下檀皮，经过一年的风吹日晒。将割下来的沙田稻草扎成小捆，浸石灰水，晒干后，堆放一年左右，稻草变软，同时去掉部分果胶、木质素等杂质。将浸过石灰水并放置一年左右的青檀皮、沙田稻草放入大蒸锅中进行蒸煮，然后在晒滩上摊晒（见图1-146）。经过一年左右的日晒雨淋和自然漂白，然后经过洗料、选料、舂捣、切皮和发酵，将皮料和草料按比例加入槽中，加入适量纸药（野生杨桃藤汁，即猕猴桃藤汁）后再经过打浆、捞纸、压榨、烘焙等工序。

图1-146　宣纸原料晒滩

2002年，安徽宣城泾县被国家确定为宣纸原产地。2006年，宣纸制作技艺被列入首批国家级非物质文化遗产。2009年，宣纸传统制作技艺被联合国教科文组织列入人类非物质文化遗产名录。

2. 墨

墨是用煤烟或松烟等人工制成的黑色块状物，是书写、绘画的颜料。墨的主要成分是炭黑，是含碳物质在供氧不足时不完全燃烧所产生的轻质而疏松的黑色粉末。炭黑属于无定形碳，微观结构比较复杂。中国用炭黑制墨由来已久，最初是以炭黑与胶汁制成墨汁，后来又制成固体墨块，使用时蘸水在砚上研磨便可产生以胶体形式存在的墨汁。

《庄子》中有“宋元君将画图，众史皆至，受揖而立，舐笔和墨”的表述，说明在春秋战国时代，已经开始用毛笔和墨了。1975年，在湖北云梦县睡虎地古墓群中发掘出战国时代纯黑的墨块。

北魏贾思勰《齐民要术》、北宋苏易简《文房四谱》、宋朝赵彦卫《云麓漫钞》、元朝宋应星《天工开物》等均记述制墨的方法。《齐民要术》中记述了合墨法：“好醇烟，捣讫，以细绢筛于缸内，筛去草莽若细沙、尘埃。此物至轻微，不宜露筛，喜失飞去，不可不慎。墨屑一斤，以好胶五两，浸梣皮汁中。梣，江南樊鸡木皮也，其皮入水绿色，解胶，又益墨色。可下鸡子白（去黄）五颗，亦以真朱砂一两，麝香一两，别治，细筛，都合调。下铁臼中，宁刚不宜泽，捣三万杵，杵多益善。合墨不得过二月、九月，温时败臭，寒则难干潼溶，见风自解碎，重不得过二三两。墨之大诀如此，宁小不大。”

李廷珪墨和徽墨：徽墨因产于古徽州而得名，始于南唐，创制人是奚超及他的儿子奚廷珪。奚廷珪在墨的配方中添加了珍珠、麝香、犀角、巴豆等，制成的墨防腐防蛀，研磨成的墨汁香气袭人，书写时十分流畅。奚廷珪担任南唐后主李煜的墨务官，御赐国姓“李”，李廷珪遂成为徽墨的创始人，从此李廷珪墨名满天下。北宋·苏易简《文房四谱·墨谱》中记述：“江南黟歙之地，有李廷珪墨尤佳。廷珪本易水人，其父超，唐末流离渡江，睹歙中可居造墨，故有名焉。”“其坚如玉，其纹如犀，写逾数十幅，不耗一二分也。”

现代徽墨的主要原料是油烟、松烟和炭黑，辅料有金箔、麝香、冰片、中药材、香料、皮胶或骨胶等。按原料可将徽墨分为油烟墨、松烟墨和炭黑墨三种。生产流程包括选料、练烟、漂洗、和胶、杵捣、成型、晾墨、挫边、洗水、填金、包装。

徽墨有落纸如漆、色泽黑润、经久不褪、纸笔不胶、香味浓郁、丰肌腻理等特点，拈来轻，磨来清，嗅来馨，坚如玉，研无声，现为国家地理标志产品，产地范围为安徽省黄山市歙县、休宁县、祁门县、黟县、屯溪区、徽州区、黄山区汤口镇、宣城市绩溪县共8个区县镇现辖行政区域。2006年，徽墨制作技艺被列入国家级非物质文化遗产名录。

3. 笔

文房四宝中的笔是指毛笔，为中国传统的书写绘画工具。史有蒙恬造笔之说，其实毛笔出现在春秋战国之前。1954年，湖南长沙左家公山战国墓中出土一支竹制笔杆兔毫毛笔，是目前出土的最早的毛笔。贾思勰《齐民要术》、苏易简《文房四谱·笔谱》中介绍古代制笔的方法。按制作材料将古笔分为羊毫笔、紫毫笔、狼毫笔和兼毫笔；按使用功能可将毛笔分为楂笔、斗笔、提笔、大楷笔、中楷笔和精工笔（如图1-147所示）；根据毛笔的产地分为宣笔、湖笔、川笔和湘笔。

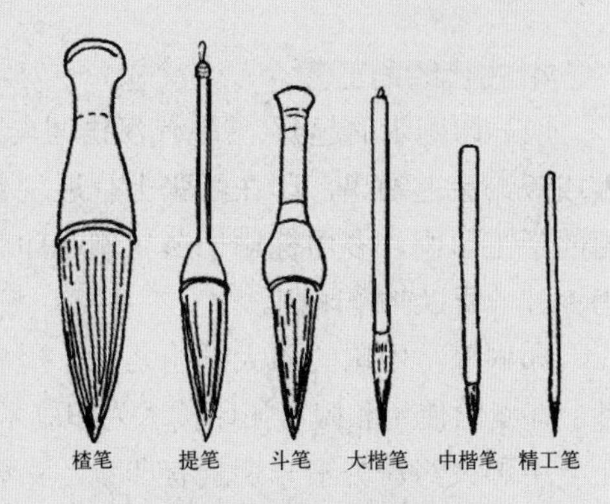


图1-147　几种常见毛笔

诸葛笔：诸葛笔因出自南唐制笔能手诸葛氏而得名。宋朝时期，宣州的诸葛高、诸葛元、诸葛渐、诸葛丰等人均为诸葛笔制法的传人。宋朝梅尧臣《宛陵集·次韵永叔试诸葛高笔戏书》诗："笔工诸葛高，海内称第一。"欧阳修诗："圣俞宣城人，能使紫毫笔；宣人诸葛高，世业学不失。"

宣笔：宣笔产于安徽宣城泾县，始于秦朝，盛于唐宋时期。宣笔选料精严，制作考究，毛纯耐用，刚柔并济，真正能达到尖、齐、圆、锐的要求。2008年，宣笔制作技艺被列入国家级非物质文化遗产名录。

湖笔：湖笔的故乡在浙江湖州的善琏镇。南宋时期，地处江南的宣城因为战乱而凋敝，宣城的部分笔工徙居至湖州，以制毛笔为生，并改进制笔工艺，湖笔就此诞生。2006年，湖笔制作技艺被列入国家级非物质文化遗产名录。

4. 砚

砚是研墨的工具，即人们平时所说的砚台。刘熙《释名》："砚，研也，研墨使和濡也。"

根据材质的不同，可将砚分为石砚、陶砚、漆木砚、玉砚和金属砚。石砚中拥有许多名砚，端砚、歙砚、澄泥砚和洮砚并称为中国四大名砚。

端砚：因产于唐代初期端州（今广东肇庆的端溪）而得名。端砚石质坚实、润滑、细腻，发墨不损耗，呵气能研墨，为中国国家地理标志产品。

歙砚：因产自古代歙州而得名。歙砚砚石坑口主要分布于江西婺源以及安徽的歙县、休宁、黟县、祁门一带。婺源龙尾山下溪涧中的龙尾石雕琢而成的砚又称为龙尾砚。2006年，歙砚制作技艺被列入国家级非物质文化遗产名录。

洮砚：因其由唐宋时期洮河中绿石制成而得名。洮砚以其石色碧绿、晶莹如玉而蜚声海内外。自唐代以来，洮砚一直为宫廷雅室的珍品。现代的洮砚产于甘肃省甘南藏族自治州卓尼县东北境内洮砚乡的喇嘛崖、水泉湾一带。

安徽省歙砚制作技艺、江西省歙砚制作技艺、广东省端砚制作技艺、河北省易水砚制作技艺、山西省澄泥砚制作技艺、甘肃省洮砚制作技艺、江西省金星砚制作技艺、宁夏贺兰砚制作技艺均为国家级非物质文化遗产代表性项目。

### 4. 古代印刷工艺

（1）印刷术的起源　《现代汉语词典》（第7版）中关于印刷的定义是：将文字、图画等做成版，涂上油墨，印在纸张上。近现代印刷用各种印刷机及计算机操作的照排系统。我国的手工印刷，多用棕刷子蘸墨刷在印版上，然后放上纸，再用干净的棕刷子在纸背上用力擦过，所以叫作印刷。

印刷术是中国的四大发明之一。墨和纸的发明和使用，为印刷术的发明创造了物质条件。印章的使用和碑石拓印技术为印刷术的发明创造了技术条件。

中国大约在先秦时期就有印章。秦朝时期，皇帝的印章称为玺，官方和私人用的印章称为印。汉朝以后出现“印章”二字。宋朝以后，印章作收藏图书之用，因此私人的印章又称为图章。印章多以金属、玉石、象牙、牛角、木等硬质材料制成，有官、私两种。印文均刻成反体，有阴文、阳文之分，官印多刻阴文，私印多刻阳文。印章上阴文反写的字是凹的，如果用红印泥印在纸上就得到红底正写的白字。印章上阳文反写的字，如果用印泥印在纸上就成为白底正写的黑字或红字。尽管印章上的字很少，但这对印刷术的发明具有启发作用。印章被认为是印版的前身，而盖印被认为是印刷的雏形。

碑石拓印就是将石刻文字复制到纸上的技术。将一张坚韧的薄纸浸湿后敷在石刻上，再敷上一层厚纸，用槌轻轻敲打，使纸贴紧石刻上的字并陷入凹痕，揭下外层的纸，用内装丝绵的拓包蘸墨在薄纸上轻轻拍打，使平滑的无刻痕的地方均匀地刷上墨，待墨干后揭下来，便成为黑底正体白字的拓片。这种拓印技法对印刷术的发明也具有启发作用。

（2）雕版印刷　雕版印刷术是在版料上雕刻图文进行印刷的技术，是刻字技术、书画艺术、反字阳刻技术和刷印技术的综合体现。刻字技术解决“雕版”的问题；书画艺术和反字阳刻技术解决“字画”的问题；刷印技术解决“印”的问题。中国的雕版印刷术发明于唐朝初期，并在唐朝中后期普遍使用。《金刚经》是世界上现存最早的雕版印刷书籍。

雕版印刷分为雕版和印刷两个主要工序。雕版是将木质坚硬而细腻的木料制成一块块光滑的薄板，将要印刷的文字在板上雕刻成反体的阳文，即使每个字的笔画突出在板上。单版单色的印刷过程是先用圆柱形平底刷蘸取墨汁，在雕版上均匀地涂上墨，然后将白纸覆盖在版上，再用干净的棕刷在纸的背面均匀轻刷，使雕版上的字画清晰地印在纸上，这样就完成了一版的单页印刷。如此重复操作，直到印至所需的印张数。

我国的雕版印刷文字和雕版印刷绘画是联系在一起的。唐咸通九年印刷的《金刚经》就是一幅既有文字又有版画的印刷品。宋代雕版印刷的书籍有不少的版画插图，图文并茂，刻工精良。元代时期建安版画十分有名。明朝时期建安版画、金陵版画和新安版画先后兴起。

江苏省扬州市雕版印刷技艺、福建省连城县雕版印刷技艺、浙江省杭州雕版印刷技艺、青海省同仁刻版印刷技艺、四川省德格印经院藏族雕版印刷技艺、西藏藏族雕版印刷技艺、江苏省南京市金陵刻经印刷技艺均为国家级非物质文化遗产代表性项目。

元朝时期中国发明了木版套色印刷技术。早期的木版套印是将几种颜料涂在一块印版上一次印刷而成，即“单版复色印刷法”。单版复色印刷法容易造成不同颜料的交叉渗透，印刷效率也很低。后来发展为多版复色印刷技术，即将不同颜色分别用几块版进行套印，每次只印一种颜色，这样按照颜色先后顺序逐色印刷，就印成了几种颜色的书或版画。明朝时期，中国印刷工匠又发明了一种木版水印技术，即不使用油墨，而是用水调和颜料进行印刷，形成具有轻浓淡重色调的中国画。在木版套色印刷中，木版年画印刷是另一种独具中国特色的传统艺术。从明朝开始，逐渐形成了以河南朱仙镇、天津杨柳青、苏州桃花坞、山东潍坊杨家埠、四川绵竹的年画为代表的中国五大民间木版年画。图1-148和图1-149所示的年画分别为当代的杨柳青年画和桃花坞年画。

**注：**

杨柳青年画始创于明代崇祯年间，继承了宋、元绘画的传统，吸收了明代木刻版画、工艺美术、戏剧舞台的形式，采用木版套印和手工彩绘相结合的方法，创立了鲜明活泼、喜气吉祥、富有感人题材的独特风格。2006年，杨柳青年画被列入第一批国家级非物质文化遗产名录。

图1-148　杨柳青年画

图1-149　桃花坞年画

北京市木版水印技艺、上海市木版水印技艺、浙江省杭州市木版水印技艺均为国家级非物质文化遗产代表性项目。

（3）活字印刷　活字印刷术是北宋时期的毕昇（约970—1051）于公元1045年前后发明的。雕版印刷的主要缺点就是每印一种书就要雕刻一套版，既费工又费力，使印刷成本大大增加。制版工匠在雕刻制版的过程中，对刻错字的补救办法是凿去错字，再用同样大小的木块刻出正确的字粘补上。毕昇在长期从事雕版印刷工作的过程中，或许受到这样的启发，从而发明了活字印刷术。

活字印刷要预先制成单个阳文反体活字，按照书稿文字顺序将字逐个拣出排版，再按照雕版印刷工序进行印刷。活字印刷的优点是一册书印好之后，拆版后的活字可以重复使用，既提高了印刷的效率，又节省存版的库存空间。

《梦溪笔谈》中记述了毕昇制作胶泥活字及活字印刷工艺技术："其法用胶泥刻字，薄如钱唇，每字为一印，或烧令坚。先设一铁板，其上以松脂蜡和纸灰之类冒之。欲印则以一铁范置铁板上，乃密布字印。满铁范为一板，持就火炀之，药稍熔，则以一平板按其面，则字平如砥。"

关于毕昇胶泥活字使用的材料，有学者认为是黏土，有人认为是炼丹家使用的"六一泥"。中国科技大学科学史研究室刘云和林碧霞对清代的泥活字进行了分析研究，确认泥活字的原料属于一般硅酸盐黏土类。他们还进行了泥活字制作的模拟实验：用淮南八公山黏土为原料，制成泥活字6000多个，在600℃的温度下烧制24小时，制得的泥活字十分坚固。

毕昇研制活字是受雕版的启发从制木活字开始的，却成功地将泥活字用于活字印刷。有学者提出宋朝时期就有木活字印本。元朝的王祯于1297年至1298年请工匠制出3万多个木活字，并用木活字印刷《旌德县志》。王祯在他的《农书》末附有《造活字印书法》，成为继《梦溪笔谈》之后又一篇记载有关活字印刷技术的重要文献。

现今在浙江瑞安、福建宁化等地仍然使用木活字印刷宗谱，是中国已知唯一保留下来且仍在使用的木活字印刷技艺，是活字印刷术源于中国的最好实物明证。

浙江省木活字印刷技术为国家级非物质文化遗产代表性项目。

元朝王祯《农书·造活字印书法》中提到了金属活字："近世又有铸锡作字，以铁条贯之作行，嵌于盔内界行印书。但上项字样难于使墨，率多印坏，所以不能久行。"有学者根据这段文字推断中国金属活字印刷的起源时间至迟应在南宋（1127—1279），这比德国的约翰·谷登堡（Johannes Gutenberg，1397—1468）于1450年使用的金属活字印刷要早一百多年。明代无锡人华隧（1439—1513）的会通馆于明弘治八年（1495年）用铜活字印刷《容斋随笔》一书，现收藏于北京图书馆。

**注：**

现代通用的铅活字合金由铅、锑、锡组成，配比一般为锑11%~23%，锡2%~9%，余量为铅。这种三元合金的熔点低，熔融后流动性好，凝固时收缩小，铸成的活字字面饱满清晰。

## 练习题

1. 填空题

（1）古人用晒灰淋卤法制海盐检验卤水的浓度时采用的________，被认为是现代液体密度计或浓度计的原始形式。

（2）古代纸的染潢所用的黄色染料是____________。

（3）中国古人在染色时使用的"蜃灰"是指____________________。

（4）媒染基团遇到金属盐媒染剂时因生成__________而使染料分子牢固地作用在纤维

上，从而使纤维着色。

（5）灰缬是指用碱性的防染剂进行防染的印花方法，所用的防染剂为__________。

2. 选择题

（1）下列古法制盐工艺中，属于池盐制法工艺的是（　　）。

A. 淋沙煎卤　　B. 砚晒海盐　　C. 海滩晒盐　　D. 垦畦浇晒

（2）《熬波图》中淋灰取卤的“灰”主要是指（　　）。

A. 咸灰　　B. 残灰　　C. 生灰　　D. 蜃灰

（3）根据纸的定义可知，纸的形成必须具备三个关键要素，（　　）项不属于三个关键要素之一。

A. 植物纤维　　B. 水悬浮液　　C. 用于书写　　D. 交结成的片状物

（4）古代造纸工艺中，属于原料的化学处理过程的是（　　）。

A. 沤浸、槌洗　　B. 浸灰、蒸煮、曝晒　　C. 舂捣、打浆　　D. 捞纸、烘焙

（5）古代纸的加工技术中，不使用化学物质的是（　　）。

A. 施胶　　B. 填粉　　C. 研光　　D. 涂蜡

（6）《梦溪笔谈》中记述了毕昇制作活字和印刷工艺，文中的活字是指（　　）。

A. 木活字　　B. 胶泥活字　　C. 锡活字　　D. 铜活字

3. 辨析题

（1）古代“晒灰淋卤”制海盐与古代造纸工序“原料浸灰”中的“灰”是相同物质。

（2）中国先民发明了酒曲，可以直接将谷物酿制成酒。

（3）雕版印刷只能进行单色印刷。

4. 线索题

根据提示线索说出我国古代的一种染花技艺。

线索1：用防染剂进行防染的印花方法。

线索2：将布折叠夹在两块相同图案的镂空木花版之间，涂上防染剂，取出织物进行浸染，待织物浸染晾干后，洗掉防染剂的部分呈白色花纹。

线索3：所用的防染剂为豆粉与石灰混合成的糊状物，俗称“灰药”。

5. 简答题

（1）酿酒、酿醋和酱油的酿制工艺有何异同？

（2）简述古代用靛蓝染料染色工艺中的化学原理。

6. 话题讨论

话题1：海南洋浦千年古盐田的砚晒海盐工艺。

话题2：中国当代名酒与古法酿酒技术。

话题3：我国宋朝以来的文房四宝。

话题4：说说你家乡的非物质文化遗产技艺类代表性项目。

话题5：农艺与茶糖工艺中的化学知识。

话题6：胶漆工艺中的化学知识。

话题7：香云纱染整技艺。

话题8：浊酒与清酒、黄酒与白酒、大曲酒与小曲酒、特曲酒与头曲酒。

# 第二章
# 古代朴素的物质观

随着原始实用化学的诞生和发展，人们逐渐认识到物质形态可以发生转化，如陶器的烧制、金属的冶炼、酿酒和酿醋等。这就为人类认识世界提供了实践基础，启发人们对万物的本原问题进行思考。既然物质间能够发生相互转化，说明不同的物质具有共同的本原。在长期实践的基础上，中国、印度和古希腊的一些思想家、哲学家就万物的本源问题提出了一些朴素唯物主义的观念，即早期的朴素的化学物质观。古代朴素的物质观由早期的朴素的元素论和物质结构论组成，实质上可以认为是原始化学理论的萌芽，是古代自然哲学的重要组成部分。

## 第一节　中国古代的物质观

### 一、关于世界的本原问题

我国古代有用一种具体事物来说明世界本原的观点，即一元论。《管子·水地》篇中说："地者，万物之本原。""水者，何也？万物之本原也。"春秋时期（前770—前476），老子《道德经》中说："道生一、一生二、二生三、三生万物。"这里说的"道"是指自然的"大道"。正如老子在《道德经》中所描述的：自然的大道是虚空而无形的，而作用是无穷无尽的。它是那么的深远广大，似乎是万物的始祖！它是那么的玄妙隐秘，是虚无的却似乎又是存在的！我们不知道它从何而来，实有的物质和虚无的混沌状态，是在天地形成之前就已经存在了。它是那么寂静幽远！它是那么广大无边！它独立恒久地存在而永不改变，它周流循环地运行而永不停息，它就是天地万物的本源。我们根本无从知道它的名字，勉强地称呼它为"大道"。它广大得无边无际而又周流不息，周流不息而又广阔遥远，广阔遥远而又反复循环。这反复循环的变化，都是自然的大道在运行；这无声无息的周流运转，都是自然的大道在作用。天下所有的实物都产生于实有可见的有形物质，实有可见的有形物质却产生于虚无不可见的无形物质。虚无是实有的起源，虚无无极的无形之物与实有之物之间激变，产生了这宇宙中最初的混沌状态，混沌状态经过演变，变成了这自然宇宙之中最玄妙莫测而又循环不息的大道。

老子《道德经》中所说的“道”又对宏观世界和微观世界进行了描述：“道”这个虚无而又实有存在的无形之物，是那么的闪烁不定、若有若无。在这个若有若无、闪烁不定之中，又包含着有规律的变化现象；在这个闪烁不定、若有若无之中，又有用肉眼看不到的实质物体。它是那么幽远而又暗昧，其中却存在着最微小的精微物体；这精微物体是绝对真实的存在，在这精微物体之中就潜藏着实有万物形成的信息。从现今追溯到古始，其名实际是一直存在着的，只要依据它的规律就能找到万物的根源。我们之所以知道这万物的根源，就是根据这自然玄妙的虚无之道。在这虚无之道中用肉眼看不到的，称为“夷”；用耳朵听不到的，称作“希”；用手抓不到的，谓之“微”。这三类东西的形态是无法探索到的，其实它们的本源就是一体的。也就是所谓道的其中一分子，其上幽远广大而高不可见顶，其下恍惚闪烁而深不可见底，它们连绵不绝却又无法说出其形体和名称，它们反复运行又回归于虚无之物。这就是所谓的用肉眼无法看见的虚无形状的形态、虚无物体的形象，这就是所谓循环不息的、若有若无的、闪烁不定的道。

汉代王充提出“元气自然论”，认为万物和人皆“因气而生，相类相产”。宋代张载提出“太虚即气”的观点，并指出“太虚无形，气之本体，其聚其散，变化之客形尔”。明朝宋应星《论气·形气化》篇指出：“天地间非形即气，非气即形，杂于形与气之间者，水火是也。由气而化形，形复返于气。气聚而不复化形者，日月是也。形成而不复化气者，土石是也。”元气论认为气可聚可散，可有形，可无形。当气聚集而构成有形的万物时，物质以间断的形式存在；当气分散而成无形的太虚时，物质以连续的形式存在。可见，元气论的观点与老子的“虚无”和“实有”的大道是一致的。

## 二、关于物质的构成问题

关于物质的构成问题也是古代物质观的重要组成部分。我国古代对于物质是否无限可分的问题也有一些具有科学价值的见解。春秋战国之际的思想家、政治家墨翟提出“端”是物质不能再分的最小单位。战国时期的惠施（约前370—约前310）提出“小一”的观点，认为把物质分割下去，直至分割到“小一”时就不能再继续分割了。战国末期的韩非（前280—前233）认为：“凡物之有形者，易裁也，易割也。何以论之？有形则有短长，有短长则有大小。”战国时期的公孙龙认为物质是无限可分的，他说：“一尺之棰，日取其半，万世不竭。”

## 三、阴阳说和五行说

关于世界本原的阴阳说形成于夏朝，至春秋战国时期已具备比较完整的体系。古人在对自然现象和社会现象的不断认识中抽象归纳出“阴阳”的概念，认为世界由“阴阳”两气构成，且“阴阳”两气处于不断的运动之中，正是“阴阳”两气的运动，引起世界万物的发展变化。又由于“阴阳”两气运动形式的不同，形成世界万物的差异性。《黄帝内经·素问》阴阳应象大论篇中说：“阴阳者，天地之道也，万物之纲纪，变化之父母，生杀之本始，神明之府也。”就是说阴阳是对立统一的存在，是一切事物的根本法则，任何事物都不能违背这个法则而存在。事物的变化是由事物本身阴阳两个方面不断运动和相互作用形成的，事物的形成和毁灭都来自这个法则，这就是自然的奥妙所在。《荀子·礼记》中说：“天地和而万物生，阴阳接而变化起。”老子《道德经》中说：“万物负阴而抱阳，冲气以为和。”用老子的大道对这句话的解释是：玄妙莫测、循环不息的大道经过演化产生了自然之中最原始一体的气，再经过漫长的循环演化产生了阴气与阳气，阴气与阳气相互循环交替交融又产生了和气，阴气、阳气与和气在循环运转交融中产生了这世间实有的万物。万物附靠实阴生存而喜向虚阳生长，阴气、阳气与和气交替交融助万物和谐生长。阴阳说把自然界中的事物或现象归属为阴阳两类，以便于用阴阳说的原理对自然界的事物或现象进行解释，是朴素的唯物观。阴阳是相互依存的，又是可以相互转化的，阴阳的转化又是有条件的和有方向性的；阴阳的对立和制约是维持阴阳平衡的关键因素，是维持事物稳定状态的必备要素；阴阳平衡是一种动态平衡、相对的平衡。

关于“五行”的概念至少在商周之前就已经形成。“五行说”的具体内容出自战国时期《尚书·洪范》篇：“五行：一曰水、二曰火、三曰木、四曰金、五曰土。水曰润下，火曰炎上，木曰曲直，金曰从革，土爰稼穑。”“润下”是说水的性质润物而向下流动，“炎上”是说火有炎热性并向上行，“曲直”是说木有弯曲和伸直性，“从革”是说金具有熔铸和加工性，“稼穑”是说土可以进行耕作并带来收获。可见最初提出的五行是具有直观形象和具体性质的。《国语·郑语》篇中说：“夫和实生物，同则不继。以他平他谓之和，故能丰长而物归之；若以同裨同，尽乃弃矣。故先王以土与金木水火杂，以成百物。”这段话的意思是说和谐能创造事物，不同的物质在一起才能和谐，才能产生新物质，如果是相同的物质在一起，那就不能产生新物质，从而被抛弃。“五行”是指水、火、木、金、土五种属性以及这五种属性间运动变化的规律。五行说认为自然界的事物或现象的内部都含有水、火、木、金、土这五种属性，这五种属性间相互的联系方式和运动状态决定了事物的发生和发展。事物或现象之间的差异性，就是五种属性间的运动状态决定的。

五行说的基本内容包括五行归类法、五行相生相克。五行归类法是将自然界的事物或现象（如季节、方位、气候、五色、五味、五谷等）的某一属性与五行所代表的属性进行类比，将其归属于水、火、木、金、土五大类属性中，形成五大体系。

五行说不仅是一种物质归类法，更重要的是阐明事物内部的一般规律。它把事物的联系方式归结为“相生”和“相克”关系。“相生”是指事物之间相互养育、相互促进的关系，“相克”是指事物之间的相互克制、相互制约的关系。五行相生的关系顺序是木生火、火生土、土生金、金生水、水生木，五行相克的关系顺序是木克土、土克水、水克火、火克金、金克木（如图2-1所示）。这种所谓的五行相克关系，曾被称为五行常胜说，即木胜土、土胜水、水胜火、火胜金、金胜木。五行相生相克或五行常胜，反映了部分事实，但具有片面性。墨翟在《墨经》中提出“五行毋（无）常胜”的观点，认为五行相胜有量的关系，“火烁金，火多也。金靡炭，金多也”，从而纠正了五行常胜说的片面性。

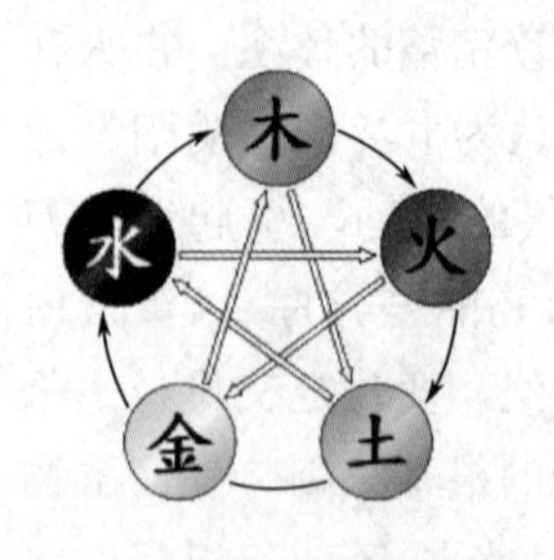

图2-1　五行相生相克关系图

阴阳说和五行说是我国古代朴素的唯物论和辩证法，采用类比的方法对事物或现象进行归类，以“平衡”和“协调”来说明事物的稳定状态。战国时代，阴阳说和五行说两种理论融为一体，成为阴阳五行说。从此阴阳之中分五行，五行之中分阴阳。例如，源于中国远古时代对天象观测的十天干（甲、乙、丙、丁、戊、己、庚、辛、壬、癸）和十二地支（子、丑、寅、卯、辰、巳、午、未、申、酉、戌、亥），按照排列顺序的奇偶数分为阳天干（甲、丙、戊、庚、壬）和阴天干（乙、丁、己、辛、癸），阳地支（子、寅、辰、午、申、戌）和阴地支（丑、卯、巳、未、酉、亥）。地支五行为木（寅、卯）、火（巳、午）、土（丑、辰、未、戌）、金（申、酉）、水（子、亥），如图2-2所示。这样就把抽象的“阴阳五行”的概念与“天干地干”这样的具体表达方式关联起来。

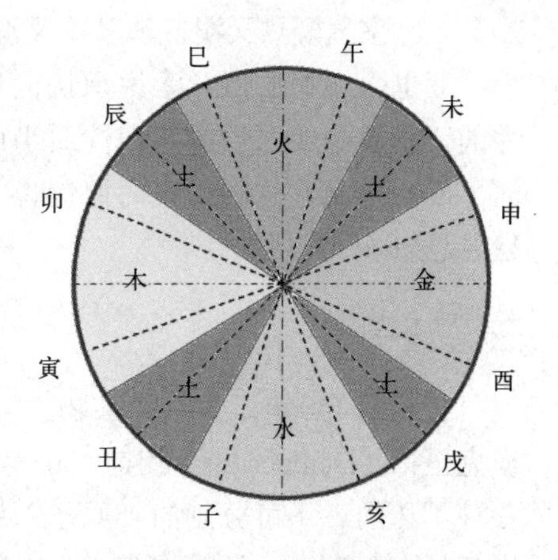

图2-2　十二地支五行关系图

# 第二节　希腊古代的物质观

## 一、一元说

古希腊学者泰勒斯（Thales，约前624—约前547）在公元前7世纪提出，水是万物赖以衍生的根本物质。阿那克西米尼（Anaximenes，约前588—约前525）认为气为万物的本源。色诺芬尼（Xenophenes，约前565—约前473）提出土是本原。古希腊唯物论者赫拉克利特（Heraclitus，约前540—约前480）认为火是万物的本原，万物由于火的稀厚变化而产生。

## 二、多元论

元素论是古代物质观的一个重要论点。约公元前5世纪，古希腊的哲学家恩培多克勒（Empedocles，约前495—约前435）摆脱了一元说的影响，提出万物由土（earth）、水（water）、空气（air）和火（fire）四种基本元素组成，并通过“爱”与“恨”（即亲和与抵触）作用于四种元素。

希腊哲学家柏拉图（Plato，前427—前347）似乎是第一个使用“元素”一词来指代土、水、空气和火的人。在古希腊语中表示“元素”的单词“stoicheion”意为日晷上最小的分割单位。

公元前350年，亚里士多德（Aristotle，前384—前322）在《论天》中提出元素的定义，他认为“元素”是指一种内在事物，而事物最初由之构成，且不能被分解为其他类的东西。亚里士多德还将四种元素中的每一种与冷、热、干、湿四个可感知的品质中的两个联系起来（如图2-3所示），火既

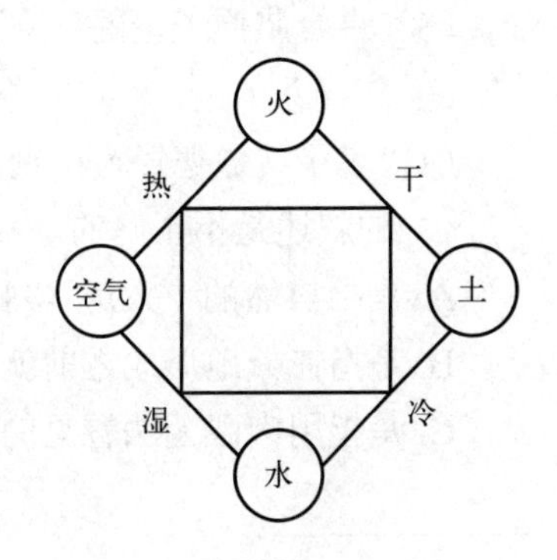

图2-3　亚里士多德四元素说示意图

热又干，空气既热又湿，水既冷又湿，土既冷又干。

亚里士多德的四元素说承认世界的物质性，这是唯物的一面；而他又认为性质是第一性的，物质是第二性的，把性质当成了万物的本原，把万物看作是性质的产物，实质上滑向了唯心主义。这种错误的原性说，对化学的发展产生了很大的影响，成为炼金术的主要指导思想。

## 三、原子论

公元前440年，古希腊唯物主义哲学家留基伯（Leucippus，约前500—约前440）和德谟克里特（Democritus，约前460—约前370）共同创立了原子论。留基伯首先提出万物是由各种不朽的、不可分割的“原子”构成的。德谟克里特提出“原子”的概念，认为宇宙万物都是由极微小、坚硬、不可分的粒子构成的，这些粒子被称为原子。原子在性质上相同，但形状、大小是多种多样的。原子被“空虚”所包围，“虚空”是原子运动的场所，许多原子相互碰撞或钩在一起形成原子集群，世界上呈现出的各种各样的宏观物质正是由于这个原子集群中的原子的形状、排列方式和位置的不同而形成的。

古希腊哲学家伊壁鸠鲁（Epicurus，前341—前270）发展了原子论的思想，认为原子是不可分的坚固实体，原子和虚空是永恒存在的，原子还有重量❶的不同。人们对伊壁鸠鲁学说的了解大多来自他的追随者，特别是罗马诗人卢克莱修的著作。

公元前60年，罗马诗人、哲学家卢克莱修（Lucretius，约前99—约前55）发表了哲学长诗《论自然》（*De Rerum Natura*），主要阐明伊壁鸠鲁的哲学，对原子论进行了诗意的描述。《论自然》共分6卷，第1卷叙述物质是永恒的，论述原子与虚空、原子的特性以及宇宙的无限性等。诗中描述：世界并非到处都被物体挤满堵住，因为在物体里面存在着虚空。而原子是在虚空里面以不同的方向运动。第2卷阐述了原子运动的规律性，还说明了世界和万物形成的原因。

### 练习题

1. 填空题

（1）《尚书·洪范》篇中叙述“五行”的顺序是__________________。

（2）中国古代对天象观测的十天干是指__________________________。

（3）古希腊原子论的创立者是______________________。

2. 选择题

（1）老子《道德经》中说：“道生一、一生二、二生三、三生万物。”这里所说的“道”，（　　）的叙述是不正确的。

A. 是指自然的“大道”，自然的大道是虚空而无形的，而作用是无穷无尽的

B. 是指在天地形成之前就已经存在了，是天地万物的本源

C. 是指用肉眼无法看见的虚无形状的形态，虚无物体的形象

---

❶ 这里所说的“重量”是指“质量”，余同。

D. 是指自然界的规律和人的思想道德品质

（2）关于中国古籍中的语句，（　　）不是描述阴阳的。

A.《道德经》：“万物负阴而抱阳，冲气以为和。”

B.《黄帝内经·素问》：“阴阳者，天地之道也，万物之纲纪，变化之父母，生杀之本始，神明之府也。”

C.《国语·郑语》：“夫和实生物，同则不继。”

D.《荀子·礼记》：“天地和而万物生，阴阳接而变化起。”

（3）关于中国古代阴阳说的主要论点的叙述，（　　）是不正确的。

A. 阴阳说把自然界中的事物或现象归属为阴阳两类

B. 阴阳是相互依存的，又是可以相互转化的，但转化又是有条件的

C. 阴阳的对立和制约是维持阴阳平衡的关键因素

D. 阴阳平衡是一种绝对的平衡

（4）提出万物由土（earth）、水（water）、空气（air）和火（fire）四种基本元素组成的古希腊哲学家是（　　）。

A. 恩培多克勒（Empedocles）　　B. 柏拉图（Plato）

C. 亚里士多德（Aristotle）　　D. 留基伯（Leucippus）

（5）下列叙述中，（　　）不是德谟克里特关于原子的描述。

A. 原子具有不同的重量

B. 原子在性质上相同，但形状、大小是多种多样的

C. 原子被“空虚”所包围，“虚空”是原子运动的场所

D. 宇宙万物都是由极微小、坚硬、不可分的原子构成的

### 3. 话题讨论

话题1：阴阳说与现代化学术语。

话题2：天干与现代化学中有机物的命名。

# 第三章
# 古代炼丹术和炼金术

## 第一节　中国炼丹术

炼丹术（alchemy）是起源于中国古代并独立发展起来的一个化学哲学术语，以自然界的一些矿物为主要原料，试图通过化学加工方法制造出使人长生不老的灵丹妙药，或将贱金属转化为黄金等贵金属。中国古代炼丹术可分为炼丹与炼金两部分。炼丹者认为，神丹既可以让人服之长生，又可以点化汞、铜、铅等金属为黄金，药剂点化所成的黄金又可作为长生药。

中国古代将炼丹术中的点金术又称为“黄白术”。葛洪在《抱朴子内篇·黄白》中说：“黄者，金也；白者，银也。古人秘重其道，不欲指斥，故隐之云尔。”汉武帝时方士李少君自称能以丹砂制作“黄金”。淮南王刘安的方士自称能以汞制金和银。西汉末年，刘向试图依据刘安的秘方制金、银，但未能成功。葛洪在《抱朴子内篇·黄白》中不仅解释了刘向用黄白术制金、银未取得成功的原因，还详细介绍了四种点化黄金法。其实，这些方法制出来的看似金、银，但不是真的黄金、白银，有的只是金属的合金。

### 一、炼丹术的起源与发展

春秋战国至秦汉时期是中国炼丹术的萌芽时期。春秋战国时期，列国王公贵胄已贵极富溢，便滋生了长生不死与永世霸业的欲望，对方士们编造的种种有关仙人和服食不死之药的故事大为赞赏，诸王便不惜耗费脂膏寻仙求药。秦始皇统一六国后，也曾派人去海上寻求仙人不死之药。

汉代是炼丹术兴起的时期。汉初高祖、吕后注重“修道养寿”，尊崇长寿修仙的方术，从而极大地滋润了道教发展的土壤。汉武帝更加热衷于神仙方术，封禅祭神，寻仙求药。汉武帝时期，淮南王刘安好儒学，集天下道书，招致宾客之士数千人。据葛洪《神仙传》中的记述，刘安的宾客中有能“煎泥成金、锻铅为银、水炼八石、飞腾流珠、乘龙驾云、浮游太清”的炼丹术士。大约成书于西汉末到东汉初期的《黄帝九鼎神丹经》和《三十六水法》，从火法炼丹和水法炼丹两方面反映出该时期炼丹术的具体内容。

唐朝初期是炼丹术的鼎盛时期。据《新唐书·薛颐传》记载，唐高宗曾召方士百余人

“化黄金治丹”。唐代铅汞还丹派将狐刚子的《五金粉图诀》和魏伯阳的《周易参同契》尊为经典。唐代的著名炼丹师孙思邈在其所撰《太清丹经要诀》中列出了几十种丹的名称，如黄帝九鼎丹、九转丹、大还丹、小还丹等。唐代炼丹术的大发展，不仅表现在大小神丹名目的繁多上，而且还反映在升炼操作方面。梅彪在《石药尔雅》中收录了一大批药物的处理方法和药剂制备方法，如造三十六水法、炼雄黄法、伏雌黄法等。

唐朝许多的文人墨客也深受炼丹术的影响，诗人李白就有“愿游名山去，学道飞丹砂”“待吾还丹成，投迹归此地”的诗句。杜甫也留有“浊酒寻陶令，丹砂访葛洪”“姹女萦新裹，丹砂冷旧秤”的诗句。诗人白居易更是写下多首有关炼丹的诗歌，如《对酒》中的诗句：“漫把参同契，难烧伏火砂。有时成白首，无处问黄芽。幻世如泡影，浮生抵眼花。唯将绿醅酒，且替紫河车。”再如《烧药不成命酒独醉》中的诗句：“白发逢秋王，丹砂见火空。不能留姹女，争免作衰翁。赖有杯中绿，能为面上红。少年心不远，只在半酣中。”白居易的多首诗句中均出现《参同契》，如：“授我参同契，其辞妙且微”“欲问参同契中事，更期何日得从容”“未济卦中休卜命，参同契里莫劳心”。从白居易的这些诗句中可知，他不仅研究《参同契》，而且还亲自炼丹，因此才写下描写“丹砂”“姹女”“黄芽”的诗句。如“丹砂见火去无迹，白发泥人来不休”“先生弹指起，姹女随烟飞”“空王百法学未得，姹女丹砂烧即飞”“黄芽与紫车，谓其坐致之”。

宋朝时期的炼丹术仍然活跃，但其丹法和理论、丹经的内容多是继承了唐代的成就，黄白术甚至成为江湖上的一种骗术。元朝时期，黄白术更趋没落。

## 二、炼丹术中的有关化学物质

中国炼丹术中重要的丹药主要分为氯化汞类、硫化汞类、氧化汞类和氧化铅类。氯化汞类：轻粉（白色，$Hg_2Cl_2$）、粉霜（白色，$HgCl_2$）；硫化汞类：九转还丹（红色，HgS）、太乙小还丹（红色，$Hg_2S$）；氧化汞类：红升丹、三仙丹（红色，HgO）；氧化铅类：铅丹（橘红色，$Pb_3O_4$）、黄丹（黄色，PbO）。

《黄帝九鼎神丹经》记载了九种神丹：第一种“丹华”，升炼丹砂而成，“如五彩琅玕，或如奔星，或如霜雪，或正赤如丹，或青或紫”，其主要成分是硫化汞；第二种“神符”，飞炼水银而成，或升炼水银、黑铅而成，主要成分为氧化汞、氧化铅；第三种“神丹”，以雄黄与雌黄的混合物升炼而成，主要成分为硫化砷和少量的氧化砷；第四种“还丹”，将水银、雄黄、曾青、矾石、硫黄、卤咸、太一余粮、礜石于釜中分层放置，密封升炼而成，主要成分是硫化汞、雄黄、氧化砷；第五种“饵丹”，为升炼水银、雄黄、禹余粮混合而成，主要成分为汞、硫化汞与雄黄；第六种“炼丹”，是将“八石”即巴越丹砂、雄黄、雌黄、曾青、矾石、礜石、石胆、磁石的细粉于釜中分层放置，升炼而成，其主要成分为丹砂、雄黄、雌黄，另有少量的氧化砷和氧化汞；第七种“柔丹”，在丹釜内壁涂以玄黄，升华水银而成，主要成分是汞和氧化汞；第八种“伏丹”，将水银与曾青、磁石粉的混合物升炼而成，主要成分是汞和氧化汞；第九种“寒丹”，将水银、雄黄、雌黄、曾青、礜石、磁石分层置于丹釜中升炼而成，主要成分是汞、硫化砷、氧化汞和氧化砷。

炼丹术中所用的矿物质名称很多，由于古代炼丹家对某些自然的矿物以及人工制备的物质认识得还不够充分，特别是一些外观看起来相似的矿物又有多种，自然就会造成名称的混淆。同时，又由于炼丹家们为了保密丹方而使用了很多的别名和隐名，这就使得同一种物质会有若干个别名或隐名。葛洪在《抱朴子内篇》中说："凡方书所名药物，又或与常药物同而实非者，如河上姹女，非妇人也；陵阳子明，非男子也；禹余粮，非米也；尧浆，非水也。"唐代梅彪撰《石药尔雅》（卷上）就对一些药物的隐名进行解释，由于当时对一些药物的名称与组成还不是十分清楚，因此，对个别药物隐明的解释仍然含混不清。当代著名化学史家袁翰青（1905—1994）曾对炼丹文献中出现的化学物质进行统计，涉及的化学物质多达六十多种，包括金属及合金、非金属、氧化物、硫化物、氯化物、硝酸盐、硫酸盐、碳酸盐、硅酸盐、硼酸盐、有机溶剂（醋酸、酒）等。李约瑟著《中国科学技术史》（第五卷第二分册）中统计了多达100多种化学物质。赵匡华、周嘉华著《中国科学技术史》中详细介绍了炼丹术所用药物的名称，包括别名和隐名。

### 1. 汞及其化合物

汞即水银，西汉时期也称为"澒"（gǒng）。《史记·秦始皇本纪》中记载："以水银为百川江河大海，机相灌输，上具天文，下具地理。"汞的隐名有"姹女""玄女""流珠"等。《周易参同契》中有"河上姹女，灵而最神，得火则飞，不见埃尘"的叙述。汞的化合物主要有丹砂、灵砂、汞粉、粉霜和轻粉等。

（1）丹砂　指天然的硫化汞（HgS）矿物，此名大约问世于战国时期。《管子·地数篇》有"上有丹砂者，下有柱金"的表述。天然丹砂在炼丹术中的别名有"仙砂""朱砂""辰砂""光明砂"等，其隐名也有很多，如"赤龙""朱帝""日精""火精"等。

（2）灵砂　指红色硫化亚汞（$Hg_2S$）。起初，方士们称之为"小还丹""紫砂"，唐朝时称之为"灵砂"。

（3）汞粉和三仙丹　水银在大土釜中以文火焙烧，可转变为红色的氧化汞（HgO），即为"汞粉"。最早见于《本草经集注》中"烧时飞著釜上灰，名汞粉，俗呼为水银灰"的叙述。明代医药学家改用水银、焰硝、绿矾三味药剂为原料，合炼得到的氧化汞被称为"三仙丹"。

（4）粉霜　指氯化汞（$HgCl_2$），现称升汞。炼丹术中别名为"水银霜""白降丹"。

（5）轻粉　指氯化亚汞（$Hg_2Cl_2$），现称甘汞。炼丹术中别名为"水银灰""银粉"。

### 2. 铅及其化合物

铅与锡性状相近，因此早期又称铅为"黑锡"。铅的隐名有"黑金""玄武""河车"等。铅的化合物主要有铅霜、铅粉、铅丹和黄丹等。

（1）铅霜　指醋酸铅［$Pb(CH_3COO)_2$］，白色粉末，又名"铅白霜"。炼丹术中隐名有"玄霜""玄白""甘露浆""琼浆""玉液"等。

（2）铅粉　指碳酸铅或碱式碳酸铅［$Pb(OH)_2 \cdot 2PbCO_3$］，白色粉末，又名"胡粉""铅白""水粉"。炼丹术中隐名"太素金"。

（3）铅丹　指红色的四氧化三铅（$Pb_3O_4$），又名"红丹"。炼丹术中被称为"九光丹"。

（4）黄丹　指黄色的氧化铅（PbO）。

（5）密陀僧　别名"炉底""银池""金陀僧"，主要成分是氧化铅（PbO）。

（6）玄黄　指在密闭的土釜中加热水银与铅而得到的一种升华物，主要成分是氧化铅（PbO）或四氧化三铅（$Pb_3O_4$），含有少量氧化汞（HgO）。炼丹术中隐名"飞轻"。

### 3. 砷的化合物

砷的化合物主要有雄黄、雌黄、砒霜、礜石等。

（1）雄黄　雄黄即鸡冠石，呈红色，粉末为橘黄色，主要成分为二硫化二砷（$As_2S_2$）。《金石诀》中有“雄黄出武都，色如鸡冠”的描述。雄黄为炼丹术中的重要药剂，隐名有“柔黄”“黄奴”“帝男血”等。

（2）雌黄　雌黄常与雄黄共生，表面呈橘黄色，主要成分为三硫化二砷（$As_2S_3$）。《黄帝九鼎神经诀》中有“雌黄与雄黄同山，俱生武都山谷其阴也”的表述。雌黄的隐名有“黄龙血”“帝女血”。

（3）砒石与砒霜　砒石为氧化砷矿石，呈白色，主要成分为三氧化二砷（$As_2O_3$）。由于砒石出信州，被称为“信石”，隐名为“人言”。砒石经焙烧所得的白色升华物，即为砒霜。

（4）礜石　即今矿物学中的毒砂，为硫砷铁矿石，主要成分是FeAsS。

### 4. 铜及其化合物

铜在五金中称为赤金，炼丹术中称为“赤铜”。炼丹术中有关铜的化合物主要有胆矾、曾青、空青、白青与铜绿等。

（1）胆矾　又称蓝矾，蓝色的硫酸铜晶体（$CuSO_4 \cdot 5H_2O$）。《梦溪笔谈》中记载：“铅山县有苦泉，流以为涧，挹其水熬之，则成胆矾。”早期称为“石胆”“胆子矾”“羌石胆”。唐代方士金陵子在《龙虎还丹诀》中指出：“石胆……烧之变白者真。”

（2）曾青《本草纲目》中记述：“曾，音层，其青层层而生，故名。”青色部分的化学成分为$CuCO_3 \cdot Cu(OH)_2$。炼丹术中的别名有“空青”“白青”“绿青”等，隐名“昆仑”“青云英”“青龙膏”。

### 5. 铁的化合物

（1）绿矾　亦称水绿矾，浅绿色晶体，化学组成为$FeSO_4 \cdot 7H_2O$。又名青矾、皂矾。

（2）黄矾　天然黄矾中，一种化学组成为$KFe_3(SO_4)_2(OH)_6$，另一种是天然绿矾经风化氧化而成，组成是$Fe_2(SO_4)_3 \cdot 9H_2O$。

（3）降矾　焙烧绿矾得到的产物，棕红色粉末，化学成分为$Fe_2O_3$。

（4）代赭石　主要成分为$Fe_2O_3$，别名有“代石”“赭石”。

（5）禹余粮　指褐铁矿或赤铁矿，别名“太一旬石”。炼丹术中的隐名“山中盈脂”。

（6）磁石　即磁铁矿，主要成分为$Fe_3O_4$，别名和隐名有“引铁石”“玄水石”“玄武石”。

### 6. 钾的化合物

（1）消石　即硝石，主要成分硝酸钾（$KNO_3$），别名“火消”“焰消”“秋石”。炼丹术中的隐名“河东野”“北帝玄珠”。

（2）灰霜　用水浸取草木灰，煎炼后得到的灰白色粉末，主要成分是碳酸钾（$K_2CO_3$），又名石碱。

### 7. 钠的化合物

（1）食盐　基本成分是氯化钠（NaCl），别名“石盐”“光明盐”“戎盐”。炼丹术中的隐名有“帝味”“碧水”“紫女”等。

（2）芒硝、玄明粉　芒硝又名盆消，即硫酸钠晶体（$Na_2SO_4 \cdot 10H_2O$）。玄明粉为脱水芒硝（$Na_2SO_4$），又名“白龙粉”“无名粉”“风化硝”。

（3）自然灰　即天然碱，主要成分碳酸钠（$Na_2CO_3$）。

（4）硼砂　主要成分硼酸钠（$Na_2B_4O_7 \cdot 10H_2O$），早期称“蓬砂”“盆砂”。

8. 钙的化合物

（1）方解石　主要成分为碳酸钙（$CaCO_3$），别名为“寒水石”“凝水石”。

（2）石灰　生石灰即氧化钙（CaO），用青石烧制而成，又名白灰、矿灰、垩灰。《天工开物》中记载沿海地区烧牡蛎成灰，称为“蛎灰”。炼丹术中称生石灰为“白虎”。

（3）石膏　天然二水石膏称为生石膏（$CaSO_4 \cdot 2H_2O$），经过煅烧得到的半水石膏称为熟石膏（$CaSO_4 \cdot 1/2H_2O$）。古代的医药学家和炼丹家一直未能彻底区分开来，因此石膏的别名除了“理石”和“玉水石”外，也称“寒水石”。

9. 铝的化合物

（1）明矾　明矾又名雪矾，主要成分$KAl(SO_4)_2 \cdot 12H_2O$，隐名“玄武骨”。

（2）五色石脂 《神农本草经》中记述石脂为青石脂、赤石脂、黄石脂、白石脂、黑石脂五种颜色。白石脂的主要成分是高岭石，其中$SiO_2$、$Al_2O_3$含量较高，一般大于35%，$Fe_2O_3$含量较低，约0.5%，隐名“白符”。赤石脂是含铁量较高的黏土岩，其中$SiO_2$、$Al_2O_3$含量为35%左右，$Fe_2O_3$含量比较高，约7%，隐名“赤符”。

10. 石英与硅酸盐化合物

石英有白石英、紫石英、黄石英、赤石英、青石英等，主要化学成分为$SiO_2$。在炼丹术中白石英的隐名有“银华”“浮余”“蚌精”，紫石英的隐名有“紫女”“冰石”“绵石”等。硅酸盐化合物主要有白云母、阳起石、滑石、不灰木等。

（1）白云母　铝硅酸盐矿物，白色，化学组成为$KAl_2[AlSi_3O_{10}](OH)_2$。宋代苏轼《濠州七绝·彭祖庙》诗句：“空餐云母连山尽，不见蟠桃著子时。”炼丹术中的别名有“火齐”“云起”“云华”等。

（2）阳起石　即现代矿物学中的透闪石，为条柱状，断面呈纤维状，化学组成为$Ca_2(Mg, Fe^{2+})_5[Si_8O_{22}](OH, F)_2$，有白色、灰绿色、黄绿色等。炼丹术中隐名“五精金华”。

11. 其他化学物质

（1）金　又名黄金、“麸金”。在炼丹术中的别名为“黄牙”，隐名为“太真”“天真”。

（2）银　在五金中称为白金，在炼丹术中的别名有“银芽”“银笋”，隐名有“水中金”“白虎”等。

（3）锡　由于广西贺州市产锡最负盛名，因此古书又将锡称为“贺”。在炼丹术中的隐名为“昆仑毗”“河车”“黄池”。锡与铅性状相近，古代炼丹家和医药学家有锡铅混淆的情况。

（4）锌　别名有“倭铅”“白铅”“亚铅”。“倭铅”一词见于公元918年的《宝藏论》中“倭铅，可勾金”的表述。

（5）硫黄　天然硫，呈黄色，别名“石流黄”，炼丹术中隐名“黄芽”。

（6）无名异　软锰矿石，主要成分为二氧化锰（$MnO_2$）。

（7）卤碱　由盐的苦水（即盐卤）凝结而成，主要成分为$MgCl_2$，还含有NaCl和KCl，又名“寒石”“寒水石”。

## 三、炼丹术中的有关化学变化

中国炼丹术以“丹砂化黄金”为起点，东汉时出现了烧炼水银制“还丹”的活动，从此汞、铅及其化合物成为炼丹的重要物质，氧化汞、硫化汞、氯化汞、氧化铅即为各种丹药的主要成分，因此汞化学、铅化学、砷化学成为炼丹的核心内容。

### 1. 炼丹术中的汞化学

（1）抽砂炼汞　从文献资料来看，我国在公元前7世纪的春秋时期就开始利用水银，在战国时期就能够人工冶炼水银了。古代的炼汞方法有低温焙炼法、下火上凝法、上火下凝法和蒸馏法。

东晋葛洪在《抱朴子内篇》中说：“丹砂烧之成水银。”《黄帝九鼎神丹经诀》中介绍了焙烧炼汞的方法：“丹砂、水银二物等分作之，任人多少。铁器中或坩埚中，于炭上煎之。候日光长一尺五寸许，水银即出，投著冷水盆中，然后以纸收取之”。低温焙烧法的缺点是硫化汞分解较慢，产量低，生成的水银容易蒸发损失。

东汉末年炼丹家狐刚子在《五金粉图诀》中记载了我国古代下火上凝式炼汞方法。在铁质或泥质的下釜中放入丹砂和黄矾（促进丹砂分解），上面放四个青瓮，再以盐泥合缝。当用炭火加热下釜时，丹砂分解生成的水银在上面的青瓮中冷凝下来。虽然下火上凝式炼汞方法克服了低温焙烧法的缺点，但上凝式炼汞法因上釜内壁冷凝聚集的水银多了就会下落，需要频繁开釜扫取，带来操作上的不便。

唐代时期，炼丹家发明了上火下冷凝式炼汞法，大大地改善了炼汞的工艺。唐代的上火下冷凝式炼汞法是竹筒式，这比起早前的其他方法要更科学合理，但每次都要拆筒、釜才能取出汞来，制得的汞也不够纯净。宋朝时期，上火下冷凝式炼汞法发展为未济式。南宋时期周去非在《岭外代答》中记载了广西出现的一种未济式炼汞法：“邑人炼丹砂为水银，以铁为上下釜，上釜盛砂，隔以细眼铁板，下釜盛水，埋诸地。合二釜之口于地面而封固之，灼以炽火。丹砂得火，化为霏雾，得水配合，转而下坠，遂成水银。”随后，上火下冷凝式逐渐被蒸馏式取代。元末明初成书的《墨娥小录·丹房烧炼》中记载了抽汞法：“朱砂，不拘分两为末，安铁锅内，上覆乌盆一个，于肩旁取孔一个，插入竹筒，固济口缝合牢固，竹筒口垂入水盆水内。锅底用火，其汞亦有在乌盆上者，扫取之。亦有自竹筒流下者，每两可取七钱。”

（2）汞与氧气反应　《神农本草经》记载：“水银熔化还复为丹。”

汞在空气中文火加热被氧气氧化为氧化汞（HgO）。其化学反应为：

$$2Hg + O_2 \xrightarrow{\triangle} 2HgO$$

（3）硫化汞生成汞的反应　《抱朴子内篇》记载：“丹砂烧之成水银，积变又还成丹砂。”

若丹砂（HgS）在隔绝空气的条件下焙烧，硫化汞发生分解反应，生成的汞与硫发生化合反应，其反应式为：

$$HgS \xrightarrow[\text{隔绝空气}]{\text{焙烧}} Hg + S$$

$$Hg + S \longrightarrow HgS$$

若丹砂（HgS）在空气中低温焙烧，硫化汞与氧气发生反应，生成汞。其化学反应为：

$$HgS + O_2 \xrightarrow{\triangle} Hg + SO_2$$

（4）形成汞齐　《周易参同契》中叙述："河上姹女，灵而最神，得火则飞，不见埃尘，鬼隐龙匿，莫知所存，将欲制之，黄芽为根。"这段文字叙述中的"姹女"指汞，历来无异议。但对"黄芽"的解释一直存在分歧。经书上曾把铅、黄丹（PbO）、硫黄、黄金、"玄黄"等均称为"黄芽"。

《通幽论》中记载："铅制汞，（汞）能伏铅，铅汞相成，合为黄白之道。"清朝的朱元育《参同契阐幽·悟真篇阐幽》论述："中藏一阳，系乾中真金，即是真铅，以其水中生金，又名黄芽。"有的学者据此判断"黄芽"为铅。因为铅与汞生成铅汞齐。

《丹房镜源》中记载："金，楚金出汉江、玉溪。或如瓜子形，杂众金，带青色，若天生芽，亦曰黄芽，若制水银、朱砂成器，为利术，不堪食，内有金气毒也。"由此推断"黄芽"指黄金。黄金与汞生成金汞齐（$Au_mHg_n$）而制汞，其中$m$、$n$的数值因温度的不同而不同。金汞齐中因金含量的不同，可呈固态或液态。相关化学反应为：

$$m\text{Au} + n\text{Hg} \longrightarrow \text{Au}_m\text{Hg}_n$$

《丹方鉴源》中记载："石硫黄可制汞，诀曰：硫黄见五金而黑，得水银而色赤，亦曰黄男，亦曰黄芽为根也。"因此，有学者据此认为"黄芽"即硫黄。相关化学反应为：

$$Hg + S \longrightarrow HgS$$

《黄帝九鼎神丹经诀》中关于玄黄的制法："取水银十斤，铅二十斤，纳铁器中，猛其下火。铅与水银，吐其精华，华紫色或如黄金色。以铁匙接取，名曰玄黄。一名黄精，一名黄芽，一名黄轻。"由此看来，所谓"黄芽"即为玄黄。赵匡华曾通过模拟试验进行玄黄的制备，判明其主要成分是$Pb_3O_4$和PbO，含有少量的HgO。在热时呈紫色，冷却后呈橘黄色。于是，他认为"黄芽"为PbO。

唐朝李光玄著《金液还丹百问诀》中说："铅出铅中，方为至宝。汞传金汞，铅汞造气，乃号黄芽子。"又说："夫黄芽者，铅汞合体。"题阴真人注《周易参同契》中说："以汞投铅，黄芽自出；以芽投汞，还丹自成。"由此可知，这里说的"黄芽"是指铅汞齐。也就是说，《周易参同契》中的"黄芽"既不是铅或氧化铅，也不是硫黄，而是汞齐。那么"黄芽为根"就是通过形成汞齐的根本办法来制伏汞。相关化学反应为：

$$m\text{Pb} + n\text{Hg} \longrightarrow \text{Pb}_m\text{Hg}_n$$

### 2. 炼丹术中的铅化学

（1）铅的氧化反应及四氧化三铅的还原反应　葛洪《抱朴子内篇·黄白》中说："铅性白也，而赤之以为丹；丹性赤也，而白之以为铅。"这句话表达的是白色的金属铅被氧化为红色的四氧化三铅，四氧化三铅又可被木炭还原为金属铅。其相关的化学反应为：

$$\underset{\text{（白色）}}{3Pb} + 2O_2 \xrightarrow{\triangle} \underset{\text{（红色）}}{Pb_3O_4}$$

$$\underset{\text{（红色）}}{Pb_3O_4} + 2C \xrightarrow{\triangle} \underset{\text{（白色）}}{3Pb} + 2CO_2\uparrow$$

东汉炼丹家狐刚子创导的“九转铅丹法”即为煅铅为丹，返丹为铅。金属铅在空气中文火焙烧，会慢慢生成黄丹（PbO），进一步焙烧则会生成红色的铅丹（$Pb_3O_4$）。由于$Pb_3O_4$在温度高于500℃时会分解为PbO和$O_2$，因此，由煅铅为丹时温度不能过高。这在狐刚子的《五金粉图诀》中记载：“不得猛火，丹赤即成，不拘日数也。”

（2）铅化合物的分解反应 《黄帝九鼎神丹经诀》中说：“取胡粉烧之，令如金色。”《周易参同契》中说：“胡粉投火中，色坏还为铅。”这里说的胡粉指白色的碱式碳酸铅［$Pb(OH)_2 \cdot 2PbCO_3$］，投入火中发生分解反应，而生成黄色的氧化铅，氧化铅被碳还原为铅。其相关的化学反应为：

$$Pb(OH)_2 \cdot 2PbCO_3 \xrightarrow{\triangle} 3PbO + H_2O + 2CO_2 \uparrow$$

$$2PbO + C \xrightarrow{\triangle} 2Pb + CO_2 \uparrow$$

### 3. 炼丹术中的砷化学

中国古代炼丹术很早就利用了含砷矿物，这些矿物包括雄黄（$As_2S_2$）、雌黄（$As_2S_3$）、礜石（FeAsS）和砒石（$As_2O_3$）。砷是我国炼丹家们首先发现的。葛洪《抱朴子内篇》中明确记述了单质砷的制取方法。孙思邈《太清丹经要诀》中的伏雄雌二黄用锡法讲述的就是单质砷的制取方法。

葛洪在《抱朴子内篇 · 仙药》中列举了处理雄黄的六种方法，其中蒸煮法即用沸水或水蒸气加热使其生成氧化砷（$As_2O_3$），用硝酸钾溶解使其生成砷酸钾（$K_3AsO_4$）。

孙思邈《太清丹经要诀》中的伏雄雌二黄用锡法：“雄黄十两，末之，锡三两。铛中合熔，出之，入皮袋中揉使碎。入坩埚中火之。其坩埚中安药了，以盖合之，密固入风炉吹之，令埚同火色。寒之，开，其色似金。”赵匡华等曾用模拟试验证明该过程中发生了以下化学反应：

$$2Sn + As_2S_2 \xlongequal{\triangle} \underset{\text{（黑色）}}{2SnS} + 2As$$

$$2SnS + As_2S_2 \xlongequal{\triangle} \underset{\text{（金黄色）}}{2SnS_2} + 2As$$

### 4. 炼石胆取精华法

狐刚子《出金矿图录》中记述：“以土墼（jī）垒作两个方头炉，相去二尺，各表里精泥其间，旁开一孔，亦泥表里，使精熏，使干。一炉中著铜盘，使定，即密泥之；一炉中以炭烧石胆使作烟，以物扇之，其精华尽入铜盘。炉中却火待冷，开取任用。入万药，药皆神。”这种方法实际上就是干馏石胆制取硫酸的方法，用化学方程式表示如下。

$$CuSO_4 \cdot 5H_2O \xlongequal{\triangle} CuSO_4 + 5H_2O$$

$$CuSO_4 \xlongequal{\triangle} CuO + SO_3 \uparrow$$

$$SO_3 + H_2O \xlongequal{} H_2SO_4$$

## 四、炼丹术中常用的设施、设备及操作方法

### 1. 炼丹术中常用的设施和设备

中国炼丹术从西汉到元明时期，所用设施和设备不断发展，由简单到复杂，由单一到多元化，主要有丹釜、柜、鼎、丹炉、研磨器等。

（1）丹釜　丹釜是用来升炼丹药的反应器和升华器。早期的釜为土釜，经过低温焙烧，再在其内壁涂上一层药泥以防渗漏。至初唐时期，中国炼丹术开始出现了上瓦釜、下铁釜的上下釜（图3-1）。孙思邈《太清丹经要诀》中有“下铸铁作之，深三寸，明阔八寸，底厚六分，四面各厚四分”的描述。

（2）柜　中国古代炼丹术中采用中胎合子与砂制或铁制外合组合起来的养火设备，古时候称为匮，现在称为柜。涌泉柜就是一种典型的柜（见图3-2）。置于三脚架上的砂罐，受到周围炭火的加热，中胎合子的深室内放置丹药。

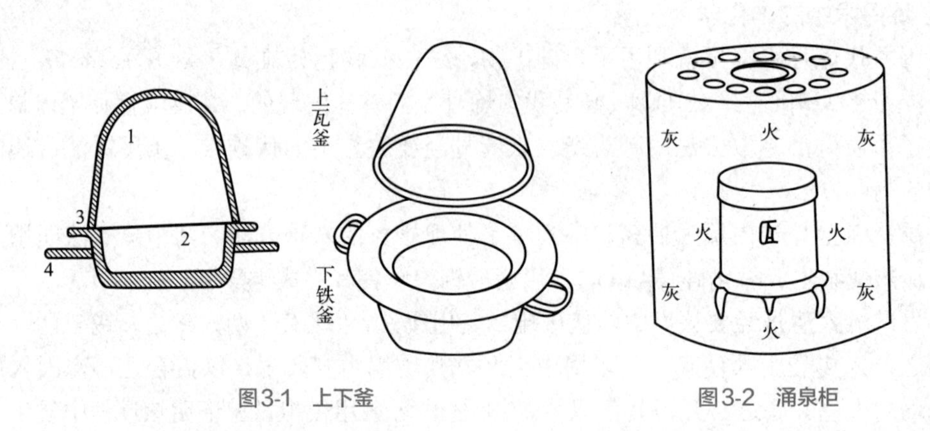


图3-1　上下釜　　图3-2　涌泉柜

（3）鼎　鼎是炼丹术中提炼丹药的容器，相当于现代化学中的反应器。东汉魏伯阳《周易参同契》中有“偃月法鼎炉”的语句。宋朝朱熹《周易参同契考异》中注释说：“‘偃月’疑前下圆，后上缺，状如偃月也。”《周易参同契·鼎器歌》中描述了鼎器的尺寸：“圆三五，寸一分。口四八，两寸唇。长尺二，厚薄均。”到了宋代时期，炼丹设备趋于多样化，鼎的结构也愈加复杂，出现了上火下水式的水火鼎。南宋的白玉蟾等撰《金华冲碧丹经秘旨》中介绍的水火鼎，其工艺水平非常高。图3-3所示的为“还丹第五转三清至宝丹法”所用的水火鼎。该鼎器由四部分构成，a为金制“水海”，深五寸，用于盛放清水；b为内室鼎盖，有一根管子贯通，管子下面通至内室鼎底部，上面可通至“水海”内；c为鸡蛋形的内室鼎，高九寸，下面有三足，高一寸半；d为养火合子，高一尺五寸，径五寸。图中右侧部分为安装在一起的水火鼎。

（4）丹炉　丹炉是加热丹鼎的炉，丹鼎置于其中。常见的丹炉有既济炉和未济炉。既济式丹炉是上水下火式，上鼎一般为碗形器，用来贮水，下部为火鼎，外面罩上炭炉，如图3-4所示。未济炉是上火下水式，下部为水鼎，鼎的上部为火鼎，外面罩以炭炉加热，如图3-5所示。未济炉的水鼎上方有一个横贯炉腰的横管，用于为水鼎加水。当水鼎中加满水后，水可以自动溢出，并流入外面的罐子中。还可以通过加入冷水以降低水鼎中的水温，提高冷却效果。未济炉可用于从丹砂中提取水银，丹砂置于上部受热分解出的水银流入下面容器中。

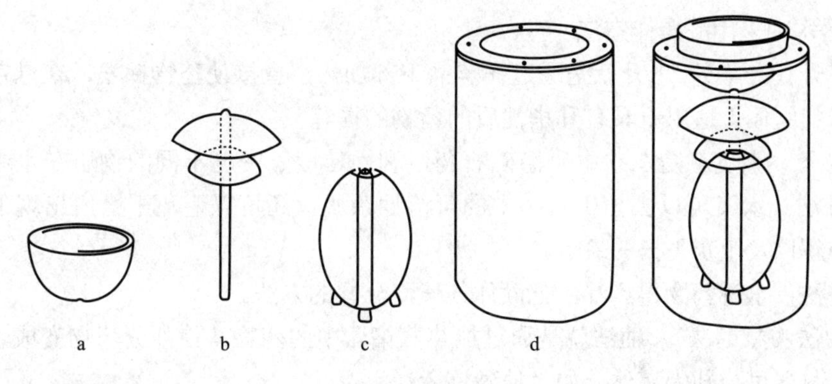


图3-3　水火鼎

摘自《中国科学技术史》

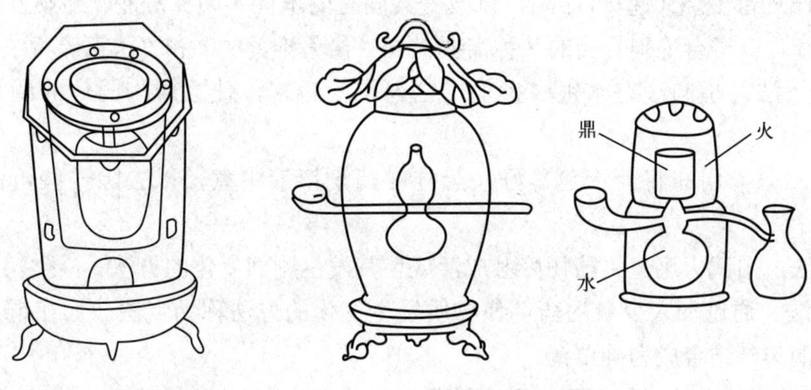


图3-4　既济式丹炉　　图3-5　未济式丹炉

宋朝的吴悮《丹房须知》中介绍了一种专门用于提炼水银的飞汞炉（图3-6）：“飞汞炉，木为床，四尺如灶，木足高一尺以上，避地气，揲圆釜，容二斗，勿去火八寸。床上灶，依釜大小为之。”文后注释说：“鼎上盖密泥，勿令泄气。仍于盖上通一气管，令引水入盖上盆内，庶汞勿走失也。”该飞汞炉又称为抽汞的蒸馏器，汞蒸气通过气管导入盆中冷却，成为液态汞。

（5）研磨器　由研椎、研钵、支架等构成（如图3-7所示），可将固体状的药物研磨成较细的粉末。

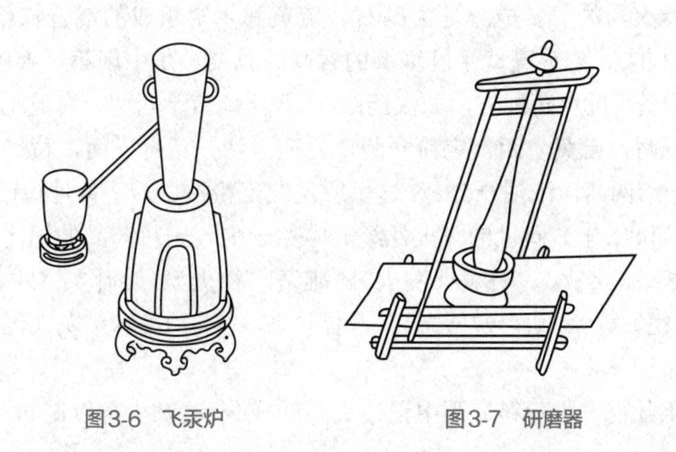

图3-6　飞汞炉　　图3-7　研磨器

### 2. 炼丹术中采用的操作方法

（1）飞升（升华） 飞升就是通过在釜鼎下部加热，直接使药物挥发，在鼎盖冷却成液体或结成粉状固体。适用于具有升华性质的药物的提炼。

（2）水飞 水飞就是在水中研磨矿石药，利用粒度、密度不同的物质在水中沉降后进行分离的方法。水飞可以去掉矿石药中的可溶性杂质，还可以避免干磨所出现的局部过热导致物质分解以及尘灰飞扬的缺点。

（3）淋法 水淋药物得到汁，把液体与残渣分开的方法。

（4）抽法（蒸馏法） 抽法就是通过加热蒸馏器中的药物，使部分药物变成蒸气经导管逸出，在冷凝器里冷却为液体。如“抽砂炼汞法”。

（5）伏火法 “伏火”的字面意思是以火力来制服药物。伏火法就是将某些药物经过加热处理，或作短暂燃烧（起火即停），以改变其固有的本性（如挥发性、易燃性、毒性等），使其变得温和，以符合炼制丹药的某种需要。如“伏火雄黄法”和“伏火硫黄法”。

（6）干汞法 指向液态水银中掺加一些药剂的粉末，使之成为固体的团块或颗粒的方法。

（7）悬胎煮 用布将药物包裹好，悬挂在药剂溶液中煮，以去除一些可溶性组分的方法。

（8）煅法 用武火迅速将药物熔融成汁或使其发生剧烈变化的方法。

（9）点法 通过加入少量的药剂使物质发生变化的方法称为点法。如在铜水中点入少量的砷，使铜与砷结合成为砷白铜。

（10）转法 使分解、化合可逆反应循环进行的方法称为转法。如九转大丹的炼制。

## 五、火药的发明

### 1. 火药的特性及其组成

火药是指在适当的外界能量作用下，自身能进行迅速燃烧，同时生成大量高温气体的物质。火药具有两方面的特性：一是能够发生猛烈燃烧，同时产生大量的气体，因骤然的体积膨胀而发生强力爆炸；二是火药的燃烧和爆炸不仅能在空气中发生，而且在隔绝空气的情况下也能发生。因此，那些在隔绝空气的情况下不能发生燃烧和爆炸的物质，严格意义上就不能称之为火药。

最早使用的黑火药的主要成分是由硝石、硫黄和木炭组成的混合物。北宋宋仁宗在位时期（1023—1063年），曾公亮、丁度编撰的《武经总要》是中国第一部由官方主持编修的兵书。该书记载了最早的火药配方，如火药法：“晋州硫黄十四两，窝黄七两，焰硝二斤半，麻茹一两，干漆一两，砒黄一两，定粉一两，竹茹一两，黄丹一两，黄蜡半两，清油一分，桐油半两，松脂一十四两，浓油一分。”这里所说的定粉指白铅，黄丹指铅丹。

明永乐十年（1412年）问世的《火龙经》中关于火攻正料药品的记述：“硝火（主直）、硫黄（主横）、雄黄（毒火）、石黄（发火）、雌黄（神火）、箬叶灰（主爆）、柳木炭（主直）、杉木炭（主锐、碎）、葫芦炭（主烈）、桦皮灰（主锐）、麻稭灰（无声）、蜀葵灰（不畏雨）。”

宋应星《天工开物·火药料》篇中记述火药的成分：“凡火药以硝石、硫黄为主，草木灰为辅。硝性至阴、硫性至阳，阴阳两神物相遇于无隙可容之中。凡硝性主直，直击者硝九而硫一。硫性主横，爆击者硝七而硫三。”此外，还介绍了毒火、神火、法火、烂火、喷火等几种用于战争的火攻配方。其中毒火以白砒、硇砂为主，神火以朱砂、雄黄、雌黄为主，烂火以硼砂、瓷末、牙皂、花椒配合，飞火以朱砂、石黄、轻粉、草乌、巴豆配合。

### 2. 火药的发明

研究者认为在晚唐时期（10世纪末）中国炼丹家在炼丹过程中发明了火药。李约瑟《中国科学技术史》（第五卷第七分册）中指出汉代时期发明火药的必要条件已经具备，炼丹家们对制备火药的硝石、硫黄和炭等原材料早已有充分的认识。唯一不能确定的问题是炼丹家将这三种物质混合首次发生燃烧或爆炸以及对该性能认识出现的确切时间。

炼丹术中为改变药物固有的本性常采用“伏火法”，其中就有“伏火雄黄法”“伏火硫黄法”和“伏火硝石法”。

唐代宝应年间（762—763年）《丹房镜源》中有用炭使硝石伏火的记述：将硝石研磨成粉。在瓶中加入五斤炭，在火中烧至赤红。将用鸡肠草和柏子仁混合做成珍珠大小的煅珠投入红热的瓶子中，加入磨成粉的硝石四两，待煅珠烧尽，硝石被炭伏住。

宋代时期编纂而成的《诸家神品丹法》中引用《丹经内伏硫黄法》关于“伏火硫黄法”的记载：硫黄、硝石各二两，研成粉末，放入炼银的锅或砂罐内。在地上掘一坑，将锅放在地坑中，使其与地平，四面用土填实。取未被虫蛀的皂角子三个，烧炭存性，用钳子夹住逐个放入装有硫黄和硝石的锅中，待火焰熄灭之后，在罐口加木炭三斤，煅烧。至炭被烧掉三分之一，去除其余炭火，冷却后取出锅中之物，即已伏火。

唐元和三年（808年）方士清虚子撰《太上圣祖金丹秘诀》中记述“伏火矾法”的前一步即为“伏火硫黄法”：以硫黄二两，硝石二两，马兜铃三两半，研末，拌匀，入罐，放入地坑中与地平，将弹子大小的烧红的木炭放入罐内，烟起，用湿纸四五重覆盖，再用两块砖压上，用土掩埋。待冷却后取出，硫黄被伏住。

虽然用“伏火法”煅烧出来的物质还不是火药，但这表明炼丹家已经进行将硝石、硫黄和木炭三种物质混合煅烧的操作了。中唐时期成书的《真元妙道要略》记载：“有以硫黄、雄黄合硝石并蜜烧之，焰气烧手、面及烬屋舍者。”又说：“硝石宜佐诸药，多则败药，生者不可合三黄等烧，立见祸事。凡硝石伏火了，赤炭火上试，成油入火不动者即伏矣……不伏者，才入炭上，即便成焰。”这里所说的三黄即硫黄、雄黄和雌黄。或许就是因为硫、硝、炭三种物质的混合物是一种极易燃烧的药，才将这种药称为火药的。

中国发明的火药首先被用于制造烟火，唐末被用于军事，成为具有强大威力的新型武器。恩格斯对火药的发明评价说：“现在已经毫无疑义地证实了，火药是从中国经过印度传给阿拉伯人，又由阿拉伯人和火药武器一道经过西班牙传入欧洲。”

湖南省浏阳花炮制作技艺、河北省井陉县烟火爆竹制作技艺、江西省烟火爆竹制作技艺、陕西省烟火爆竹制作技艺均为国家级非物质文化遗产代表性项目。

# 第二节 炼金术

炼金术（alchemy）是一个化学哲学术语，其目标是通过化学加工的方法试图将贱金属（铅、铜等）转变为贵金属（如黄金）。

在炼金术的早期阶段，出现了以中国为中心的中国炼丹术，以印度次大陆为中心的印度炼金术，以及希腊化的埃及炼金术。公元8世纪，希腊化时期埃及的炼金术传到阿拉伯，并与中国传来的炼丹术相融合，形成了阿拉伯炼金术。公元12世纪以后，阿拉伯的炼金术传到欧洲，中世纪欧洲的炼金术兴起。

英文中的炼金术alchemy一词，源于阿拉伯文Al-Kimya，译为技术。现代英语中的化学chemistry一词就是从炼金术演化而来的。

## 一、希腊化时代埃及的炼金术

西方炼金术的起源可以追溯至古代和希腊化时代的埃及，最初是那些长期从事冶金、染色工艺的工匠试图将贱金属伪造成贵金属，比如铜和锌制成的合金在外观和硬度上很接近黄金，出现了黄金仿造术。公元1世纪的希腊化时代，炼金术在埃及的亚历山大里亚城兴起，并迅速扩展到地中海地域。在希腊化和罗马帝国时代的大部分时期，亚历山大里亚城是炼金术活动的中心。

注：

亚历山大里亚城是亚历山大征服埃及后在尼罗河口于公元前332年始建的城市。亚历山大少年时师从古希腊学者亚里士多德，16岁时代父统治马其顿。公元前336至前324年，亚历山大征服了约500万平方千米的领土，建立了亚历山大帝国，使古希腊文明得到了广泛传播与繁荣发展，地中海东部原有文明区域的语言、文字、风俗、政治制度等逐渐受希腊文明的影响而形成新的特点，开启了希腊化时代。公元前299年，罗马势力开始侵入巴尔干半岛，希腊化诸王国逐渐灭亡。公元前30年，罗马人征服了托勒密王朝，结束了希腊化时代。

现代学者认为罗马帝国的炼金术活动是埃及金匠的艺术、希腊哲学与不同的宗教传统交融的产物。若将西方炼金术与冶金学联系在一起，可以追溯到公元前3500年，但有关炼金术的原始埃及文献保存下来的很少。那些包含了染色和制造人造宝石、清洁和制造珍珠以及制造仿金和仿银的配方，缺乏炼金术的神秘和哲学元素。后来，埃及工匠受到希腊哲学特别是亚里士多德学说的影响，有意识地将土、水、空气和火四元素说的观点渗透于化学工艺过程中，相信通过人工冶炼可以将贱金属（铜、锡、铅、铁）转变成贵金属（金、银）。

佐西莫斯（Zosimos）是出生在埃及的希腊炼金术士。公元3世纪末至4世纪初，他用希腊语撰写的《炼金术》是目前已知最古老的炼金术著作。佐西莫斯的作品幸存下来的主要有《真实的回忆录》《硫》《仪器与熔炉论》等。佐西莫斯的著作总结了炼金术的方法，确立了炼金术实践的基本步骤：黑化→白化→黄化→净化。“黑化”就是将铜、铁、锡、铅混合熔炼，在加热过程中加入一些着色物质，使其成为黑色的合金（原始物料）。“白化”就是向黑色合金中加入水银或砷的化合物，使其转变为白色合金。“黄化”就是在白色合金中加入少量黄金，相当于播下黄金的种子，使黄金的灵气进入合金的内部，以实现对合金的改造。“净化”即使黄金变得完美至善。由此可知，炼金术士尝试的技术其实是利用制造合金或镀金的方法将贱金属伪造成贵金属。

通过佐西莫斯的炼金术著作的记述，人们知道了一位早期的炼金术士——犹太女玛丽（Mary the Jewess）。她生活在公元1世纪到3世纪之间的亚历山大城，发明了蒸馏器、水浴加热装置和蒸汽收集装置，被认为是西方世界第一位真正的炼金术士。

希腊化时期埃及的炼金术士在炼金过程中，发明了蒸馏器、熔炉、沙浴加热锅、过滤器和升华装置，其中最为突出的成就是发明了上馏式玻璃蒸馏器（见图3-8），不仅能够耐高温抗腐蚀，而且可以观察到容器内部的反应过程，有利于化学知识的获取。炼金术发明的操作方法主要有熔化、过滤、结晶、升华和蒸馏等。

图3-8 希腊文稿中炼金术的几种蒸馏装置

## 二、阿拉伯的炼金术

公元8世纪初，阿拉伯人建立了以波斯为中心，横跨亚、非、欧的庞大帝国。随着罗马帝国的灭亡，炼金术的中心也转移到伊斯兰世界。阿拉伯炼金术融合了西方的炼金术和中国的炼丹术，使炼金术得以重现生机。

波斯阿拉伯炼金术士贾比尔·伊本·哈扬（Jabir ibn Hayyan，721—815）是早期炼金术的代表人物，中世纪的西方人称他为贾伯（Geber）。大约有600部阿拉伯作品被认为是贾比尔的作品，涵盖的主题包括炼金术、宇宙学、占星术、医学、魔法、神秘主义和哲学等方面，其中最为著名的主要有《一百一十二卷》《七十卷》《平衡书》《五百卷》等。贾比尔提出了金属硫汞理论。他认为地球上的金属是由硫和汞混合形成的，硫具有理想的易燃性，汞具有理想的金属性。这两种元素以适当的比例化合就能形成各种金属。按照金属的硫汞理论，铅就能分离成硫和汞，通过改变硫和汞的比例就可转化为黄金。贾比尔认为要使这一转化变为可能需要一种催化剂，即一种被称为“点金石”的神秘物质。炼金术士认为这种神秘的干燥药粉既然能使普通金属转变为黄金，必然还具有其他不可思议的性质，比如能治疗一切疾病，使人恢复青春而长生不老。因此，后来又被称为长生不老药。

贾比尔被称为“化学之父”，他的著作中记述了已知最古老的化学物质系统分类，以及已知最古老的用化学方法从有机物（如植物、血液和头发）中提取无机化合物（氨盐或氯化铵）的方法，描述了各种化学实验的操作。

在长期的炼金活动中，阿拉伯人除了制得酒精外，还制备了盐酸、硝酸、硫酸及王水。

与希腊炼金术完全专注于矿物物质的使用有所不同，阿拉伯炼金术中使用蒸馏法从动、植物中提取了许多有机物质，开创了有机物质在化学中应用的先河。

## 三、欧洲的炼金术

公元1144年，英国人罗伯特（Robert）将阿拉伯语《炼金术的组成》这本书翻译成拉丁文，炼金术才得以传入拉丁语系的欧洲。起初是基督教的一些学者开始接触炼金术，从此西欧的炼金术得以形成和发展。

中世纪欧洲的炼金术继承阿拉伯炼金术士贾比尔·伊本·哈扬的金属硫汞理论，并植根于希腊的古典元素体系中，形成了以亚里士多德的土、水、空气和火四种元素以及硫、汞元素组成的元素系统。炼金术士认为所有的金属中除含有古希腊的四元素之外，还含有汞、硫。汞是一切金属的本，硫为一切可燃物所共有。普通金属（铅、铜）与贵金属（金、银）之所以不同，是因为它们所含汞、硫的比例和纯度不同，因而只要在普通金属中添加适量的汞、硫，就可以使铅、铜转变为黄金。

罗吉尔·培根（Roger Bacon，1220—1292）是欧洲炼金术的代表人物，他把炼金术分为理论的和实践的两方面，理论方面主要研究金属和矿物成分及其变化，实践方面注重金属的制备和净化，以及用蒸馏和升华操作制造有效的药物和各种颜料。罗吉尔·培根接受亚里士多德的土、水、空气和火四元素说及原性说，认为汞、硫是原始物，汞是金属之父，硫为金属之母，黄金则由纯汞和纯硫制成。他认为炼金术是关于制备某些灵药的科学，当这些灵药投在金属或不完美物上时，能立刻使其变成完美物。这里所说的“灵药”是指“哲人石”或“贤者之石”（philosopher’s stone），“完美物”则是指金、银。有文献记载，在中国发明和描述火药之后，罗吉尔·培根是欧洲第一个记录火药配方的人。

除罗吉尔·培根之外，欧洲的炼金术士还有阿尔伯图斯·马格努斯（Albertus Magnus，1193—1280）、阿奎那（T. Aquinas，1225—1274）、阿纳尔多斯·德·维拉诺瓦（Arnaldus de Villa Nova，1240—1311）、勒梅（N. Flamel，1330—1391）、诺顿（T. Norton，1433—1513）等。马格努斯相信“贤者之石”的存在，并希望能得到它。传说勒梅经多年研习实验，于1382年4月25日傍晚5点制成了红色的魔法石，并在之后利用魔法石三次制造黄金。诺顿是英国诗人和炼金术士，因1477年的炼金术诗《炼金术序曲》（*The Ordinal of Alchemy*）而闻名。另外，还有一些炼金术士因其科学贡献而闻名于世，如范·海尔蒙特（Jan Baptist van Helmont）、波义耳（R. Boyle）和牛顿（I. Newton）等。

14世纪至15世纪初，炼金术士专注于寻找哲人石，甚至于全盘接受中国化的炼丹术。1326年，因为炼金术士伪造黄金，罗马教皇下令取缔炼金术，西欧的炼金术走向衰落。

中世纪欧洲炼金术的主要成就一方面是关于实验仪器的发明和使用，如炼金炉、加热器、蒸馏器等的使用；另一方面是实验的详细操作，如食盐的提纯方法、硫酸和硝酸的制备以及王水溶液的配制等。

在文艺复兴时期（公元14—16世纪），一度遭受封禁的亚里士多德的自然哲学也复兴了，并产生了新柏拉图主义。16世纪，欧洲的炼金术也得以恢复。帕拉塞尔苏斯（Paracelsus，1493—1541）认为万物是由硫、汞、盐三种元素以不同的比例构成的。他并不否认贱金属有转变成金、银的可能性，并将炼金术转变为一种新的形式，从而扩大了炼金术的含义。在他看来，炼制药品的过程也是炼金术。他写道：“许多人说炼金术是用来制造黄金和白银的。对我来说，这不是目的，而只是考虑药物中可能存在的美德和力量。”正是帕拉塞尔苏斯推行实用的炼金术，从而使医学制药开始从炼金术中分离开来，形成了医药化学。

德国医生和化学家利巴维乌斯（A. Libavius，1550—1616）于1597年出版的《炼金术》，被称为有史以来最早的化学教科书。书中包括对矿物、金属、矿山废水（主要是各种盐溶液）的分析和相应的理论，并附有两百多张各种化学实验器具和实验室的设计图。书中总结了炼金术士在这一时期的所有发现，即实验室、过程描述、化学分析和转化等四部分内容。利巴维乌斯批评那些声称自己发明了包治百病的万灵药的炼金术士，不是因为他不相信万灵药是可能的，而是因为这些炼金术士总是拒绝透露他们的配方。因为在他看来，任何设法创造出灵丹妙药的人都有责任把这一过程教给尽可能多的人，使之造福人类。他还揭露了炼金术的危险性，并建议建设一系列被称为化学屋的实验室，以避免炼金术士因在家中进行实验而产生意想不到的危险。他对炼金术的研究导致了许多化学方面的新发现。利巴维乌斯在《工艺大全》中十分清楚地记述了王水和硫酸的制备方法，第一次证明了燃烧硫黄制得的酸和用硫酸盐制得的酸是一样的。他提出利用加热食盐和水的方法制取盐酸，利用锡与升汞作用制备氯化锡，发现了亚铜盐乳液遇到氨颜色变成深蓝色。

德国的药剂师和炼金术士布兰德（H. Brand，1630—1692）也与当时的其他炼金术士一样，在寻找“贤者之石”。他幻想从尿液中提取黄金，曾用明矾、硝酸钾和浓缩的尿液配方试图将贱金属转化为银。大约在1669年，他将煮沸后的尿液残渣放在炉子上加热，直到蒸馏瓶变红，突然间灼热的气体充满了蒸馏瓶，同时有液体滴出，并燃烧起来。他将液体收集于一个罐子里，盖上盖子，过一会它就凝固了，继续发出淡绿色的光。其实，他收集的是磷蒸气冷凝的液体。布兰德像当时其他的炼金术士一样，对自己的发现保密，并试图用磷来炼金。

炼金术士为了保守秘密，在炼金术的配方和著作中使用神秘的技术词汇，常常使用一些符号。由于希腊炼金术中的符号与欧洲炼金术的符号还有所不同，这样同一元素或者物质就有两个符号。有关四种经典元素、七种行星金属、炼金术化合物以及炼金术的操作的符号见表3-1。这种使用符号的做法被现代化学广泛采用。

表3-1　炼金术的符号与表示的名称

| 符号 | 名称 | 符号 | 名称 | 符号 | 名称 | 符号 | 名称 |
| --- | --- | --- | --- | --- | --- | --- | --- |
| 🜄 | 水 | ♄ | 铅 | 🜍 | 硫黄 | ♉ | 凝结 |
| 🜂 | 火 | ♃ | 锡 | 🜕 | 硝石 | ♋ | 溶解 |
| 🜁 | 空气 | ♀ | 铜 | 🜔 | 盐 | ♌ | 消化 |
| 🜃 | 土 | ♂ | 铁 | 🜖 | 矾石 | ♍ | 蒸馏 |
| ☉ | 金 | ☿ | 水银 | 🜈 | 酒精 | ♎ | 升华 |
| ☽ | 银 | ♁ | 锑 | 🜊 | 醋 | ♏ | 分离 |

总之，炼金术出于将贱金属变成贵金属和寻找灵丹妙药的目标终未实现，但炼金术重视实验，发明了实验仪器装置，总结了详细的实验方法，积累了大量的化学知识，成为近代化学诞生的基础。

大约从1720年开始,“炼金术”和“化学”之间出现了严格的区分。18世纪40年代,“炼金术”被限制在黄金制造领域。为了保护发展中的现代化学科学不受炼金术所遭受的负面指责，18世纪科学启蒙时期的学术家们试图将“新”化学与炼金术分离开来。

## 练习题

1. 填空题

（1）中国炼丹术中氯化汞类的丹药中，轻粉是指________，粉霜是指______。

（2）晋代著名炼丹家、医学家葛洪的《____________》中包括神仙论、养生之道和炼丹及黄白术。

（3）东汉时期炼丹理论家魏伯阳所著《____________》是最早的炼丹术理论著作。

（4）中国炼丹术制备的无机酸是__________________。

（5）《真元妙道要略》记载：“硝石宜佐诸药，多则败药，生者不可合三黄等烧，立见祸事。”这里所说的“三黄”分别指______、______、______。

（6）中国炼丹术发现了______元素，欧洲炼金术发现了______元素。

2. 选择题

（1）《周易参同契》中：“河上姹女，灵而最神，得火则飞，不见埃尘，鬼隐龙匿，莫知所存，将欲制之，黄芽为根。”“姹女”“黄芽”分别是指（　　）。

A. 美女，雄黄酒　　B. 水银，硫黄或黄金、铅

C. 雌黄，雄黄　　D. 汞，雄黄

（2）现代化学中的升华法即为中国炼丹术中采用的（　　）。

A. 飞升　　B. 水飞　　C. 抽法　　D. 转法

（3）关于阿拉伯炼金术的主要成就的叙述中，（　　）的说法不正确。

A. 制得酒精

B. 制备了盐酸、硝酸、硫酸及王水

C. 制得“点金石”

D. 使用蒸馏法从动、植物中提取了许多有机物质

（4）西方炼金术使用了符号，四大元素“水、土、火、空气”中，“火”的符号是（　　）。

A. 🜁　　B. 🜃　　C. △　　D. ▽

（5）下列关于炼金术对化学发展的贡献的表述中，（　　）的说法不正确。

A. 认识一些天然矿物，认识了一些物质的性质和化学变化

B. 发明了一些早期的化学实验器具，发明了一些实验方法

C. 是化学的原始形式

D. 创造了一些符号及化学方程式被现代化学所沿用

（6）通常认为中国炼丹家在炼丹过程中采用（　　）处理药剂时发明了火药。

A. 抽法　　B. 水飞　　C. 伏火法　　D. 干汞法

（7）下列关于火药的叙述，（　　）的说法不正确。

A. 燃烧时产生大量的气体，因骤然的体积膨胀而发生爆炸

B. 火药的燃烧和爆炸不仅能在空气中发生，而且在隔绝空气的情况下也能发生

C. 火药是由硝石、硫黄和木炭三种物质组成的

D. 火药首先用于制造烟火，唐末被用于军事

（8）希腊化时期埃及的炼金术士在炼金过程中，最突出的成就是发明了（　　）。

A. 熔炉　　B. 沙浴加热锅　　C. 升华装置　　D. 上馏式玻璃蒸馏器

### 3. 写出炼丹术中化学变化的方程式

（1）《抱朴子内篇》："丹砂烧之成水银，积变又还成丹砂"。

（2）《抱朴子内篇》："铅性白也，而赤之以为丹；丹性赤也，而白之以为铅。"

（3）《周易参同契》："胡粉投火中，色坏还为铅。"

（4）炼丹术中炼石胆取精华法制备无机酸。

### 4. 话题讨论

话题1："炼金术是化学的原始形式"。

话题2："点石成金"与"哲人石"。

话题3：与化学相关的成语。

# 第四章
# 古代医药化学和冶金化学

## 第一节　古代的医药化学

中国炼丹术自兴起至衰落历经千余年，随着炼制长生不老药目标的破灭，逐渐被起源更早、历经时间更长的本草学所取代。欧洲炼金术自12世纪从阿拉伯传入至兴起也历经百年以上，随着追求将贱金属转变成贵金属目标的破灭，便将目标转向实用的医药化学。

### 一、本草学中的化学

我国古代的药物学著作多称为本草，从字面意义来看，“本草”是关于植物药物性能的药物学，但实际上包括植物、动物和矿物三类药物。历代本草学家在长期的医药实践中，认识了一些药物的性质，掌握了一些化学知识和化学实验技术。本草是中医药文化的重要组成部分，中医药文化是中国传统文化的重要组成部分。

我国传统医学四大经典著作分别是《黄帝内经》《难经》《伤寒杂病论》和《神农本草经》，其中汉代时期成书的《神农本草经》是我国最早的一部本草学专著。《神农本草经》又名《神农本草》或《神农本经》，简称《本草经》或《本经》。该书成书于汉代，原书已散佚，现行本是后人以清朝孙星衍、孙冯翼编撰的底本整理而成。该书共记载药物365种，其中植物药252种、动物药67种、矿物药46种。《神农本草经》以上、中、下三品分类法进行分类，其中矿物药分为玉石上品18种：丹砂、云母、玉泉、石钟乳、涅石、消石、朴消、滑石、石胆、空青、曾青、禹余粮、太一余粮、白石英、紫石英、五色石脂、白青、扁青；玉石中品14种：雄黄、雌黄、石流黄、水银、石膏、慈石、凝水石、阳起石、孔公蘗、殷蘗、铁精、理石、长石、肤青；玉石下品9种：石灰、礜石、铅丹、粉锡、代赭石、戎盐、白垩、冬灰、青琅玕。

我国南朝（齐、梁）时期的炼丹家、医药学家陶弘景（456—536）针对当时的《神农本草经》中出现的草石不分、虫兽不辨、三品不清的情况，对《本草经》进行整理、作注，从《名医别录》中选取365种与《本草经》中所载药物365种，共730种，合编成《本草经集注》，并分别注明《本草经》和《名医别录》的内容。

唐朝苏敬（宋以后改为苏恭，599—674）主持编纂，李绩等二十二人对本草进行修订，称为《唐·新修本草》，世称《唐本草》。该书共计54卷，记载药物844种，是世界上第一部由国家颁布的药典。该书还记载了用白锡、银箔、水银调配成的补牙用的填充剂，这也是世界医学史上最早关于补牙的文献记载。

北宋徽宗大观年间（1107—1111），《证类本草》是唐慎微在掌禹锡《嘉祐本草》和苏颂《本草图经》的基础上，收集民间验方、各家医药名著、经史传记和佛书道藏中的有关本草学记载，整理编著而成，原名《经史证类备急本草》。全书共30卷，记载药物1746种，其中玉石部上品73种、中品87种、下品93种，增加药物660种，有药图294幅。

公元1596年，明朝著名医药学家李时珍（1518—1593）编撰的《本草纲目》（金陵版）首刊出版。《本草纲目》全书由三部分组成，第一部分为王世贞《本草纲目序》、《总目》、《凡例》，第二部分为药物图谱，第三部分为正文。该书正文有52卷，第一、二卷为序例，第三、四卷为百病主治药，第五卷以后为药物，分为16部（水部、火部、金石部、草部、谷部、菜部、果部、木部、虫部、鳞部、介部、禽部、兽部、人部）60类。类下面按药分条，每条下设正名、释名、集解、辨疑、正误、修治、气味、主治、发明、附方等。

《本草纲目》全面总结并阐明了药物学知识，扩充了本草内容，增加了药物品种，创立了“物以类从，目随纲举”的科学分类方法，建立了本草分类新体系。全书共记载药物1892种，记载植物1097种，分为草、谷、菜、果、木五部；记载462种动物的名称、形态、生活习性和药用价值；记载矿物265种，其中金石部共161种（金类28种、玉类14种、石类上32种、石类下40种、卤石类20种）。新增药物374种，插图1300余幅，附方11096首。《本草纲目》是历代本草著作中论述最全面、最丰富、最系统的典籍名著，享有“中国古代百科全书”之誉。

1. 记载了一些金属及矿物质的名称和性质

《本草纲目》所记载的药物中与化学相关的主要是金石部，包括金类、玉类、石类、卤石类等。书中记载了矿物药的名称、种类、分布、形态、性质、作用、鉴别方法以及找矿、采矿、冶炼方法等。

（1）金类 《本草纲目》记载了金、银、铜、铅、锡、铁、钢铁等金属。

《本草纲目》中关于金的记述：“金有山金、沙金两种。其色七青、八黄、九紫、十赤，以赤为足色。和银者性柔，试石则色青；和铜者性硬，试石则有声。”由此可知，李时珍既指出了金的种类，又给出鉴别金、金银合金、金铜合金的方法。《本草纲目》中列举了十五种假金：“水银金、丹砂金、雄黄金、雌黄金、硫黄金、曾青金、石绿金、石胆金、母砂金、白锡金、黑铅金，并药制成者。铜金、生铁金、熟铁金、鍮石金，并药点成者。以上十五种，皆假金也。”

《本草纲目》中关于银的记述：“闽、浙、荆、湖、饶、信、广、滇、贵州诸处，山中皆产银，有矿中炼出者，有沙土中炼出者。”《本草纲目》中列举了十三种假银：“水银银、草砂银、曾青银、石绿银、雄黄银、雌黄银、硫黄银、胆矾银、灵草银，皆是以药制成者；丹阳银、铜银、生银、白锡银，皆以药点化者，十三种皆假银也。”

《本草纲目》中关于铜的记述：“铜有赤铜、白铜、青铜。赤铜出川、广、云、贵诸山中，土人穴山采矿炼取之。白铜出云南，青铜出南番，惟赤铜为用最多，且可入药。人以炉甘石炼为黄铜，其色如金。砒石炼为白铜，杂锡炼为响铜。”另外，《本草纲目》中还记载了自然铜、铜矿石和铜青。

《本草纲目》中关于铅的记述："铅生山穴石间，人挟油灯，入至数里，随矿脉上下曲折斫取之。其气毒人，若连月不出，则皮肤萎黄，腹胀不能食，多致疾而死。"

《本草纲目》中关于铁、钢铁的记述："铁皆取矿土炒成。""钢铁有三种：有生铁夹熟铁炼成者，有精铁百炼出钢者，有西南海山中生成状如紫石英者。"

（2）玉类 《本草纲目》中记述的玉类有十四种，例如：玉、珊瑚、宝石、玻璃、琉璃、云母、白石英、紫石英等。《本草纲目》中对玻璃的叙述："（玻璃）本作颇黎。颇黎，国名也。其莹如水，其坚如玉，故名水玉，与水精同名。""有酒色、紫色、白色，莹澈与水精相似，碾开有雨点花者为真。"

（3）石类 《本草纲目》记载的石类包括：丹砂、水银、轻粉、粉霜、银朱、灵砂、雄黄、雌黄、石膏（寒水石）、理石、长石、方解石、不灰木、五色石脂、炉甘石、无名异、石钟乳、石炭、石灰、阳起石、慈石、玄石、代赭石、禹余粮、太一余粮、空青、曾青、绿青、扁青、白青、石胆、礜石、砒石、金刚石、越砥（磨刀石）等。

《本草拾遗》中陈藏器关于慈石的记述："慈石取铁，如慈母之招子，故名。"《图经本草》中苏颂对于慈石的记述："今慈州、徐州及南海旁山中皆有之。慈州者岁贡最佳，能吸铁虚连十数针，或一二斤刀器，回转不落者，尤良。"《本草纲目》中对曾青的释名："曾音层。其青层层而生，故名。或云其生从实至空，从空至层，故曰曾青也。"《本草纲目》中对砒石毒性的记述："砒乃大热大毒之药，而砒霜之毒尤烈。鼠雀食少许即死，猫犬食鼠雀亦殆，人服至一钱许亦死。"

（4）卤石类 《本草纲目》记载的卤石类包括：食盐、戎盐、光明盐、凝水石、朴消、玄明粉、消石、硇砂、篷砂、石硫黄、矾石、绿矾、黄矾等。

《本草纲目》中关于朴消的记载："此物见水即消，又能消化诸物，故谓之消。生于盐卤之地，状似末盐，凡牛马诸皮须此治熟，故今俗有盐消、皮消之称。煎炼入盆，凝结在下，粗朴者为朴消，在上有芒者为芒消，有牙者为马牙消。"这里所说的"朴消"是指硫酸钠。

《本草纲目》中指出了消石还有苦消、焰消、火消等别名。李时珍对消石的释名："消石，丹炉家用制五金八石，银工家用化金银，兵家用作烽燧火药，得火即焰起，故有诸名。"这里所说的"消石"是指硝酸钾。

宋朝苏颂《图经本草》中关于矾石的记载：矾石有五种，即白矾、黄矾、绿矾、黑矾、绛矾。李时珍认为矾石不止于五种。《本草纲目》中记述："白矾，方士谓之白君，出晋地者上，青州、吴中者次之。洁白者为雪矾；光明者为明矾，亦名云母矾。"

### 2. 记录了一些化学物质的性质和制法

（1）制取轻粉　轻粉即甘汞（$Hg_2Cl_2$）。《本草纲目》中记述："用水银一两，白矾二两，食盐一两，同研不见星，铺于铁器内，以小乌盆覆之。筛灶灰，盐水和，封固盆口。以炭打二炷香取开，则粉升于盆上矣。"

（2）制取粉霜　粉霜即升汞（$HgCl_2$）。《本草纲目》中记述："用真汞粉一两，入瓦罐内令匀。以灯盏仰盖罐口，盐泥涂缝。先以小炭火铺底四围，以水湿纸不住手在灯盏内擦，勿令间断。逐渐加火，至罐颈住火。冷定取出，即成霜如白醋。"这里所说的"真汞粉"是指轻粉。

（3）制取铅霜　铅霜即醋酸铅。苏颂在《图经本草》中记载："铅霜，用铅杂水银十五分一合炼作片，置醋瓮中密封，经久成霜。"《本草纲目》记述："以铅打成钱，穿成串，瓦盆盛生醋，以串横盆中，离醋三寸，仍以瓦盆覆之，置阴处，候生霜刷下，仍合住。"这里的反应原理为：铅被空气中的氧气所氧化，生成氧化铅（PbO）。氧化铅与挥发的醋酸反应生成醋酸铅。其反应式如下：

$$2Pb + O_2 \longrightarrow 2PbO$$

$$PbO + 2CH_3COOH \longrightarrow Pb(CH_3COO)_2 + H_2O$$

（4）烧制石灰　李时珍叙述了烧制石灰的方法："令人作窑烧之，一层柴或煤炭一层在下，上累青石，自下发火，层层自焚而散。"

**阅读材料**

## 李时珍与《本草纲目》

李时珍（1518—1593），字东璧，晚年自号濒湖山人，湖北蕲春县蕲州镇人，明代著名医药学家。李时珍的祖父是草药医生，父亲李言闻是当地知名儒医。他自幼天资聪颖，14岁考中秀才，三次乡试均落第。24岁随父学医，不久便名噪一方。38岁时，李时珍因治好了富顺王朱厚焜儿子的病而医名显赫。

李时珍勤于读书，善于读书，精于读书。《蕲州志》中说他"刻意读书，十年不出户阈，上自经典，下及子史百家，罔不该洽"。他在多年的研读古籍和行医实践中，认识到本草一书关系颇重。他发现《本草》自成书以来，在分类上出现玉石水土混同、诸虫鳞介不别以及图说不符的情况，这促使他决心重修本草。

明世宗嘉靖三十一年（1552年），李时珍着手编写《本草纲目》，至明万历六年（1578年）三易其稿始成，前后历时27年。为了能使《本草纲目》出版，李时珍于1580年赴太仓县请王世贞作序，虽极力陈述编著《本草纲目》的重大现实意义，但并未能得到王世贞的"序"。1590年，李时珍再次来到太仓，他不仅治好了王世贞的病，而且感动了这位文坛巨匠。王世贞欣然同意为《本草纲目》作序。1590年，南京书商胡承龙接稿，于1593年刻完《本草纲目》全部书稿，1596年首刊出版，世称"金陵本"。

《本草纲目》可谓集16世纪之前我国药学成就之大成，共收载药物1892种，附药图1000余幅，阐明药物的性味、主治、用药法则、产地、形态、采集、炮制、方剂配伍等，被译成韩、日、英、法、德等多种文字。

《本草纲目》记载了金属，金属氧化物、氯化物、硫化物等物质发生的有关化学反应，还记载了蒸馏、结晶、升华、沉淀、干燥等现代化学中应用的一些操作方法。《本草纲目》既是我国一部药物学巨著，也是我国古代的一部百科全书。

## 二、欧洲医药化学家的代表人物

运用炼金术的化学手段制造化学药物是化学发展中的一个重大转折，这是炼金术向近代化学过渡的开始，这个时期在化学史上称为医药化学时期。16、17世纪欧洲医药化学家中的代表性人物有帕拉塞尔苏斯、范·海尔蒙特和约翰·鲁道夫·格劳伯。

### 1. 帕拉塞尔苏斯

帕拉塞尔苏斯（Paracelsus，1493—1541）是瑞士的医生、炼金术士和德国文艺复兴时期的哲学家，也是16世纪欧洲的医药化学家中最具代表性的人物。他扩大了炼金术的范围，以求得炼金术与医学的结合。他认为一切物质都是活的，在自然生长过程中趋于完善。在他看来使贱金属变为贵金属是一种死而复活的过程。

帕拉塞尔苏斯摒弃了古代学者主张的人体健康是由四种液体，即血液、黄胆汁、黑胆汁及黏液所决定的观点，提出人体本质是一个化学体系的学说。

帕拉塞尔苏斯关于物质构成元素方面的观点与亚里士多德的四元素说不同，认为万物是由硫、汞、盐三种元素以不同的比例构成的。他通过燃烧一块木头来证明他的理论，认为燃烧的火是硫的作用，产生的烟是汞，残留的灰烬便是盐。

在探讨人体疾病的机理时，帕拉塞尔苏斯大约于1530年首次提到汞-硫-盐模型。他认为盐是固体的永久性元素，代表人体；硫为可燃元素，代表灵魂；汞为流动的可变化元素，代表精神。帕拉塞尔苏斯认为硫、汞和盐的成分中含有引起疾病的毒素，疾病可能是人体中硫、汞、盐三种元素的不平衡导致的，并认为可使用含有矿物、金属和无机盐的药物使这种平衡得以恢复。

帕拉塞尔苏斯将炼金术引向实用的药物化学，将炼金术所取得的化学知识引入医学，为医学和化学的发展开辟了新的途径。

帕拉塞尔苏斯是最早将化学引入医学的科学家之一，他建议用含铁的药物治疗“血液不良”，用化学方法对尿液进行分析。他在肥皂和酒精的混合物中加入樟脑、艾草，发明了一种搽剂。他因提出“只有剂量才能决定一种物质是否有毒”的观点，而被誉为“毒理学之父”。

为了提纯和制备一些药物，帕拉塞尔苏斯还进行了一些化学实验。他从化学上区分了白矾和蓝矾，认识到二氧化硫的漂白作用，注意到铁与硫酸作用有气体放出。他是欧洲第一个提到锌和创造“酒精”术语的人。

### 2. 范·海尔蒙特

范·海尔蒙特（Jan Baptist van Helmont，1580—1644）是比利时的化学家、生理学家和医生。1609年，他获得了医学博士学位，却对化学实验产生了浓厚的兴趣。后来，他不再从事医疗工作，转而从事化学实验工作，直到1644年12月30日去世。在范·海尔蒙特去世后，他的儿子将他的著作整理成作品集《奥尔图斯医学》，于1648年出版，书中就包含著名的柳树实验。

（1）柳树实验　范·海尔蒙特受到德国的尼古拉斯（Nicholas）在1450年的作品的启发，进行了著名的柳树实验。他在盆中放入200磅（1磅为453.6克）烘干过的土，用雨水浇湿，在土里种下5磅重的柳树枝，收集雨水浇灌。为了不让飘散的尘粒落入土中，他把盆的边缘用带有孔洞的锡铁板盖起来。五年后柳树长到169磅3盎司（1盎司约为28.3克）重，土壤再烘干称重，只少了2盎司。由此，他认为164磅的木头、树皮、树根只能是由水产生的。这个实验被认为是最早的植物营养和生长的定量研究之一。

（2）对元素的认识　范·海尔蒙特认为空气和水是两种原始的元素，因为空气不能凝结成水，也不能还原成更简单的状态。柳树实验已经证明木头是由水生成的，因此从木头得出的所有产物也是由水组成的。他还说能用所谓的万用溶剂把植物或橡树烧成的木炭转变为水。

范·海尔蒙特认为火能穿透玻璃，因为火没有一种物质的外形，所以火不能构成物质的组成部分，因此火不是元素。土不是元素，因为土可由水生成。

（3）气体研究　范·海尔蒙特认为火焰是点着的烟，烟也是气体。他描述这样一个实验：在水面上倒扣一个玻璃杯，在杯中点一支蜡烛，看到水面上升，火焰随之熄灭了。由于玻璃杯中的一部分空气被消耗掉了，因此水被吸上来了。于是，他认为空气的减缩是由于蜡烛燃烧所生成的烟把空气中原有的空隙挤压在一起。

范·海尔蒙特在进行气体研究方面提到过很多气体，如：聚集在矿中可使蜡烛的火焰熄灭的有毒气体；燃烧木炭生成的气体；酒发酵产生的气体；硫酸和酒石盐，或者蒸馏过的醋和碳酸钙作用生成的气体；硝酸和金属（如银）作用产生的有毒红色气体；硝酸和硇砂在冷时作用放出的气体；干馏有机物生成的可燃气体；从燃烧的硫黄释放出来的酸气；火药点着后放出的气体。他还意识到燃烧木炭所产生的气体（二氧化碳）和发酵所产生的气体是一样的。

范·海尔蒙特是第一个认识到气体与大气中的空气有本质上区别的人，并且创造了“gas”（气体）一词，通过实验区别了gas（气体）、air（空气）和vapor（蒸气）。因此，他被认为是气动化学的奠基人。

（4）定量化学实验　范·海尔蒙特在化学实验中广泛使用天平，在对实验数据进行分析时，发现蕴含着质量守恒的原理。

倘若把水银与浓硫酸一起煮沸，生成像雪一样的白色沉淀，沉淀用水洗后变成黄色，经过还原可得到与原来一样重的水银。当银溶解在硝酸中时，它并没有消失，而是藏在透明的溶液中，就像盐包含在水溶液中一样，还可以恢复成原来的样子。溶解的铜可以被铁沉淀出来，同样铜也可以把银沉淀出来。

（5）制取矾和酸　范·海尔蒙特介绍过几种矾的制备方法：通过浓缩矿坑水；浸提在空气中焙烧过的黄铁矿；把硫黄投在熔化的铜上，然后再放在雨水中；将铜板与硫酸共煮得到的黑色固体溶解在水中。

他曾用蒸馏矾和在钟罩内燃烧硫的方法制备硫酸，将等重的硝石和明矾干燥后再混合，通过蒸馏来制取硝酸。他描述过用盐和干燥的陶土蒸馏制备“海盐精”（即盐酸）。

（6）酵素和消化　范·海尔蒙特认为酵素是一种潜在的形成能力，如果没有酵素的作用，物质就不能产生活性和亲和力。人的胃里存在酵素，胃液中的酸对于消化是必需的，消化作用的强弱是由胃液中所含的酸来调节的，过量的胃酸就会引起人体的不适或疾病。

他从尿液中分离析出两种固体盐，其中一种是食盐。他还用烧过的海绵（含碘化物）治疗甲状腺肿。

### 3. 约翰·鲁道夫·格劳伯

格劳伯（J. R. Glauber，1604—1670）出生在德国，是德荷混血的炼金术士和化学家。

1625年，格劳伯将食盐与矾油（即硫酸）一起加热，首次得到盐精（盐酸），而剩下的残渣即为硫酸钠。由于当时欧洲采用清空消化道的方法来治疗许多疾病，而硫酸钠是一种有效且相对安全的泻药，于是以格劳伯的名字将硫酸钠命名为“格劳伯盐”。1646年，他发现将氯化亚铁晶体引入硅酸钾（水玻璃）溶液中能产生奇异的沉淀现象，即最初形式的化学花园。1648年，他改进了硝酸的生产工艺，将硝酸钾与浓硫酸加热制得硝酸。他还是第一个制备和分离三氯化锑、三氯化砷、四氯化锡和氯化锌的人。格劳伯不仅对葡萄酒的化学成分进行研究，而且对熔炉和蒸馏装置及其他化学工艺设备进行改进，使他成为早期的化学工程师。

# 第二节　古代的冶金化学

古代的冶金化学是指冶金中的化学，确切地说应该称为化学冶金。按照冶金过程工艺的不同，可将古代的化学冶金分为火法冶金和湿法冶金。

古代的火法冶金是指在高温条件下，矿石经历一系列物理化学变化过程，生成另一种形态的化合物或单质，使其中的金属与杂质分离，进而得到金属的冶金方法，例如火法炼铜、钢铁的冶炼、灰吹法冶炼金银等。古代的湿法冶金是指在溶液中用置换的方法将金属从净化液中提取出来的方法，例如胆水炼铜法。

古代时期认识和利用的金属主要有铜、铅、金、银、铁、锡、汞、锌、锑、铋等。铜和铁的冶炼已在第二章介绍，汞的冶炼已在第四章介绍，本节主要介绍金、银、锡、锌、锑和铋的冶炼。

## 一、灰吹法冶炼金银

### 1. 灰吹法冶炼黄金

人类最早发现和认识的金属是自然金，在干砾石中捡取或在水中淘洗获取的自然金称为砂金。自然金中含金量约为85%~95%，其中的主要杂质是银和铜。

中国在春秋战国时期就掌握了黄金的熔铸技术。公元2世纪，炼丹家和冶金学家狐刚子撰写的《出金矿图录》中介绍了金银矿的分布，区分了砂金（自然金）和山金（金矿石），介绍了砂金和金矿石冶炼黄金的方法。砂金的冶炼工艺：第一步是采用盐和牛粪灰作为冶炼的造渣物质，使砂金中的石英形成硅酸盐渣浮在坩埚表面，而金银沉在坩埚底部；第二步是将含银的金块打成薄片，用黄矾石和松香涂抹在金片上，用炭火烧红，反复几遍后就得到黄金。这里的黄矾石即硫酸铁，硫酸铁和松香一起加热的生成物可以与银发生反应，实现金、银分离的目的。金矿石的冶炼使用了十五种药剂，工艺更加复杂。

《黄帝九鼎神丹经诀》中记载了“作炼锡灰坯炉法”，即为灰吹法冶炼贵金属的原始方法。“作炼锡灰坯炉法”炼金工艺分为熔炼、灰吹、分离和提纯四个步骤。第一步，熔炼：将金矿石粉加入熔融状态的铅中，使金银与铅形成“铅坨”（在现在火试金分析法中称为“铅扣”）。铅坨熔点低，密度大，沉在锅底，而矿石中的其他物质形成熔渣浮在上层。第二步，灰吹：将铅坨于灰坯中焙烧，铅被氧化形成氧化铅，一部分氧化铅被鼓风带走，一部分氧化铅以熔化状态渗入灰坯中，实现金银与铅的分离。第三步，分离：将金银合金与雌黄在铜器中共同加热，其中的银生成硫化银，从金中分离，实现了金与银的分离。第四步，提纯：将粗金与黄矾石、盐一起加热，使银和黄矾石发生反应渗入灰中，从而得到纯度较高的金。这种黄金冶炼方法与公元1世纪古希腊的“渗灰法”炼金几乎完全相同。

若金中含有银，《天工开物》中也记载了分离提纯金、银的具体方法：“欲去银存金，则将其金打成薄片剪碎，每块以土泥裹涂，入坩埚中硼砂熔化，其银即吸入土内，让金流出以成足色。然后入铅少许，另入坩埚内，勾出土内银，亦毫厘具在也。”

### 2. 灰吹法炼银

银在自然界中的含量不高，主要以辉银矿（$Ag_2S$）存在。我国古代的银主要是从含银的粗铅中提炼出来的。由于辉银矿（$Ag_2S$）常与方铅矿（PbS）共生，熔炼时铅能把矿石中的银带出，采用“灰吹法”进行银、铅分离。

《出金矿图录》中继“出金矿法”之后，又介绍了“出银矿法”：“有银若好白，即以白矾石，硇末火烧出之。若未好白，即恶银一斤和熟铅一斤，又灰滤之为上白银。”

南宋赵彦卫在《方麓漫钞》中概述了找矿、采矿、选矿和炼银的工艺过程，其冶炼方法为灰吹法。

北宋天文学家、药学家苏颂所著的《图经本草》中详细叙述了“灰吹法”炼银的方法：“其初采矿时，银铜相杂。先以铅同煎炼，银随铅出。又采山木叶烧灰，开地作炉，填灰其中，谓之灰池。置银铅于灰上，更加火大煅，铅渗灰下，银在灰上。罢火，候冷，出银。”经过长时间的积累，灰池的底部留下冶炼银的下脚料，其主要成分为氧化铅，古时称之为密陀僧。

明代陆容所著的《菽园杂记》中详细记载了银矿石冶炼银的工艺，即矿石处理→矿粉烧结→铅坨制作→灰吹分铅。①矿石处理（即将矿石粉碎，并用浮选法富集精矿）：“矿石不拘多少，采入碓坊，舂碓极细，是谓矿末。次以大桶盛水，投矿末于中，搅数百次，谓之搅粘。凡桶中之粘分三等：浮于面者谓之细粘，桶中者谓之梅砂，沉于底者谓之粗矿肉。若细粘与梅砂，用尖底淘盆，浮于淘池中，且淘且汰，泛扬去粗，留取其精英者。其粗矿肉，则用一木盆，如小舟然，淘汰亦如前法。大率亦淘去石末，存其真矿，以桶盛贮，璀璨星星可现，是谓矿肉。”②矿粉烧结（即把精矿粉烧结成块）：“次用米糊搜拌，团如拳大，排于炭上，更以炭一尺许覆之。自旦发火，至申时住火，候冷，名窖团。”③铅坨制作：“次用烀银炉炽炭，投铅于炉中，候化，即投窖团入炉，用鞲鼓扇不停手。盖铅性能收银，尽归炉底，独有滓浮于面。凡数次，破炉爬出炽火，掠出炉面滓垢。烹炼既熟，良久，以水灭火，则银铅为一，是谓铅坨。”④灰吹分铅：“次就地用上等炉灰，视铅坨大小，作一浅灰窠，置铅坨于灰窠内，用炭围叠侧，扇火不住手。初铅银混，泓然于灰窠之内，望泓面有烟云之气，飞走不定，久之稍散，则雪花腾涌。雪花既尽，湛然澄澈。又少顷，其色自一边先变浑色，是谓窠翻（乃银熟之名）。烟云雪花，乃铅气未尽之状。铅性畏灰，故用灰以捕铅。铅既入灰，唯银独存。自晨至午，方见净银。铅入于灰坯，乃生药中密陀僧也。”

《天工开物》中也介绍了炼银工艺：“凡礁砂（银矿石）入炉，先行拣净淘洗。其炉土筑巨墩，高五尺许，底铺瓷屑、炭灰，每炉受礁砂二石。用栗木炭二百斤，周遭丛架。靠炉砌砖墙一朵，高阔皆丈余。风箱安置墙背，合两三人力，带拽透管通风。用墙以抵炎热，鼓鞴之人方可安身。炭尽之时，以长铁叉添入。风火力到，礁砂熔化成团。此时银隐铅中，尚未出脱，计礁砂二石熔出团约重百斤（如图4-1所示）。冷定取出，另入分金炉内，用松木炭匝围，透一门以辨火色。此炉或施风箱，或使交箑。火热功到，铅沉下为底子。频以柳枝从门隙入内燃照，铅气净尽，则世宝凝然成象矣。此初出银，亦名生银。”

图4-1 《天工开物》中熔礁结银与铅图

《天工开物》中还记述了从含有铜、铅杂质的粗银中提纯银的方法。将杂银放在坩埚中，于高炉中用猛火熔炼，撒少许硝石，其中结在锅底的铜和铅称为银锈，那些敲落在灰池里的称为炉底。将银锈和炉底一起放入分金炉内，用土甑装填炽热木炭熔炼，铅就会先融化，从低处流出，剩下的铜和银可用铁条分拨，使二者分开（如图4-2所示）。

图4-2 《天工开物》中分金炉清锈底图

## 二、金银的检验方法

在古代，人们常利用金、银的密度、颜色以及焰色反应来辨别金银的真伪，检验金银的纯度。《周易参同契》中有“金入于猛火，色不夺精光”的叙述，可以用来鉴别黄金。《天工开物·黄金》篇中记述了金、银、铜三者密度的比较：“凡金质至重，每铜方寸重一两者，银照依其则，寸增重三钱。银方寸重一两者，金照依其则，寸增重二钱。”

在古代的金银检验法中，火试金法和试金石法是至今仍在使用的两种重要的检验方法。

### 1. 火试金法

火试金法是将待检验的金、银样品先与铅共熔形成合金，然后将合金放在烤钵中强热，铅和其他杂质形成氧化物，部分被鼓风吹去，部分渗入灰渣，留下不被氧化的金、银。通过称量分离得到的金、银重量，便可计算出金、银的含量。因此，火试金法又称为灰吹法。

14世纪，欧洲发展了炼金术士们创造的灰吹法验金。16世纪，德国矿物学家和冶金学家阿格里科拉（G.Agricola，1494—1555）的《论金属》中详细介绍了灰吹法的四个阶段，以及灰吹法需要使用的各种工具和这些工具的操作方法。

**注：**

《金化学分析方法　金量的测定　火试金法》（GB/T 11066.1）和《金合金首饰　金含量的测定　灰吹法（火试金法）》（GB/T 9288），均将火试金法（灰吹法）列为标准方法。

### 2. 试金石法

公元前6世纪，古希腊的诗歌中已提到过试金石。公元前5世纪至4世纪，古印度的著作中也记载了试金石的应用。自小亚细亚地区的吕底亚人使用试金石鉴定黄金开始，古罗马帝国用试金石检验金银矿，古埃及也使用试金石法检验金银。公元1世纪，罗马的老普林尼（Pliny the Elder，23—79）在《自然史》一书中介绍了试金石检验金法。

12世纪，欧洲金匠和银匠行业协会的章程中推荐使用试金石法检验金银制品。16世纪初，欧洲出版了贵金属检验手册，详细介绍了试金石法检验金银的步骤，并制出了验金针，给出了酸混合液的配方。阿格里科拉在他的著作中介绍了24根验金针和黑色的试金石，其中1~23号验金针含金量分别为1~23K，其余为铜。第24号验金针为纯金，即24K金。将待检验的样品在试金石上划出条痕，并与验金针划出的条痕对比，再以硝酸或王水对划痕的溶解情况作为辅助，就可以判断金的成色。

李时珍在《本草纲目》中记载：“金有山金、沙金两种，其色七青、八黄、九紫、十赤，以赤为足色。和银者性柔，试石则色青。和铜者性硬，试石则有声。”宋应星在《天工开物》中记载：“其高下色，分七青、八黄、九紫、十赤。登试金石上，立见分明。”这表明最晚在明朝时期，中国已经开始使用试金石检验山金和沙金了。宋应星在《天工开物》中还介绍了试金石：“此石广信郡河中甚多，大者如斗，小者如拳，入鹅汤中一煮，光黑如漆。”

## 阅读材料

### 金制皇冠中是否掺入了银

科学史中关于阿基米德（Archimedes，前287—前212）最广为人知的轶事是他被要求在不损坏皇冠的情况下，确定国王的金制皇冠中是否被不诚实的金匠掺入了银。为了解决这个问题，阿基米德首先想到了密度比较的方法，即将金制皇冠的密度与黄金的密度进行比较。阿基米德又想到了可以通过测量金制皇冠的质量和体积来计算其密度，因此如何测量金制皇冠的体积就成了摆在阿基米德面前的难题。据说是阿基米德在浴缸中洗澡的时候得到了启示：皇冠放入水中所排开水的体积即为皇冠的体积，用皇冠的质量除以皇冠排开水的体积即得到皇冠的密度。阿基米德通过实验证明了银确实被掺入金制皇冠中。然而，这个关于皇冠的故事并没有出现在阿基米德的著作中。按照这个方法，就必须以高精确度来测量皇冠排出水的体积，于是这种方法的实用性受到了人们的质疑。阿基米德在《论浮体》一书中描述了流体静力学中的阿基米德原理，即浸没在流体中的物体所受到浮力的大小等于它所排开的流体的质量。利用这一原理，可以将与皇冠同等质量的纯金样品和皇冠分别放在天平的两端，并将其全部浸入水中，观察天平的平衡状况。若皇冠的密度与纯金的密度相同，浸入水中后天平仍然平衡，否则天平就会失去平衡。公元5世纪的拉丁诗歌中描述了使用流体静力平衡来解决皇冠问题，并将这种方法归功于阿基米德。

## 三、锡、锌、锑、铋的冶炼

### 1. 锡的冶炼

早在青铜时代人们就能够炼锡了，但关于炼锡的记录并不多。《天工开物》中比较详细地记述了炼锡工艺："凡炼煎亦用洪炉，入砂数百斤，丛架木炭亦数百斤，鼓鞲熔化。火力已到，砂不即熔，用铅少许勾引，方始沛然流注。或有用人家炒锡剩灰勾引者。其炉底炭末、瓷灰铺作平池，傍安铁管小槽道，熔时流出炉外低池（见图4-3）。其质初出洁白，然过刚，承锤即拆裂。入铅制柔，方充造器用。"这里提到的用铅勾引，是通过形成铅锡合金，降低熔点，增加密度，使锡更容易聚合在一起而与炉渣分离。若锡中因杂质而使锡质变脆不易加工时，可以通过加入铅而改变其加工性能。

图4-3 《天工开物》中炼锡图

### 2. 锌的冶炼

在公元9世纪，人们就采用蒸馏工艺来制造纯锌。中国和印度是世界上早期炼锌的国家。

根据五代时期独孤滔《丹房鉴源》和清朝《道光大定府志》的记载，可以推断我国在五代时期就掌握了炼锌技术。明代时期我国炼锌技术已相当成熟。

《天工开物》中详细记述了炼锌工艺：“每炉甘石十斤，装载入一泥罐内，封裹泥固，以渐砑干，勿使见火拆裂。然后逐层用煤炭饼垫盛，其底铺薪，发火煅红，罐中炉甘石熔化成团。冷定毁罐取出（见图4-4）。每十耗去其二，即倭铅也。此物无铜收伏，入火即成烟飞去。以其似铅而性猛，故名之曰倭铅云。”

图4-4 《天工开物》中升炼倭铅图

《天工开物》中记述的这种炼锌方法可能是当时比较落后的方法。贵州妈姑地区在公元947年就开始使用蒸馏法炼锌了。炼锌所用的蒸馏罐用耐火泥制成，有盖，上部为圆柱形，下部呈圆锥形，高约80厘米，内径约19厘米。在蒸馏罐顶部离盖子约6厘米的区域为冷凝室，冷凝室下部为一凹形的盛接器，盛接器与罐壁间留有缝隙，如图4-5所示。将菱锌矿与煤粉混匀装入反应罐内，留出四分之一左右的空间，上面覆盖一层耐火材料，盖上罐盖，但留有缝隙便于通气。将多个反应罐排列在蹲砖上，四周以煤饼垫塞，各个罐之间在距离口沿5~10厘米处用泥浆封住。当底部炉温达到1000~1200℃时，锌蒸气进入“斗”形冷凝室，凝成的液态锌滴入凹形盛接器中，待冷却后形成锌锭。产生的二氧化碳、一氧化碳以及少量的锌蒸气通过罐盖的缝隙排出，点燃成为锌火，生成的氧化锌沉积在罐的口沿处。相关的化学反应如下：

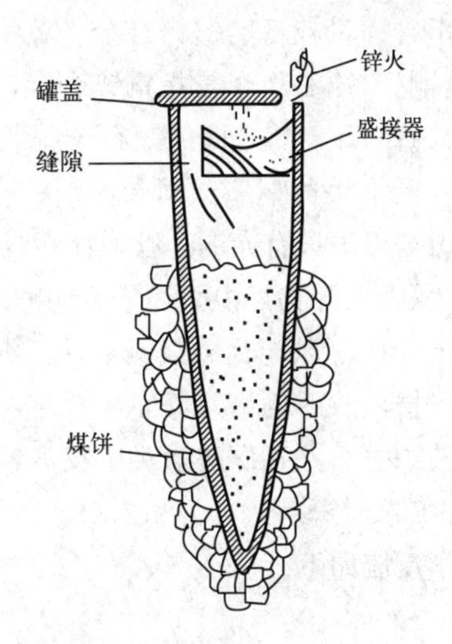

图4-5 蒸馏法炼锌示意图

$$ZnCO_3 \xlongequal{\triangle} ZnO + CO_2\uparrow$$

$$2C + O_2 \xlongequal{\triangle} 2CO$$

$$ZnO + CO \xlongequal{\triangle} Zn + CO_2$$

16世纪欧洲人刚开始了解到锌是一种金属，17世纪中叶欧洲人虽然知道了可从菱锌矿炼制锌，但是一直没有解决锌的冶炼问题。18世纪初，英国人来到中国学会炼锌方法，1743年才在布里斯托尔（Bristol）建立第一座炼锌厂。

3. 锑和铋的冶炼

早在公元前3100年，锑就被用来制作化妆品了，如胭脂和眉笔。在文艺复兴时期的炼金术文献中，第一次对锑有了比较准确的描述。公元815年，贾比尔·伊本·哈扬（Jabir ibn Hayyan）介绍了锑的分离方法。在古希腊，人们通过气流加热来烘烤硫化锑，认为这样就能够得到金属锑。1540年，意大利冶金学家毕林古乔（V. Biringuccio）出版的《火工术》中记载了锑的分离方法。1556年，德国矿物学家和冶金学家阿格里科拉的《论金属》中记载了如何冶炼和使用锑金属。1604年，欧洲出版的《锑的胜利车》中记载了用铁还原硫化锑制得金属锑的方法。1615年，德国化学家利巴维乌斯将铁加入硫化锑、盐和酒石酸钾的熔融混合物中，得到了具有晶体或星形表面的金属锑。

早在古希腊和罗马时期就有铋的应用，但是古人可能并不知道它是一种金属。1530年，阿格里科拉在他的著作中提出“铋”是一种独立金属的观点，同时指出它不同于铅和锡，其密度的大小位于锡和铅之间，它的硬度比锡和铅的硬度大，并将其称为“灰色的铅”。后来，阿格里科拉在《论金属》中指出铋和银共同存在于矿石中，可用熔融的方法提取，并指出它是真正的金属。1738年，铋和铅的区分更加清晰起来。1753年，英国人确认“铋”是一种化学元素，命名为bismuth。1757年，法国人经分析研究确定铋为一种新元素。

#### 4. 中国古代的黄铜和白铜

（1）黄铜　“黄铜”一词最早见于西汉东方朔所撰的《申异经·中荒经》中：“西北有宫，黄铜为墙，题曰地皇之宫。”隋代炼丹术士苏元明在《宝藏论》中列出的“鍮石金”实际上是指含锌量较低的铜锌合金（黄铜），“鍮石银”即为含锌量高的铜锌合金。古书中记载的“鍮铜”“鍮石”也是指铜锌合金。宋朝方士崔昉撰《大丹药诀本草》中记载：“用铜一斤，炉甘石一斤，炼之即成鍮石一斤半。”

至于“黄铜”一词专指铜锌合金，则始于明代。《天工开物》中记载：“凡铜供世用，出山与出炉只有赤铜。以炉甘石或倭铅掺和，转色为黄铜。”

《天工开物》中叙述了黄铜的冶炼方法：“凡红铜升黄色为锤锻用者，取自风煤炭百斤，灼于炉内。以泥瓦罐载铜十斤，继入炉甘石六斤，坐于炉内，自然熔化。后人因炉甘石烟洪飞损，改用倭铅，每红铜六斤入倭铅四斤，先后入罐熔化。冷定取出，即成黄铜。”这里说的炉甘石是指碳酸盐类矿物方解石族菱锌矿，主要成分为碳酸锌（$ZnCO_3$），因为炉甘石在300℃时分解为$CO_2$和ZnO，会损失部分锌，后又使用倭铅（金属锌）代替炉甘石。相关化学反应如下：

$$ZnCO_3 \xlongequal{\triangle} ZnO + CO_2\uparrow$$

$$ZnO + CO \xlongequal{\quad} Zn + CO_2$$

$$Cu + Zn \xlongequal{\triangle} Cu\text{-}Zn$$

（2）白铜　白铜主要指铜镍合金（镍白铜）和含砷在10%以上的铜砷合金（砷白铜）。

镍白铜：公元4世纪时东晋常璩《华阳国志·南中志》中记载：“螳螂县因山名也，出银、铅、白铜、杂药。”这是公认的有关我国镍白铜的最早记载。

唐宋时期，中国镍白铜已远销阿拉伯。16世纪以后，中国白铜由英国东印度公司贩往欧洲销售。17世纪，镍白铜大量传入欧洲，被称作“中国银”或“中国白铜”，欧洲的一些化学家、冶金学家开始研究和仿造中国白铜。

砷白铜：用砷矿石或砒霜点化赤铜便可以得到砷白铜。当铜中砷含量小于10%时，呈金黄色，炼丹家称其为“药金”（砷黄铜）；当砷含量大于10%时，呈白色，灿烂如银，被称为“药银”，即砷白铜。

冶炼砷白铜的历史可以追溯至西汉初期，是与炼丹术同时兴起的。葛洪在《抱朴子内篇》中明确记载了用雄黄点化铜为“黄金”。陶弘景在《名医别录》中也提到“雄黄得铜可作金”。苏元朗在《宝藏论》中记载了“伏火雄黄”炼取“雄黄金”的丹诀：“雄黄若以草伏住者，熟炼成汁，胎色不移。若将制诸药成汁并添得者，上可服食，中可点铜成金，下可变银成金。雌黄伏住火，胎色不移，鞴熔成汁者，点银成金，点铜成银。砒霜若草伏住火，烟色不变移，熔成汁添得者，点铜成银。”这里的“雄黄伏火”“雌黄伏火”和“砒霜伏火”是指利用草木灰中的主要成分$K_2CO_3$在加热的条件下与雄黄（$As_2S_2$）、雌黄（$As_2S_3$）、砒霜（$As_2O_3$）反应生成砷酸钾（$K_3AsO_4$）。砷酸钾与铜共熔形成铜砷合金。因此，上述所说的“点铜成金”和“点铜成银”实际上是指生成铜砷合金。“变银成金”可能是银的金属表面因沉积黄色硫化物薄膜而呈金色。《天工开物》中记载：“凡铜供世用，出山与出炉只有赤铜。……以砒霜等药制炼为白铜。”这里所说的“白铜”也是指铜砷合金。

砷白铜为我国所特有，其冶炼技术为我国一项重要的传统工艺。

云南省乌铜走银制作技艺、湖北省铅锡刻镂技艺、青海省藏族鎏钴技艺、银铜器制作及鎏金技艺为国家级非物质文化遗产代表性项目。

阅读材料

## 中国古代金属钱币的铸造

中国是世界上最早使用铸币的国家，萌芽于夏代，起源于殷商，发展于东周，统一于秦朝，一直延续至清朝，历经了四千多年的漫长历史。从材质上来说，出现过铜、金、银、铁等金属铸币，但铜质钱币是最常见的一种，在各朝代均有铸造，有青铜和黄铜之分。

金属钱币的铸造方法有阴文子范法、阳文母范法、母钱翻砂法等。浇铸方式可分为分流直铸、分流分铸、中流散铸等，分别如图4-6~图4-8所示。

图4-6　分流直铸

图4-7　分流分铸

图4-8　中流散铸

宋应星在《天工开物》中详细记述了母钱翻砂法：铸钱的模子为用四根木条构成的空框（木条各长一尺二、宽一寸二），用筛选过很细的泥粉和炭粉混合后填实空框，在面上再撒少量的杉木炭灰或柳木炭灰，或用燃烧松香和菜籽油的烟熏模。然后把百枚母钱（用锡雕成）

按有字的正面或无字的背面排放在框面上，接着用一个采用上述方法填实泥粉和炭粉的木框合盖上去，就构成了钱的底、面两框模。随手将其翻转过来，揭开前框，全部母钱就落在后框上面了。这样照样翻转做成十几套框模，把它们叠合在一起用绳捆绑固定。木框的边缘上留有灌注铜液的孔，铸工用鹰嘴钳将熔铜坩埚从炉中提出，另一人用钳托住坩埚的底部，将铜液注入模的孔中。冷却后，解开绳索，打开框模，就看见成百枚铜钱像结在树枝上的花果一样。因为模中原来的铜水通路也已经结成树枝状，取出后把枝折断将铜钱逐个摘下，再经过磨锉就制成钱币了。

中国古代金属钱币的形制多种多样。春秋时期的“布币”是仿农具“镈”演变而成的一种空首布铸币（见图4-9），到了战国时期便演变成平首布，如平首尖足布（见图4-10）和三孔布。战国时期出现的“刀币”明显是由刀演变而来的，如针首刀、圆首刀、齐刀（见图4-11）等。

图4-9　空首布（春秋）

图4-10　平首尖足布（战国）

图4-11　齐刀（战国）

秦始皇统一六国后，规定币分三等，黄金为上币，布币为中币，铜币为下币。铸造的方孔圆钱每枚重12铢，古时以24铢为1两，因此被称为秦半两（见图4-12）。

汉朝时期的铜钱仍然以半两重为名称，但将半两的实际重量改为8铢，即“八铢半两”（见图4-13），后又改为“四铢半两”。公元前113年，汉武帝将铸钱权收归中央，由上林三官统一铸造，制作出的“五铢钱”成为我国历史上铸造最成功和延续时间最久的钱币。图4-14所示的上林三官五铢钱的钱面上铸有篆书“五铢”两字，直径2.5厘米，厚度0.1厘米，重3.4克。

图4-12　秦半两（秦朝）

图4-13　八铢半两（西汉）

图4-14　五铢钱（西汉）

公元621年，唐高祖废“隋五铢钱”，结束了以重量命名钱币的历史，开启了“宝”货币的新时代。唐初铸造的“开元通宝”，规定每十文重一两，标志着一两十钱制的开端。开元通宝除了有铜质钱，还有金质钱（见图4-15），外径为2.5厘米，重9.6克。“开元通宝”四字为唐初著名书法家欧阳询所书。该钱在中国钱币史上的地位与“五铢钱”相当，延续近千年之久。

公元960年开始铸造的北宋开国钱币称为“宋元通宝”，材质有铜、铁两种。图4-16所示的为宋元通宝铁母钱。北宋时期还铸造了“元丰通宝”“大观通宝”“政和通宝”等多种通宝，其中“大观通宝”是宋徽宗大观年间（1107—1110）铸造，其面上宋金体“大观通宝”四字为宋徽宗赵佶书写（见图4-17）。

图4-15 开元通宝金钱（唐）

图4-16 宋元通宝铁母钱（宋）

图4-17 大观通宝（宋）

元朝钱币较有影响的是元世祖忽必烈至元年间（1264—1294）铸造的“至元通宝”，钱文分为汉文、八思巴文（蒙文）（见图4-18）两种。

明太祖朱元璋建立明朝并称帝后，铸造青铜质的开朝钱币“洪武通宝”，钱文为楷体，如图4-19所示。明朝万历十四年开始铸造银钱“万历年造”（见图4-20）。

图4-18 至元通宝（元）

图4-19 洪武通宝（明）

图4-20 万历年造银钱（明）

清朝的币制沿袭明朝，铜、银钱并行流通，先后铸造了“顺治通宝”“康熙通宝”“乾隆通宝”等（见图4-21~图4-23）。

图4-21 顺治通宝（清）

图4-22 康熙通宝（清）

图4-23 乾隆通宝（清）

## 四、古代冶金著作简介

从矿石中提取金属并进行精炼的金属冶炼技术（化学冶金）经过数千年的发展，为16世纪冶金学的发展奠定了基础。

16世纪的欧洲，新兴的资本家从金矿、银矿和其他矿石中，用机械和化学方法炼制出金、银及其他金属来发展资本主义生产。正是在这种背景下，诞生了冶金学。

古代代表性的冶金学著作有《火工术》《论金属》和《天工开物》。

1.《火工术》

1540年出版的《火工术》（*De la pirotechnia*）是意大利冶金学家万诺乔·比林古乔（Vannoccio Biringuccio，1480—1539）用拉丁文撰写的金属加工手册，翻译为《火工术》或《火法技艺》。书中记载了采矿实践，包括金属矿物的加工、冶炼、金银分离、金属铸造，以及非金属矿物如硫黄、矾类、盐类和硼砂等的开采和提炼，还详细描述了铸造模具的制造方式，特别是钟和大炮的铸造技术。

2.《论金属》

1556年出版的《论金属》（*De re metallica*）是德国矿物学家和冶金学家阿格里科拉用拉丁语撰写的关于采矿科学和冶金化学方面的著作，翻译为《论金属》或《矿冶全书》。本书由序言和十二卷组成，分别标为书Ⅰ至Ⅻ，还有许多木刻版画，提供带注释的图表，说明文中描述的冶金设备和工艺过程。

第一卷介绍采矿和勘探所需要的专业知识，第二卷至第六卷介绍采矿准备、矿脉、测量、挖掘等，第七卷介绍矿石的测定方法，第八卷介绍选矿和焙烧。第九卷介绍冶金工艺，包括熔炉的设计、矿石添加和木炭点火，金银冶炼过程中铅的加入和灰吹法分离，还描述了坩埚钢的制造以及汞和铋的蒸馏（见图4-24、图4-25）。第十卷介绍金银分离方法以及从

图4-24 《论金属》中的矿石熔炼图

图4-25 《论金属》中的蒸馏图

金或银中分离铅的方法，第十一卷介绍从铜中分离银的方法，第十二卷介绍盐、苏打、矾、硫、沥青和玻璃的制法。这本书在出版后的180年里，一直是关于采矿的权威著作，也是一部重要的化学著作，在化学史上具有重要意义。

### 3.《天工开物》

1637年出版的《天工开物》是中国明朝著名科学家宋应星（1587—约1661）编写的一部关于农业和手工业生产的综合性著作。全书共三卷十八篇，并附有123幅插图，描绘了130多项生产技术。

在冶铸篇中记述了钟、鼎、釜、像、炮、镜、钱的铸造方法，在锤锻篇中介绍了冶铜、冶铁、斤斧、锄镈、锉、锥、锯、刨、凿、锚、针的制作方法，在五金篇中介绍了金、银、铜、锌、铁、锡、铅、汞等金属矿物的开采和冶炼方法，还介绍了金、银分离方法和“灰吹法”分离铜和银工艺。

《天工开物》记录了蒸馏法升炼水银工艺：“若砂质即嫩而烁视欲丹者，则取来时，入巨铁碾槽中（如图4-26所示），轧碎如微尘，然后入缸，注清水澄浸。过三日夜，跌取其上浮者，倾入别缸，名曰二朱。其下沉结者，晒干即名头朱也。凡升水银，或用嫩白次砂，或用缸中跌出浮面二朱，水和槎成大盘条，每三十斤入一釜内升澒（汞），其下炭质亦用三十斤。凡升澒（汞），上盖一釜，釜当中留一小孔，釜旁盐泥紧固。釜上用铁打成一弯弓溜管，其管用麻绳密缠通梢，仍用盐泥涂固（见图4-27）。锻火之时，曲溜一头插入釜中通气。一头以中罐注水两瓶，插曲溜尾于内，釜中之气达于罐中之水而止。共煅五个时辰，其中砂末尽化成澒（汞），布于满釜。冷定一日，取出扫下”。

图4-26 《天工开物》研硃图

图4-27 《天工开物》升炼水银图

《天工开物》首次记载了锌的冶炼方法，这是我国古代金属冶炼史上的重要成就之一。用金属锌炼制黄铜的方法是人类历史上用铜和锌两种金属直接熔融而得黄铜的最早记录，因此宋应星也成为我国第一个科学地论述锌和铜锌合金（黄铜）的科学家。

## 练习题

### 1. 填空题

（1）公元1596年，明朝著名医药学家李时珍编撰的《本草纲目》（金陵版）首刊出版。全书共记载药物1892种，其中金石部共____种。

（2）范·海尔蒙特能够被人们记住的主要原因是__________________。

（3）17世纪，欧洲采用清空消化道的方法来治疗许多疾病，使用一种称为“格劳伯盐”的泻药，其化学物质名称是________。

（4）明代陆容所著的《菽园杂记》中详细记载了银矿石冶炼银的灰吹法工艺，即__________、__________、__________、__________。

（5）将待检验的金、银样品先与铅共熔形成合金，然后强热使铅和其他杂质形成氧化物，部分被鼓风吹去，部分渗入灰渣，留下不被氧化的金、银。通过称量分离得到的金、银重量，便可计算出金、银的含量。这种检验金银的方法称为____________。

### 2. 选择题

（1）《本草纲目》中记载：“生于盐卤之地，状似末盐，凡牛马诸皮须此治熟，故今俗有盐消、皮消之称。煎炼入盆，凝结在下，粗朴者为朴消，在上有芒者为芒消，有牙者为马牙消。”这里所说的“朴消”是指（　　）。

A. 硫酸钠　　B. 硫酸钙　　C. 硝酸钾　　D. 硝酸钠

（2）《本草纲目》中记述：“用水银一两，白矾二两，食盐一两，同研不见星，铺于铁器内，以小乌盆覆之。筛灶灰，盐水和，封固盆口。以炭打二炷香取开，则粉升于盆上矣。”这里的所说的“粉”是指（　　）。

A. 粉霜，即升汞（$HgCl_2$）　　B. 轻粉，即甘汞（$Hg_2Cl_2$）

C. 汞粉，即氧化汞（HgO）　　D. 铅粉，即碳酸铅（$PbCO_3$）

（3）帕拉塞尔苏斯扩大了炼金术的含义，将炼金术所取得的化学知识引入医学。下列叙述中（　　）与此表述不吻合。

A. 建议用铁治疗“血液不良”

B. 用化学方法对尿进行分析

C. 第一个为锌元素命名

D. 提出“只有剂量才能决定一种物质是否有毒”的观点

（4）下列关于范·海尔蒙特在气体研究方面的表述，（　　）是不正确的。

A. 意识到燃烧木炭所产生的气体（二氧化碳）和发酵所产生的气体是一样的

B. 第一个认识到气体与大气中的空气有本质上的区别

C. 发明了“气体”一词，通过实验区别了气体、空气和蒸气

D. 被认为是化学动力学的奠基人

（5）下列关于白铜的叙述，（　　）说法不正确。

A. 白铜主要指镍白铜和砷白铜　　B. 镍白铜是铜镍合金

C. 砷白铜是砷含量大于10%的铜砷合金　　D. 砷白铜是砷含量小于10%的铜砷合金

3. 问答题

（1）“以铅打成钱，穿成串，瓦盆盛生醋，以串横盆中，离醋三寸，仍以瓦盆覆之，置阴处，候生霜刷下，仍合住。”《本草纲目》中的这段文字记述的是关于何种物质的制备？简述反应过程，写出有关的化学反应方程式。

（2）《黄帝九鼎神丹经诀》中记载了“作炼锡灰坯炉法”，即为灰吹法冶炼贵金属的原始方法。简述灰吹法冶炼黄金的方法步骤。

（3）简述贵州妈姑地区在公元947年使用的蒸馏法炼锌的原理，并写出相关反应的化学方程式。

4. 话题讨论

话题1：中国古代的科学家。

话题2：李时珍是科学家。

话题3：试金石的前世今生。

# 第五章
# 近代化学的确立

## 第一节　化学科学的初步形成

17世纪，随着冶金、化工生产和科学实验的不断发展，人们观察世界的方法逐渐发生变化。英国哲学家弗朗西斯·培根（Francis Bacon，1561—1626）主张基于事实的归纳法，他认为科学是实验的科学，提出“知识就是力量”。在弗朗西斯·培根的新哲学思想的影响下，天文学和物理学领域掀起了一场“科学革命”，使科学研究摆脱了亚里士多德和经院哲学的思想束缚，实验自然科学得到重视和发展，为化学革命的到来及化学成为一门独立的学科做好了准备。

### 一、科学化学元素概念的建立

在17世纪上半叶，炼金术占统治地位，化学本身没有独立的研究对象，也未成为一门独立的科学，而是从属于医学和冶金学。比利时的范·海尔蒙特既不认同亚里士多德的“土、水、空气、火”四元素说，也不认同帕拉塞尔苏斯的“汞、硫、盐”三要素说。英国化学家、物理学家罗伯特·波义耳（Robert Boyle，1627—1691）受范·海尔蒙特的影响，对亚里士多德的四元素说和帕拉塞尔苏斯的三要素说产生了怀疑。波义耳是17世纪英国实验哲学的倡导者和实践者。他指出实验和观察方法是形成科学思维的基础，化学必须依靠实验来确定其基本规律。波义耳青年时在自己的家里建立实验室，积极开展涉及物理学、化学、生物学和医学等方面的科学实验。1661年，波义耳的代表作《怀疑的化学家》（*The Sceptical Chymist*）出版。在这本著作中，波义耳以对话的形式描述了卡尼阿德斯（Carneades）、忒弥修斯（Themistius）、菲洛波努斯（Philoponus）、埃留提利乌斯（Eleutherius）四位对元素持不同观点者的辩论过程。卡尼阿德斯代表怀疑的化学家，其观点即为波义耳的观点；忒弥修斯代表逍遥派的亚里士多德主义者；菲洛波努斯代表帕拉塞尔苏斯主义者的医药化学家；埃留提利乌斯代表哲学家，在辩论中保持中立。

在《怀疑的化学家》中，波义耳通过卡尼阿德斯的辩论发言，反对逍遥派的“四元素说”和医药化学家们的“三要素说”，为化学元素提出了科学的定义，并把严密的实验方法引入化学研究，为化学成为一门实验科学打下了基础。

### 1. 波义耳的化学元素定义

波义耳恪守伊壁鸠鲁的原子论，但他更喜欢用“微粒”这个词，而不是“原子”。波义耳发展了古代的微粒说，其主要观点正如他在《怀疑的化学家》中所说：“在结合物的形成之初，赖以构成结合物以及世界上其他物体的普遍物质，实际上被分成了一些具有不同大小和形状的微粒，而这些微粒被置于各种形式的运动之中。”“就这些微粒而言，其中的一些最小的、相邻的粒子，并非绝不可能在四处被联结成微小的团状物或簇状物，而且正是通过这类结合，它们才构成了为数众多的、微小的、不易分解成组成它们的那些粒子的第一凝结物或凝结团。”

波义耳说：“作为第一凝结物或凝结团，即便它们嵌入各种各样的凝结物的结构时，仍能保持整体而不被分散。人们公认金和汞的微粒不过只是结合物，而不是物质的最小粒子所组成的第一凝结物，但它们却可以广泛地参与构成许多截然不同的物体，而不丧失它们本身的性质和结构。”从这里可以看出，波义耳不把金和汞看作是元素，而是将其看作结合物。

波义耳根据一些化学实验结果并结合他的微粒哲学观，提出了化学元素的定义。他在《怀疑的化学家》第六部分提出：“我现在所说的元素是指某些原始的、简单的物体，或者说是完全不混合的物体；它们不是由任何其他物体构成的，也不是由它们自身相互混成，所以它们只能是我们所说的完全结合物的组分，它们直接复合成完全结合物，而完全结合物最终也将分解成它们。”这就是波义耳给出的化学元素的定义，也是世界上第一个科学的元素定义。

从现代化学的观点来看，元素的定义是“具有相同核电荷数的同一类原子的总称”。要知道这种科学认识是在波义耳之后又经过三百多年的发展，直到20世纪初才认识清楚的。虽然波义耳所定义的元素实际上是指单质，但正是这个定义将单质与化合物、混合物区别开来，也与亚里士多德的四元素和医药化学家的三要素区别开来，从而为人类研究物质的组成指明了方向，标志着现代化学的开端。恩格斯高度地评价说：“波义耳把化学确立为科学。”

### 2. 波义耳对四元素说和三要素说的批判

逍遥派的亚里士多德主义者对于四元素说的观点为：“四元素说是亚里士多德考察了在他之前的哲学家们的种种理论，审查了以前的关于元素假说的缺陷与不足，并予以弥补之后提出来的，因此他的元素学说一直为学术界所推崇是理所当然的。当你在观察一段木头燃烧的情形时，你就会立即分辨出它分解得到的一些组分，即四元素。于是我们知道了木头和其他结合物是由火、空气、水、土这四种元素混合而成的。火焰发光表明其中有火；从烟囱顶部逸出烟雾，迅速消散于空气之中，就像河水入海而失去自身，这足以表明它属于那种元素并复归于其中。水在烧着的木头的两端鼓泡并嘶嘶作响，以其独有的形式展示着自己，这一点也未出乎我们的意料之外。而灰烬具有重量、不可燃性和干性，毫无疑问，它们属于土元素。”

虽然波义耳认可水和土是元素，但他反对四元素说的万物是由火、空气、水、土四种元素构成的这种观点。他在《怀疑的化学家》中阐述了自己的观点：“根据那些利用水进行的关于南瓜、薄荷以及其他植物生长的实验来看，水显然可被嬗变成其他各种元素。在一些有识之士看来，火比空气还更像是一种虚幻的事物，绝非元素，而空气则不能作为一种元素参与结合物的构成，它只能寄居于结合物的孔隙之中，换句话说，因为它很轻且具流动性，所以世间一切物体，无论是不是复合物，其全部孔隙，即便是其大小容不下其他任何较大的物质的孔隙，皆充盈着空气。”波义耳指出：“化学家们认为的在火直接作用下所得到的那些物质无一不是原物体的元素组分，可能是在自欺欺人。因为在火的直接作用下，化学家们确有可能从某些结合物得到一些物质，但这些物质并非一定是原先存在于其中的物质，有可能是再造出来的。”

波义耳反对万物均由硫、汞、盐组成的三要素说的逻辑是：依据元素的定义，元素直接复合成完全结合物，而完全结合物最终也能分解成组成完全结合物的元素。因此，要想证明所有物体不是由硫、汞、盐组成的，只要能证明从某一物体中分解出来的组分不是硫、汞、盐，无论是少于这三种组分，还是多于这三种组分均能说明问题。他在《怀疑的化学家》中指出：“虽然化学家们宣称他们从某些物体中提取了盐，从另一些物体中得到了汞，又从另一些物体中得到了硫，但他们却从未告诉我们运用其中的何种方法能够从一切种类的矿物中毫无例外地分离出任何一种要素，无论是盐，还是硫或汞。”他又指出：“燃烧愈创树木可分离成灰烬与烟油，而在曲颈瓶中蒸馏同样的树木却产出了一些极为不同的异质产物，或者说使之分离成油、精、醋、水和炭。”

另外，波义耳还从元素的种类上批判了四元素说和三要素说。他认为作为万物之源的元素，既不会是亚里士多德所说的四种，也不会是医药化学家所说的三种，而一定会有很多种。

**石蕊试纸的发明**：在一次实验中，放在实验室内的紫罗兰被溅上了浓盐酸，波义耳用水冲洗后，发现深紫色的紫罗兰变成了红色。这一奇怪的现象促使他进行了许多花木与酸碱相互作用的实验。由此他发现了大部分花草受酸或碱作用都能改变颜色，其中以石蕊提取的紫色浸液最明显，它遇酸变成红色，遇碱变成蓝色。利用这一特性，波义耳用石蕊浸液把纸浸透，然后烤干，这就制成了实验中常用的酸碱试纸——石蕊试纸。

**墨水的发明**：波义耳发现五倍子水浸液与铁盐能生成一种不产生沉淀的黑色溶液，这种黑色溶液久置不变色，这就是一种制取蓝黑墨水的方法。

## 二、燃素说的兴衰

17世纪中叶，冶金、炼焦、烧石灰、制陶和玻璃等工业有了很大的发展，这些工业均与火密切相关。由于当时化学家们的实验研究都离不开燃烧和焙烧，而工艺和化学的发展都需要从理论上阐明燃烧的机理，因此对燃烧现象的本质研究就成为当时以至整个18世纪化学研究的中心课题。

### 1. 燃烧和呼吸实验

物质的燃烧和呼吸是人类在生活中熟悉的现象，但人们当时并不清楚燃烧和呼吸的本质。

1630年，法国医生、化学家雷伊（J. Rey，1583—1645）在《关于焙烧铅和锡重量增加的原因的研究》一文中，阐明了重量增加的原因是空气造成的。雷伊解释说："由于长时间地加热，空气似乎变得有黏性，空气与金属屑混合在一起，并附着在微粒上，使得金属铅和锡的重量增加，就好像把沙子放到水中吸收水分而使得沙子重量增加一样。"

1654年，冯·格里克（Otto von Guericke，1602—1686）发明了空气泵，气体成为人们关注的焦点。1659年，波义耳在他的助手胡克（R. Hooke，1635—1703）的帮助下成功改良了空气泵，并将它用于燃烧和呼吸方面的实验研究。波义耳发现在没有空气存在的条件下物质就不能燃烧。1665年，胡克在《显微术——用放大镜观察和调查微小物体的生理描述》一文中提出，空气是固定在硝石中一种物质的混合物，只是这一部分物质维持燃烧和呼吸。1673年，波义耳在《使火与焰稳定并可称重的新实验》一文中详细介绍了在空气中焙烧金属锡后重量增加的实验，他认为重量的增加是"火微粒"穿透了玻璃容器壁与金属结合的结果。

1668年，英国化学家、医生梅猷（J. Mayow，1641—1679）在他的著作中介绍了燃烧实验。他将一根点燃的蜡烛放在一个充满空气的倒置于水中的玻璃罩内，并用聚光镜点燃放在玻璃罩内的一小块樟脑（点燃前用虹吸使钟罩内外水面相同）（见图5-1）。过一段时间发现蜡烛和樟脑熄灭了，罩内水面上升了，此时罩内仍剩余部分空气，但不支持燃烧。他将一只老鼠放在罩内，观察到老鼠呼吸一会，空气的体积也会减少。这表明一些空气消失了，消失的那部分空气是因为燃烧和老鼠呼吸而被消耗掉了。他认为空气中的这种成分对生命是绝对必要的，并假设由肺把它从大气中分离出来，然后把它输送到血液中。1674年，梅猷在《论硝石和硝气精》的专著中指出，火药能在真空及水下燃烧是由于火药的硝石中存在着那种空气中的助燃成分，并称之为"硝气精"。梅猷接受了波义耳所证明的空气是燃烧的必要条件，并指出火并不是由空气作为一个整体来支撑的，而是由空气中一个更加活跃的微粒部分即"硝气精"来支撑的。"硝气精"微粒要么预先存在于消耗的物质中，要么由空气提供，再与燃烧的物质结合。梅猷将锑放在烧杯中加强热时，其重量会增加，他认为这是由于"硝气精"微粒固定于金属锑上的结果。

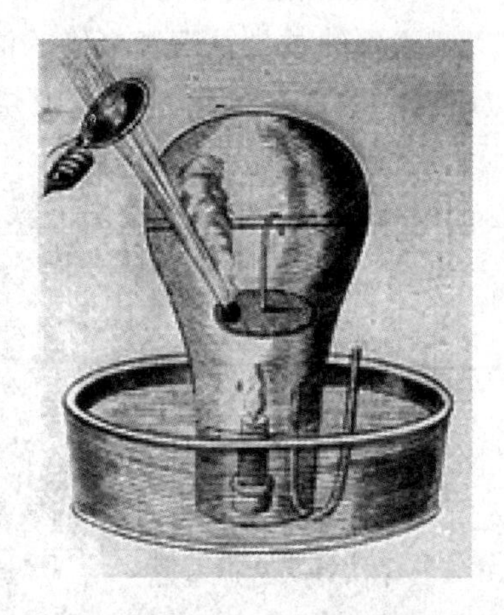

图5-1　梅猷的燃烧实验装置

### 2. 燃素说的提出

1667年，德国化学家贝歇尔（J. J. Becher，1635—1682）在他出版的著作中，对燃烧现象做了许多论述。他认为物体由空气、水和土构成，将土分为石性土（terra lapidea）、流质土（terra fluida）和油性土（terra pinguis）。其中，石性土即可溶性原质，流质土是赋予流动性、金属性的元素，油性土是赋予油质、硫或可燃性质的元素，油性土是燃烧的一个关键特征，在可燃物燃烧时释放出来。

1703年，贝歇尔的学生斯塔尔（G. E. Stahl，1660—1734）将"油性土"改名为"燃素（phlogiston）"。其实，"燃素"这个词本身并不是斯塔尔提出的。有证据表明，这个词早在1606年就被使用了，它来源于一个希腊单词，意思是"点燃"。斯塔尔对"燃素"的定义首次出现在1697年出版的著作中，而被引用最多的定义见于1723年出版的化学专著《化学基础》。根据斯塔尔的观点，“燃素”是具有可燃性质的元素，它包含在所有的可燃物中，并在燃烧过程中释放出来。将金属锌加热并使它燃烧，呈现明亮的火焰，留下白色的灰烬。若将锌燃烧后的灰烬与富含“燃素”的木炭一起加热，“燃素”就会从木炭转移至灰烬中而使金属锌再生。“燃素”是一种物质，它包含于动物、植物和矿物体中。“燃素”能从一个物体转移至另一物体，它是金属性质、颜色和气味的根源。硝酸是硫酸和“燃素”的化合物，酒精是水和“燃素”的化合物。

### 3. 燃素说的发展

在斯塔尔给出“燃素”的定义之后，德国人波特（J. H. Pott，1692—1777）扩展了这个理论，并试图使它更容易为普通大众所理解。波特认为燃素不应该被看作是一种粒子，而应该被看作是渗透在物质中的本质。

按照燃素说的观点，所有与燃烧有关的化学变化都可归结为物体吸收“燃素”和释放“燃素”的过程。硫黄、磷、油脂和木炭等都富含“燃素”，所以能够燃烧；石灰石、灰烬不含“燃素”，所以就不能燃烧；可燃物中所含“燃素”的量是一定的，当“燃素”释放完之后燃烧就停止；在密闭的空间内进行燃烧时，释放出来的“燃素”被空气吸收，一定量的空气只能吸收一定量的“燃素”，一旦空气被“燃素”饱和，燃烧就停止；石灰石与煤炭一起煅烧，吸收“燃素”后变成苛性石灰，而苛性石灰在空气中失去“燃素”后又变为石灰石；酒精燃烧时，“燃素”被释放出来，剩下的是水。

由于燃素说能够解释当时多数的化学现象，因此赢得了许多化学家的支持。到18世纪中叶，燃素说成为化学的公认理论。燃素说结束了炼金术思想的统治，使化学从炼金术的统治中解放出来，在化学的发展过程中起到了一定的积极作用。

### 4. 燃素说的衰落

因为燃素说在相当大程度上继承了炼金术的观点，所以不可避免地带有许多固有的缺陷，它对燃烧现象的解释正好是颠倒的解释，把化合过程描述成分解过程。1756年，俄国科学家米哈伊尔·罗蒙诺索夫（Mikhail Lomonosov，1711—1765）在密闭的玻璃容器中进行金属焙烧实验，他发现在没有空气进入容器中的情况下，金属在焙烧前后的质量是相同的。他认为1673年波义耳在空气中焙烧金属锡导致其质量增加的实验结果是被欺骗的。他还指出当时人们普遍接受的燃素说是错误的，遗憾的是他的观点没有得到承认。18世纪80年代，氧气被发现，建立了科学的燃烧理论——氧化学说。18世纪末，燃素说被氧化学说彻底取代。

## 三、几种重要气体的发现和氧化学说的建立

### 1. 几种重要气体的发现

（1）二氧化碳的发现　1727年，英国植物学家黑尔斯（S. Hales，1677—1761）发明了一种气动槽（Pneumatic Trough，如图5-2所示），用于收集燃烧产生的气体。他注意到空气是大多数物体的组分，并采取“固体状态”。在这些物体溶解或燃烧时，空气又被释放出来。

图5-2　黑尔斯发明的气动槽

1756年，英国物理学家、化学家约瑟夫·布莱克（Joseph Black，1728—1799）在《关于白镁石、生石灰和一些其他碱性物质的实验》一文中介绍了白镁石的实验。他发现将白镁石溶于酸，发生剧烈反应，并产生大量气泡；称取一定质量的白镁石，于坩埚中煅烧至恒重，发现质量减少了7/12，将煅烧过的白镁石溶于酸，在溶解过程中没有发现气泡产生；将白镁石放入蒸馏器中进行蒸馏，加热至白镁石呈红色，蒸馏后白镁石的质量也减少一半以上；将蒸馏过的白镁石溶于酸中，发现它与酸作用并迅速地产生气泡，与未经过蒸馏的白镁石相比，反应没有那么剧烈了。布莱克认为白镁石与煅烧白镁石的主要不同之处在于白镁石中含有大量的空气，在溶于酸的过程中空气被释放出来。因为在煅烧过程中白镁石中的空气挥发掉了，所以煅烧白镁石与酸混合时就不再产生气泡了。

布莱克为了弄清楚失去的空气能否再转移至煅烧白镁石中，他把煅烧白镁石完全溶解在硫酸中，然后再加入足量的碱（指碳酸钾），将镁从酸中分离出来。将得到的含镁物质洗涤、干燥、称重后，投入酸中，发现它与酸剧烈地反应，并释放出大量的气体，表明这种含镁物质不仅恢复了白镁石煅烧前的性质，而且质量也增加了。布莱克认为质量增加的部分一定是空气。

其实，布莱克在论文中所说的白镁石是由镁的含水碱性碳酸盐组成的白色物质，其化学成分是$MgCO_3 \cdot Mg(OH)_2 \cdot 3H_2O$，它与酸反应能释放出二氧化碳；在煅烧时会产生二氧化碳和水蒸气；经过煅烧后剩下的是氧化镁，氧化镁与酸反应当然就没有气体生成了。煅烧白镁石（氧化镁）遇到碳酸钾就生成碳酸镁，碳酸镁遇酸便发生剧烈反应，并释放大量的气体。

布莱克通过实验验证了黑尔斯的观点：碱性盐含有大量的“固定空气”，当它们与纯酸结合时，这种空气就会释放出来。

布莱克在这篇论文中还介绍了生石灰、熟石灰的相关实验。当生石灰本身暴露在户外时，它会吸收一定范围内的水和“固定空气”的颗粒，在吸收了大量水的情况下，大部分呈熟石灰的形式，而其余部分恢复到原始的不溶于水状态；若将一定量的生石灰放入大量的水中，石灰就能溶解在水中，此时一旦遇到“固定空气”，它就会与空气结合，并恢复到最初不溶于水的状态；当熟石灰与水混合时，水中固定的空气被石灰吸收，并使其中一小部分饱和而变得无法溶解，但也有一部分熟石灰被溶解而形成石灰水。如果将这种石灰水暴露在户外，离表面最近的石灰颗粒会逐渐吸引大气中的“固定空气”，被空气饱和的石灰颗粒也就恢复到它原来的不溶解的状态。

布莱克的实验研究表明：石灰水能很快地吸收空气，当暴露在开放和浅的容器中时会形成一个外壳。在通常情况下，生石灰不吸收空气，它只能与一种特定的物种结合，这种物种可能以极其细微的粉末形式分散在大气中，或者更可能以弹性流体的形式分散在大气中。于是，布莱克将这种特定的物种称为“固定空气”（fixed air）。

对“固定空气”进行深入研究的是英国化学家卡文迪许（H. Cavendish，1731—1810），他在1766年发表的《人造空气实验》论文中描述了有关“固定空气”的16个实验。他介绍了石灰水、水银、水、烈酒和油对“固定空气”吸收情况的实验。他将“固定空气”充入膀胱中称重，测定出它的密度为普通空气的1.57倍，是水的1/511。他还对比了一支小蜡烛在只含有普通空气的密闭容器中的燃烧时间与在含有不同比例“固定空气”和普通空气混合的同样容器中的燃烧时间，“固定空气”比例越大，燃烧时间就越短。如果混合空气中，“固定空气”占6/55时，蜡烛立即熄灭，以此证明了“固定空气”不能像普通空气那样使火保持活力。

1774年，拉瓦锡把木炭与氧化汞一起加热，生成的产物即为“固定空气”，这样就证明了它是碳的氧化物。

后来，这种“固定空气”被证明就是范·海尔蒙特所说的“森林气”，也就是二氧化碳气体。

（2）氢气的发现　1766年，卡文迪许在《人造空气的实验》一文中指出，各种空气都可以用人工的方法把它从所处的物质中提取出来。他发现锌、铁、锡等金属与稀硫酸作用都可以得到一种高度易燃的气体，该气体与空气混合后，一旦遇到火星就会闪出火光，而且会发出爆鸣声。于是，他将这种气体称为“易燃空气”（inflammable air）。卡文迪许制备和收集“易燃空气”的装置如图5-3所示。他发现一定量的某种金属与不同酸作用，得到的气体的量是一样的。于是，他错误地认为这种气体是由金属分解来的。卡文迪许坚信燃素说，认为金属与酸作用时，金属中的燃素就会逸出，这种“易燃空气”就是燃素。

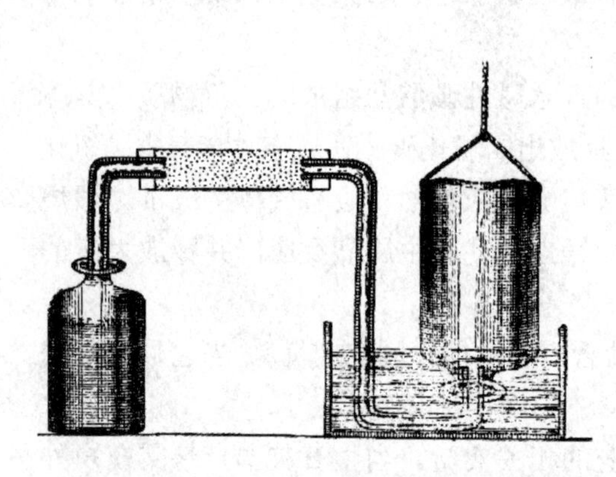
图5-3　卡文迪许制备和收集“易燃空气”的装置

尽管波义耳等人更早就知道了这种“易燃空气”的存在，但人们通常认为是卡文迪许认识到了这种“易燃空气”的基本性质。卡文迪许研究了“易燃空气”和普通空气在不同比例的情况下，“易燃空气”燃烧和爆炸声音的情况。他还对“易燃空气”的密度进行测量，在普通空气的密度相当于水密度1/800的条件下，“易燃空气”的密度相当于普通空气密度的1/7。

（3）氮气的发现　布莱克在研究燃烧实验时发现，用碱性物质将燃烧所释放的“固定空气”完全吸收后，仍有一定量的气体存在。于是，布莱克让他的学生丹尼尔·卢瑟福（Daniel Rutherford，1749—1819）对这种剩余气体的性质进行研究。

1772年，丹尼尔·卢瑟福在论文《论固定空气和浊气》中介绍了他的实验研究结果。他将一只老鼠放在一个充满空气的密闭的容器中，待老鼠呼吸一段时间后，发现容器内空气的体积较之前减少了十分之一；用苛性碱吸收其中的“固定空气”，发现容器内空气的体积又减少了十分之一。他在老鼠不能继续生存的空气中点燃蜡烛，仍然能看见蜡烛发出微弱的光，在蜡烛熄灭以后，投放少许的磷于容器中，发现磷还能燃烧并发光。他发现剩下的气体不支持老鼠的呼吸，能使火焰熄灭，并将这种气体称为“浊空气”或毒气。丹尼尔·卢瑟福不认为这种“浊空气”是空气的一种成分，更没有意识到它是一种完全不同的化学物质，即现在所说的氮气。

1777年，瑞典化学家舍勒（C. W. Scheele，1742—1786）在《关于空气与火的化学专著》（*Chemical Treatise on Air and Fire*）中介绍普通空气的一般特性，提出空气一定是由两种弹性流体组成的，并通过实验进行证明。他认为水能与“火空气”结合，而不能与“浊空气”

结合，因此水可以将空气中的“火空气”和“浊空气”分开。他用一只大瓶子装满刚刚冷却过的开水，然后放出十分之一的水，再把瓶子倒放在一个装有水的容器里。他观察到瓶子中的空气量每天都减少一点，当不再减少时，把瓶中剩下的空气收集在一个膀胱里，然后转移至一个瓶子里，再把一支燃烧的蜡烛放进瓶子里。他发现刚伸到瓶口处，蜡烛就熄灭了。通过实验他还发现，“浊空气”不溶于水，比普通空气要轻一些。

舍勒还对空气进行定量实验研究。他在一个约50毫升的瓶子里放了3匙铁屑，加入25毫升水和10毫升硫酸，当反应产生的泡沫稍微消退后，用一个软木塞塞在瓶口上，通过软木塞固定一根玻璃管A（见图5-4左侧图）。把瓶子放在一个装满热水的容器B中，然后将一支燃烧着的蜡烛接近玻璃管口，于是可燃空气燃烧起来，并产生一小团黄绿色的火焰。然后立刻用一个500毫升的小烧瓶C罩住玻璃管，并让烧瓶口没入水中。此时，水立刻上升进入烧瓶，当水位达到D处时，火焰熄灭了。烧瓶中D处的空间容量为100毫升，因此空气的体积减少五分之一。这个实验结果非常接近空气的真实组成，但遗憾的是舍勒没能给出空气组成的结论。

舍勒还用一支燃烧的蜡烛进行一个定量实验。他在A容器的底部用蜡、树脂等固定一根粗铁丝，铁丝上端固定一支小蜡烛C，在A容器中装满水（见图5-4中间图）。点燃小蜡烛，同时用一个4000毫升的烧瓶B罩住蜡烛，并让烧瓶口没入水中。当火焰熄灭时，有50毫升的水上升进入烧瓶中。他用燃素解释这个实验结果，认为减少的空气是被吸收掉了。

图5-4　舍勒的实验装置图

几乎在同一时期，卡文迪许、英国化学家普利斯特里（J. Priestley，1733—1804）也对氮气进行了研究，他们把“浊空气”称为“燃素化空气”。

（4）氧气的发现　1772年，舍勒通过实验试图证明，由两种弹性流体组成的普通空气，在通过燃素相互分离后，可以重新混合。他用一个250毫升的玻璃蒸馏器按照通常的方法蒸馏硝石的发烟酸。起初酸会变红，然后变得无色，最后又变红了。他拿走通常用的接收器，绑上一个排空空气的膀胱（见图5-4右侧图），并向其中倒了一些浓石灰乳，以防止膀胱被炉子的热量或热蒸汽损坏。继续蒸馏，膀胱开始逐渐扩张，然后把膀胱绑起来，待冷却后，把它从蒸馏器颈部移开。将收集到的气体用排水法转移至一个瓶子里，然后把一支点燃的小蜡烛伸进瓶子里，蜡烛燃烧得更旺，并放出耀眼的光。舍勒把1份这种空气与3份不能使蜡烛燃烧的空气混合后发现，所得到的混合空气在各方面都与普通空气一样。由于这种空气是火起燃所必需的，因此舍勒称之为“火空气”（fire-air），而将另一种完全不能引起燃烧的空气称为“浊空气”（vitiated air）。

舍勒在实验过程中发现，在硫酸和磷酸性介质中加热蒸馏锰矿石可以得到“火空气”，加热硝酸汞和硝石等物质均可得到“火空气”。

舍勒还对“火空气”进行性质实验，他发现磷、硫黄和煤在“火空气”中能剧烈燃烧。他在一个750毫升的烧瓶中装满“火空气”，并将烧瓶罩住放在架子上一块燃烧着的煤上，在煤刚一接触到烧瓶中的空气时就明亮地燃烧起来。冷却后，将烧瓶倒置在水中，经测量发现进入烧瓶中的水占总体积的1/4。当用石灰水除去剩余空气中的“空气酸”时，瓶中残留空气只占烧瓶体积的1/4，进一步检验证实蜡烛在残留空气中仍可以燃烧。舍勒还测得500毫升的“火空气”比同等体积的普通空气要重2克。

舍勒还提出一个方便的方法来检验水中是否溶有“火空气”。取25毫升水，加入大约4滴硫酸亚铁溶液和2滴酒石碱溶液，立即生成一种深绿色的沉淀物。如果水中含有“火空气”，在几分钟内沉淀就会变成黄色。如果水是最近蒸馏过的水，则沉淀物保持其绿色，在1小时内不会变黄。

舍勒将他在1770年至1773年间的实验结果整理成一本《关于火与空气的化学》的著作，并于1775年将这部作品交付给印刷商，但直到1777年这部论著才得以出版。

1774年，普利斯特里出版了《关于不同种类空气的实验与观察》（*Experiments and Observations on Different Kinds of Air*）（第一卷），他在这部著作中概述了新发现的多种“空气”，主要包括“亚氮空气”（一氧化氮）、“盐精蒸气”或“酸性空气”（氯化氢）、“碱性空气”（氨）和“脱燃素亚氮空气”（一氧化二氮）等，其中最著名的就是发现了“脱燃素空气”（氧气）。1774年8月1日，普利斯特里将少量红色汞煅灰装入小试管中，并将试管开口的一端放入水银中，然后用朋友送给他的一个大透镜将阳光聚焦在试管中的红色汞煅灰上。他发现有气体放出，这种“空气”不能被水吸收，最让他感到诧异的是蜡烛在这种“空气”中燃烧并发出特别明亮的光。虽然普利斯特里是燃素说的拥护者，但他用燃素说无法解释这种现象。

1774年10月，普利斯特里在巴黎与法国的著名科学家安托万·拉瓦锡（Antoine Lavoisier，1743—1794）会晤时，谈到了他发现“脱燃素空气”的实验。1775年1月，普利斯特里周游欧洲后回到了英国。3月8日，他发现老鼠在这种空气中存活的时间大约是相同容量普通空气的两倍，他自己吸入这种新空气时身心感到十分轻快舒畅。普利斯特里发表了一篇题为《空气中的进一步发现》的论文，他在这篇论文中用燃素说错误地解释了实验现象。他认为这种新空气不含燃素，因此在燃烧过程中可以吸收最大数量的燃素，从而很好地支持燃烧，并将这种新空气称为“脱燃素空气”（dephlogisticated air）。普利斯特里将上述论文和发现“硫酸空气”（二氧化硫）等其他几篇论文合并为《关于不同种类空气的实验与观察》（第二卷），并于1776年出版。

1774年11月至1775年2月，拉瓦锡采用如图5-5所示的装置研究煅烧金属汞的实验。他将曲颈瓶（ABCDE）的A端放在炉子（MMNN）上，E端穿过水银插入置于水银槽（RRSS）中的玻璃钟罩（FG）内，向曲颈瓶中导入4盎司（约113.4克）纯汞，抽出钟罩内的空气，并在水银液面上升的位置（LL）作一标记。点燃炉子加热，使水银处于沸腾状态。第一天没有发生异常情况，第二天发现在水银的表面漂浮着红色的颗粒，接下来的几天，这些微粒的数目和大小不再增加，直到第12天，水银液面上的红色颗粒不再发生变化时，便停止加热。待器皿冷却后，在同样的温度和压力下，对曲颈瓶中的空气进行测量，他发现容器中空气的体积减少了1/6，剩下的气体既不支持燃烧也不适宜于呼吸。他将收集的红色颗粒置于一个小曲颈瓶中进行加热，发现几分钟后红色颗粒消失了，生成了液体的汞和一种弹性流体，该流体比空气更能支持燃烧和呼吸。他进一步检验该流体时，发现蜡烛、炭在其中燃烧发出耀眼的光。起初，拉瓦锡将这种空气称为“极适宜于呼吸的空气”，后来又用“生命空气”这一术语代替它。

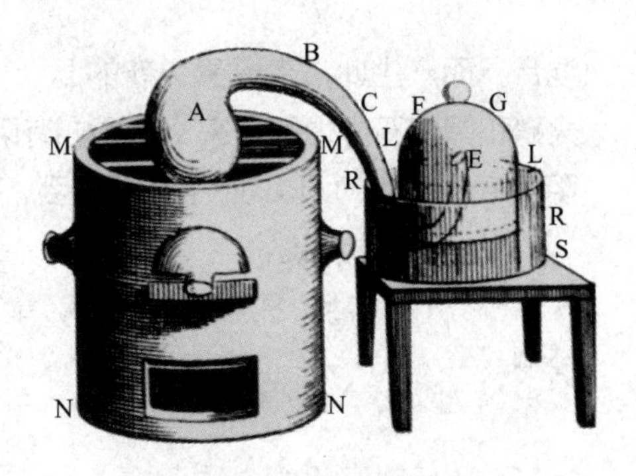

图5-5 拉瓦锡煅烧汞实验装置图

拉瓦锡用实验证明了大气是由两种气体或弹性流体组成的，其中一种有助于动物的呼吸，金属在其中可煅烧，可燃物体在其中能燃烧；另一种既不适宜动物呼吸，也不能使易燃物体燃烧。1778年，拉瓦锡在《对酸性物质的考虑》一书中，证明了导致燃烧的“空气”也是酸性物质的来源，第二年他将空气中适宜于呼吸部分的“基”命名为氧（oxygen，希腊语中是指酸形成者），因为这种“基”能与不同物质化合形成酸，因此把这种“基”与热素的结合体称为氧气（oxygen gas）；将大气中有害部分的“基”命名为氮（azote，希腊语指无生命），而大气中的有害部分的名称就是氮气（azotic gas）。

虽然拉瓦锡曾经宣称他和普利斯特里、舍勒同时发现了氧气，但事实上这种气体是普利斯特里和舍勒首先发现的。拉瓦锡虽然不是发现氧气的第一人，他却是对这个实验结果正确理解的第一人，也是对氧作为一种元素的描述更为彻底的人。

氧气的发现在化学发展中具有很重要的地位。被人们称为科学史家的英国科学家伯纳尔（J. D. Bernal，1901—1971）将氧气的发现誉为化学中气体革命的极点。

**阅读材料**

## 第八世纪中国人对化学的认识

1807年4月1日，德国汉学学者克拉普罗特（H. J. Klaproth，1783—1835）在俄国彼得堡科学院的学术会议上宣读了一篇题为《第八世纪中国人对化学的认识》的论文。他在论文中介绍了一本68页的汉语手抄本《平龙认》，该书在序言的末尾署名为中国的马和，又译为毛华，成书的时间为至德元年（公元756年）三月九日，即唐肃宗时期。

《平龙认》第三章的内容是大气或含真气：“含真气是静止在地面上与升至云表的气体，当阴的成分（它是组成大气的分子之一）过大时，则地表之气便不如云表以外之气为完善或充满。即用人之触觉就可以感觉到含真气之存在，但因气中含有火素，因此我们的肉眼就看不见它了。有很多方法可以提取气的成分，并可取出其中‘阴’的一部分，我们最先可用‘阳’的变化物提取之，如金属、硫黄及炭等等。当我们燃烧时，这些原质乃与空气中的阳体混合，而产生此二者元素之新的混合物。阴气是永不纯净的，但以火热之，我们可从青石、火硝和黑炭石中提取出来。水中亦有阴气，它和阳气紧密地混合在一块，很难分解。火素把阴气隐藏起来，所以肉眼看不见。我们所见到的，仅阴气所发生的现象。”

克拉普罗特引述的《平龙认》中所说的“阴气”，从描述的性质和制备方法来看，指的就是氧气。1810年，克拉普罗特的这篇论文在彼得堡科学院院刊上发表，在国内外曾引起各种反响。

### 2. 拉瓦锡氧化学说的建立

18世纪后半叶，针对燃素说对各种化学现象不切实际的解释而引起的各种化学思想空前混乱的情况，法国化学家拉瓦锡掀起了一场化学革命。

拉瓦锡将定量方法应用于化学研究中，推动已经在其他领域中使用的更精确的科学实验方法应用于化学研究中。1774年，拉瓦锡在进行金属锡和铅的煅烧实验时，将锡和铅分别密封在曲颈瓶中，在加热前后均进行精确称量，发现瓶和煅灰的总质量并未发生改变。当他把瓶子打开后，发现瓶和煅灰的总质量增加了，并发现进入瓶中的空气所增加的质量与金属煅烧所增加的质量相等。在精密的定量实验面前，拉瓦锡对燃素说产生了怀疑。他说假如有“燃素”这样的东西，我们就要提取出来看看。假如的确有的话，在我的天平上就一定能觉察出来。拉瓦锡曾进行过很多有关燃烧的实验研究，如汞的煅烧和汞煅灰的分解实验；氧化铅、硝酸钾的热分解实验；钻石、磷、硫黄、木炭的燃烧实验。

1777年9月，拉瓦锡向巴黎科学院提交了一篇名为《燃烧概论》的报告。他在报告中直接抨击了燃素说，叙述了他观察到的物体在燃烧中重复出现的四种现象：①物体燃烧时放出光和热；②物体只能在纯净空气中（氧存在时）燃烧；③空气由两种成分组成，物质在空气中燃烧时，因吸收其中的氧而增重，燃烧物所增加的质量恰好等于空气所减少的质量；④非金属可燃物燃烧后通常变为酸，氧是酸的本质，一切酸中都含有氧元素；金属燃烧后变为煅灰，它们是金属的氧化物。

拉瓦锡氧化学说的建立，是化学史上的一次革命。它不仅阐述了燃烧的本质，而且使人们能够认识和掌握燃烧过程的规律，从而使“过去在燃素说形式上倒立着的化学全部正立过来了”。

但是，拉瓦锡的燃烧理论并未立即被人们普遍接受，甚至氧气的发现者普利斯特里也坚决反对氧化学说。燃素论者认为“易燃空气”就是“燃素”本身，也是“燃素”存在的证据。

1781年，卡文迪许在密闭的容器中引燃“脱燃素空气”和“易燃空气”时，发现气体每次燃烧后在容器的内壁上出现了许多水滴。卡文迪许认为这些水是“脱燃素空气”与“燃素”化合而生成的。他在1783年3月之前曾向普利斯特里报告了他的发现，但他的相关论文在1784年才获得发表。

1783年12月，拉瓦锡报告了氧气和“易燃空气”混合点燃生成水的实验。1785年，拉瓦锡用如图5-6所示的实验装置向人们展示了分解水得到“易燃空气”的实验。他将一根玻璃管穿过炉子并固定起来，玻璃管中部用铁棒托住，以防高温时玻璃管变软弯曲。玻璃管的右端与盛有一定量蒸馏水的曲颈瓶连接并用封泥封住，玻璃管中填满卷成螺旋形的薄铁片；玻璃管的左侧连接旋管，旋管的另一端插入双管口瓶的一个瓶颈内，双管口瓶的另一个瓶口接上一根弯管。当炉子将管子烧至炽热时，使曲颈瓶中的水持续沸腾直至全部蒸发通过玻璃管后经旋管冷凝后收集于双管口瓶中；同时在与双管口瓶连接的弯管口收集产生的气体，经检验可知得到的气体为“易燃空气”。实验发现，此刻的铁已不能被磁铁所吸引，溶于酸中也无气泡产生。实验结果表明，铁已经转变为一种黑色的氧化物，与铁在氧气中燃烧生成的氧化物完全相似。于是，拉瓦锡得出这样的结论：水是由氧与一种“易燃气体”的基化合而成的，其质量比为85∶15。于是，拉瓦锡将这种易燃气体命名为“hydrogen”（氢），它表示产生水的要素。

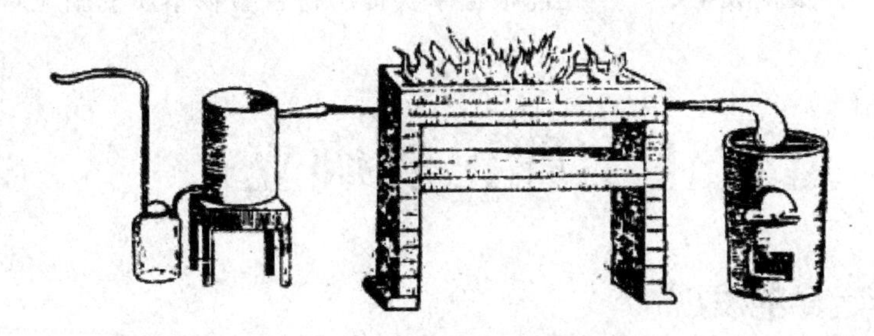

图5-6　拉瓦锡分解水的实验装置图

1789年，拉瓦锡的《化学基础论》出版。他在这本书中详细地介绍了点燃氢气和氧气生成水的实验。一个大玻璃球形瓶上连有四根铜管，前面的一根连接抽气泵，用于抽掉球形瓶中的空气；左侧的铜管通过弯曲的玻璃管与氧气储存器相通，右侧的铜管通过弯曲的玻璃管与氢气相通；从球形瓶口上方插入瓶中的铜管中穿有一根金属丝，其末端为球形，在通电时能产生电火花以点燃氢气，如图5-7所示。实验中所用的氧气由加热氧化汞制得，氢气则是由极纯的软铁分解水制得。实验开始前，分别在连接氧气和氢气的管子中放入易吸收水分的盐，用气泵抽空球形瓶中的空气，让氧气充满球形瓶，使少量氢气沿右侧铜管进入球形瓶中，立刻用电火花将其点燃，控制氢气的流量使其能够持续燃烧。随着燃烧的进行，球形瓶的内表面有水珠生成。通过称量实验前后球形瓶的质量便可确定生成水的量，测量燃烧所消耗的气体的量，通过计算得知这两者的量是相等的，并指出组成100份质量的水需要85份氧和15份氢。至此，拉瓦锡用实验证明了水是一种化合物，正如他在《化学基础论》中所说：“此刻可以由这些分析实验与合成实验断言，我们已经尽可能肯定地在物理学方面和化学方面弄清了，水不是一种简单的基本物质，而是由氧和氢两种元素组成的。”

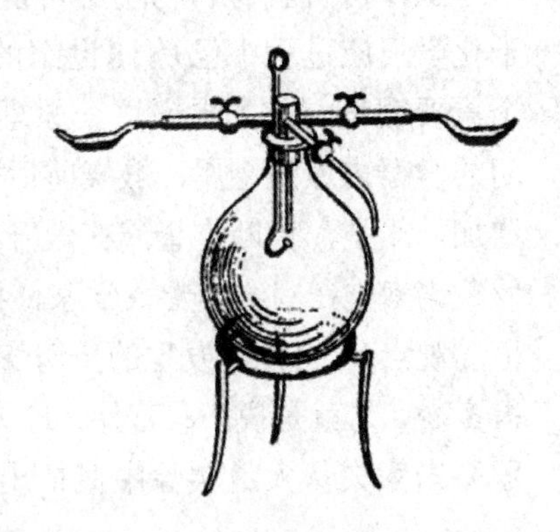

图5-7　拉瓦锡点燃氢氧混合气体生成水的装置图

自此人们才相信水不是元素，燃烧的氧化学说才得到举世公认。随着拉瓦锡氧化学说的建立，统治了化学界一百多年的燃素说被彻底地取代，从此化学走上了正确的道路，科学史家把这一事件称为“拉瓦锡的化学革命”。

虽然舍勒和普利斯特里都独立地发现并制得了氧气，也都接触到了燃烧的本质，但由于受到传统燃素说的束缚，他们未能得出正确的燃烧理论。马克思在《资本论》中说：“这种本来可以推翻全部燃素说的观点并使化学发生革命的元素，在他们手中却没有结出果实。”恩格斯在《自然辩证法》中指出：“从歪曲的、错误的前提出发，循着错误的、弯曲的、不可靠的途径行进，往往真理碰到鼻尖的时候还是没有得到真理。”

拉瓦锡氧化学说的建立并不是偶然的。他虽然没有发现过新物质，也没有设计过真正的新仪器，但他具有杰出的理论概括能力和富有创造性的逻辑思维。他坚持唯物主义观点，具有实事求是的科学态度，重视科学实验，特别重视定量实验研究。他思想解放，不受传统观念束缚，敢于怀疑权威学说，于是能根据事实提出符合事物本质的新见解。

# 第二节　近代化学理论的确立

## 一、化学基本定律的发现

### 1. 质量守恒定律

虽然自古就有“物质不可能完全消失”的物质守恒观，但是质量守恒原理被广泛应用于化学反应过程中已是18世纪的事了，甚至在被定义之前，它就已经成为化学实验中的一个重要假设。首先提出这一原理的是罗蒙诺索夫，他在研究金属的煅烧实验时，发现在密闭的容器内煅烧金属，煅烧前后金属的质量没有发生变化，而放在空气中加热时，质量就会增加。于是，他断定金属在敞开的容器中煅烧增重是由于金属与空气结合的缘故。1748年，罗蒙诺索夫在写给瑞士数学家、物理学家欧拉（L. Euler，1707—1783）的信中阐述了质量守恒的观点：“自然界发生的一切变化都有这样一种情形，一个物体失去了多少，另一物体就获得多少。这就是说，假若什么地方减少了若干物质，在另一地方就增加了若干物质。”1756年，罗蒙诺索夫从大量实验中概括出化学反应质量守恒定律的雏形：参加反应的全部物质的质量，等于全部反应产物的质量。但罗蒙诺索夫的这些精辟的见解没能得到广泛传播。

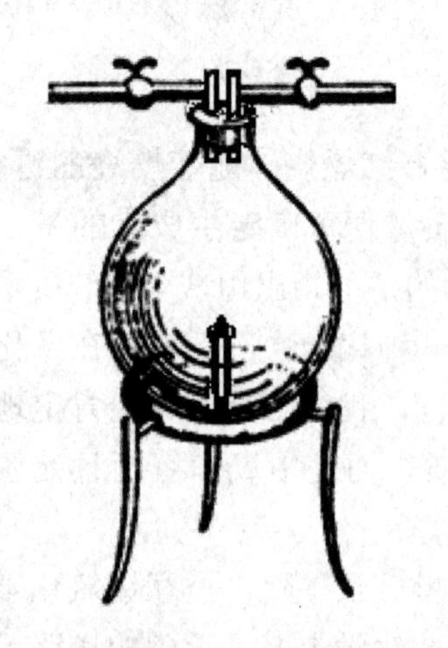

图5-8　拉瓦锡在氧气中燃烧磷的装置图

1774年，拉瓦锡用精确的定量实验研究金属锡和铅的煅烧实验，得出了与罗蒙诺索夫相同的结论。在1789年出版的《化学基础论》中，拉瓦锡详细介绍了证明化学反应中的质量守恒定律的实验。他先在充满氧气的玻璃钟罩内进行磷的燃烧实验，根据定量实验结果推断出燃烧所产生的白色片状物质的质量，必定等于所用磷和氧的质量。拉瓦锡认为这个实验缺乏足够的严密性，于是决定采用如图5-8所示的装置重复磷的燃烧实验。他在一个球形瓶的底部放一个支座，支座顶部放一个瓷杯，杯中放一定量的磷；在球形瓶口配一个双孔塞，每个孔插入一支管子，并用封泥封好。当封泥干燥后称量整个装置的质量，用气泵抽空球形瓶中的空气，从另一支管子通入氧气，然后用一面取火镜引燃磷。发现磷在氧气中燃烧极为迅速，并伴有耀眼的光，放出大量的热，生成的白色片状物附着在球形瓶的内表面。在燃烧停止并使装置冷却后，通过称量确定燃烧过程中所消耗的磷的质量、与磷化合的氧的质量以及生成物的质量。拉瓦锡得出结论："该实验中产生新物质的质量恰好等于所消耗的磷的质量与所吸收的氧的质量之和。"拉瓦锡还分别进行了炭、硫在氧气中的燃烧实验，均得出了同样的结论。

总之，拉瓦锡用实验证明了化学反应中的质量守恒定律：在化学反应中，不仅物质的总质量在反应前后保持不变，而且物质中所含的各元素的质量也保持不变。

质量守恒定律的建立具有重大的科学意义和哲学意义：质量守恒定律是自然界最基本的定律之一，与能量守恒和转化定律具有同等的重要性；以质量守恒定律为基础，人们才能深入地研究化学反应中各种物质量之间的关系；质量守恒定律为哲学上的物质不灭原理提供了坚实的自然科学基础。

### 2. 当量定律

1766年，卡文迪许发现用不同的碱中和同一质量的某种酸时需要碱的质量不同。于是，他把这些不同碱的质量称为当量。1788年，卡文迪许发现中和同一质量的钾碱（$K_2CO_3$）所用硫酸和硝酸的质量之比，与中和同一质量的大理石所用硫酸和硝酸质量之比相同。

1792年，德国化学家里希特（J. B. Richter，1762—1807）在《化学计算法纲要》第一卷中明确指出：①化合物都有确定的组成，化学反应中反应物之间存在着定量关系；②当两种物质发生化学反应时，一定量的一种物质总是需要确定量的另一种物质。

里希特不仅提出了各物质相互化合时彼此之间存在着固定质量比的当量定律，还分别测定了中和1000份硫酸、盐酸和硝酸所需要的苛性钾、苛性钠、氨及碱土的量，并由此列出了第一张当量表。他是第一个把数学与化学相结合并取得重大成果的人。在他的名著《化学元素测量术》一书中，第一次提出了化学计量学（stoichiometry）这一术语。

1802年，德国化学家恩斯特·戈特弗里德·费歇尔（Ernst Gottfried Fischer，1754—1831）把相当于1000份质量硫酸的各种酸的量和中和这些量的酸所需要碱的质量作为这些物质的"等质量数"，列出了一张精确的当量表（见表5-1），如中和1000份硫酸需要1605份钾碱、859份钠碱、793份石灰、672份氨等。

表5-1 费歇尔（E. G. Fischer）的酸碱当量表

| 盐基类（碱类） | | 酸类 | |
|---|---|---|---|
| 铝土 | 525 | 硫酸 | 1000 |
| 镁土 | 615 | 氢氟酸 | 427 |
| 氨 | 672 | 碳酸 | 577 |
| 石灰 | 793 | 癸二酸 | 706 |
| 钠碱 | 859 | 盐酸 | 712 |
| 锶土 | 1329 | 草酸 | 755 |
| 钾碱 | 1605 | 磷酸 | 979 |

续表

| 盐基类（碱类） | | 酸类 | |
|---|---|---|---|
| 重土（氧化钡） | 2222 | 蚁　酸 | 988 |
| | | 硝　酸 | 1405 |
| | | 醋　酸 | 1480 |
| | | 柠檬酸 | 1583 |
| | | 酒石酸 | 1694 |

### 3. 定比定律

1797年，法国分析化学家普鲁斯特（J. L. Proust，1754—1826）提出了定比定律。他分析了人工制得的碱式碳酸铜与天然矿石孔雀石，发现两者组成成分的质量比相同。他还分析了从世界不同地方获得的同一种物质的样品，并指出：北极和南极的铁的氧化物没有什么不同，日本的朱砂和西班牙的朱砂的组成是一样的，来自秘鲁的氯化银和来自西伯利亚的氯化银都是相同的，世界上只有一种氯化钠、一种硝酸钾、一种硫酸钙和一种硫酸钡。于是，他认为：每一种化合物，不论它是天然存在的，还是人工合成的，也不论它是用什么方法制备的，组成该化合物的元素的质量都有一定的比例关系。这一规律称为定比定律，换成另外一种说法，就是每一种化合物都有一定的组成，所以又称为定组成定律。

当这一说法最初被提出时，就遭到了法国化学界的权威贝托莱（C. L. Berthollet，1748—1822）的强烈反对。于是，贝托莱与普鲁斯特进行了长达数年的学术争论，贝托莱以溶液、合金和玻璃等为例，证明化合物没有固定的组成。这种争论的存在表明，在当时化合物的概念还没有完全建立起来，化合物和混合物之间的区别还没有完全搞清楚，所以对定比定律的理解还存在一定的困难。到了1808年，几乎所有的化学家都承认了定比定律。

**注：**

贝托莱是第一个证明氯气具有漂白作用的人。1789年，他将氯气浸入碳酸钠溶液中，成为第一个开发出次氯酸钠溶液作为现代漂白剂的人。

定比定律的确立，对化学的发展具有重大意义：①定比定律为近代原子学说的建立奠定了科学的基础，并提供了大量的实验材料；②定比定律的确立还对当时的化学研究方向起到了引导作用，使当时的化学家们集中力量研究具有一定组成的化合物，确定了许多化合物的组成。

### 4. 倍比定律

1799年，普鲁斯特报告了两种锡氧化物的测量结果，一种深色粉末中含有87份锡和13份氧，另一种白色粉末中含78.4份锡和21.6份氧。但普鲁斯特没有进一步计算两种锡氧化物中若锡的份数相同时，这两种锡氧化物中氧含量的比例（约为1∶2）。

1800年，英国化学家戴维（H. Davy，1778—1829）在一篇研究报告中指出了三种氮的氧化物（NO、$N_2O$、$NO_2$）。遗憾的是戴维没有进一步地计算，三种氮氧化物中若氮的份数相同时这三种氮氧化物中氧含量的比例。

英国气象学家和化学家约翰·道尔顿（John Dalton，1766—1844）引用戴维对氮的氧化物分析的数据，结合自己测定的氧的原子量，给出三种氮氧化物中的氮和氧的质量比。1803年，他分析了两种碳的氧化物（CO、$CO_2$），得出两种气体中碳与氧的质量比分别为5.4∶7和5.4∶14。1804年，他又分析了沼气（甲烷）和油气（乙烯），得知沼气和油气中碳氢的质量比分别为4.3∶4和4.3∶2，即与相同量的碳化合的氢的质量比为2∶1。于是，道尔顿明确地提出了倍比定律："当相同的两种元素可生成两种或两种以上的化合物时，若其中一种元素的质量恒定，则另一种元素在化合物中的相对质量有简单的倍数之比。"

1813年，瑞典化学家贝采里乌斯（J. J. Berzelius，1779—1848）发表了一篇关于化合物中元素质量比的文章，其结果与道尔顿的结果基本相符，从而证实了倍比定律的正确性。

## 二、道尔顿的原子论

早在17世纪，波义耳提出了物质微粒说，他认为物质是由微粒构成的，众多的粒子结合成更大的粒子团，粒子团是参加化学反应的基本单位，粒子团的大小和形状决定物质的物理性质。18世纪，英国科学家牛顿从力学的角度发展了物质构成的微粒说。他认为在不同的物质微粒之间，微粒通过某种力相互吸引，使两种微粒以加速度运动，相互碰撞而发生化学反应。1741年，罗蒙诺索夫在他未完成的一部著作中指出，所有的物质都是由微粒构成的，元素是物体的组成部分，微粒是元素构成的微小物质的集合。后来，他用"原子"代替"元素"，用"颗粒"或"分子"代替"微粒"。

1793年至1801年间，道尔顿连续发表多篇关于空气的组成、混合气体的扩散和分压方面的论文。他在论文中阐明了各地的大气都是由氧、氮、二氧化碳和水蒸气四种主要成分组成的，即大气是由无数微粒混合而成的。他在《弹性流体彼此相互扩散的趋势》一文中指出："气体混合的形成是因为气体彼此扩散的缘故，而气体的扩散是由于相同微粒之间排斥的结果。"他在一个容器中引入一定量的气体，测定此时气体的压力是一定的。然后，他往容器中引入第二种气体，发现混合气体的压力正好等于两种气体组分的压力之和。他由此得出结论："混合气体的压力等于各组分气体在同样条件下单独占有该容器时压力的总和。"这就是著名的道尔顿分压定律。

面对这个新发现的气体分压定律，道尔顿用气体具有微粒结构加以解释，因为一种气体的微粒能均匀地分布在另一种气体的微粒之间。他由此推断："物质微粒结构的存在是不容怀疑的，这些质点可能太小，即使用改进后的显微镜也未必能观察得到。"道尔顿采用了古希腊哲学中的"原子"一词来称呼这种微粒。

道尔顿采用了原子的概念以后，就思考着所有原子的大小和质量是否相同的问题。于是他认定："我们的目的就是测定在一定体积内原子的大小、质量以及它们的相对数目。"由于原子的体积极小，因此不可能直接称量原子的质量。道尔顿联想到定比定律和倍比定律，既然原子是按照一定的简单比例相互化合的，若对化合物进行分析，将其中最轻元素的质量百分数与其他元素的质量百分数进行比较，就可以得到一种元素的原子相对于最轻元素原子质量的倍数，也就是通过物质的相对质量，推算出物体的终极质点或原子的相对质量。

1803年10月21日，在曼彻斯特文哲学会上，道尔顿宣读了题为《关于水及其他液体对气体的吸收作用》的论文。他第一次提出了关于物质组成的粒子学说，并列出了几种气体和其他物质的最小微粒的相对质量。1804年，苏格兰化学家托马斯·汤姆逊（T. Thomson，1773—1852）拜访道尔顿时，仔细倾听了道尔顿的粒子学说。1807年，托马斯·汤姆逊在他的教科书《化学体系》（*A System of Chemistry*）中叙述了道尔顿的粒子学说的观点。1808年，道尔顿的代表作《化学哲学新体系》（*A New System of Chemical Philosophy*）第一卷的第一部分问世，主要内容包括“论热或热质”“论物体的构造”以及“论化学的结合”，阐明了科学原子论观点及其由来。《化学哲学新体系》第一卷的第二部分于1810年出版，主要内容包括“论基本要素”和“二元素的化合物”，运用原子理论阐述基本元素和二元素化合物的组成和性质。《化学哲学新体系》第二卷于1827年出版，主要介绍了金属氧化物、金属硫化物、金属磷化物及金属合金的性质。

道尔顿在《化学哲学新体系》中提出的原子学说的基本内容可以归纳为以下几点：

（1）所有物质都是由不可分割的粒子（原子）所组成的，同一种物质原子的质量和形状是相同的。

道尔顿指出：“一切具有可感觉到大小的物体，不管是液体还是固体，都是由极大数目的极其微小的物质质点或原子所构成。它们借一种吸引力相互结合在一起，随着条件不同，这些力有强有弱。由于其作用是倾向于阻止原子的分离，所以这种力可称之为结合吸引力。但是由于这种力可以把原子从分离状态聚拢起来（例如从水蒸气聚集成水），也可称之为聚集吸引力，或更简单地称之为亲和力（affinity）。”他指出：“所有均匀物体的终极质点（原子）在质量和形状等方面是完全相同的。换句话说，水的每一个质点都是相同的，氧的每一个质点也都是相同的。”

（2）一切化学变化归结于原子间结合方式的变化，不同元素的原子按照最简单的比例组成复合原子。

道尔顿指出：“化学分解和化学合成只不过是把质点彼此分开，又把它们联合起来而已。在化学作用范围内，既不能创造也不能消灭物质。要创造一个氢原子或消灭一个氢原子，犹如向太阳系引入一颗行星或从既有的行星中消灭掉一颗一样，是不可能的。”

道尔顿提出了物质组成的“最简单规则”。若有两种倾向于化合的物质A和B，它们从最简单形式开始可能发生的化合顺序如下：

1个A原子 + 1个B原子 = 1个C原子（二元的）

1个A原子 + 2个B原子 = 1个D原子（三元的）

2个A原子 + 1个B原子 = 1个E原子（三元的）

1个A原子 + 3个B原子 = 1个F原子（四元的）

3个A原子 + 1个B原子 = 1个G原子（四元的）

由此得出化合的规则：当两物体A和B只有一种化合物时，必须认为该化合物是二元的（特殊除外）；当发现有两种化合物时，必须认为它们一种是二元的，一种是三元的；当发现有三种化合物时，可以认为一种是二元的，另两种是三元的；当发现有四种化合物时，可认为一种是二元的，两种是三元的，还有一种是四元的。道尔顿将这些二元、三元、四元及更多元的化合物称为复合原子。他用符号表示的简单原子和复合原子如图5-9所示。

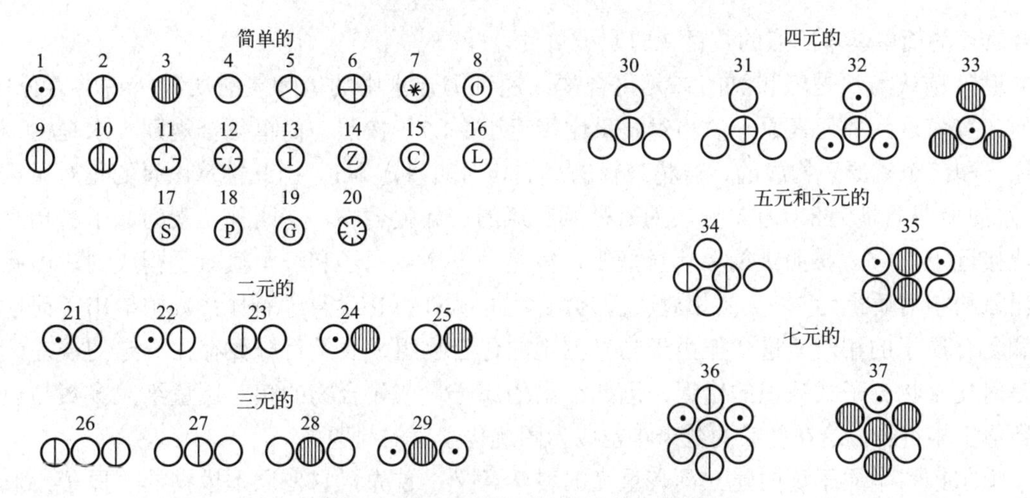


图5-9　道尔顿化学元素或最小微粒的符号

1—氢；2—氮；3—碳；4—氧；5—磷；6—硫；7—苦土；8—石灰；9—苏打；10—草碱；11—锶土；12—重土；13—铁；14—锌；15—铜；16—铅；17—银；18—铂；19—金；20—汞；21—水原子；22—氨原子；23—亚硝气原子；24—油气原子；25—氧化碳原子；26—氧化亚氮原子；27—硝酸原子；28—碳酸原子；29—碳化氢原子；30—氧硝酸原子；31—硫酸原子；32—硫化氢原子；33—酒精原子；34—亚硝酸原子；35—醋酸原子；36—硝酸铵原子；37—糖原子

（3）气体是由具有弥漫的热的气氛的质点所组成的，气体质点是由一种极小的坚硬物质的中心原子所构成，其周围被一种热的气氛包围着，同种气体质点的结构相同。

道尔顿指出："不管坚硬的原子形状怎样，当它们被这样一种气氛包围以后，它们必定是球形的；由于任何微小体积中的球体都承受同样的压力，它们的容积必定是相同的。"

图5-10所示的是道尔顿描绘的被热的气氛包围的氢气、亚硝气和碳酸气各质点的配置和排列示意图。道尔顿认为："各种物质中还有一种排斥力，这种排斥力是热的功能。这种精微的热的气氛包围着所有的物体的原子，阻止它们被吸引到实际发生接触的程度。气体体积的加大或减小或许在更大的程度上由终极质点的排列情况来决定，其次才是质点的大小。"

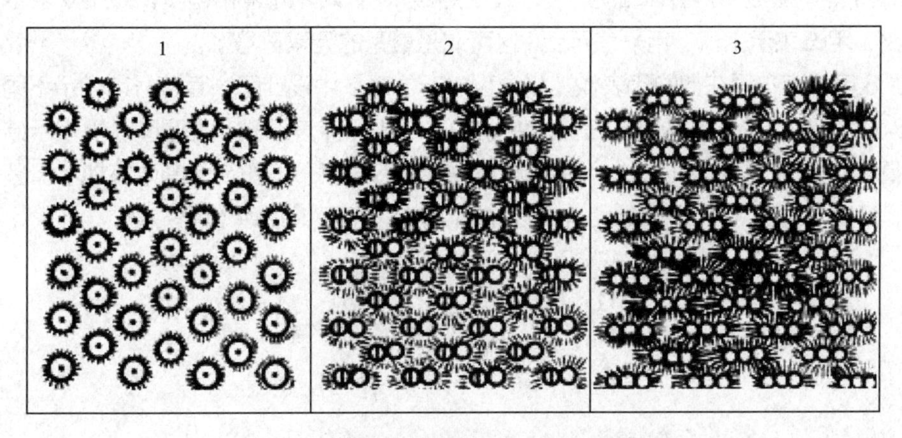


图5-10　道尔顿描述的三种气体质点的排列

1—氢气；2—亚硝气（一氧化氮）；3—碳酸气（二氧化碳）

（4）提出了单质或化合物中终极质点的相对质量（即原子量）和测量方法，以及组成复合质点的简单基本质点的数目（即原子数目）。

道尔顿认为水是氢和氧的二元化合物，通过测定水中的氢和氧的质量所占的百分比，从而计算出这两种元素原子的相对质量比接近于1∶7。按照最简单化合规则，水是由一个氢原子和一个氧原子构成的，若将最轻的氢的相对质量定为1，由此推算出氧的相对质量为7，水的相对质量为8。道尔顿认为氨是氢和氮的二元化合物，这两种元素的原子的相对质量比接近于1∶5。按照最简单化合规则，氨是由一个氢原子和一个氮原子构成的，由此推算出氮的相对质量为5，氨的相对质量为6。道尔顿在《化学哲学新体系》中给出了简单原子和复合原子的相对质量，但由于当时测定的化合物组成质量百分数存在一定的误差，特别是对化合物分子式认识的错误，因此给出的原子量或化合物的相对质量绝大多数与现代的数值不相符合，这在此后的数十年也成为困扰化学家的问题之一。

道尔顿科学原子论的建立具有重大的科学意义。首先，它使原本模糊的“原子”概念成为科学的原子理论，为科学的发展奠定了基础。其次，它从理论上解释了一些实验事实，揭示了质量守恒定律、定比定律和倍比定律的内在联系，为化学的发展提供了理论基础。第三，道尔顿原子学说的建立标志着人类对物质结构的认识前进了一大步，使人们能够从微观结构的角度揭示宏观的化学现象的本质，成为物质结构的理论基础，开辟了近代化学的新时代。

英国皇家学会会长、著名化学家戴维称赞道：“原子论是当代最伟大的科学成就，道尔顿在这方面的功绩可与开普勒在天文学方面的功绩相媲美。”恩格斯说：“化学中的新时代是伴随着原子论开始的，所以近代化学之父不是拉瓦锡，而是道尔顿。”

阅读材料

## 化学元素符号和化学式

早在炼金术时期，炼金术士为了保密，用符号表示某些元素和物质，如用▽表示水、用△表示火、用△表示空气、用▽表示土。这可谓是最早的元素符号了。

1808年，道尔顿在他的代表作《化学哲学新体系》中设计了一套符号来表示不同的原子（见图5-11）。他用圆圈表示氧，在圆圈中添加一个小原点表示氢，把圆圈涂黑表示碳。他还采用在圆圈中添加元素英文名称的首个字母来表示不同原子，如在圆圈中添加字母Z表示锌（zinc），添加字母C表示铜（copper），添加字母L表示铅（lead）等。

图5-11　道尔顿的原子符号

1813年，贝采里乌斯建议采用每种元素的拉丁文名称的第一个字母作为该元素的元素符号，如果元素名称的首个字母相同，就再加上名称的第二个字母，若加上第二字母后出现相同的符号，就采用第三或第四个字母，例如：S（sulphur）、Si（silicium）、Sn（stannum）；

C（carbonicum）、Cl（chlorum）、Ca（calcium）、Co（cobaltum）、Cu（cuprum）等。

贝采里乌斯还建议用元素符号表示化合物的化学式。他用“·”表示O，用“,”表示S，用“-”表示Se，用“+”表示Te。于是，物质的化学式就可用在元素符号上加点的方法来表示化合物中的氧，如二氧化碳表示为$\ddot{C}$，二氧化硫表示为$\ddot{S}$，氧化钙表示为$\dot{C}a$。但这种表示方法没有流传很久就被其他表示方法取代了。一种与今天的表示方法很类似的是把原子的数目写在元素符号的右上角，如二氧化碳表示为$CO^2$，五氧化二磷表示为$P^2O^5$。后来，德国化学家李比希（Justus von Liebig，1803—1873）等人将数字写在元素符号的右下角，如五氧化二磷表示为$P_2O_5$。

## 三、原子－分子学说的建立

### 1. 气体定律

1643年，意大利物理学家托里拆利（E. Torricelli，1608—1647）将一端封闭的玻璃管灌满水银后用手指堵住管口，将其倒立在水银槽中。他发现管内的水银下降至一定高度就不再下降了，管内水银面比槽内水银面高出约29英寸（73.66厘米）。于是，他得出结论：玻璃管口单位面积上空气的压力等于管内水银的重量。他还据此发明了水银压力计。

1654年，德国物理学家冯·格里克发明了空气泵，设计并进行了著名的马格德堡（Magdeburg）半球实验。

1660年，波义耳利用空气泵和水银压力计进行气体弹性实验，并得出结论：当温度一定时，一定量空气的弹力与容积成反比。1662年，波义耳向英国皇家学会报告了这一结论，后来被称为波义耳定律，用数学式表示为：$pV=C$，式中$C$为常数。

1676年，法国物理学家马略特（E. Mariotte，1620—1684）进行了关于空气弹性对压力的依赖的实验，得出结论：空气的压缩与其所负荷的质量成正比。这个结论现在被称为波义耳-马略特（Boyle-Mariotte）定律。

1787年，法国物理学家雅克·查尔斯（J. Charles，1746—1823）发现在一个封闭系统中，一定质量的理想气体在恒压下，气体的体积与其绝对温度成正比，用数学式表示为：$V\propto T$。这个结论被称为查尔斯定律。

1801年，道尔顿发表了关于混合气体的构成、真空和空气中不同温度下蒸气的压力的论文。他明确指出：在同样的压力下，所有弹性流体在受热时膨胀的程度都是相等的。他还观察到，在非反应气体的混合物中，施加的总压力等于各个气体的分压之和。这个结论被称为道尔顿定律（也称为道尔顿分压定律）。

1808年，法国化学家盖-吕萨克（J. L. Gay-Lussac，1776—1850）研究气体的热膨胀得出结论：对于一定质量和一定体积的理想气体，施加在其容器两侧的压力与它的绝对温度成正比，用数学式表示为：$p\propto T$。这个结论被称为盖-吕萨克定律。

1834年，法国物理学家埃米尔·克拉佩隆（Émile Clapeyron，1799—1864）首次将波义耳定律、查尔斯定律、阿伏伽德罗定律和盖-吕萨克定律结合起来，得到了理想气体定律，也称为一般气体方程，即$pV=nRT$。

### 2. 盖-吕萨克气体反应定律

1805年，盖-吕萨克重复了卡文迪许关于氧气和氢气反应生成水的实验，结果发现100体积氧气与199.8体积的氢气完全化合。他还发现100体积氨与100体积盐酸气（氯化氢）化合生成氯化铵固体；200体积亚硫酸气（二氧化硫）与100体积氧气化合生成200体积三氧化硫；100体积一氧化碳与50体积氧气化合生成100体积碳酸气（二氧化碳）；100体积氮气与100体积氧气化合生成200体积亚硝气（一氧化氮）；100体积氮气与300体积氢气化合生成200体积氨。于是，盖-吕萨克得出结论：气体在相互化合时，参加反应的气体体积成比例。他又研究了气体反应后生成的气体体积与参加反应的气体体积的关系，如生成的二氧化碳与参加反应的一氧化碳与氧气的体积比为2∶2∶1，生成的氨气与参加反应的氢气和氮气的体积比是2∶3∶1。

1808年，盖-吕萨克在《气体物质相互化合的作用》一文中指出："气体在恒定温度和压力下以简单的体积比结合，如果生成物是气体，那么该生成物也与反应物的体积成简单的整数比。"他同时指出，反应前后气体收缩或膨胀的倍数与参加反应的气体体积之间也存在一个简单的比例。例如，2体积一氧化碳与1体积氧气化合生成2体积二氧化碳，收缩1体积，收缩体积与反应的一氧化碳和氧气的体积比为1∶2∶1。这一结论被称为气体反应体积简比定律，也称为盖-吕萨克气体反应定律。

盖-吕萨克联想到道尔顿提出的物质组成的"最简单规则"，经过逻辑推理提出：①不同气体在同样的体积中所含的原子数有简单的整数比；②相同体积的不同气体其质量比与原子量之比也应有简单的比例关系。盖-吕萨克进一步提出一个假说：在同温同压下，相同体积的不同气体含有相同数目的原子。

盖-吕萨克的气体反应定律实质上是对道尔顿原子学说的支持，但是盖-吕萨克假说的提出遭到了道尔顿的激烈反对。道尔顿认为不同物质的原子大小是不同的，因此相同体积的不同气体中不可能含有相同数目的原子。道尔顿还提出，如果盖-吕萨克的假说是正确的话，那么1体积的氮气和1体积的氧气化合生成2体积的一氧化氮，则每一个"一氧化氮原子"中就含有半个氧原子和半个氮原子。这就与道尔顿原子学说中"简单原子是不可分割的"观点相矛盾。其实，这正反映出道尔顿原子论的不完善之处，而使得"半个原子"问题得以解决的就是阿伏伽德罗的分子论。

### 3. 阿伏伽德罗的分子假说

1811年，意大利物理学家阿伏伽德罗（A. Avogadro，1776—1856）在《论测定物体基本分子的相对质量和这些化合物中基本分子数目比例的方法》一文中提出组成物质最小微粒的分子论。他把分子划分为"复杂分子"或"综合分子"（即化合物分子）、"组成分子"（即单质气体分子）和"基本分子"（即原子）。阿伏伽德罗根据盖-吕萨克气体反应定律提出这样的观点："气体物质体积与组成这些气体的组成分子或复杂分子数目之间存在着简单的比例关系。"基于这个观点，阿伏伽德罗提出第一个假说："相同体积的任何气体中含有相同数目的综合分子。"阿伏伽德罗认为微粒具有热的外壳（热氛），相互之间具有排斥力，不同微粒的热氛的半径是相同的，如果它们的距离相等，则在一定体积的这些气体中就含有相同数目的这类分子。

阿伏伽德罗还提出第二个假说："任何简单气体的组成分子不是由单个基本分子组成，

而是由一定数目的基本分子依靠吸引力结合而成的。当一个物质分子与另一个物质分子形成复杂分子时，一个物质的组成分子则分裂成1/2、1/4等数目的基本分子，与另一个物质的组成分子分裂成的1/2、1/4等数目的基本分子相结合，形成2倍、4倍等倍数的综合分子。”

阿伏伽德罗还指出了道尔顿和贝采里乌斯之所以会坚持在相同体积中的不同气体含有不同数目的复杂分子的错误观点，是因为他们都认为单质气体是由单个原子组成，而不是由分子组成的。

今天人们认识到，阿伏伽德罗分子假说的提出，将道尔顿原子论与盖-吕萨克的气体反应定律统一了起来，解决了原子论与气体反应定律之间的矛盾，完美揭示了化学反应中气体体积成简单比例的本质。

然而，阿伏伽德罗的分子假说并没有立即被接受，科学界对他的分子假说没有给予一定的重视。1814年，法国科学家安培（A. M. Ampère，1775—1836）得出了与阿伏伽德罗的分子假说类似的结论。由于安培在法国的名气更大，因此这个假说在法国通常被称为安培假说，后来也被称为阿伏伽德罗-安培假说或者安培-阿伏伽德罗假说。但在当时也没有得到科学界的重视。

1815年，阿伏伽德罗发表了《关于基本分子的相对质量，或它们的气体的建议密度，以及它们的某些化合物的成分的注释》的论文，作为对1811年7月发表在《物理杂志》上同一主题论文的补充。这篇论文发表后，仍然没有引起多大的反响。

阿伏伽德罗的分子假说长期得不到公认的原因是多方面的。一方面是这个假说还缺少充分的实验证据来加以证实；另一方面是化学界权威的影响，主要是因为道尔顿和贝采里乌斯的反对。道尔顿认为同类原子相互排斥，不能结合成分子，因此不承认物质有分子这个层次。在当时的化学界，贝采里乌斯的电化二元论占据着统治地位，而阿伏伽德罗的分子假说与电化二元论有冲突之处。贝采里乌斯指出，各种原子都有两极，一极带正电荷，另一极带负电荷，但一个原子两极所带的电荷并不相等，如氯原子所带负电荷多于正电荷，因此总体显负电性；而钠原子所带正电荷多于负电荷，因此总体显正电性。贝采里乌斯认为，氧是“绝对负性”，而钾是“绝对正性”。这被称为“电化二元论”。按照电化二元论的观点，不同原子由于带有不同的电性，原子靠正电荷和负电荷的相互吸引结合成化学物质。那么两个电性相同的原子间相互排斥，因此就不可能组成分子。

#### 4. 早期原子量的测定

道尔顿在他的原子论中提出了单质或化合物中终极质点的相对质量（即原子量）和测量方法。他对原子量进行测定的依据是物质组分的质量比以及物质组成的“最简单规则”。1803年，他列出氢、氮、碳、氧和水等物质的相对质量，但与现在的原子量相差甚远。在道尔顿的原子论提出以后，引起了当时的化学家们对原子量测定的极大兴趣，有不少化学家投入原子量的测定工作中。

贝采里乌斯在1814年报告了最早的原子量表，1818年又报告了47种元素的原子量。他先基于盖-吕萨克气体反应定律，将水、氨和氯化氢的化学式分别确定为$H_2O$、$NH_3$和HCl，类推出硫化氢的化学式为$H_2S$。在化学式正确的情况下，他给出的有些元素原子量的数值已经很接近现代的数值。贝采里乌斯采用以氧的原子量等于100为基准，给出了氢（6.64）、碳（75.1）和硫（201）等四十多种元素的原子量表。若将贝采里乌斯给出的原子量以氧的原子量等于16为基准进行换算，那么氢、碳、硫的原子量分别为1.062、12.02和32.16。

1814年，德国化学家格梅林（L. Gmelin，1788—1853）提出化合量的概念，以氧等于100为基准，得出氢、碳、硫、氯和氮的原子量分别为13.27、74.91、200、439.56和179.54。

1818年，法国人杜隆（P. L. Dulong，1785—1838）和珀蒂（A. T. Petit，1791—1820）共同发现原子热容规律，即固体单质特别是金属的比热容与它们的原子量成反比。也就是说固体物质的比热容与原子量的乘积近似为常数。他们分别测定了金、银、铜、铁、铅和铋等金属比热容，然后乘以已知元素的原子量便可得到这个常数，通过测定待测金属的比热容就能够计算出待测金属的原子量。

1818年，贝采里乌斯的学生米切利希（E. Mitscherlich，1794—1863）发现了同晶定律，即相同数目的原子按相同方式结合形成相同的结晶型，如$NiSO_4 \cdot 7H_2O$和$MgSO_4 \cdot 7H_2O$具有相同的晶型。化学家就利用这种关系推断一种盐的化学组成，继而来测定组成元素的原子量。贝采里乌斯利用这种方法对一些元素的原子量进行修正，于1826年报告了更准确的原子量。

1826年，法国化学家杜马（J. B. A. Dumas，1800—1884）提出了一种在常温下测定液体或固体物质蒸气密度的巧妙方法，并尝试将该方法用来确定一些元素的原子量。遗憾的是他没有能够清楚地区分原子和分子，导致他得出错误的结论。比如，他得到的碘的原子量是化学分析值的2倍，而硫的原子量是贝采里乌斯测定值的3倍。

1843年，法国化学家热拉尔（C. F. Gerhardt，1816—1856）建议改革原子量系统，把分子量定义为“物质在气态时占有与2克氢相同体积的蒸气的质量”。他以氧的原子量等于16为基准编制了原子量和分子量表。

### 5. 原子-分子学说的论证

1826年，在阿伏伽德罗假说的基础上，法国化学家杜马指出：在类似的情况下，气体是由处于相同距离的分子或原子组成的，这就等于说它们在相同的体积中含有相同数量的分子或原子。1833年，法国化学家马克·安托万·奥古斯特·高丹（Marc Antoine Auguste Gaudin，1804—1880）利用氯气与氢气结合成氯化氢、氧气与氢气结合成水、氮气与氢气结合成氨的气相分子“体积图”对阿伏伽德罗关于原子量的假设给出了清晰的解释。

1860年，在德国的卡尔斯鲁厄（Karlsruhe）召开了第一次国际化学会议，会议的议题是关于分子、原子和当量的区别以及原子量的数值等方面的问题。

意大利化学家康尼查罗（S. Cannizzaro，1826—1910）在会上发言，并呼吁参会者采用法国化学家热拉尔提出的原子量和建立在阿伏伽德罗假说基础上的分子量。他与参会者们为此进行了激烈的争论，但没能达成统一的意见。就在会议快要结束的时候，会上分发了康尼查罗编写的名为《化学哲学教程概要》的小册子，为与会者带来了意外的惊喜。

康尼查罗在《化学哲学教程概要》中指出：“据我看来，近来化学的进步已经证实阿伏伽德罗、安培和杜马的假说，即同体积的气体中无论是单质还是化合物，都含有相同数目的分子，但它绝不是含有相同数目的原子。”他还指出：“根据化学历史的考察以及物理学的研究结果，可以断定要使化学中无冲突地统一起来，以及测定分子量和分子组成时，都必须充分地应用阿伏伽德罗和安培假说，这样所得到的结果则能与物理、化学上已经建立的定律完全吻合。”“只要我们把分子与原子区别开来，只要我们把用以比较分子数目和质量的标志与用以推导原子量的标志不混为一谈，只要我们心中不固执地认为化合物分子可以含有不同数目的原子，而各种单质的分子只含有一个原子或相同数目的原子，那么，阿伏伽德罗的分子理论与已知事实就毫无矛盾之处。”康尼查罗提出测定原子量时，可以取氢分子的一半质量为一个单位，或者规定氢分子的质量为2，那么所有的分子量都可以用某一单位质量来表示。他还编制了一张关于一些化合物分子量的表格（见表5-2）。

表5-2　康尼查罗的分子量表

| 物质 | 分子量 | 分子中各元素的质量 | | |
|---|---|---|---|---|
| | | 氢 | 氧 | 碳 |
| 氢气 | 2 | 2 | | |
| 水 | 18 | 2 | 16 | |
| 一氧化碳 | 28 | | 16 | 12 |
| 二氧化碳 | 44 | | 32 | 12 |
| 乙醇 | 46 | 6 | 16 | 24 |
| 乙醚 | 74 | 10 | 16 | 48 |

康尼查罗在阿伏伽德罗假说的基础上，重申了应用蒸气密度法求物质分子量的方法，并运用气体密度法测定了氢、氧、硫、氯、砷、汞、溴等单质以及水、氯化氢、醋酸等化合物的分子量；在原子论的基础上，提出了由分子量计算原子量的方法；指出了阿伏伽德罗假说与杜隆-珀蒂（Dulong-Petit）定律（固体单质的比热容与原子量的乘积近似为一个常数）的联系；论证了有机化学与无机化学的统一性；确立了书写化学式的原则。

康尼查罗的合理阐述，把原子论和分子假说统一起来，澄清了某些错误的见解，为原子-分子论的确立与发展扫清了障碍。1864年，德国化学家迈耶（L. Meyer，1830—1895）出版的《现代化学理论》中，详细阐述了康尼查罗的观点，使人们认识到分子论不仅没有推翻原子论，而且为原子论摆脱了困境，使得原子论得到发展，形成了原子-分子论。从此，被埋没了半个世纪的阿伏伽德罗分子假说终于得到了化学界的公认。后来，阿伏伽德罗分子假说被称为阿伏伽德罗定律。

1873年，苏格兰物理学家麦克斯韦（J.C.Maxwell，1831—1879）在《自然》杂志上发表了《分子》一文中明确指出：“原子是一种不能被切成两半的物体，分子是特定物质的最小可能部分。”

原子-分子论的确立成为化学史上的重大事件，这不仅使人们在认识物质层次结构的深度上产生了一个飞跃，而且直接促进了化学元素周期律的发现和有机化学系统的建立，为化学的发展开拓了广阔的前景。

阅读材料

## 第一次国际化学会议

自1811年至1859年底，阿伏伽德罗的分子假说被忽视了近半个世纪。在这段时间之内，很多人致力于原子量的测定工作。虽然分析技术有了很大的提高，但由于一直未找到一个合理的方法来确定化合物中原子组成之比，原子量的测定陷入了困境。原子量的标准也不统一，比如对于氧的原子量，有的当作1，有的当作16，有的当作100。另外，在化学符号的表示方法和使用上也非常混乱，如有的用“HO”表示水，有的用“HO”表示过氧化氢；有的用“CH”表示甲烷，有的用“CH”表示乙烯。有人怀疑原子量测定的可能性，贝采里乌斯的原子量系统也遭受到多方的攻击。

1959年底，德国年轻的化学家凯库勒（A. Kekule，1829—1896）提议要会商化学所面临的问题。1860年3月，凯库勒与法国化学家武兹（C. Wurtz，1817—1884）在巴黎会晤，决定召开一次国际化学会议。

1860年9月3日，第一次国际化学会议在德国的卡尔斯鲁厄召开，约有140位化学家出席。凯库勒在会上提出要解决的四个问题：（1）分子、原子和当量的区别；（2）原子量的数值；（3）物质的化学式与写法；（4）化学作用原因。

9月3日下午，指导委员会讨论了原子、分子和当量的概念。由于卤代醋酸的发现，否定了电化二元论。在康尼查罗的提议下，指导委员会达成了共识，接受了分子论。

9月4日上午，会议的议题是讨论指导委员会关于原子、分子和当量的区别的意见。讨论的结果是：把原子、分子作为不同层次来理解，分子是参加反应的最小质点，决定物理性质；原子是构成分子的最小质点，在化学反应中保持不变；而当量的概念是经验的，独立于分子和原子之外。

大会接下来的任务是讨论原子量的数值问题。指导委员会经过讨论，形成了以凯库勒、康尼查罗为代表的一派，主张采用热拉尔的原子量，以氧为16；以杜马为代表的一派，主张采用贝采里乌斯的原子量，以氧为100。

9月5日，大会上就采用热拉尔的原子量还是采用贝采里乌斯的原子量等问题进行了激烈的讨论。杜马认为有机化学与无机化学是两个不同的学科，应有各自的原子量系统。康尼查罗指出，热拉尔已经将化学置于一个正确的轨道，那就是建立在阿伏伽德罗假说为基础的分子量之上，他还认为杜马的蒸气密度法测定分子量具有重要意义。他提议采用热拉尔提出的原子量与分子量，而不要维护贝采里乌斯的原子量体系。

在康尼查罗发言之后，有许多人发言，同意者有之，反对者也不少。就在会议快要结束的时候，会上分发了名为《化学哲学教程概要》的小册子。这本小册子主要回顾了从原子概念的提出及阿伏伽德罗假说提出以来的化学发展过程，指出贝采里乌斯、热拉尔和杜马等人都采纳了分子假说的某些观点，尽管他们谁也没有完全承认分子假说。这本小册子的作者正是意大利化学家康尼查罗，他在这本小册子中论述了接受阿伏伽德罗假说的重要意义。

## 四、关于分子的早期认识

关于物质组成的概念可以追溯至公元前，从古代元素说到古代原子论。1661年，罗伯特·波义耳在《怀疑的化学家》中提出假设，即物质是由粒子簇组成的，化学变化是由粒子簇的重新排列引起的。1680年，法国化学家尼古拉斯·勒梅里以微粒理论为基础，规定任何物质的酸性都存在于其尖端的粒子中，而碱则具有不同大小的孔隙。根据这种观点，一个分子是由通过点和孔的几何锁定而结合在一起的小体组成的。1718年，法国化学家艾蒂安-弗朗索瓦·杰弗罗伊（Étienne-François Geoffroy，1672—1731）在波义耳的团簇组合概念的基础上，发展了化学亲和力理论来解释粒子的组合。1789年，爱尔兰化学家威廉·希金斯（William Higgins，1763—1825）发表了他所谓的“终极”粒子组合的观点，这预示了价的概念。

19世纪初，化学实验的成果表明一个氯原子和一个氢原子可以化合成一个氯化氢分子，一个氧原子可以和两个氢原子结合成一个水分子。人们用“化学亲和力”的概念来解释这种结合。贝采里乌斯提出了电化二元论来解释原子间相互结合的机理。1852年，英国的爱德华·弗兰克兰（Edward Frankland，1825—1899）根据每种元素形成化合物时总有一定的比例关系，提出了原子价（化合价）的概念。

### 1. 电化二元论

19世纪初，意大利物理学家、化学家伏特（A. Volta，1745—1827）发明了电池，很快被用来进行电解水及化合物的熔融物。1806年，戴维在发表题为《电力的一些化学作用》的演讲中，解释了有关电解的观点。他认为不同种类的粒子相互作用或接触而产生电荷，异性电荷相互吸引而结合。

1814年，贝采里乌斯发表《论关于化合量和电的化合作用的学说》专著，他认为在电化学的观点正确的前提下，化学结合只决定于正电和负电两种相反的力。每一种化合物不论组成成分如何，都可以分解成两部分。其中一部分是带正电的，另一部分是带负电的。每一种化合都是由正电性和负电性的两部分靠静电吸引而结合的，例如：

$$\overset{(+)}{K_2}\overset{(-)}{O}\qquad \overset{(+)}{Zn}\overset{(-)}{O}\qquad \overset{(+)}{S}\overset{(-)}{O_3}\qquad \overset{(+)}{C}\overset{(-)}{O_2}$$

如果带正电的部分与带负电的部分结合得到的化合物还剩余一些电荷，那么剩余正电的化合物就可以与剩余负电的化合物结合，形成第二级化合物。上述例子中前二者剩余正电，后二者剩余负电。它们相互结合成第二级化合物（盐）：

$$\overset{(+)}{K_2O}\cdot\overset{(-)}{SO_3}\qquad \overset{(+)}{ZnO}\cdot\overset{(-)}{CO_2}$$

有些盐可能剩余一些电性，如$K_2O\cdot SO_3$剩余正电，而$Al_2O_3\cdot 3SO_3$剩余负电，因此它们可以结合成第三级化合物（复盐）：

$$\overset{(+)}{K_2O\cdot SO_3}\cdot\overset{(-)}{Al_2O_3\cdot 3SO_3}$$

贝采里乌斯还认为各元素的原子固有某种电荷，并按照正负电量大小的顺序将元素进行排列。

负电量较大的元素（按逐渐递减的顺序排列）：O、S、N、F、Cl、Br、I、P、As、Cr、V、B、C、Sb、Te、Ti、Si、（H）。

正电量较大的元素（按逐渐递增的顺序排列）：（H）、Au、Pt、Hg、Ag、Cu、Bi、Sn、Pb、Cd、Co、Ni、Fe、Zn、Mn、Al、Mg、Ca、Sr、Ba、Li、Na、K。

由此可知，氧具有最大的负电量，是“绝对负性”，而钾具有最大的正电量，是“绝对正性”，氢具有几乎相等的正负电量。

由于贝采里乌斯的分子组成电化二元论几乎解释了当时已知的所有无机化合物，因此得到广泛流传。而让贝采里乌斯陷入困境的是用同样的理论解释有机化合物时却行不通了，因为多数有机化合物是非电解质，不能被电离成带正电和负电的两部分。

### 2. 同分异构与同素异形

（1）同分异构　1832年，贝采里乌斯基于下列三个实例提出同分异构的概念。

实例1：雷酸银与氰酸银组成相同而性质不同。

1800年，英国化学家爱德华·查尔斯·霍华德（Edward Charles Howard，1744—1816）发现了雷汞，并制备出雷酸银。1822年，德国的维勒（Friedrich Wöhler，1800—1882）成功地制得了氰酸银，并分析它的组成。1823年，德国化学家李比希分析了雷酸银的组成。结果发现，氰酸银和雷酸银的元素组成完全相同，但两者性质完全不同。雷酸银易发生爆炸，而氰酸银则不具有爆炸性。为此，维勒和李比希进行了辩论，相互怀疑对方出了差错。在经过沟通后得知，他们制备的原料配比有所不同。1830年，李比希和维勒经过共同研究发现了异氰酸（HNCO）。异氰酸（HNCO）、氰酸（HOCN）和雷酸（HCNO）的组成完全相同，但性质各异。

实例2：尿素与氰酸铵组成相同而性质不同。

1824年，维勒想利用氨水与氰酸反应制取氰酸的铵盐。他把氨水与氰酸加入一个大盘中，再把混合物放在水浴锅里缓慢蒸发，直至表面析出薄薄的一层物质，然后将大盘子取下，冷却至第二天，他发现盘子里出现了白色透明的结晶。他在对晶体进行研究时发现它没有氰酸盐的性质。然后，他让这个结晶与氢氧化钠溶液反应，发现并没有氨气放出，与强酸反应也没有氰酸生成。于是，维勒断定这种结晶绝不是氰酸铵，而可能是一种有机物。在之后的4年中，他又做了一系列的实验，并对这种白色结晶进行分析，发现晶体中氮、碳、氢、氧的含量与普鲁斯特测定的尿素中的氮、碳、氢、氧的含量基本一致，于是，他最后得出结论：这种白色的结晶就是尿素。1828年，维勒在《论尿素的人工合成》一文中详细地介绍了自己对白色晶体的分析结果：氮46.78%，碳20.19%，氢6.59%，氧26.24%，原子数之比为2∶1∶1∶1；同时介绍了普劳特对尿素的分析结果：氮46.65%，碳19.98%，氢6.67%，氧26.65%，原子数之比为2∶1∶1∶1。最终得出结论，他用这种方法合成出来的不是氰酸铵，而是尿素。

贝采里乌斯根据这样的事实指出：相同数目的简单原子，能以不同的方式分配在化合物的分子中，形成不同性质的物质。

实例3：酒石酸和葡萄酸组成相同性质不同。

1769年，舍勒在制造葡萄酒沉淀出的酒石中发现了一种酸性物质，称为酒石酸。1822年，法国的化学品制造商从酒石中分离出一种副产品，曾被当作草酸在市场上出售。它与已知酒石酸的组成相同，溶解度略有不同。盖-吕萨克将其命名为葡萄酸，而贝采里乌斯将其命名为对位酒石酸。

1826年，盖-吕萨克研究发现酒石酸和葡萄酸中和碱的能力相同，葡萄酸不易溶于水，不形成葡萄酸钠钾盐。1830年，贝采里乌斯发现酒石酸和对位酒石酸（葡萄酸）是组成相同而性质不同的两种物质。

1832年，贝采里乌斯建议把组成相同而性质不同的现象称为“同分异构现象”（isomerism）。

（2）同素异形　1841年，贝采里乌斯提出同素异形（allotropy）概念。在此之前，已知的同素异形体有：金刚石与石墨、斜方硫与单斜硫以及奥地利化学家施劳特（A. Schrotter）发现的臭氧与早已知道的氧气。在此之后，人们发现红磷与单斜磷也属于同素异形体。红磷是化学家舍恩拜因（C. F. Schönbein，1799—1868）在1848年发现的，单斜磷是德国化学家希托夫（J. W. Hittorf，1824—1914）于1865年在530℃的密封管中加热红磷升华得到的不透明晶体。

3. 化合价概念的出现

1840年，热拉尔和法国化学家罗朗（A. Laurent，1807—1853）发现原子之间反应有一定的比例关系，提出卤素原子之间当量数相等，氧、硫、硒、碲原子之间当量数相等，并认为氧、硫、硒、碲原子与两个氢原子或两个氯原子之间当量数相等。

1852年，英国化学家弗兰克兰（E. Frankland，1825—1899）在《论一新系列有机金属化合物》一文中指出，在一些金属有机化合物的分子中，有机基团的数目与金属原子的数目之间有一定的比例关系。金属与其他元素化合时，具有一种特殊的结合力，像氮、磷、砷、锑等元素具有与3个当量或5个当量的其他元素相结合的倾向，形成其他三原子的原子团（如$NH_3$、$NI_3$、$PH_3$、$PCl_3$、$AsH_3$）和其他五原子的原子团（如$NH_4I$、$NO_5$、$PO_5$）。不管结合原子的性质如何，相联结元素的结合力总是被相同数目的这些原子所满足。

由于当时原子量测定不准确，弗兰克兰列出的化学式有的是不正确的。但他从这些化学式中总结出“结合力”这一概念，为化合价概念的出现奠定了基础。

1854年，英国化学家奥德林（W. Odling，1829—1921）在《论酸和盐的组成》一文中提出铁有两种取代值，可以在元素符号的右上角加上相应的“′”号表示，如Fe″和Fe‴。

1857年，凯库勒在《论偶合化合物和多原子基的理论》一文中指出：“化合物的分子由不同原子或基结合而成，与某一原子或基相化合的其他元素的原子或基的数目，取决于组成这个分子的原子或基的亲和力数或基数。”凯库勒将元素分为三个主要的组：H、Cl、Br、K是一基数的；O、S是二基数的；N、P、As是三基数的。他还指出：碳是四基数的，也就是说1原子碳与4原子氢是等价的。碳与一基数的氢或氯的最简单化合物是$CH_4$和$CCl_4$。凯库勒在另一篇论文《论化合物的组成和变化以及碳的化学本质》中指出：“当我们考察碳的最简单的一些化合物如沼气、氯甲烷、四氯化碳、氯仿、碳酸、二硫化碳等时，我们会发现1个碳原子总是与一基数的4个原子或二基数的2个原子结合。通常地说，与1个碳原子结合的元素的化学单位总和等于4。这就使我们得出这样的观点，碳是四原子数的或四基数的。”

1858年，英国的库珀（A. S. Couper，1831—1892）在《论一个新的化学理论》一文中指出，所有的元素都有一共同固定的性质，称为化学亲和力。通常一种元素的亲和力的程度可能只有一种等级，有的元素有多种。

1866年，弗兰克兰在《化学学习讲义》中提到：一种元素所具有的键数或它的原子数明显不是固定不变的，如在氨中1个氮原子与3个氢原子等价，而在氧化亚氮中2个氮原子与1个氧原子等价；磷和砷或者是5原子，或者是3原子；碳和锡或者是4原子或者是2原子；硫、硒、碲是6原子、4原子或2原子。根据这些事实可以将元素的键数与原子数的关系理解为：元素的最大键数称为绝对原子数，连接在一起的键数称为潜在原子数，化合物中实际的键数称为有效原子数。

奥德林把元素的原子数分为奇数组和偶数组，奇数组能与1、3、5个氯原子或其他一原子数的元素结合；偶数组能与2、4、6个氯原子或其他一原子数的元素结合。法国化学家武兹也认为元素的原子数是可变的，他把这种微小粒子之间固有的特性称为原子数。

19世纪50年代至60年代，化学家们从总结一些化合物的化学式中提出了一些术语，如“结合力”（combining power）、“基数”（basicity numbers）、“亲和力数”（affinity numbers）、“原子数”和“取代值”等。这些术语都相当于现在的化合价的概念。

1865年，德国化学家冯·霍夫曼（A. W. von Hofmann，1818—1892）提出“量价”（quantivalence）这一术语。1868年，德国柏林工业大学化学教授维切尔豪斯（C. H. Wichelhaus，1842—1927）将这一术语简称为“价”（valence），一直沿用至今。

## 练习题

### 1. 填空题

（1）1661年，波义耳的代表作《____________》出版，给化学元素提出了科学的定义，并把严密的实验方法引入化学研究，为使化学成为一门实验科学打下了基础。

（2）恩格斯曾高度地评价说：______把化学确立为科学。

（3）1772年，______ 通过加热硝石、汞煅灰得到了“火空气（fire air）”，其实就是氧气；1774年，______用大透镜将阳光聚焦在试管中的红色汞煅灰上，发现产生的气体能支持燃烧，能使蜡烛发出特别明亮的光，将其称为“脱燃素空气”；1774年，______研究煅烧金属汞和汞煅灰的实验，发现加热红色汞煅灰上产生一种弹性流体，比空气更能支持燃烧和呼吸，他将这种空气称为“极适宜于呼吸的空气”。

（4）__________首先提出质量守恒定律这一原理，__________用实验证明了化学反应中的质量守恒定律。

（5）__________推翻了燃素说，创立了氧化学说。

### 2. 选择题

（1）第一个给出“燃素”定义的是（　　）。

A. 德国化学家贝歇尔　　B. 德国化学家、医生斯塔尔

C. 法国化学家、医生雷伊　　D. 英国化学家、医生梅猷

（2）（　　）通过白镁石的系列实验发现了“固定空气”（fixed air）。

A. 英国化学家卡文迪许　　B. 英国物理学家、化学家布莱克

C. 英国植物学家黑尔斯　　D. 英国化学家普利斯特里

（3）（　　）发现锌、铁、锡等金属与稀硫酸作用都可以得到一种高度易燃的气体，并将这种气体称为“易燃空气”（inflammable air）。

A. 英国化学家卡文迪许　　B. 英国物理学家、化学家波义耳

C. 英国化学家普利斯特里　　D. 苏格兰化学家丹尼尔・卢瑟福

（4）关于拉瓦锡氧化学说建立的意义的表述中，（　　）的叙述不正确。

A. 氧化学说的建立，使得统治了化学界一百多年的燃素说被彻底地取代

B. 氧化学说不仅阐述了燃烧的本质，而且能使人们认识和掌握燃烧过程的规律

C. 氧化学说的建立，使化学走上了正确的道路

D. 使“过去在燃素说形式上正立着的化学全部倒立过来了”

（5）关于道尔顿科学原子论建立的意义的表述中，（　　）的叙述不正确。

A. 将元素概念同原子概念结合起来，将原子概念同分子概念结合起来

B. 使原本模糊的“原子”概念成为科学的原子理论，为科学的发展奠定了基础

C. 使人们能够从微观结构的角度揭示宏观的化学现象，是物质结构的理论基础

D. 揭示了质量守恒定律、定比定律的内在联系，为化学的发展提供了理论基础

（6）关于阿伏伽德罗分子假说长期得不到公认的原因的表述中，（　　）的叙述不正确。

A. 阿伏伽德罗分子假说本身还缺少充分的实验证据来加以证实

B. 道尔顿的反对，因为道尔顿认为同类原子相互排斥，不能结合成分子

C. 贝采里乌斯的反对，阿伏伽德罗假说与贝采里乌斯的电化二元论有冲突之处

D. 盖-吕萨克的反对，因为阿伏伽德罗假说与盖-吕萨克气体反应定律矛盾

（7）（　　）被认为是第一部现代化学教科书。

A. 拉瓦锡的《燃烧概论》　　B. 拉瓦锡的《化学命名法》

C. 拉瓦锡的《化学基础论》　　D. 道尔顿的《化学哲学新体系》

（8）1860年9月，在德国的卡尔斯鲁厄召开的首届国际化学会议上，（　　）指出阿伏伽德罗的分子假说是盖-吕萨克气体化合定律的自然结论。

A. 意大利物理学家阿伏伽德罗　　B. 法国的盖-吕萨克

C. 意大利化学家康尼查罗　　D. 瑞典化学家贝采里乌斯

3. 简答题

（1）简述拉瓦锡氧化学说建立的意义。

（2）简述质量守恒定律建立的意义。

（3）简述道尔顿科学原子论建立的意义。

（4）简述原子-分子论确立的意义。

4. “从歪曲的、错误的前提出发，循着错误的、弯曲的、不可靠的途径行进，往往真理碰到鼻尖的时候还是没有得到真理。”结合拉瓦锡氧化学说建立的过程，简述你对恩格斯这句话的理解。

5. 话题讨论

话题1：近代化学之父。

话题2：“拉瓦锡不是发现氧气的第一人，却是对这个实验结果正确理解的第一人，也是对氧作为一种元素的描述更为彻底的人。”

# 第六章
# 近代化学的发展

随着化学物质的出现逐渐增多，人们便开始研究化学物质的分类。早在1675年，法国化学家尼古拉斯·勒梅里（Nicolas Lemery，1645—1715）在《化学教程》一书中根据物质的来源将它们分为矿物、植物和动物三大类。由于植物和动物是活的有机体，于是将来源于植物和动物的物质称为有机物，而将来源于无生命的矿物的物质称为无机物。尽管有机物和无机物之间没有严格的界限，但它们在结构和性质上具有各自的特征，在19世纪下半叶终于分开，形成了两个分支学科——有机化学和无机化学。在近代化学科学实验的基础上，随着沉淀、水解、电离、中和等理论逐渐建立后，分析化学才真正成为化学的一门分支学科。在近代化学初期，化学和物理学是各自独立的，但是人们发现大多数物质由于温度和压力的改变，或者在光和电的作用下而引起化学变化，且化学变化过程中也伴随着物理变化，这就促使化学家和物理学家在研究物质性质的过程中，将物理学的知识引入到化学学科，以解决化学中的问题。物质结构、热力学、电化学、胶体化学等理论逐渐建立，便形成了化学的另一门分支学科——物理化学。人们通常认为，1887年德国化学家奥斯特瓦尔德（Friedrich Wilhelm Ostwald，1853—1932）创办的《物理化学杂志》是物理化学成为一门分支学科的开端。

## 第一节　无机化学的系统化

1669年磷元素的发现，标志着近代无机化学的开始，自此之后进入了化学元素大发现时期。随着被发现的元素种类逐渐增多，化学家们开始对元素进行分类；随着原子量测定准确度逐渐提高，化学家们尝试探究元素性质与原子量的关系，发现了元素周期律，使无机化学研究的内容从分散走向了系统。

### 一、近代时期化学元素发现简介

自远古时期至公元17世纪中叶，即近代化学确立之前，古代劳动人民在生产生活活动中，通过金属冶炼等方法发现了13种元素，其中金属元素10种（铜、铅、金、银、铁、锡、汞、锌、锑、铋)，非金属元素3种（碳、硫、砷），而砷、锑、铋3种元素是由丹金术士在炼丹、炼金过程中发现的。

自17世纪中叶至1886年元素周期律发现，共发现62种化学元素，按照发现的时间顺序依次为：磷、钴、铂、镍、氢、氧、氮、钡、氯、锰、钼、钨、碲、锶、锆、铀、钛、钇、铬、铍、钒、铌、钽、钯、铈、锇、铱、铑、钾、钠、钙、镁、硼、氟、碘、锂、镉、硒、硅、铝、溴、钍、镧、铒、铽、钌、铯、铷、铊、铟、氦、镓、镱、钬、铥、钪、钐、钆、镨、钕、锗、镝。

1. 按发现的方法分类

（1）基于古典化学分析法发现的元素　磷是由德国药剂师和炼金术士布兰德（H. Brand）在1669年从尿液中提取出来的一种非金属化学元素，它也是近代时期发现的第一种元素。

近代化学早期，波义耳、普利斯特里、舍勒、拉瓦锡、贝采里乌斯等人建立了系统的化学分析方法，即古典化学分析法。通过古典化学分析法发现了十多种元素，主要包括：钴、铂、镍、氢、氧、氮、氯、锰、钼、钨、碲、铀、铬、硒。

除了与普利斯特里、拉瓦锡共同发现氧气之外，舍勒还发现了钼、钨、钡、氢和氯等元素。贝采里乌斯发现了硅、硒、钍和铈元素，分离得到了锆、钛金属单质。

（2）基于电解法发现的元素　1807年，英国化学家戴维用250对锌片和铜片组成的电堆作为电源电解熔融态的苛性钾，发现了钾元素，这是第一种通过电解分离出来的金属元素。就在同一年，戴维通过电解熔融的氢氧化钠又得到了金属钠。1808年，戴维通过电解石灰和氧化汞的混合物发现了钙，通过电解熔融态的金属盐得到了钡、锶、镁等金属单质。镁、锶、钡这三种元素虽然在18世纪就已被认识到，但是直到1808年戴维通过电解法才得到这些金属的单质。

注：

戴维在1799年进行一氧化二氮实验时，发现这种气体可让人发笑，所以他给它起了个绰号“笑气”，并指出关于这种气体在手术中缓解疼痛的潜在麻醉特性。他用电解法分离出钾、钠、钙、锶、钡、镁和硼等元素，发现了氯、碘元素的性质。

（3）基于活泼金属置换法发现的元素　1808年，戴维把金属钾与脱水硼酸在铜管中混合，加热后得到了青灰色的粉末，并将它命名为“boracium”（硼）。

1808年，戴维和贝采里乌斯都曾试图用电解法分解铝土，但都未取得成功。1825年，丹麦的汉斯·克里斯蒂安·奥斯特（Hans Christian Ørsted，1777—1851）把干燥的无水氯化铝与含1.5%金属钾的汞齐混合，加热至红热，生成了铝汞齐和氯化钾。然后在隔绝空气的情况下，将汞蒸馏出去，于是得到了一种色泽类似金属锡的物质。1827年，维勒将氧化铝与木炭粉、糖和油脂等调成糊状，放在密闭的坩埚中，在炽热的状态下通入氯气，便得到纯净的无水三氯化铝。将无水三氯化铝与金属钾在铂坩埚中混合，加热促使反应发生，待反应停止并彻底冷却后，把坩埚投入大量冷水中，于是便得到灰色的铝粉末。

1811年，盖-吕萨克和法国的泰纳德（L. J. Thénard，1777—1857）曾将四氯化硅与金属钾共热，发生了强烈的反应，结果生成了一些红褐色的粉末。这些红褐色的粉末可以燃烧，可能是不纯净的非晶态硅，但他们没有对它进行纯化和表征。1823年，贝采里乌斯用熔融的金属钾还原氟硅酸钾制备了非晶态硅，通过反复洗涤将产品纯化为棕色粉末。1854年，法国的亨利·艾蒂安·圣克莱尔·德维尔（Henri Étienne Sainte-Claire Deville，1818—1881）在研究提取金属铝时，电解石英砂与冰晶石的混合熔融物，在阴极上得到了一种灰色的粒状金属，冷却后就析出一种具有金属光泽的片状晶体。经过研究得知，它与非晶态硅粉具有相同的化学性质。

（4）基于光谱分析法发现的元素　1859年，德国化学家罗伯特·本生（R. W. Bunsen，1811—1899）和基尔霍夫（G. R. Kirchhoff，1824—1887）发明了分光镜，创立了光谱分析法。他们将分离出钙、锶、镁和钾元素后的矿泉水进行蒸发，通过分光镜观察到两条明亮的蓝线，其中一条与锶元素的谱线几乎重合，确定为一种新的碱金属元素，命名为“cesium（铯）”。1861年，罗伯特·本生和基尔霍夫根据在锂云母矿中观察到的红色谱线，发现了一种新元素，命名为“rubidium（铷）”。

1861年，英国物理学家和化学家威廉·克鲁克斯（William Crookes，1832—1919）用分光镜检查硫酸工厂的烟道灰，在绿色光谱区发现了一条新的谱线，确定存在一种新的元素，命名为“thallium（铊）”。

1863年，德国物理学教授赖赫（F. Reich，1799—1882）为了寻找金属铊，将闪锌矿煅烧，除去其中大部分的硫和砷，然后用盐酸溶解，再通入硫化氢，得到一种黄色沉淀。他认为这可能是一种新元素的硫化物，便将沉淀物交给他的助手进行光谱检验，发现有一条蓝色的明线，其位置与铯的两条蓝线不重合，断定为一种新元素，命名为“indium（铟）”。

### 2. 按元素的类别分类

（1）卤素的发现

① 氯　氯是首先被发现的卤素。1774年，舍勒通过盐酸和二氧化锰反应得到氯气，并观察到氯气对石蕊的漂白作用，遗憾的是他没能确定氯是一种元素，而称之为“去燃素化盐酸空气”；1810年，戴维重复了实验并认为这种“去燃素化盐酸空气”是一种元素，而不是化合物，并将这种新元素命名为“chlorine（氯）”，来源于希腊语中的“chlooros”，意思是淡绿色或黄绿色。

② 氟　氟的发现可以追溯至16世纪。1529年，阿格里科拉将萤石描述为在冶炼过程中用于降低金属熔点的添加剂。他用拉丁语“fluorēs”表示萤石，后来经过几次演变，最终用“fluorite”这个词表示萤石，并确定萤石的组成为二氟化钙。

从1720年起，氢氟酸就被用于玻璃蚀刻。1764年，德国矿物学家马格拉夫（A. S. Marggraf，1709—1782）用硫酸处理萤石，产生的溶液腐蚀了玻璃容器。1771年，瑞典化学家舍勒重复了这个实验，并将产生的酸性物质命名为萤石酸。1810年，法国物理学家安培提出氢氟酸是由氢元素和一种类似氯的元素构成的。安培在1812年8月26日给戴维的一封信中提出，这种当时还不为人知的物质可以用氟酸和其他卤素的“-ine”后缀将其命名为“fluorine（氟）”。1813年，戴维尝试利用电解氟化物的方法得到单质氟，但没有成功。1850年，法国化学家弗雷米（E. Frémy，1814—1898）试图通过电解熔融的氟化物获得游离的氟，而实际上在阴极上得到的是钙。在阳极上有气体放出，由于这种气体太活泼，该气体立即与电解的容器和电极发生反应，因此始终未能收集到氟。他又尝试电解干燥的氟化氢，结果发现它并不导电。弗雷米的学生法国化学家莫伊桑（H. Moissan，1852—1907）发现氟氢酸钾（$KHF_2$）和干燥的氟化氢的混合物是一种导体，使电解成为可能。他用铂制成的U形管作为电解容器，用铂铱合金做成电极，用萤石做成的螺旋帽封住管口，利用一个特殊的浴槽将反应冷却到极低的温度，以降低铂的腐蚀。这样，在经过许多化学家几十年的努力和很多次的失败后，终于在1886年由莫伊桑分离出了单质氟。1906年，莫伊桑也因此获得了诺贝尔化学奖。

③ 碘　1811年，法国化学家库尔图瓦（B. Courtois，1777—1838）发现了碘。当时的法国处于战争时期，对硝石的需求量很大。库尔图瓦是一个硝石制造商，为了获得生产硝石所需的碳酸钠，他们将从海岸收集的海藻焚烧，再用水冲洗灰烬，便将碳酸钠分离了出来。由于在生产碳酸钠的过程中会产生很多的废物，他们用加入硫酸的方法进行废物处理。有一次，库尔图瓦在加入了过量的硫酸时，看见一团紫色的气体升起。他注意到这种紫色的气体在冷的物体表面形成深色晶体，于是怀疑这种晶体物质是一种新元素，并将样本交给了他的朋友德索姆斯（C. B. Desormes，1777—1838）和克莱蒙（N. Clément，1779—1841）继续研究。他还把一些样品给了盖-吕萨克。在德索姆斯和克莱蒙把库尔图瓦的发现公布于众之后，盖-吕萨克宣布这种新物质要么是一种元素，要么是氧的化合物，并将其命名为“iodine（碘）”，来源于希腊语，意思是紫色。

④ 溴　德国化学家罗威（C. Löwig，1803—1890）和法国化学家巴拉德（A. J. Balard，1802—1876）分别于1825年和1826年发现了溴。

1825年，罗威从他家乡巴特克鲁兹纳的矿泉水中分离出了溴。他先向矿泉水中通入氯气，然后加入乙醚振摇，最后将乙醚蒸发后就会留下一种红棕色液体。他将这种液体带到海德堡大学实验室，立即引起格梅林教授的注意。格梅林教授想让罗威多取一些样品，以便对这种红棕色的液体作进一步的研究。1826年，《理化杂志》上发表了巴拉德发现溴的一篇论文，文中关于溴的性质的介绍与罗威带到实验室中的红棕色液体完全相同。巴拉德将蒙彼利埃盐沼的海藻灰溶液先用氯气饱和，然后进行蒸馏，得到一种暗红色的液体物质。这种物质在47℃时沸腾，蒸气与亚硝酸相似，能与金属化合，化合物呈中性。由于所得物质的性质介于氯和碘之间，他确信自己发现了一种新元素，并将其命名为“muride”，源自拉丁语“muria”，意思是盐水。后来，他接受别人的建议，将名字改为“bromine（溴）”，指臭味之意。1858年，在斯塔斯福特发现了盐矿，溴才得以作为钾肥的副产品大量生产。

（2）碱土金属的发现

① 钡　1772年，舍勒注意到软锰矿中含有嵌入的小晶体，并将其识别为一种新土（氧化钡）。两年后，瑞典化学家和冶金学家加恩（J. G. Gahn，1745—1818）在重晶石中发现了同样的氧化物。这种“重土”起初被命名为“barote”，源自希腊语“重”的意思，后来拉瓦锡把它的名字改成了“baryta（钡）”。

1808年，戴维首次通过电解熔融钡盐分离出钡，并将其命名为“barium（钡）”，以“-ium”结尾表示金属元素。后来，罗伯特·本生和马修森（A. Matthiessen，1831—1870）通过电解氯化钡和氯化铵的熔融混合物获得了纯钡。

② 铍　1797年，法国化学家和药剂师沃奎林（L.N.Vauquelin，1763—1829）在绿柱石

和祖母绿中发现了铍，名称来源于希腊单词“berryllos”，意思是绿宝石。

德国化学家克拉普罗特（M. H. Klaproth，1743—1817）等人早期在对绿柱石和祖母绿进行分析时，得出两种物质都是硅酸铝的错误结论。一个矿物学家发现绿柱石和祖母绿两种晶体的几何结构是相同的，便请化学家沃奎林进行化学分析。1798年，沃奎林在法兰西学院宣读的一篇论文中报告，他在将从祖母绿和绿宝石中得到的氢氧化铝溶解在另一种碱中时，发现了一种新的“土”。由于铍的盐具有甜味，因此该元素也被人称为“glucinium”（葡萄糖），而克拉普罗特更喜欢用“beryllina”（绿柱石）这个名字，因为钇的盐类和铍盐一样也具有甜味。德国化学家维勒首次使用了“beryllium（铍）”这个名字。

1828年，维勒和法国化学家布西（B. Bussy）通过金属钾与氯化铍的反应，各自独立分离出铍元素。维勒在一个金属丝封闭的铂坩埚中，将氯化铍和钾交替覆盖，用酒精灯加热使坩埚变成白热，冷却后得到灰黑色粉末，制得带有深色金属光泽的铍的细颗粒单质。

③ 锶　锶最初是在苏格兰的斯特朗斯坦（Strontian）村旁的铅矿中发现的。1787年，威廉·克鲁克香克（W. Cruikshank）最早对这种矿物进行化学研究，并得出这种矿物中包含一种新土的结论。1793年，克拉普罗特报告了用锶矿和辉石（碳酸钡）进行的一系列平行实验，并在1794年制备了氧化锶和氢氧化锶。1808年，戴维通过电解含有氯化锶和氧化汞的混合物分离出了这种元素，并将其命名为“strontium（锶）”。

④ 钙　早在公元前7000年左右，石灰就被用作建筑材料，第一个石灰窑可以追溯到公元前2500年。“calcium（钙）”这个名字本身来源于拉丁语calx，意思是石灰。1755年，布莱克证明了石灰石煅烧后质量减少是由于二氧化碳的损失造成的。1787年，拉瓦锡在他的《化学基础论》一书中，将石灰列为简单土质物质。

1808年，戴维分别将钙和镁的金属氧化物与氧化汞的混合物放在用作阳极的铂板上，阴极是部分浸入汞中的铂丝，电解得到钙-汞和镁-汞合金，蒸馏出汞以后得到钙、镁金属。

⑤ 镁　镁的发现可以追溯至1618年，英国埃普索姆（Epsom）镇的一位农民注意到，口渴的牛不会去喝那里的一个水坑中的水，原因是那个水坑中的水带苦味。但这种带苦味的水可以治愈皮疹，因此成为一种时尚的温泉疗法。这种水中含有的矿物质后来被称为泻盐，它的组成最终被确认为水合硫酸镁。

1707年，白氧化镁被从制造硝石的母液中制备出来。1755年，布莱克将生石灰与白氧化镁区分开来。1808年，戴维用电解法处理氧化镁和氧化汞的混合物，首次将这种金属分离出来，并建议将其命名为“magnium”，来源于希腊语Magnesia，这是希腊东北部一个叫做Thessalia的地区，后来改为“magnesium（镁）”。

（3）稀土元素的发现　稀土元素是指钪、钇及元素周期表中的镧系元素，它们的性质极其相似，在矿物中常常有多种稀土元素共生。至1869年，共发现了5种稀土元素。

在拉瓦锡发展出化学元素的第一个现代定义后的几十年里，人们相信“土”可以被还原成组成它们的元素，这意味着发现一种新的“土”就等于发现了其中的新元素。

钇是最早被发现的稀土元素。1787年，瑞典业余矿物学家卡尔·阿克塞尔·阿伦尼乌斯（Carl Axel Arrhenius，1757—1824）在瑞典首都斯德哥尔摩附近的于特比（Ytterby）小镇旁的一个旧采石场发现了一块黑色矿物，并命名为“ytterbite”。1792年，芬兰的矿物学家、化学家加多林（J. Gadolin，1760—1852）对卡尔·阿伦尼乌斯发现的矿物样本进行测定，结果发现大约38%的金属氧化物为一种当时未知的"土"，并于1794年发表了完整的分析结果。1797年，瑞典分析化学家埃克伯格（A. G. Ekeberg，1767—1813）证实了这一发现，并将这种氧化物命名为钇土（yttria）。后来，人们研究发现钇土其实是一种矿物，而不是一种氧化物。1800年，克拉普罗特将加多林检测的这种含钇氧化物的矿物重新命名为加多林矿（gadolinite）。

铈是第二种被发现的稀土元素。1803年，瑞典的贝采里乌斯和希辛格（W. Hisinger，1766—1852）在同一个实验室里发现了铈，德国的克拉普罗特也几乎同时发现了这种新元素。贝采里乌斯用当时发现不久的一颗小行星谷神星（Ceres）的名字命名这种氧化物，称为"ceria（铈土）"。1814年，贝采里乌斯在含有大量铈的赭色矿中获得钇的氧化物，事实也证明，最初发现的铈土含有多种稀土元素。1839年，贝采里乌斯的学生兼助手莫桑德尔（C. G. Mosander，1797—1858）将铈土加入硝酸中并加热，发现只有一部分氧化物溶解。他把不溶解的那部分氧化物仍称为铈土，而将溶解的氧化物称为"lanthana（镧土）"。

1843年，莫桑德尔研究指出，钇土不是单纯一种元素组成的氧化物，而是三种元素组成的氧化物。他把白色的氧化物仍称为"yttria（钇土）"，而将黄色的氧化物命名为"terbia（铽土）"，将玫瑰色氧化物命名为"erbia（铒土）"。1846年，瑞士化学家德拉方丹（M. Delafontaine，1837—1911）利用光谱法证明钇、铽和铒是独立的元素。

自1794年至1907年之间，化学家们从钇土中先后发现了钇、铽、铒、镱、钪、铥、钬、镝和镥等稀土元素；自1803年至1906年之间，化学家们从铈土中发现了铈、镧、钐、钆、镨、钕和铕等稀土元素。

稀土元素化学性质的相似性使它们特别难以用化学方法分离，这一事实导致了许多元素混合物被误认为是元素的情况。因为不能够充分地分离就意味着氧化物中仍然存在额外的元素，从而导致测定的原子量值不够准确。直到20世纪中期，才获得非常纯净的稀土样品。

## 二、元素的早期分类

1789年，拉瓦锡撰写的《化学基础论》一书被认为是第一本现代化学教科书。他将元素定义为一种物质，其最小的单位不能分解成更简单的物质，并将这些简单物质分为四类。

第一类：光、热素、氢、氧、氮，属于整个自然界的简单物质，可以看作是物体的元素；

第二类：硫、磷、碳、盐酸根、萤石酸根（氟酸根）、月食酸根（硼酸根），属于可氧化与可酸化的简单非金属物质；

第三类：银、锡、铜、砷、锑、铋、镍、金、钴、铁、钼、钨、锰、铂、铅、锌、汞，属于可氧化与可酸化的简单金属物质；

第四类：石灰、苦土（镁土）、重晶石、黏土、石英，属于可酸化的简单土质物质。

拉瓦锡的物质分类中，把光和热素当作元素，这显然是不正确的。拉瓦锡当时认为一切物体都以各种方式被热素所充满、包围和渗透，它填满了物体的粒子之间所留下的每一个空隙；在某些情况下，热素固定于物体之中，甚至成为固体物质的组成部分。拉瓦锡还认为光与植物的某些部分化合，比如植物叶子的绿色和各种花朵的颜色，主要就是这种化合所致。

1817年，德国物理学家德贝莱纳（J. W. Döbereiner，1780—1849）开始尝试对元素进行分类研究。1829年，他将当时发现的性质相似的三种元素组成一个元素组，即“三元素组”：①氯、溴、碘；②钙、锶、钡；③硫、硒、碲；④锂、钠、钾。他进一步研究发现，居于中间的元素的原子量近似等于两端的两个元素原子量之和的平均值。

1850年，德国的马克斯·约瑟夫·佩滕科费尔（Max Joseph Pettenkofer，1818—1901）认为相似元素组中不应限于三种元素。1853年，英国化学家约翰·霍尔·格莱斯顿（John Hall Gladstone，1827—1902）认为除了三元素组的类型外，还有元素原子量几乎相等的一类。

1857年，英国化学家奥德林（W. Odling，1829—1921）曾把元素分为13类。1863年，英国化学家纽兰兹（J. A. R. Newlands，1837—1898）根据当量数和原子量把元素分为11组，并在每个族前面加上罗马数字，但是他自己说族前面的数字没有具体的意义，具体如下。

Ⅰ组：碱金属：锂、钠、钾、铷、铯、铊；

Ⅱ组：碱土金属：镁、钙、锶、钡；

Ⅲ组：土金属：铍、铝、锆、铈、镧、钕、镨、钍；

Ⅳ组：氧化物与氧化镁结构相同的金属：铬、锰、铁、钴、镍、铜、锌、镉；

Ⅴ组：氟、氯、溴、碘；

Ⅵ组：氧、硫、硒、碲；

Ⅶ组：氮、磷、砷、锇、锑、铋；

Ⅷ组：碳、硅、钛、锡；

Ⅸ组：钼、钒、钨、钽；

Ⅹ组：铑、钌、钯、铂、金、铱；

Ⅺ组：汞、铅、银。

由于当时的原子量值不够精确，有的是根据所在族中前后元素原子量的平均值计算得来的，有的属于测定的错误，因此运用这种方法对元素进行分类还不能体现元素性质呈周期性变化的规律性。

## 三、元素周期律的几种论说

在1860年召开的第一次国际化学会议之后，化学家们对原子量的测定更加精确，这为发现元素之间的内在联系创造了条件。

### 1. 尚库尔图瓦的螺旋图

1862年，法国地质学家德·尚库尔图瓦（De Chancourtois，1820—1886）注意到，当元素按原子量排序时，每隔几种元素就会出现相似的性质。他设计了一个三维图，创造性地将当时已知的62种元素按原子量的递增顺序标记在绕着圆柱体上升的螺旋线上，他惊奇地发现具有相似性质的元素都出现在一条垂直线上（如图6-1所示）。于是，尚库尔图瓦提出元素的性质

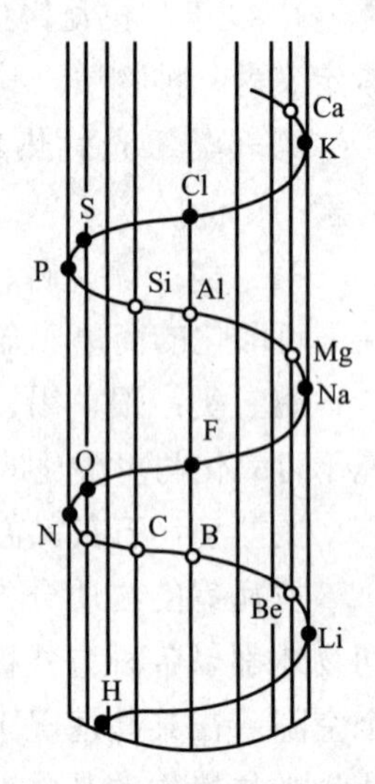

图6-1　尚库尔图瓦的螺旋图

表现出周期性的规律，并在1862年和1863年先后将有关研究报告提交巴黎科学院。然而令人遗憾的是，当时的巴黎科学院并未接纳他的报告。直到1889年他的研究报告才被翻译后出版。

### 2. 纽兰兹的八度律表

1864年8月20日，在《化学新闻》上发表了纽兰兹写给《化学新闻》编辑的信，在这封信中，纽兰兹说：如果这些元素按照它们的当量的顺序排列，称氢为1，锂为2，铍为3，硼为4，……，也就是每种元素都编上一个序号，每种元素也都有一个不同的当量，若两个元素碰巧有相同的当量，就都用相同的序数来表示。我们可以看到，具有连续数字的元素通常要么属于同一组，要么在不同的组中占据相似的位置。同一组元素中序数最低者与其紧邻元素的序数之差为7。换句话说，从同一组元素序数最低者开始计数，第八元素的性质就与这个给定元素的性质相似，就像音乐中八度的第八个音符一样。同一族元素中其他成员之间的序数差异往往是这个数字的两倍。比如，在氮族中，N和P的序数之差为7，P和As之差为14，As和Sb之差为14，Sb和Bi之差也是14。

1865年8月15日，《化学新闻》上发表了纽兰兹写给《化学新闻》编辑的另一封信。在这封信中，纽兰兹不仅给出了他的化学元素表（表6-1），还指出：如果元素按照它们的当量顺序排列，并有一些轻微的调换，可以观察到，属于同一组的元素通常出现在同一水平线上。纽兰兹还建议暂时将这种特殊的关系称为“八度律”（law of octaves）。

1866年，纽兰兹在英国化学学会的一次会议上宣读了一篇题为《八度律和原子量之间数值关系的原因》的论文。当时，有人提出反对意见，理由是这个“八度律”的假定是在没有新元素被发现的情况下得出的结论，如果再发现一种新元素，整个体系就会被推翻。还有一个教授认为这个所谓的“八度律”纯粹是偶然的巧合。因此，化学学会拒绝发表纽兰兹的这篇论文。

表6-1 纽兰兹的八度律表（1865年）

| 元素 | 序数 | 元素 | 序数 | 元素 | 序数 | 元素 | 序数 | 元素 | 序数 | 元素 | 序数 | 元素 | 序数 | 元素 | 序数 |
|---|---|---|---|---|---|---|---|---|---|---|---|---|---|---|---|
| H | 1 | F | 8 | Cl | 15 | Co Ni | 22 | Br | 29 | Pd | 36 | I | 42 | Pt Ir | 50 |
| Li | 2 | Na | 9 | K | 16 | Cu | 23 | Rb | 30 | Ag | 37 | Cs | 44 | Tl | 53 |
| G | 3 | Mg | 10 | Ca | 17 | Zn | 25 | Sr | 31 | Cd | 38 | Ba V | 45 | Pb | 54 |
| Bo | 4 | Al | 11 | Cr | 18 | Y | 24 | Ce La | 33 | U | 40 | Ta | 46 | Th | 56 |
| C | 5 | Si | 12 | Ti | 19 | In | 26 | Zr | 32 | Sn | 39 | W | 47 | Hg | 52 |
| N | 6 | P | 13 | Mn | 20 | As | 27 | Di Mo | 34 | Sb | 41 | Nb | 48 | Bi | 55 |
| O | 7 | S | 14 | Fe | 21 | Se | 28 | Ro Ru | 35 | Te | 43 | Au | 49 | Os | 51 |

注：表中的G代表glucinum，是铍（Be）的另一个名称，Bo指硼（B）。

### 3. 奥德林的原子量和元素符号表

1865年，在纽兰兹的元素八度律出现后的同年晚些时候，奥德林修改了他在1857年基于当量提出的元素表，又提出了原子量和元素符号表（表6-2）。在这个表中，奥德林将49种元素按照原子量的大小顺序排列，并在表中留下9个空位，但他并未对表中的空位作出实质性的说明。由于这个原子量和元素符号表也存在着一些问题，比如他只排列了49种元素，其中有的元素的排列也出现了错误。因此，这个原子量和元素符号表也没能得到认可。

### 4. 迈耶的六组元素表和化学元素周期表

1864年，德国化学家迈耶（L. Meyer）在他编写的《现代化学概论》一书中列出了一个包含28种元素的六组元素表（表6-3）。这个表中，他根据元素的价态将28种元素分为六个组，这也是首次按照元素的价态分组，并参考原子量大小进行排列。可以说，迈耶的六组元素表已经具备了化学元素周期表的雏形。1868年，他发表了《原子体积周期性图解》一文，在图中标明了各元素的原子量与原子体积之间的关系。

表6-2　奥德林原子量和元素符号表（1865年）

| | | | | | | | | | |
|---|---|---|---|---|---|---|---|---|---|
| | | | | | | Mo | 96 | W | 184 |
| | | | | | | — | | Au | 196.5 |
| | | | | | | Pd | 106.5 | Pt | 197 |
| Li | 7 | Na | 23 | — | | Ag | 108 | — | |
| G | 9 | Mg | 24 | Zn | 65 | Cd | 112 | Hg | 200 |
| B | 11 | Al | 27.5 | — | | — | | Tl | 203 |
| C | 12 | Si | 28 | — | | Sn | 118 | Pb | 207 |
| N | 14 | P | 31 | As | 75 | Sb | 122 | Bi | 210 |
| O | 16 | S | 32 | Se | 79.5 | Te | 129 | — | |
| F | 19 | Cl | 35.5 | Br | 80 | I | 127 | — | |
| | | K | 39 | Rb | 85 | Cs | 133 | | |
| | | Ca | 40 | Sr | 87.5 | Ba | 137 | | |
| | | Ti | 48 | Zr | 89.5 | — | | | |
| | | Cr | 52.5 | — | | V | 138 | Th | 231 |
| | | Mn | 55 | — | | — | | | |

表6-3　六组元素表

| 4价 | 3价 | 2价 | 1价 | 1价 | 2价 |
|---|---|---|---|---|---|
| — | — | — | — | Li=7.03 | Be=9.3 |
| C=12.0 | N=14.04 | O=16.0 | F=19.0 | Na=23.05 | Mg=24.0 |
| Si=28.5 | P=31.0 | S=32.07 | Cl=35.46 | K=39.13 | Ca=40.0 |
| — | As=75.0 | Se=78.8 | Br=79.97 | Rb=85.4 | Sr=87.6 |
| Sn=117.6 | Sb=120.6 | Te=128.3 | I=126.8 | Cs=133.0 | Ba=137.1 |
| Pb=207 | Bi=208.0 | — | — | （Tl=204？） | — |

1870年初，迈耶在题为《化学元素的性质是它们原子量的函数》的论文中，介绍了一个包含55种元素的新表（表6-4）。他将元素分为9组，没有放置氢、铒、铀等元素，留下9个空位，并明确指出元素的性质是它们的原子量的函数。为了更好地说明元素的周期性，他以原子体积作为纵坐标，以原子量作为横坐标，描绘一条表示元素的原子体积随原子量变化的曲线，从曲线中发现原子体积随着原子量的增加呈现出周期性，而且电正性最强的元素按原子量的顺序出现在波峰上。

表6-4　迈耶的化学元素周期表（1869年作，1870年发表）

| Ⅰ | Ⅱ | Ⅲ | Ⅳ | Ⅴ | Ⅵ | Ⅶ | Ⅷ | Ⅸ |
|---|---|---|---|---|---|---|---|---|
| | B=11.0 | Al=27.3 | — | — | — | In=113.4 | — | Tl=202.7 |
| | C=11.97 | Si=28 | | — | | Sn=117.8 | — | Pb=206.4 |
| | | | Ti=48 | | Zr=89.7 | | | |
| | N=14.01 | P=30.9 | | As=74.9 | | Sb=112.1 | | Bi=207.5 |
| | | | V=51.2 | | Nb=93.7 | | Ta=182.2 | |
| | O=15.96 | S=31.98 | | Se=78 | | Te=128 | | — |
| | | | Cr=52.4 | | Mo=95.6 | | W=183.5 | |
| | F=19.1 | Cl=35.38 | | Br=79.75 | | J=126.5 | | |
| | | | Mn=54.8 | | Ru=103.5 | | Os=198.7 | |
| | | | Fe=55.9 | | Rb=104.1 | | Ir=196.7 | |
| | | | CoNi=58.6 | | Pd=106.2 | | Pt=196.7 | |
| Li=7.01 | Na=22.99 | K=39.04 | | Rb=85.2 | | Cs=132.7 | | — |
| | | | Cu=63.3 | | Ag=107.6 | | Au=196.2 | |
| Be=9.3 | Mg=23.9 | Ca=39.9 | | Sr=87.0 | | Ba=1367 | | — |
| | | | Zn=64.9 | | Cd=111.6 | | Hg=198.8 | |

## 四、门捷列夫元素周期律的建立

### 1. 门捷列夫元素周期律的发现过程

关于门捷列夫元素周期律的发现过程有几种不同的说法，一种说法是门捷列夫梦中设想的，另一种说法是门捷列夫在乘坐长途火车旅行中，玩带有元素符号和已知元素原子量的“化学纸牌”时偶然发现的。这种把元素周期律的发现看成是随机的、偶然的态度，在科学发现上是不可取的。

1867年，圣彼得堡大学化学教授门捷列夫（Dmitri Mendeleev，1834—1907）着手编写教科书《化学原理》。为了寻求一种合乎逻辑的方法来组织当时已知的63种元素，门捷列夫和他的助手为当时已知的63个元素中的每一种元素创建了一个卡片，卡片上书写元素的符号、原子量及其特有的化学和物理性质。门捷列夫在思考如何编写卤素、碱金属和碱土金属元素的相关内容时，将原子量相近的三组元素排在一起，并按照原子量递增的顺序排列。1869年2月17日，他注意到Cl、K、Ca，Br、Rb、Sr，I、Cs、Ba三组元素排列方式具有相似性。为了将这个排列方式扩展到其他元素，门捷列夫在桌子上按照原子量升序排列这些卡片，并将性质相似的元素分在一组（就像他最喜欢的单人纸牌游戏中的纸牌排列一样），最终他意识到元素的性质与它们的原子量呈周期性的关系。这正如门捷列夫后来所说：“各元素的性质与它们的原子量呈周期性的关系。尽管其中有许多不确定的地方，但我从不怀疑所得出的结论具有普遍性，因为不可能有这样的偶然性。”于是，门捷列夫立即在纸上创立了第一稿元素周期表，并命名为“根据元素的原子量及其化学性质近似性试排的元素表”（见表6-5）。

表6-5 门捷列夫元素周期表（1869年）

| | | | | | |
|---|---|---|---|---|---|
| | | | Ti=50 | Zr=90 | ? =180 |
| | | | V=51 | Nb=94 | Ta=182 |
| | | | Cr=52 | Mo=96 | W=186 |
| | | | Mn=55 | Rh=104.4 | Pt=197.44 |
| | | | Fe=56 | Ru=104.4 | Ir=198 |
| | | | Ni=Co=59 | Pd=106.6 | Os=199 |
| H=1 | | | Cu=63.4 | Ag=108 | Hg=200 |
| | Be=9.4 | Mg=24 | Zn=65.2 | Cd=112 | |
| | B=11 | Al=27.4 | ? =68 | Ur=116 | Au=197 ? |
| | C=12 | Si=28 | ? =70 | Sn=118 | |
| | N=14 | P=31 | As=75 | Sb=122 | Bi=210 ? |
| | O=16 | S=32 | Se=79.4 | Te=128 ? | |
| | F=19 | Cl=35.5 | Br=80 | I=127 | |
| Li=7 | Na=23 | K=39 | Rb=85.4 | Cs=133 | Tl=204 |
| | | Ca=40 | Sr=87.6 | Ba=137 | Pb=207 |
| | | ? =45 | Ce=92 | | |
| | | ? Er=56 | La=94 | | |
| | | ? Yt=66 | Di=95 | | |
| | | In=75.6 | Th=118 ? | | |

从门捷列夫元素周期表中可知，他将63种元素分为6列19行，在原子量跳跃比较大的地方列出了4种没有被发现元素的原子量，并对钍（Th）、碲（Te）、金（Au）、铋（Bi）等元素的原子量值表示怀疑。

1869年，门捷列夫原本要在3月18日（俄历3月6日）的俄国化学学会的会议上报告他的发现，不巧的是他在会议召开前生病了，因此由圣彼得堡大学的尼古拉·门舒特金（Nikolai Menshutkin，1842—1907）在会上宣读题为《元素性质与原子量之间的关系》的报告，其主要内容可以概括为以下几点。

（1）这些元素按原子量的大小排列起来，就呈现出明显的周期性。

（2）化学性质相似的元素要么原子量相似（如Pt、Ir、Os），要么原子量有规律地增加（如K、Rb、Cs）。

（3）元素按其原子量的顺序排列在元素组中，这种排列方式与它们所谓的价相对应，在某种程度上也与它们独特的化学性质相对应。这一点在 Li、Be、B、C、N、O 和 F 的其他系列元素中很明显。

（4）扩散最广泛的元素具有小的原子量。

（5）原子量的大小决定了元素的性质，正如分子的大小决定了化合物的性质一样。

（6）我们必须预料到许多未知元素的发现，例如，两种类似铝和硅的元素，它们的原子量在65到75之间。

（7）一种元素的原子量有时可以通过其相邻元素已经知道的原子量来修正。

（8）元素的某些特性可以从它们的原子量中预测出来。

1869年6月，门捷列夫制作一张原子体积表，并指出单质的原子体积是原子量的周期函数。1870年，门捷列夫在《论盐类氧化物中含氧量及元素的原子价》一文中指出：成盐氧化物中元素的最高原子价也是原子量的周期函数。1870年12月，门捷列夫在俄国化学会的特别会议上宣读了《元素的自然体系及其在预见待发现元素的性质的应用》一文，他强调指出：按照周期系，每一元素按照它所在的族（用罗马字表示）和周期（用阿拉伯数字表示）占有一个固定的位置。元素的族和周期指出原子量的大小、化合物的相似性，表现了元素的数量和质量方面的特性。

1871年，门捷列夫发表了第二张元素周期表（表6-6）。与第一张元素周期表比较，第二张元素表中的主要变化是：一是将原来的竖行（纵向）排列改为横行（横向）排列，将横行定为周期（period），将竖行定为族（gruppo），共有12个周期和8个族；二是每一竖行中都指出了元素可能存在的氢化物和最高价氧化物的化学式通式；三是修改了多种元素的原子量；四是为更多未知元素留出了空位。

表6-6　门捷列夫的第二张元素周期表（1871年）

| 周期 | Ⅰ族 | Ⅱ族 | Ⅲ族 | Ⅳ族 | Ⅴ族 | Ⅵ族 | Ⅶ族 | Ⅷ族 |
|---|---|---|---|---|---|---|---|---|
| | — | — | $RH_5$? | $RH_4$ | $RH_3$ | $RH_2$ | $RH_1$ | — |
| | $R_2O$ | RO | $R_2O_3$ | $RO_2$ | $R_2O_5$ | $RO_3$ | $R_2O_7$ | $RO_4$ 或 $R_2O_8$ |
| 1 | H=1 | — | — | — | — | — | — | — |
| 2 | Li=7 | Be=9.4 | B=11 | C=12 | N=14 | O=16 | F=19 | |
| 3 | Na=23 | Mg=24 | Al=27.3 | Si=28 | P=30 | S=32 | Cl=35.5 | |
| 4 | K=39 | Ca=40 | =44 | Ti=50？ | V=51 | Cr=52 | Mn=56 | Fe=56 Co=59<br>Ni=59 Cu=63 |
| 5 | （Cu=63） | Zn=65 | =68 | =72 | As=75 | Se=78 | Br=80 | |
| 6 | Rb=85 | Sr=87 | Yt=88？ | Zr=90 | Nb=94 | Mo=96 | =100 | Ru=104 Rh=104<br>Pd=104 Ag=108 |
| 7 | （Ag=108） | Cd=112 | In=113 | Sn=118 | Sb=122 | Te=128 | I=127 | |
| 8 | Cs=133 | Ba=137 | =137 | Ce=138 | — | — | — | |
| 9 | — | — | — | — | — | — | — | |
| 10 | — | — | — | — | Ta=182 | W=184 | — | Os=199 Ir=198<br>Pt=197 Au=197 |
| 11 | （Au=197） | Hg=200 | Tl=204 | Pb=207 | Bi=208 | | — | |
| 12 | | | | Th=232 | | Ur=240 | — | |

1871年6月，门捷列夫在《化学元素的周期规律性》一文中首次提出元素周期律的概念："各元素的性质以及由元素构成的简单物质和复杂物质的性质，都随各元素的原子量变化呈周期性的关系。"

### 2. 门捷列夫的原子量修正和新元素预见的证实

（1）原子量修正被证实　门捷列夫提出，元素的原子量有时可以通过其相邻元素已知的原子量对其进行修正。门捷列夫首先修正的是铍（Be）的原子量，当时人们以为铍是三价的，因此铍的原子量被确定为14。而门捷列夫在排列第一张元素周期表时，把铍看作是二价的，并将它的原子量从14修改为9.4。这样一来就可以把铍放到硼的前面，而且还能够让铍与性质相近的镁处在同一族。后来，捷克斯洛伐克化学家布劳纳（B. Brauner，1855—1935）证明了铍的化合物中铍元素的价态是二价而不是三价的，其他化学家通过测定铍的热容和测定氯化铍的蒸气密度，证实门捷列夫根据元素周期律对铍原子量的修正是正确的。

门捷列夫又修正了铟（In）的原子量。当时已知铟的当量是37.8，门捷列夫根据铟与锌共存的性质，把铟看作是二价元素，在1869年第一张元素周期表中将铟的原子量确定为75.6。按照原子量的这个数值应该将铟排在砷（As）与锡（Sn）之间，但按二价元素又排不进去，于是，他只能将铟排在最下面一行。后来，门捷列夫根据氧化铟与氧化铝相似，便把铟看作三价元素，铟的原子量为：37.8×3=113.4。于是，门捷列夫在1871年第二张元素周期表中把铟排在第Ⅲ族，原子量为113，位于镉（Cd）和锡（Sn）之间。后来，用原子热容法测得铟的原子量为114.3。

门捷列夫还修正了铈（Ce）的原子量。在1869年第一张元素周期表中，铈（Ce）的原子量为92，而在1871年第二张元素周期表中就把铈的原子量调整为140，后来布劳纳测出铈的原子量为140.25。

在1869年第一张元素周期表中，铀（Ur）的原子量为116，并把它当作三价元素。门捷列夫根据铀的氧化物与铬、钼、钨的氧化物性质相似，判定铀是六价元素，于是他在1871年第二张元素周期表中把铀（U）的原子量修正为240。这一数值与现代所测定的数值238.07很接近。

另外，门捷列夫在1869年第一张元素周期表中对碲（Te）的原子量表示怀疑，因为已经确定碲（Te）应排在锑（Sb）和碘（I）之间，按照元素周期律推算碲的原子量应介于锑的原子量122和碘的原子量127之间。而门捷列夫认为碲的原子量必须在123到126之间，而不能是128，于是，他在1871年第二张元素周期表中把碲的原子量从128改为125。然而出乎预料的是，这一次门捷列夫对碲原子量的修改却是错误的，因为现在我们知道碲和碘的原子量分别为127.6和126.9。

（2）预见的新元素被证实　门捷列夫在1869年第一张元素周期表中预见了原子量为45、68、70和180的四种未知元素，而在1871年第二张元素周期表中又将四种未知元素的原子量修改为44、68、72和100。特别是对于原子量为68和72的两种未知元素的描述更加具体，即两种类似铝和硅的元素，它们的原子量在65到75之间。

1875年，法国化学家莱科克·德·布瓦波德朗（Lecoq de Boisbaudran，1838—1912）发现了镓元素。他从1874年开始，研究了从比利牛斯山（Pyrenees）的矿中获得的52千克闪锌矿样本，从中提取了几毫克的氯化镓。他利用光谱学方法，观察到样品光谱中似乎有两条未曾报道的谱线，波长分别为4170埃和4031埃。1877年，他通过电解溶解在氢氧化钾溶液中的金属溶液，分离出了1克多接近纯的金属。布瓦波德朗将这个发现命名为“gallia”，来源于拉丁语的“Gallia”，即元素镓（Ga），当时测定的原子量为69.86，即为门捷列夫预测的原子量为68的“类铝”元素。由于密度上的差异，布瓦波德朗最初持怀疑态度，他在接受门捷列夫的建议再次对镓的密度进行测量后，最终承认了预测的正确性。

1879年，瑞典化学家尼尔逊（L. F. Nilson，1840—1899）发现了元素钪（Sc），原子量为44.1，即为门捷列夫预测的原子量为44的“类硼”元素。

1886年，德国人文克勒（C. A. Winklez，1838—1904）发现了元素锗（Ge），当时测出的原子量是72.32，即为门捷列夫预测的原子量为72的“类硅”元素。

原子量修正被证实，预言的未知元素被发现，实践证明了门捷列夫提出的元素周期律的正确性，这也有助于门捷列夫元素周期表的广泛传播，并在全世界的科学家中引起强烈的反响。至1890年，门捷列夫的元素周期表已被普遍认为是基本的化学知识。

3. 元素周期律发现的意义

（1）元素周期律的建立，把化学研究从过去对无数的零碎事实进行无规律的罗列中摆脱出来，将各种元素纳入一个完整的体系中，奠定了现代无机化学的基础。

（2）元素周期律的确立，把来自实践的知识经过科学的抽象形成了理论，对元素的发现具有预见性。

（3）元素周期律揭示了物质内部本质的联系，表明元素性质发展变化的过程是从量变到质变的过程。

（4）元素周期律的辩证内容证实和丰富了辩证唯物主义的基本结论。

恩格斯曾高度评价元素周期律的发现：“门捷列夫不自觉地利用黑格尔的量转化为质的规律，完成了科学史上的一项勋业。这个勋业可以与勒维烈计算尚未知道的行星海王星轨道的勋业居于同等地位。”

**阅读材料**

## 元素周期律发现的优先权争议

德国化学家迈耶（L. Meyer）与俄国化学家门捷列夫各自独立完成了元素周期表的创立，发现了元素周期律。门捷列夫创建周期表的最初目的是帮助他编写教科书《化学基础》，而迈耶则更关心理论的呈现。

1869年，门捷列夫的第一张元素周期表发表后，迈耶于1870年初发表了一张包含55种元素的周期表。其实，迈耶的这张周期表创作于1869年10月，他自己认为这张新表与门捷列夫的周期系统是等同的。

1873年，纽兰兹试图证明自己是周期律的发现者，他要求英国化学学会发表一篇关于他1866年的报告的记录。学会会长奥德林解释说，纽兰兹先生在1866年关于这个问题的论文之所以没有被学会发表，是因为他们规定不发表纯理论性的论文。

1880年，迈耶在《论周期律的原子论》一文中说：“我没有足够的勇气能够像门捷列夫那样深信不疑地作出预言。”在这篇文章中，迈耶承认以下四条是门捷列夫在他之前发表的：①将元素按照原子量大小顺序排列，元素的性质呈现周期性的变化；②原子量决定元素的性质；③某些元素的原子量需要加以修订；④应该存在一些尚未发现的元素。

1881年，门捷列夫发表在英国《化学新闻》杂志上的一篇文章中提到，他与迈耶就元素周期表发明的优先权进行了通信辩论。迈耶承认门捷列夫的优先权。

1882年，英国皇家学会将戴维奖章授予门捷列夫和迈耶，以表彰他们对发现元素周期律的贡献。

后来，纽兰兹继续主张他在元素周期律发现问题上的优先权，并于1884年出版了一本小册子，其中收集了他在这个问题上的研究成果。这本小册子的一位评论家认为，纽兰兹值得称赞的是提出了“元素之间的周期性概念”。最终，纽兰兹在元素周期律发现上的工作被认可，并于1887年也获得了戴维奖章。

# 第二节　近代有机化学的诞生与发展

人类对有机物质的利用可以追溯至古代时期。“有机化学”这一名词是在1806年由贝采里乌斯首先在他的教科书中提出的。近代有机化学经历了早期的萌芽时期和经典有机化学时期。

从18世纪初对有机化合物的提取和分离到19世纪中叶有机化学理论的类型理论的形成，中间经历了有机元素的分析、有机合成的发展、活力论的破灭、早期有机化学理论的基团学说和取代学说的建立，历时一个半世纪的这一段时期为有机化学的萌芽时期。

从1858年价键学说的建立，到1916年价键的电子理论的引入，中间经历了苯结构学说的演变、原子联结理论的形成和化学结构学说的创立，这一时期是经典有机化学时期。

## 一、有机化合物的提取、分离与分析

### 1. 有机化合物的提取与分离

早期的有机物是从植物与动物有机体中提纯出来的，例如古代酿造、造纸、染色、制糖等过程中都可以分离出一些有机物。中国古代劳动人民很早就掌握了酿酒与酿醋的生产技术，之后又掌握了蒸馏技术，制取了蒸馏酒。15世纪炼金术士用蒸馏法分离出醋酸和酒精。16世纪，欧洲人通过蒸馏蚂蚁制取了乙酸，通过蒸馏酒精与硫酸的混合物得到乙醚，阿格里科拉蒸馏琥珀得到琥珀酸。17世纪，人们从安息香树胶中分离出苯甲酸。

1727年，荷兰的布尔哈夫（H. Boerhaave，1668—1738）首次从尿液中发现了尿素。1773年，法国的鲁埃尔（H. Rouelle，1718—1799）采用先蒸发，再用酒精连续过滤，并用浓硝酸处理的方法从人类尿液中提取了尿素的晶体。1799年，弗朗索瓦（A. F. François）和沃奎林（L. N. Vauquelin，1763—1829）提出“尿素”术语。从1769年至1785年，舍勒从酿酒副产物的酒石中分离出了酒石酸，从柠檬中分离出柠檬酸，从苹果中分离出苹果酸，从酸牛乳中分离出乳酸，从尿中分离出尿酸，从五倍子中分离出没食子酸。

1780年，瑞典化学家贝格曼（T. O. Bergman，1735—1784）第一次提出“有机物”这个词，他把物质分为无机物、有机物和介于二者之间的复杂化合物。当时人们得到的有机物几乎全部来自有生命的动植物体内，而许多无机物则可从单质或其他化合物经化学反应而制取。这无形中就在无机物和有机物之间出现了一道似乎不可逾越的鸿沟。

### 2. 早期的有机元素分析

1781年，拉瓦锡将燃烧理论用在有机化合物的分析上。他将有机化合物完全燃烧，用钾碱溶液吸收生成的气体。拉瓦锡发现很多有机物燃烧后都生成二氧化碳和水。

1810年，法国的盖-吕萨克改进了分析方法，他将有机化合物与氯酸钾混合干燥后，在热管中加强热使其燃烧，然后测量生成气体的体积来计算元素的含量。他得到蔗糖中碳、氢、氧的含量分别为41.36%、6.39%和51.14%。

1814年，贝采里乌斯进一步改进分析方法，他在氯酸钾和有机物的混合物中加入食盐以减缓反应，防止发生爆炸。他用钾碱溶液吸收二氧化碳，用氯化钙吸收生成的水，这样可以直接称量生成的二氧化碳和水。贝采里乌斯对一系列有机酸进行了分析，并写出了这些酸的化学式，如：柠檬酸（H+C+O）、酒石酸（5H+4C+5O）、琥珀酸（4H+4C+3O）、醋酸（6H+4C+3O）。1830年，他分析了葡萄糖，发现它与酒石酸的组成相同，发现了同分异构现象。

### 3. 有机元素分析方法的确立

将有机元素分析发展为精确的定量分析技术是德国化学家李比希完成的。1830年，李比希发明了测定有机物碳、氢和氧含量的仪器。它是由五个玻璃泡组成的阵列，称为“Kaliapparat”，如图6-2所示。它有A、B两个端口，在进行测试时，将A端口与装有氯化钙的∪形管连接，∪形管的另一端与硬质玻璃管连接。将样品放入装有氧化铜的硬质玻璃管中，加热使其燃烧。燃烧产物先通过装有氯化钙的∪形管，吸收生成的水蒸气，二氧化碳被下面三个球泡中的苛性钾浓溶液吸收。分别对每个吸收管称重，就可以算出有机物中碳、氢的含量。对于任何只由碳、氢和氧组成的物质，氧的含量由100%减去碳、氢的百分比得到。李比希对许多有机化合物进行了分析，得到了准确的结果，从而奠定了有机分析的基础。

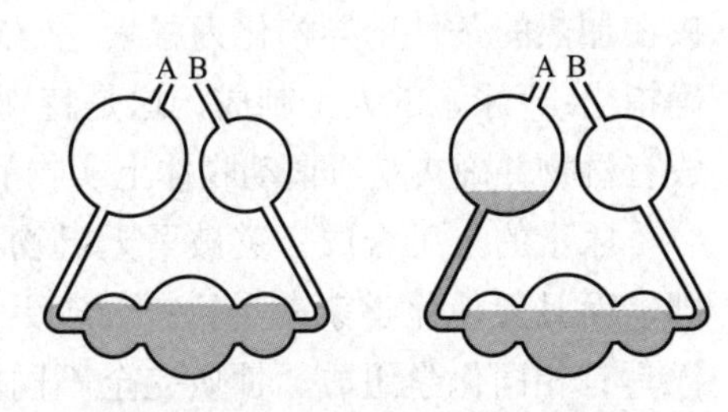

图6-2 李比希的 Kaliapparat 示意图

1830年，法国化学家杜马创立了定量测定有机物中氮含量的方法，扩大了有机元素分析的范围。他采用的方法是用氧化铜把有机物氧化，将样品中的氮和碳元素分别转变为氮气和二氧化碳，二氧化碳被吸收后，剩下的氮气的体积可以直接测出。

1833年，丹麦化学家凯达尔（J. Kjeldahl，1849—1900）创立了以容量法为基础的定氮新方法，并以他的名字命名为凯氏定氮法。他先让有机化合物与硫酸一起消化生成铵盐，然后让铵盐与碱液反应生成氨，蒸馏出的氨被盐酸或硫酸的标准溶液吸收，再用苛性钠溶液返滴定，间接测定氮含量。在19世纪80年代，凯氏定氮法中使用硫酸钾来提高酸的沸点，并使用汞作为催化剂来加速分解，用过量的硼酸溶液吸收释放的氨，用盐酸溶液进行滴定。

奥地利化学家普雷格尔（F. Pregl，1869—1930）改进了用于元素分析的燃烧技术，将分析过程所需物质的最小量降为原来的五十分之一，创造了微量分析。他因在定量有机微量分析方面的重要贡献而获得1923年诺贝尔化学奖。

## 二、生命力论的破灭与科学有机化学概念的形成

### 1. 生命力论的提出

18世纪末和19世纪初，在生物学界产生并流行着一种“生命力论”或“活力论（vitalism）”，即动植物有机体具有一种神秘的生命力（或活力），动植物依靠这种生命力才能生存。这种“生命力论”直接影响并流行到有机化学领域。德国化学家葛伦（F. A. C. Gren，1760—1798）认为有机物都是从相似本源形成的，这种相似本源只存在于动植物体内，而不能人工制取。贝采里乌斯也是“生命力论”的支持者。当时，化学家们普遍认为，从活的有机体中获得的有机物具有生命力。一些活力论者坚持认为有机物只能在动植物有机体内产生，在实验室内只能合成无机物，而不能合成出有机物，特别是不能从无机物合成有机物。

因为相信“生命力论”的这种观点，一些化学家主动放弃了有机化合物的实验室合成，从而减缓了有机合成前进的步伐，也在一定程度上阻碍了有机化学的发展。

### 2. 尿素的人工合成对生命力论的冲击

1828年，维勒（Friedrich Wöhler）在《论尿素的人工制成》一文中介绍了人工合成尿素的方法。他指出：“这种白色结晶物，最好是用氯化铵溶液分解氰酸银或者以氨水分解氰酸铅的方法来获得。”并指出由无机物合成的这个白色结晶物质，不是无机物氰酸铵而是有机物尿素。其实，维勒所说的这两种方法的反应原理均是先生成氰酸铵（$NH_4OCN$），氰酸铵在加热的条件下异构化为尿素［$CO(NH_2)_2$］，这个方法现在被称为维勒合成。维勒还明确指出：“尿素的人工制成，这是特别值得注意的事实，因为它提供了一个从无机物人工制成有机物并确实是所谓动物体上实物的例证。”

尿素的人工合成，突破了无机物和有机物之间的界限，不仅动摇了“生命力论”的基础，而且促使化学家在实验室合成更多的有机物，同时促进化学家们对像尿素与氰酸铵这样具有相同化学组成、性质完全不同的物质的研究，发现了同分异构现象，从而推动了有机化合物结构理论的发展。

### 3. 生命力论的彻底破灭

在人工合成尿素之前（大约1816年），法国化学家舍夫勒尔（M. Chevreul，1786—1889）开始研究用各种脂肪与碱反应制肥皂。他不仅用酸和碱制成了肥皂，而且阐明了肥皂的本质，从而证明了在各种脂肪中发生化学变化并产生新的化合物是可能的，而不需要所谓的“生命力”。

1838年，李比希断言：“所有有机物质的生产不再仅仅属于活的有机体。我们不仅有可能，而且肯定能够在我们的实验室里制造出它们。糖、水杨酸和吗啡将被人工制造。当然，我们还不知道如何做到这一点，因为我们还不知道这些化合物产生的前体，但我们会了解它们的。”

虽然“生命力论”因尿素的人工合成受到致命的打击，但它并没有立即破灭。有些人认为尿素只是动物排泄下来的低贱之物，是介于有机化合物和无机化合物之间的，不能认为是真正的有机化合物，想用无机物合成真正的有机物在原则上是不可能的。

德国化学家柯尔贝（H. Kolbe，1818—1884）则提出了这样一种观点，即有机化合物可以直接或间接地通过替代过程从明显来自“有机”环境之外的物质中提取出来。1845年，柯尔贝利用木炭与硫黄反应得到二硫化碳，二硫化碳与氯气反应得到四氯化碳，四氯化碳加热得到的产物进一步水解得三氯乙酸，用氢气还原三氯乙酸得到醋酸（$CH_3COOH$）。继人工合成尿素之后，又一次通过无机物合成有机物。随后，人们又用无机物人工合成了葡萄酸、柠檬酸、琥珀酸、苹果酸等一系列有机酸。

在柯尔贝、弗兰克兰和武兹等人的共同努力下，合成了很多的石蜡烃；经过威廉逊（A. W. Williamson，1824—1904）、弗兰克兰和武兹等人的先后工作，实现了系列醇和脂肪酸的合成；1854年，法国化学家贝特洛（M. Berthelot，1827—1907）人工合成了油脂。1856年，他用二氧化硫蒸气与硫化氢混合物制成甲烷和乙烯。1861年，俄国的布特列洛夫（A. M. Butlerov，1828—1886）用多聚甲醛与石灰水作用首次合成了糖类物质。随着人们利用无机物陆续合成了许多天然有机物，对“生命力论”造成进一步冲击，促使了“生命力论”的消亡。

19世纪下半叶，有机合成进一步发展，化学家们以来自煤焦油中的苯、萘、蒽、甲苯、苯胺等芳香族化合物为原料，合成了染料、香料、药品、炸药等有机化合物。

1862年，维勒制备了碳化钙，碳化钙与水反应制得乙炔。贝特洛成功地实现了从单质碳和氢合成乙炔，几年后他又实现了由乙炔聚合成苯。1881年，俄国化学家库切洛夫（Kucherov，1850—1911）在汞盐和硫酸存在的条件下，实现了乙炔水合成乙醛的反应，使乙炔成为合成醋酸的主要原料。至1888年，乙炔成为有机合成的基础原料。由于工业上的乙炔是由电石（碳化钙）制得的，而焦炭是制备电石的原料之一。因此，19世纪下半叶煤成为合成有机物的原料之一。

至此，人们不但能合成天然有机物，甚至还能合成出天然不存在的有机物。于是，“生命力”论遭到彻底破灭，同时也促进了结构理论的发展。

正如恩格斯在《自然辩证法》中所说：“由于用无机的方法制造出过去一直只能在活的有机体中产生的化合物，它就证明了化学定律对有机物和无机物是同样适用的，而且把康德（Immanuel Kant，1724—1804）认为是无机物和有机物之间的永远不可逾越的鸿沟大部分填了起来。”恩格斯进一步指出：“现在只剩下一件事情还得去做：说明生命是怎么样从无机界中发生的，在科学发展的现阶段上，这就是要从无机物中制造出蛋白质来，化学正日益接近这个任务。虽然它距离这一点还很远，但是，如果我们想一想，维勒在1824年才从无机物合成第一种有机物——尿素，而现在已经用人工的方法，不用任何有机物就能制成无数的有机化合物，那么，我们就不会让化学在蛋白质这一难关面前停步不前。”

#### 4. 科学“有机化学”概念的提出

1806年，贝采里乌斯首先在他的教科书中提出“有机化学”这一名词。他给有机化学的定义是：植物物质和动物物质的化学，或是在生命力影响下所制成的物质的化学，以及那些可用化学变化从动植物制得的物质的化学。贝采里乌斯关于有机化学的定义被概括为

"关于生命体中物质的化学"。

19世纪中叶，欧洲的化学家们一致认为有机化合物是含碳的化合物。1848年，德国化学家格梅林（L. Gmelin，1788—1853）把有机化合物定义为"碳的化合物"。法国化学家罗朗（A. Laurent，1808—1853）撰写的《化学方法》在他去世后一年出版，他在书中提出有机物是含碳的物质，甚至将大理石、二氧化碳、二硫化碳等归入有机物。1859年，凯库勒把有机化学定义为"碳化合物的化学"。

1874年，德国的肖莱马（C. Schorlemmer，1834—1892）在《碳化合物化学手册或有机化学》中将有机化学定义为"烃及其衍生物的化学"。这个定义就把二氧化碳等含碳的无机化合物排除在有机化合物之外。"有机物就是碳氢化合物及其衍生物，有机化学就是研究碳氢化合物及其衍生物的化学。"肖莱马对有机化合物和有机化学的定义被认为是当时最为准确的。

## 三、早期的有机化学理论

### 1. 基团理论

1789年，拉瓦锡最早使用了"基"的概念，他认为无机化合物是单基与氧化合，而有机化合物是碳与氢的复基与氧结合。19世纪初期，贝采里乌斯提出的电化二元论解释了许多无机化合物，并推广到有机化合物中，他还运用了拉瓦锡关于"基"的概念。

1815年，盖-吕萨克在对氰及氰化物的研究中，发展了"基团"的概念。他指出氰基（—CN）实际上是一个整体，虽然也是化合物，但与氢和金属结合时，起的是单质的作用。这在一定程度上反映出现代基团概念的意义。

1828年，杜马认为可以把乙醇及其衍生物看作是含有乙烯基团的化合物，例如：乙醇的化学式为$C_2H_4·H_2O$，乙醚的化学式为$(C_2H_4)_2·H_2O$，氯乙烷的化学式为$C_2H_4·HCl$。1832年，贝采里乌斯提议将这个基团命名为以太林（etherin）基团。这是第一个具体的复基。

1832年，李比希与维勒在《关于安息香酸基的研究》的研究报告中指出，苦杏仁酸、安息香酸、安息香酰氯及它们的许多衍生物中，存在着一个共同的基——安息香酸基，即苯甲酰基（$C_6H_5CO$—）。

1833年，爱尔兰的卡英（R. J. Kane，1809—1890）提出乙基说，把乙醇、乙醚看作是乙基（—$C_2H_5$）的化合物。

1838年，李比希与杜马在《有机化学现状》一文中提出，有机化合物是由基团组成的，这类稳定的基是构成有机化合物的单元。李比希把基定义为：基是化合物中经一系列变化仍保持不变的部分，基可被其他简单物质取代，基与某简单物结合后，这一简单物可被当量的其他简单物取代。

基团理论得到了德国化学家罗伯特·本生的支持，他从1837年开始研究有机砷化合物，真正离析出二甲胂基自由基。

基团理论作为解释有机化合物性质和有机化学反应的第一个理论，反映出当时人们对有机物结构的系列性特点的认识。但对一些反应中有些基团中的原子可被其他原子取代的问题，就无法用基团理论进行合理的解释。

### 2. 取代学说

1821年，法拉第（M. Faraday，1791—1867）指出，荷兰油（$C_2H_4Cl_2$）在氯的连续作用

下变成了六氯化二碳（$C_2Cl_6$），表明氢原子被氯取代。1832年，维勒和李比希发现氯与苯甲醛（$C_7H_6O$）反应生成了苯甲酰氯（$C_7H_5ClO$），他们认为是氢被氯取代了。这就与基团理论有了冲突，因为按照基团理论的观点，基在化学反应中保持不变。

1834年，杜马发现在太阳光的作用下，氯与乙酸作用生成一种新的酸，他将其命名为氯乙酸。他认为乙酸中正电性的氢可被负电性的氯所取代，而产物的性质没有多大的改变。于是，杜马提出了取代学说：含氢有机化合物在经受氯、溴、碘或氧的作用后，失去一个氢原子必然要得到一个氯、溴、碘原子或半个氧原子。

在取代学说提出的初期，遭受到像贝采里乌斯、李比希和维勒等有影响人物的强烈反对，最先对取代学说表示支持的是杜马的学生罗朗。罗朗进一步修正和发展了取代学说，他提出：用其他元素取代有机物中的氢元素后，可以得到与原始物质性质相似的新物质。也就是说有机物是一个整体，当部分被其他元素取代时，其性质大致不变。这个观点后来被称为“一元论”。罗朗还指出，在许多情况下，增加的氯或氧原子的数量，比减少的氢原子数量可能多一些或少一些。罗朗在这个问题上与杜马产生了分歧。

贝采里乌斯认为，取代学说主张电负性的氯取代了电正性的氢，却没有发生根本性质的变化，是违背电化二元论的。因此，一元论提出后，遭到贝采里乌斯的激烈反对，并错把罗朗的观点当成是他老师杜马的观点。这时，杜马立即解释说罗朗的观点与他无关。

虽然遭受到化学界权威和老师的反对，但是罗朗仍然坚持自己的观点，表示服从真理但不屈服权威，并不断地积累实验资料，不断充实完善自己的论点。

1836年，罗朗提出“核”理论，认为每一种有机化合物都有一个核心，把有机化合物看成是某些烃或初始基的衍生物。他把这些烃或初始基称为基本核，基本核中的氢被其他元素或基团取代后形成衍生核。罗朗的“核”理论后来成为有机化合物分类的基础。但遗憾的是这个“核”理论直到1854年罗朗去世后才发表出来。

1939年，杜马发现乙酸与氯代乙酸性质十分相似，这使杜马的态度发生根本转变，接受了罗朗的观点，转而猛烈地批评电化二元论。杜马指出：“贝采里乌斯先生认为乙酸和氯乙酸有很大的不同，因为它们的密度、沸点和气味等都不一样。贝采里乌斯先生提出的反对意见根本不适用于我实际上想表达的观点。”杜马用一个反应实例证明自己的观点：用任何碱处理氯乙酸，都发生了一个非常显著的反应。氯乙酸被转化成两种新的物质，即与碱结合的碳酸和释放出来的氯仿。因此，杜马确信醋酸也会产生类似的反应，醋酸在过量碱的作用下，会变成碳酸和一种碳氢化合物。经过多次实验，杜马验证了这个反应。一元论终于战胜了二元论。

### 3. 类型理论

（1）早期的类型思想　1839年杜马在取代学说的基础上提出了类型论，他认为有机化学中存在着某些类型，即使它们所含的氢被当量的氯、溴、碘所置换，这些类型式仍然保持不变。他把类型分为化学类型与机械类型。化学类型是指不仅化学式相似，而且性质也相似的有机化合物，例如乙酸（$CH_3COOH$）与三氯乙酸（$CCl_3COOH$）；机械类型是指化学式相似，而性质差别较大的一类化合物，如乙酸（$CH_3COOH$）与乙醇（$CH_3CH_2OH$）。

1839年，热拉尔提出残基理论。他注意到苯与硝酸、苯酰氯与氨、苯酰胺与氢氧化钾反应中，除了各自生成一种新的有机化合物之外，还分别生成了$H_2O$、HCl和$NH_3$这样的简单分子。于是，他认为每一种化合物都有两部分，当发生化学反应时，每一分子都消去一部分结合成简单物质，余下的残基结合成新的有机化合物。例如：$C_6H_5H + HO·NO_2 = C_6H_5NO_2 + H_2O$。

1843年，热拉尔提出同系列概念，即有机化合物存在着多个系列，每一个系列都有自己的代数组成式，在同一系列中，两个化合物分子式之差为$CH_2$或$CH_2$的倍数。他指出同系列中各种化合物的化学性质相似，各化合物的物理性质有规律地变化。

（2）新的类型理论　1848年，冯·霍夫曼为了让化学家们相信有机碱可以用氨的衍生物来描述，他成功地将氨转化为乙胺、二乙胺、三乙胺和四乙胺的化合物，为氨型化合物奠定了理论基础。

$$\left.\begin{array}{r}H\\H\\H\end{array}\right\}N \qquad \left.\begin{array}{r}C_2H_5\\H\\H\end{array}\right\}N \qquad \left.\begin{array}{r}C_2H_5\\C_2H_5\\H\end{array}\right\}N$$

氨　　乙胺　　二乙胺

1850年，英国的威廉逊将醇、醚等化合物与水的组成形式进行类比，提出水型化合物。

$$\left.\begin{array}{r}H\\H\end{array}\right\}O \qquad \left.\begin{array}{r}CH_3\\H\end{array}\right\}O \qquad \left.\begin{array}{r}C_2H_5\\H\end{array}\right\}O \qquad \left.\begin{array}{r}CH_3\\C_2H_5\end{array}\right\}O \qquad \left.\begin{array}{r}C_2H_5\\C_2H_5\end{array}\right\}O$$

水　　甲醇　　乙醇　　甲乙醚　　乙醚

1852年，热拉尔提出氢型和氯化氢型化合物。1856年，他在《有机化学导论》中把各种有机化合物进行归类，形成了一个比较系统的分类体系。

氢型：包括碳氢化合物、醛、酮和金属有机化合物等；

氯化氢型：包括有机氯化物、溴化物、碘化物、氰化物和氟化物等；

水型：包括醇、醚、酸、酸酐、酯和硫化物等；

氨型：包括胺、酰胺、亚酰胺、胂、膦等。

1857年，凯库勒又补充了沼气型化合物。1865年，冯·霍夫曼撰写的《现代化学导论》出版了，书中总结了氢型、氯化氢型、水型和氨型四种类型的新观点。

这样，冯·霍夫曼、威廉逊、热拉尔、凯库勒等人提出的新类型理论使有机化合物初步系统化。这种分类接近于现代的按官能团分类。另外，把有机化合物看成是氢、氯化氢、水、氨4种简单无机化合物的衍生物，也有助于找出无机化合物与有机化合物间的联系和区别，从而使人们更好地认识有机化合物。

## 四、经典有机结构理论的建立

### 1. 碳四价和碳链学说

1857年，凯库勒提出碳四价学说，并提出原子联结理论，即碳原子间可以联结成链状的学说。他指出两个碳原子之间联结的最简单情况是1个碳原子的1个单位亲和力和另一个碳原子1单位亲和力结合，从而形成碳链。

1858年，化学家库珀（A. S. Couper，1831—1892）在《论一个新的化学理论》一文中也提出了碳四价和碳原子之间可以相连成链的学说。他在分子结构式中用“…”表示原子之间的亲和力（见图6-3）。由于库珀的这篇论文是用法语写的，本来是委托武兹提交给法国科学院的，由于被武兹耽搁了一段时间，使得库珀的这篇论文发表晚于凯库勒发表的关于碳四价学说的论文，也就未能获得发现碳原子联结理论的优先权。

1859年，凯库勒提出一种新的图式来表示化合物分子。他用圆圈或“哑铃”表示原子，这种图式被称为“香肠式”（见图6-4）。1861年，洛施密特（J. Loschmidt，1821—1863）提出用圆圈表示原子，不同的原子用大小不同的圆圈表示（见图6-5）。1864年，迈耶用直线、弧线和括号来表示化学键（见图6-6）。1864年，苏格兰有机化学家亚历山大·克拉姆·布朗（Alexander Crum Brown，1838—1922）提出乙烯的结构式（见图6-7）。后来，德国化学家艾伦迈耶（E. Erlenmeyer，1825—1909）和英国化学家弗兰克兰去掉了式中的圆圈，成为简明的分子表达式。

图6-3　库珀的丙醇结构式　　图6-4　凯库勒的乙醇结构式

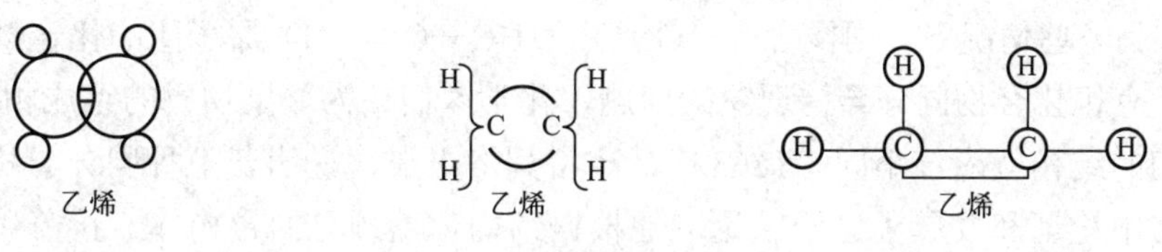


图6-5　洛施密特的结构式　　图6-6　迈耶的结构式　　图6-7　布朗的结构式

凯库勒和库珀提出的碳四价和碳链学说奠定了有机化合物结构理论的基础。正是碳四价学说的建立，才使人们真正开始认识有机化合物中原子间的结合方式。碳链构成的骨架结构是有机化合物的基础，从而使得热拉尔发现的同系列现象得到解释。

### 2. 化学结构学说

1860年前后，人们区别了原子和分子两种概念，产生了测定原子量和分子量的各种方法，建立了化合价和化学键理论，提出了四价碳原子形成链状化合物学说。在这样的前提条件下，化学结构概念的产生是历史的必然。

1861年，俄国的有机化学家布特列洛夫（A. M. Butlerov）在第36届自然科学家和医生代表大会上，作了题为《论物质的化学结构》的报告，首次提出“化学结构”这个术语。他认为分子绝不是原子的简单堆积，而是原子按一定顺序的化学结合，化学原子依靠亲和力结合形成物质分子，这种化学关系，或者说在所组成的化合物中各原子间的相互连接，可用“化学结构”这个词来表示。他认为有机化合物的化学性质与其结构之间存在着一定的关系。一方面依据分子的化学结构可以推测出它的化学性质；另一方面也可以依据其性质及化学反应而推测分子的化学结构。布特列洛夫对结构与性质有密切关系的观点推动了有机结构理论的发展。

虽然弗兰克兰、凯库勒、库珀、布特列洛夫等对有机结构理论的发展作出了贡献，但是初期的有机结构理论仍然残留着类型论的影子。他们甚至错误地认为乙烷有两种异构体，一种是“二甲基”（$CH_3—CH_3$），另一种是“氢化乙基”（$C_2H_5—H$）。布特列洛夫还用碳的四个价键不等同来解释这两种异构体。因此，关于碳四价的等同性与否以及化合物的异构现象问题，就成为有机结构理论在朝着正确方向发展过程中所必须解决的问题。

### 3. 异构现象与化学结构学说

1864年，德国有机化学家肖莱马在《论二甲基和氢化乙基的同一性》一文中明确地指出二甲基和氢化乙基不是同分异构体，而是同一种有机物，即乙烷（$C_2H_6$）。他预测丙醇应有两个异构体，后来实验合成了正丙醇。肖莱马认为4个及以上碳原子烷烃有异构体存在，为有机结构理论的确立扫清了障碍。1868年，肖莱马通过实验证明了碳原子的四个化合价是等同的。因此，肖莱马为有机结构理论的建立做出重要贡献。恩格斯对肖莱马给予了很高的评价：“……我们现在关于脂肪烃所知道的一切，主要应该归功于肖莱马。他研究了已知的属于脂肪烃类的物质，把它们一一加以分离，其中的许多脂肪烃都是由他第一次提纯的；另一些从理论上说应当存在，而实际上还没有为人所知的脂肪烃，也是他发现和制得的。这样一来，他就成了现代有机化学的奠基人之一。”

1862年，布特列洛夫提出可能存在的可逆异构化现象，从而把异构现象与平衡原理结合起来。他还指出氰酸在某些情况下的反应像含有“CO”（如$HN{=}C{=}O$）原子团的化合物，而在另一些情况下，则像含有“CN”（如$HO—C{\equiv}N$）原子团的化合物。

关于有机化合物同分异构现象的问题，化学家们认为如果物质的组成相同、性质不同，那么它们的结构就应该不同。1863年，布特列洛夫在《说明若干种同分异构现象的各种方法》一文中论证和发展了这一结论。他根据结构理论预见的异构体，接着用实验的方法得到了证实。例如，1864年，他预测有异丁烷存在，在1866年得到了这种化合物；1865年，他提出可能存在异丁烯，在1867年得到证实。

1865年，布特列洛夫的学生马尔可夫尼科夫（Markovnikov，1838—1904）用丁酸和异丁酸证明了脂肪酸中异构体的存在。他在硕士论文《论有机化合物的同分异构》中讨论了同分异构理论的历史，并对其地位进行了分析，他还给出了同分异构分子的定义。1869年，马尔可夫尼科夫的博士论文对化合物中各原子的相互影响进行研究，提出原子的相互影响沿着相互作用的链逐渐减弱的原理，使得化学结构学说得到了进一步的发展。

### 4. 苯分子及芳香族化合物的结构学说

19世纪初，人们在贮存压缩煤气的桶中发现有油状凝集物。1825年，法拉第把这种油状凝集物加以蒸馏，离析出一种液体碳氢化合物，经过分析确定其实验式为CH。1834年，贝采里乌斯的学生米切利希（E. Mitscherlich，1794—1863）将苯甲酸和石灰进行干馏，也得到了法拉第分离得到的同种化合物，并命名为苯。米切利希测定了它的蒸气密度，结果与法拉第测定的结果相近。在分子论建立以后，推断出苯的分子量是78，分子式为$C_6H_6$。

虽然苯的分子式已为人所知，但其高度不饱和的结构很难确定。库珀于1858年、洛施密特在1861年提出了含有多个双键或多个环的可能结构。

1865年，凯库勒在《关于芳香族化合物的研究》一文中指出：有些人直接指出芳香化合物的组成不能从原子方面来解释，另一些人则假设存在一个由六个碳原子组成的六原子基团，但他们没有试图找到这些碳原子结合的方法，也没有说明这个基团能结合六个单原子基团的条件。为了说明芳香化合物的原子结构，有必要考虑到下列事实：①所有芳香族化合物的碳含量都比脂肪族类似化合物要高；②芳香族化合物与脂肪族一样存在着大量的同源物质，即可以用$n$个$CH_2$表达其组成差异的物质；③最简单的芳香族化合物至少含有6个碳原子；④所有芳香族物质的变化产物都表现出一定的家族相似性，它们统称为“芳香族化合物”。假设许多碳原子是这样连在一起的，它们总是通过两个亲和单位结合；也可以假设碳原子是通过第一个为一个亲和单位、第二个为两个亲和单位交替地进行。后一种情况可以表示为：1/1，2/2，1/1，2/2……这种假设可以用来解释芳香物质的构成。如果承认6个碳原子按照这一对称定律连在一起，则得到一个基团，如果把它看作是开链，它仍然包含8个不饱和亲和单位。如果作另一个假设，即链末端的两个碳原子由一个亲和单位连接在一起，则得到一个仍包含六个自由亲和单位的封闭链。在所有芳香物质中都可以假定有一个共同的原子团，或者含有6个碳原子组成的共同的核。在这个核内，碳原子结合得更加紧密，它是闭合链$C_6A_6$（其中A表示不饱和亲和力或亲和单位）。凯库勒这里所说的“亲和单位”即为现在所说的“键”。

凯库勒还通过思考苯衍生物的同分异构体的数量来论证他提出的苯环结构。他指出对于苯的每一个单元衍生物（$C_6H_5X$，其中X = Cl、OH、$CH_3$、$NH_2$等），只发现了一个同分异构体，这意味着所有六个碳是等价的。对于甲苯胺这样的二元衍生物，被观察到有三个异构体，凯库勒提出了两个取代的碳原子分别被一个、两个和三个碳-碳键分开的结构，后来分别命名为邻位、间位和对位异构体。凯库勒在《关于芳香族化合物的研究》一文中给出类似于1959年提出的“香肠式”的苯的结构式，如图6-8（a）所示。1866年，他提出了六角环结构，6个碳原子组成封闭的环，如图6-8（b）所示，后来又被简化为图6-8中的（c）。

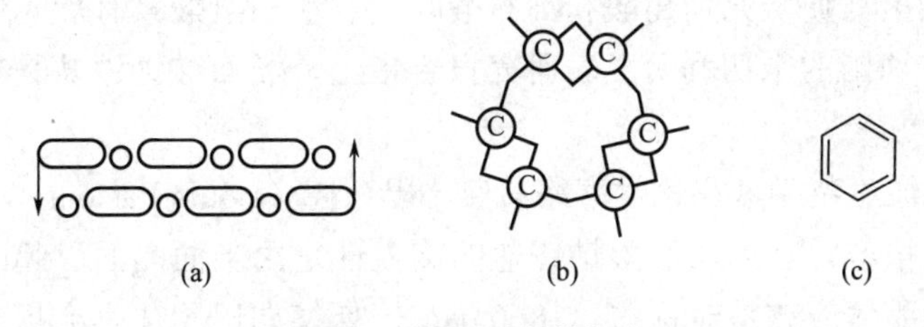


**图6-8　苯的凯库勒结构式**

自1866年凯库勒提出单键、双键交替构成六碳苯环结构以后，不少人对此表示怀疑。1867年，德国的克劳斯（C. L. Claus，1838—1900）针对这种苯结构的典型不饱和性却难以发生加成反应的事实，认为苯分子的六个碳中每一个碳原子应与其他三个碳原子成键，于是他设计了如图6-9（a）所示的结构式。1867年，英国的詹姆斯·杜瓦（James Dewar，1842—1923）根据苯的化学式$C_6H_6$提出了苯的一种双环异构体，被称为杜瓦苯，如图6-9（b）所示。1869年，德国的阿尔伯特·拉登堡（Albert Ladenburg，1842—1911）对凯库勒给出的苯的结构式提出质疑。他指出若按凯库勒的苯结构式来推断，由于双键的存在，那么苯的二元衍生物应该存在两种邻位二取代基的异构体，但这与事实不符。因此，他主张苯中的一个碳原子分别与三个碳键合，据此提出苯的三棱柱状结构，如图6-9（c）所示。

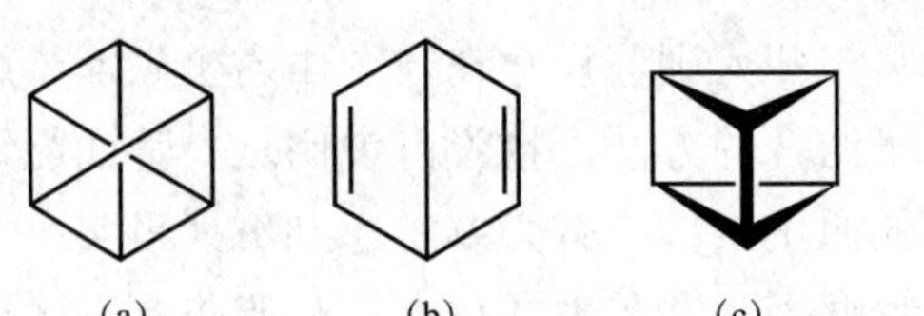
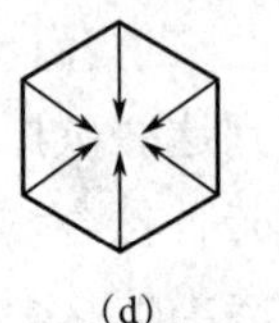
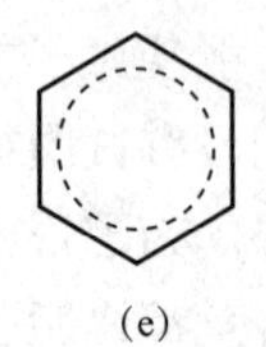

(a) (b) (c) (d) (e)

图6-9　与$C_6H_6$相符的几种可能结构式

1872年，凯库勒采纳了拉登堡的观点，提出苯分子在两个等效结构之间振荡，以这样一种方式，单键和双键不断地交换位置。这意味着所有六个碳-碳键都是相等的。1872年，迈耶（L. Meyer）认为碳原子在环中具有一个“自由亲和力”。1887年，德国的冯·拜耳（Adolph von Baeyer，1835—1917）和英国化学家亨利·爱德华·阿姆斯特朗（Henry Edward Armstrong，1848—1937）将其演进为“绕心化学式”，如图6-9（d）所示。1899年，德国的弗里德里希·卡尔·约翰内斯·蒂尔（Friedrich Karl Johannes Thiele，1865—1918）认同苯的共振结构，并用一个断圆来表示部分键，如图6-9（e）所示。

凯库勒提出的苯的环状结构学说，在有机化学发展史上具有重要意义，对芳香族有机化合物的利用和合成起了重要的指导作用。

## 五、立体化学理论

### 1. 旋光异构现象

1835年，法国物理学家比奥（J. B. Biot，1774—1862）观察到酒石酸、蔗糖、松节油、樟脑等这些天然有机化合物晶体的表面具有旋光性。不仅如此，他还发现这些物质的液态或溶液也有旋光性，如松节油是左旋的，蔗糖的水溶液是右旋的。因此，他认为“有机化合物在非结晶状态下所具有的旋光性，一定是它的分子所固有的性能”。

1830年，贝采里乌斯研究葡萄酸和酒石酸时，发现酒石酸具有旋光性，而葡萄酸没有旋光性。1844年，德国的米切利希发表研究报告指出，酒石酸钠铵盐是右旋的，葡萄酸钠铵盐没有旋光性。

1848年，法国微生物学家和化学家路易斯·巴斯德（Louis Pasteur，1822—1895）注意到米切利希的研究报告，认为酒石酸钠铵盐的旋光性是由半面晶面引起的，而没有旋光性的葡萄酸钠铵盐的晶体应该是对称的。1860年，巴斯德向巴黎化学会提交一份《天然有机物不对称分子的研究》报告。他在报告中指出酒石酸盐和葡萄酸盐都是半面晶体，但前者的半面晶面都朝向一个方向，而后者的半面晶面有的朝向左，有的朝向右。经过仔细研究，他发现了这样一个事实：半面晶面向右的晶体使偏振光平面向右旋，半面晶面向左的晶体使偏振光平面向左旋。若把两种晶体各取等量制成混合溶液，由于两种偏转相等、方向相反而抵消，所以对光不产生影响。巴斯德还用放大镜将左旋和右旋混合的葡萄酸盐晶体挑出来，第一次将不旋光的化合物分开成为具有旋光的组分。他进一步指出：左旋酒石酸和右旋酒石酸像左右手的关系一样不能重叠。这些物质中的原子存在着一种非对称排布。

1869年，德国有机化学家威利森努斯（J. Wislicenus，1835—1902）对乳酸进行一系列研究后指出：“如果分子在结构上可以是等同的，但是具有不同的性质，那么这种差别，就只有认为是由于原子在空间有不同的排布，才能加以解释。”

### 2. 碳的四面体构型

1874年，荷兰化学家范特霍夫（Jacobus Hericus van’t Hoff，1852—1911）提出了碳的四面体构型学说。如果将碳原子按四面体处理，当碳原子四个原子价被四个不同的基团取代时，就可能得到两个不同的四面体，其中一个是另一个的镜像，它们不可能重合，在空间有两个结构异构体。范特霍夫提出手性碳原子的概念，他指出已知的所有光学活性的例子中都存在手性碳原子，具有不对称原子的有机化合物具有旋光异构体。

1874年11月，法国化学家勒贝尔（J. A. Le Bel，847—1930）在《论有机物原子形状与其溶液旋光能力之间的关系》一文中阐述了与范特霍夫类似的观点，并进一步指出，对于与碳原子相连的四个不同原子或原子团的分子，如果内部没有通过对称面的补偿，就具有光学活性。因此，碳的四面体模型被称为范特霍夫·勒贝尔模型。

1888年，德国化学家维克托·迈耶（Victor Meyer，1848—1897）将具有手性碳原子的异构体命名为立体异构体。

### 3. 空间构象概念的提出

1885年，德国化学家冯·拜耳注意到脂环化合物中，五元环和六元环化合物比三元环和四元环化合物稳定的现象。他依据碳的四面体构型学说，提出了解释这种现象的张力学说：环状化合物的稳定性取决于它们的价键角偏离碳正四面体正常价键角的程度。偏离越大，张力越大，则化合物越不稳定。由于碳的四个价键之间的夹角应为109°28′，如果偏离109°28′ 就会产生张力。由于三元环、四元环化合物的理论价键角分别为60°和90°，与正常价键角（109°28′）偏离较大，因此张力较大，化合物不稳定，化学性质活泼。五元环、六元环化合物的理论价键角分别为108°和120°，与正常价键角（109°28′）偏离较小，因此化合物稳定。

根据张力学说进行推理，六元环脂环化合物也应该有张力，也应该表现出一定的活泼性，但实验事实证明环己烷是相当稳定的化合物。由此说明张力学说并不适用于六元环。

1890年，乌尔里希·萨克塞（Ulrich Sachse，1854—1911）提出了无张力环概念。他指出在环己烷中，如果成环的碳原子不在同一平面上，就可以保持正常键角109°28′，形成无张力环。这有两种情况，一种是对称的椅式，另一种是非对称的船式。后经X射线衍射证实这个推测是正确的，无张力环概念才被人们所接受。

1894年至1897年，维克托·迈耶和他的学生一起研究位阻现象，提出了位阻理论。他们认为大型取代基团会阻碍相邻的碳原子参加反应。

20世纪上半叶，人们对环己烷及其衍生物进行了大量研究，在有机立体化学中提出构象的概念，使有机立体化学发展到一个新的水平。

## 第三节　近代分析化学的形成与发展

分析化学作为化学的一个分支学科诞生于19世纪，但它作为检测手段，早在古代就已经出现。从青铜时代早期开始，灰吹法（cupellation）就被用来从冶炼的铅矿中获得银。到了中世纪和文艺复兴时期，灰吹法是提炼贵金属最常见的方法之一。小规模的灰吹法可能被认为是历史上最重要的火试法，也可能是化学分析的起源。

从分析方法来说，通常可以分为经典分析方法和近代仪器方法。经典分析方法分为定性分析和定量分析，而定量分析又分为重量分析法和容量分析法。

## 一、经典分析方法

### 1. 定性分析

早期的定性分析分为干法分析与湿法分析。干法分析通常有熔珠试验、粉末研磨、焰色反应等。早期的吹管分析也是一种干法分析。1679年，德国的昆克尔（J. Kunckel，1630—1703）将要检验的金属矿样放在一块木炭的小孔中，用吹管提高温度，使矿石中的金属熔化，根据金属颗粒的特性来确定金属的种类。格拉默（J. Gramer，1710—1777）和瑞典的分析化学家、矿物学家贝格曼（T. O. Bergman）将硼砂、磷酸铵钠、碳酸钠等物质作为熔剂，产生不同颜色的玻璃熔块，根据不同金属呈现颜色的不同对金属种类进行鉴别。1762年，德国化学家马格拉夫（S. A. Marggraf，1709—1782）用焰色反应来鉴别各种钾盐和钠盐，由此建立了鉴别钾、钠的新方法。1774年，他开始利用显微镜鉴别一些有机物和无机物。

湿法分析是从研究矿泉水开始的。1685年，波义耳在《天然矿泉水实验史简编》一书中，全面总结了当时已知的化学检验知识，包括反应中颜色的变化、沉淀的生成以及焰色反应等。他把植物液浸泡过的纸条作为试纸使用，例如石蕊试纸。1779年，贝格曼出版了《矿物的湿法分析》和《实用化学》等分析化学著作，用黄血盐鉴定铜和锰，用硫酸鉴定钡，以草酸鉴定钙，以石灰水鉴定碳酸盐等。1788年法国的哈内曼（C. S. Hahnemann）提出用硫化氢检验水中的铅等金属。1799年，贝格曼在《金属沉淀》一书中介绍许多金属化合物沉淀的组成。1836年，英国化学家马什（J. Marsh，1794—1846）创立了能检测微量砷的方法。他利用锌、硫酸和砷化物反应生成砷化氢气体，将这种气体点燃又得到砷，当它遇到冷的表面时，就会出现黑色的沉积物。

1829年，德国化学家罗塞（H. Rose，1795—1864）出版《分析化学手册》一书，提出并制定了系统的定性分析方法。1841年，德国化学家弗雷泽纽斯（C. R. Fresenius，1818—1897）出版《定性分析化学导论》，提出对阳离子的定性分析法的修订方案，将定性分析化学系统化。

### 2. 定量分析

大约在1750年，当布莱克（J. Black）还是一名学生时，他发明了一种电光分析天平，其精确度远远超过当时任何其他天平，成为大多数化学实验室的重要科学仪器。1823年，分析天平被专门生产和广泛使用，天平灵敏度可达到1毫克。

（1）重量分析法　重量分析法产生于17世纪至18世纪中叶。罗蒙诺索夫和拉瓦锡利用天平对化学反应进行定量研究，特别是质量守恒定律的发现，为化学定量研究奠定了理论基础。贝采里乌斯在从事测定原子量的工作中，先后对数百种化合物进行了定量分析，并把一些新的方法、仪器和试剂应用于定量分析中，使定量分析的准确性得到了很大的提高。他在《化学教程》中详细介绍了重量分析实验的步骤，介绍了坩埚、干燥器、过滤器及天平等分析仪器（见图6-10），为化学分析的基本操作奠定了基础。

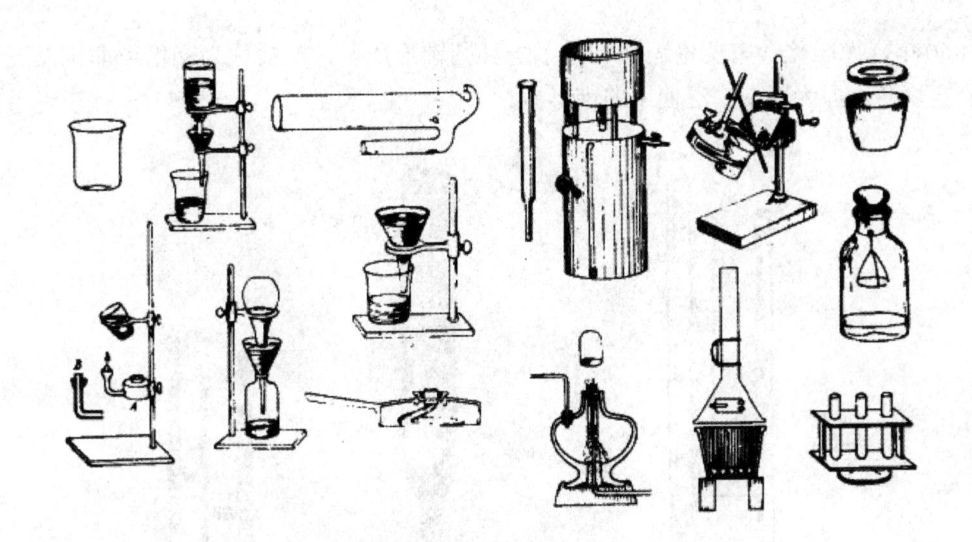

图6-10　贝采里乌斯《化学教程》中的分析仪器

1846年，德国化学家弗森尤斯论述重量分析，利用草酸沉淀钙，干燥后再进行称重。他把分析天平的灵敏度提高到0.1毫克。1878年，美国化学家古奇（F. A. Gooch，1852—1929）制备了过滤坩埚，即古氏坩埚。1883年，德国商人施莱策（C. Schleicher）制造了一种用盐酸和氢氟酸去除矿物质的无灰滤纸，即“定量滤纸”。

（2）容量分析法　容量分析法即滴定分析法。“滴定”（titration）一词源于法语单词“tilter”，意思是金币或金银制品中金或银的比例。而“titre”意味着合金中金的细度，用作“给定样品中某种物质的浓度”之意。1828年，法国化学家盖-吕萨克首次将“titre”用作动词，意思是“测定给定样品中某种物质的浓度”。此后，“滴定”一词开始用于分析化学中。盖-吕萨克被认为是滴定分析的创始人。

滴定分析法起源于18世纪中后期。1791年，法国学者德克劳西（F. A. H. Descroizilles）发明了最早的类似于刻度圆柱的滴定管。他在1806年的《关于商品碱的报告》一书中，详细说明了体积度量的原则和方法。盖-吕萨克对滴定管进行了改进，并在1824年关于靛蓝溶液标准化的论文中使用了“移液器”和“滴定管”两个术语。1845年，法国化学家艾蒂安·奥西安·亨利（Étienne Ossian Henry，1798—1873）发明了第一个能够用于测定的滴定管，如图6-11所示。AB是一根玻璃管，长度约60厘米，内径约4毫米。A端焊接上一个玻璃漏斗，B端安装一个小的铜质水龙头，末端连一个细管。AB管固定在一块画有0至100刻度标尺的木板上，木板被固定在架子上。整个装置由一个支架支撑，可以将AB管放置在装有钾盐的容器M上进行测定。亨利用这个滴定管进行了商业钾肥的测试。

容量分析法的重大改进和普及要归功于德国化学家莫尔（K. F. Mohr，1806—1879），定量分析中使用的仪器是以他的名字命名的，如莫尔定量滴定管、莫尔吸量管、莫尔夹、莫尔天平等。莫尔定量滴定管是他在亨利滴定管的基础上重新设计的（见图6-12），管子的底部有一个尖端和一个夹子（莫尔夹），这使得滴定管比以前的滴定管更容易使用。他撰写的《分析化学滴定方法教科书》系统地介绍了滴定分析的各种方法，使容量分析法得到推广。该书于1855年首次出版，之后又出版多个版本，并获得了李比希的特别赞扬。

1860年，德国化学家艾伦迈耶制造了一种圆锥形烧瓶，又被称为艾伦迈耶烧瓶，也被称为滴定烧瓶，即为现在广泛使用的锥形瓶。

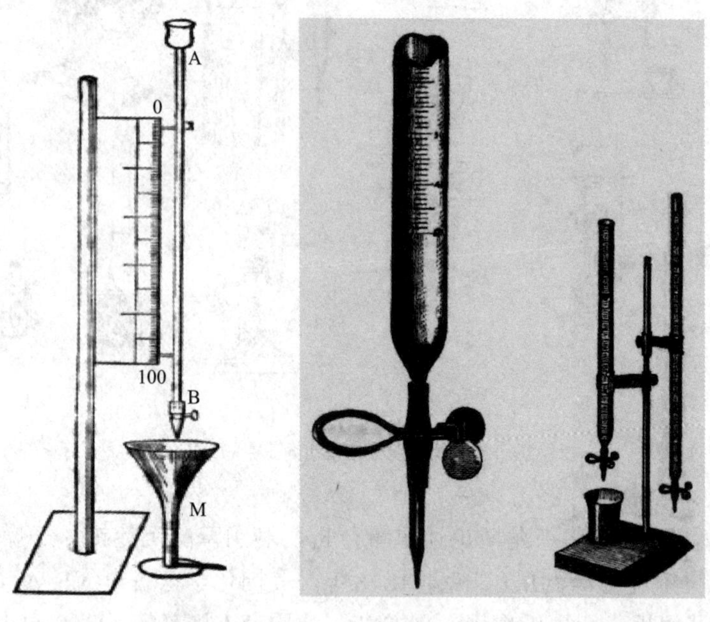


图6-11　亨利滴定管　　图6-12　莫尔定量滴定管

19世纪30年代至50年代，由于滴定分析具有简便、快速的优点，发展非常快。银量法、碘量法、高锰酸钾法、重铬酸钾法和铈量法等都已发展成熟，在化学研究和工业生产中都得到应用。19世纪下半叶到20世纪初，随着酸碱指示剂的合成与使用，以及pH、缓冲溶液概念的提出，容量分析得到逐步充实和完整化。

沉淀滴定法出现于18世纪。1758年英国人弗朗西斯·贺姆（Francis Home，1720—1813）在《漂白实验》一书中首次用苏打标准溶液滴定硬水，直至不再出现沉淀为止。18世纪上半叶，盖-吕萨克用氯化钠溶液滴定溶解在硝酸中的银以测定银的含量。莫尔以铬酸钾为指示剂，改进了氯化钠溶液滴定银的沉淀滴定法。1874年，德国化学家福尔哈德（J. Volhard，1834—1910）将过量硝酸银标准溶液加到酸性氯化物溶液中，以铁铵矾为指示剂，以硫氰酸盐滴定过量的银，改进了氯化物的测定方法。

氧化还原滴定法的产生与漂白技术的兴起密切相关。1795年，为了确保漂白粉的质量，德克劳西以靛蓝的硫酸溶液滴定次氯酸，这是最早的氧化还原滴定法。18世纪初，盖-吕萨克用漂白粉溶液滴定靛蓝溶液，根据靛蓝的变色，测定漂白粉的效能。1826年，法国的德拉·比拉迪耶（H. de la Billardieré）将制得的碘化钠用于次氯酸钙的测定，开创了碘量法的应用研究。1840年，法国的杜·帕斯奎尔（A. Du Pasquier，1793—1848）第一个用碘的酒精溶液滴定水中的硫化氢。1846年，法国的玛格丽特（F. Margueritte）采用高锰酸钾溶液测定铁。1846年至1850年，英国化学家彭尼（P. Penny，1816—1869）采用重铬酸钾测定铁。

中和滴定法应用于18世纪。1729年法国人若弗鲁瓦（C. J. Geoffroy，1683—1752）第一次把中和反应用于定量分析中。他将待测的醋酸滴定到碳酸钾溶液中，根据产生的气泡来判断终点，并根据碳酸钠的量来计算醋酸的含量。1750年，法国的维尼尔（G. F. Venel，1723—

1775）用硫酸滴定矿泉水中碱时，以紫罗兰浸取液作为指示剂，滴定至溶液变红为终点。1767年，英国的威廉·路易斯（Williams Lewis，1708—1781）在测定锅灰碱时，不仅使用了指示剂，而且还用纯的碳酸钾标定了盐酸。1871年，德国化学家拜耳发现了邻苯二酸酐与两种等量苯酚在酸性条件下缩合合成酚酞的方法。1877至1878年，酚酞和甲基橙先后被用作指示剂。1894年，奥斯特瓦尔德以电离平衡为基础，对酸碱指示剂的变色机理进行了解释。

## 二、早期的仪器分析法——光谱分析法

1672年，牛顿（L. Newton，1643—1727）在一篇关于光实验的论文中提出“光谱”这个术语，用来描述彩虹的颜色。他发现人们看来是白色的阳光，实际上是由彩虹中所有颜色混合而成的。

1802年，英国的化学家和物理学家沃拉斯顿（W. H. Wollaston，1766—1828）建造了一个改进的光谱仪，其中包括一个将太阳光谱聚焦在屏幕上的透镜。在使用中沃拉斯顿意识到颜色并不是均匀分布的，而是有颜色缺失的斑块，在光谱中表现为暗带。

1821年，德国的约瑟夫·冯·弗劳恩霍夫（Joseph von Fraunhofer，1787—1826）发展了衍射光栅，并率先使用衍射光栅来测量谱线波长。

1822年，英国天文学家赫休尔（J. F. Herschel，1792—1871）研究了一些物质火焰的光谱，但他未认识到光谱、焰色、温度三者之间的关系。1825年，英国人塔尔波（W. H. Talbot，1800—1877）设计了一台研究光谱的仪器，用它发现钾盐能发射红线光谱，钠盐能发射黄线光谱，他由此认识到某一特征谱线只和某一物质相联系。1854年，美国人阿尔特（D. Alter，1807—1881）提出将光谱用于分析的建议。

1859年底，罗伯特·本生和基尔霍夫合作设计并制造了一台以光谱分析为目的的分光镜。1860年，他们共同发表题为《光谱化学分析》的论文，开创了光谱分析法。图6-13为罗伯特·本生和基尔霍夫的光谱分析实验装置。他们用能够产生很高温度，且火焰本身的亮度很低的本生灯D加热被测物，物体受热发出的光经过一个望远镜B投射到棱镜F上。棱镜被放置在一个可以旋转的底座G上，通过缓慢旋转棱镜，就可以在另一个望远镜C中观测到一条一条孤立的具有特定颜色的亮线（光谱）。他们发现锂、钠、钾元素都具有特定的光谱，只需要极少量的样品，就可检测出被测物中是否含有某种元素，这在当时的化学分析法中是一个巨大的进步。罗伯特·本生证明了高纯度的样品具有独特的光谱，1860年他蒸馏了40吨矿泉水，得到了17克新元素的样品，他将这种元素命名为铯，第二年他用同样的方法发现了铷元素。

1729年，法国的皮埃尔·布格尔（Pierre Bouguer，1698—1758）研究一束烛光通过玻璃片，发现光路中吸光玻璃片的层数逐渐增加时，则透过的光强度按几何级数减弱。1760年，朗伯（J. H. Lambert，1728—1777）进一步研究指出，若一束单色光通过某吸收层，则透光率的负对数值（即为光密度）与吸收层的厚度成正比。

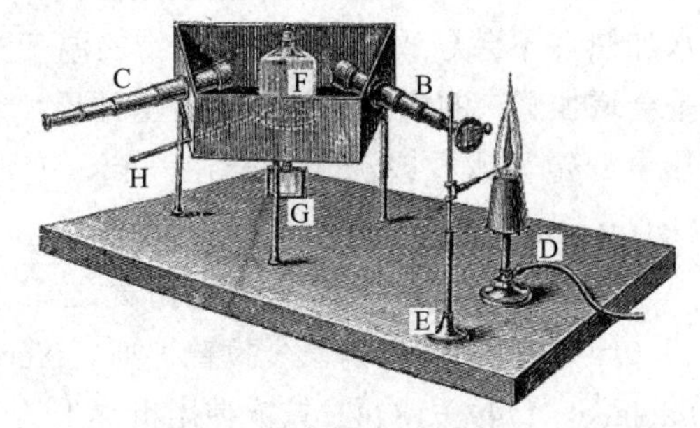

图6-13　罗伯特·本生与基尔霍夫光谱分析实验装置

1852年，德国物理学家、化学家奥古斯特·比尔（August Beer，1825—1863）发表了一篇关于在各种盐的有色水溶液中吸收红光的论文。他指出光的吸收与吸收光的分子的数目有关，若将吸光物质溶解于非吸收的溶剂中，则光密度与吸光质点的浓度成正比，即比尔定律。比尔在他的论文中定义了透光率（或透光比），指出浓溶液的透光率可以由对稀溶液的透光率的测量得出。1854年，比尔将他的发现与朗伯的光吸收定律结合在一起，构成了比尔-朗伯定律，建立了被称为分光光度法的分析技术。

1873年，德国的卡尔·维洛尔特（Karl Vierordt，1818—1884）设计了用单色镜获得单色光的目视比色计。后来，德国的克吕斯（Gerhand Krüss，1859—1895）根据光的互补原理用有色玻璃滤光片来代替分光镜。1911年，制成了利用硒光电池的光电比色计。

# 第四节　物理化学的形成与发展

“物理化学”一词是由俄国科学家罗蒙诺索夫在1752年提出的，当时他在为彼得堡大学的学生们进行一个题为《真正的物理化学课程》的讲座。在这个讲座的序言中，他给出了这样的定义：“物理化学是一门必须根据物理实验的规定解释复杂物体通过化学操作发生的原因的科学。”

物理化学起源于19世纪60年代至80年代，沟通了物理和化学两大领域，形成了物理化学中的热化学、热力学、化学热力学、电化学和化学动力学等分支。由奥斯特瓦尔德和范特霍夫于1887年创办的《物理化学杂志》是物理化学成为一门分支学科的开端。

## 一、热化学和热力学的诞生与发展

### 1. 从化学到热化学的转变

18世纪，燃素说被热量理论所取代是炼金术向化学过渡的历史标志之一。18世纪至19世纪，蒸汽机的发展把人们的注意力集中在量热法和不同类型的煤的热值上。

1761年，约瑟夫·布莱克推断对熔点处的冰加热不会导致冰/水混合物的温度升高，而是会导致混合物中水的含量增加。他还注意到，对沸腾的水加热并不会导致水/蒸汽混合物的温度升高，而是会增加蒸汽的量。于是，他得出结论：所施加的热量一定与冰粒或沸水结合在一起，变成了潜热（latent heat）。

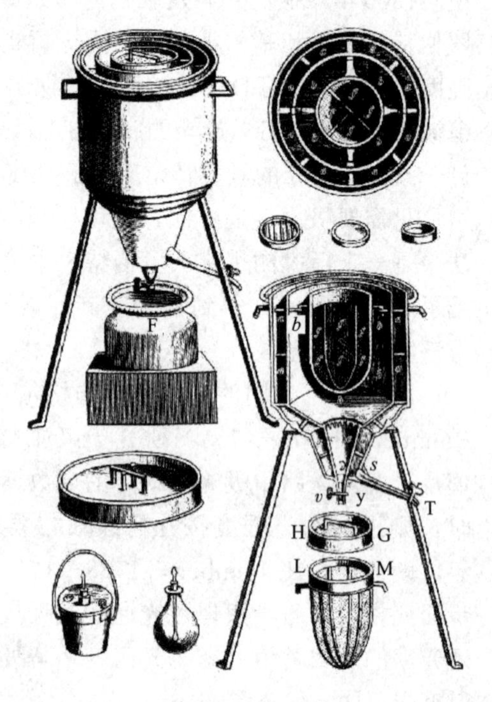

图6-14　冰量热计

继布莱克对水的潜热进行研究之后，拉瓦锡和法国学者皮埃尔-西蒙·拉普拉斯（Pierre-Simon Laplace，1749—1824）首次使用世界上第一个冰量热计（见图6-14）对化学反应中的热量变化进行定量研究。他们测定各种化学变化中产生的热量，基于布莱克的潜热理论测量了不同物体的比热容，以融化冰得到水的质量来计算燃烧热。这门学科后来被称为热化学。

1836年，化学家赫斯（G. H. Hess，1802—1850）通过实验研究发现，在任何一个化学过程中，无论经过几个中间步骤，所发生的热量变化始终是相同的。这一规律被称为赫斯定律，也是热化学领域发现的第一个定律。

1858年，基尔霍夫指出，反应热的变化是由产物和反应物之间的热容差决定的，用公式表达为：$d\Delta H/dT=\Delta C_p$。这被称为基尔霍夫热化学定律。

### 2. 热力学作为一门科学的诞生

1679年，波义耳的同事丹尼斯·帕平（Denis Papin，1647—1713）建造了一个蒸汽消化器，这是一个封闭的容器，上面有一个紧密的盖子，用来限制蒸汽以便产生高压。后来，他的设计采用了蒸汽释放阀来防止消化器爆炸。通过观察气门有节奏地上下移动，丹尼斯·帕平产生了活塞和汽缸发动机的想法。1697年，基于这个设想，工程师托马斯·萨弗里（Thomas Savery）制造了第一台发动机。第一代发动机存在的主要问题是速度慢且效率低，只有不到2%的输入燃料转化为有用的功。换句话说，必须燃烧大量的煤（或木材）才能产生很小一部分的功。因此，对一门新的发动机动力学科学的需求诞生了。

1803年，法国数学家、物理学家拉扎尔·卡诺（Lazare Carnot，1753—1823）在《平衡与运动的基本原理》一书中对机械能守恒进行了一般性的讨论。1824年，拉扎尔·卡诺的儿子萨迪·卡诺（Sadi Carnot，1796—1832）在《关于火的热原动力思考》一书中，论述了热、动力、能量和发动机效率，将“动力”定义为电机能够产生的有用效果的表达，概述了卡诺热机、卡诺循环和动力之间的基本能量关系。萨迪·卡诺采用理想模型的研究方法，设想了一个理想化的发动机，在这个发动机中任何转化为功的热量都可以通过反转循环的运动来恢复，这一概念后来被称为热力学可逆性。他指出在转化为功的过程中“总是会损失一些热量”，即使是在他理想化的可逆热机中。他提出了作为热力学基础的卡诺循环和卡诺原理：工作于两个一定温度热源之间的所有热机，其效率都不会超过可逆热机。卡诺原理从理论上解决了提高热机效率的根本问题，也标志着热力学开始成为一门现代科学。萨迪·卡诺也因此被人们称为“热力学之父”。

1834年，法国工程师克拉佩隆以几何图示法首次将卡诺循环表示出来，即由两条绝热线和两条等温线构成的$p$-$V$图。克拉佩隆首次将波义耳定律、查尔斯定律、阿伏伽德罗定律和盖-吕萨克定律结合起来，通过研究卡诺循环，得出了理想气体的状态方程。他用卡诺原理研究气-液平衡，导出克拉佩隆方程。

1854年，英国数学家和物理学家威廉·汤姆逊（William Thomson，1824—1907）在他的《热动力理论》著作中提出了“热力学”这一术语。他将能量转化与物系的内能联系起来，第一个给出了简明的热力学定义：“热力学是研究物体相邻部分之间热与力的关系，以及热与电的关系的学科。”

### 3. 热力学第一定律的建立

1841年，德国的罗伯特·冯·迈耶（Robert von Mayer，1814—1878）提出热与机械运动相互转化的思想，并在1842年通过简单的实验，计算出热功当量，明确提出热与功转化规律。1847年，德国物理学家赫姆霍兹（Helmholtz，1821—1894）发表《论力的守恒》一文，全面论证了能量守恒和转化定律。1840年至1848年，英国的焦耳（J. P. Joule，1818—1889）做了四类实验：第一类是将水放入与外界隔绝的容器中，通过重物下落带动铜质叶轮搅动水，发现水温升高；第二类是以机械功压缩气缸中的气体，气缸浸入水中，水温也升高；第三类是以机械功带动电机，将产生的电流通过浸入水中的线圈，结果水温升高；第四类是以机械功使浸入水中的两块铁片相互摩擦，结果水温也升高了。他还通过实验得到了热功当量值。1849年，焦耳发表《热的机械当量》一文，以确凿的实验数据论述了能量守恒和转化定律。

威廉·汤姆逊在法国学习时偶然读到克拉佩隆的文章才知道卡诺热机和卡诺原理。1849年，他读到了卡诺的原著后，也开始相信卡诺原理。由于他信奉“热质论”，便开始反对焦耳的能量守恒及转化定律，直到1951年他才肯定焦耳的工作。1853年，威廉·汤姆逊给出简明的热力学定义，还给出了热力学第一定律的数学表达式。

4. 热力学第二定律和熵

1850年，在进一步研究了热力学第一定律以及克拉佩隆和威廉·汤姆逊的论文中介绍的卡诺原理后，德国的克劳修斯（R. J. E. Clausius，1822—1888）给出热力学第二定律的表述：一个自行动作的机器，不可能将热从低温物体传到高温物体上。1854年，他给出了热力学第二定律的数学表达式，从而将热力学第一定律和第二定律统一了起来，为热力学第二定律的广泛应用奠定了基础。

1851年，威廉·汤姆逊提出热力学第二定律的另一种说法：不可能用无生命的机器将物质的任何部分冷却到低于周围最冷物体的温度还产生机械效应。

1865年，克劳修斯提出“熵”的概念。1867年，他在《论热力学第二定律》一文中提出熵增加原理，但他将熵增加无限推广，得出了错误的“热寂论”。

1877年，奥地利物理学家玻尔兹曼（L. E. Boltzmann，1844—1906）导出了熵函数与概率的关系，揭示了熵的物理意义。

## 二、气体分子运动理论及气体的液化

1738年，瑞士的数学家和物理学家丹尼尔·伯努利（Daniel Bernoulli，1700—1782）出版了《流体动力学》一书。他提出气体是由大量向各个方向运动的分子组成的观点，并指出气体分子对器壁的冲击导致了气体的压力，气体的平均动能决定了气体的温度。他还给出了气体压力与分子运动之间关系的数学表达式。

1830年，英国化学家托马斯·格雷厄姆（Thomas Graham，1805—1869）根据实验得出不同气体的扩散速度和气体密度的平方根成反比，曾被用来计算气体的分子量。

1857年，克劳修斯导出了气体压力与体积、分子数、质量、平均速度间的基本关系，提出气体分子连续两次碰撞间行进距离“平均自由程”的概念。他不仅分析了分子的直线运动，还指出分子的旋转运动和振动运动的可能性。这些运动体现了气体所含的热，用分子运动解释气体的热现象。1859年，苏格兰物理学家麦克斯韦（J. C. Maxwell，1831—1879）认识到气体分子的速度各不相同，推导出气体分子速度分布公式，给出了在特定范围内具有一定速度的分子的比例。1871年，玻尔兹曼推广了麦克斯韦的成果，加深了对分子能量分布和熵与概率关系的理解，提出了麦克斯韦-玻尔兹曼分布，将分子运动理论与热力学相结合，创立了统计热力学。

与气体分子运动紧密相关的问题之一是气体的液化。1823年，法拉第实现了氨的液化。他还成功地液化了当时已知的除氧气、氢气、氮气、一氧化碳、甲烷和一氧化氮之外的多种气体。当时未被液化成功的这六种气体被称为“永久气体”。1852年，焦耳和威廉·汤姆逊发现了焦耳-汤姆逊效应（绝热膨胀过程中的温度变化）。由此可以证明非理想气体发生真空绝热膨胀时，由于要克服分子间的引力而对外做功，温度可能大大降低。1869年，安德鲁斯（Thomas Andrews，1813—1885）发现流体中存在一个临界点，也就是说在临界温度以上无论怎么加压都不会发生从气态到液态的相变化。

1873年，荷兰的物理学家范德华（J. D. van der Waals，1837—1923）在《论气体和液体状态的连续性》一文中，考虑到实际气体分子间存在着作用力$a/V^2$和分子本身占有体积$b$两个因素，对理想气体状态方程加以修正，提出了实际气体的状态方程（范德华方程）。对于1mol气体来说，$(p+a/V^2)(V-b)=RT$。由于他是最早提出分子间力的人之一，所以这种力现在被称为范德华力。在临界温度以上，范德华方程是对理想气体定律的改进，而在临界温度以下，该方程对于液态和低压气态也是定性合理的。范德华方程预测了实验观察到的蒸气和液体之间转变的临界行为，还预测和解释了焦耳-汤姆逊效应。

1877年，法国的路易·保罗·卡莱特（Louis Paul Cailletet，1832—1913）利用焦耳-汤姆逊效应，产生了一小液滴的液氧。瑞士的拉乌尔·皮克泰（Raoul Pictet，1846—1929）在320个大气压和−140℃下，成功地实现了氧气的液化。1883年，波兰的两位教授制得了较多量的液氧。1895年，德国科学家卡尔·冯·林德（Carl von Linde，1842—1934）通过先压缩空气，然后让它迅速膨胀，冷却空气，成功地使空气液化。然后，他通过缓慢升温的方法从液态空气中获得了氧气和氮气。1898年，詹姆斯·杜瓦利用再生冷却和他发明的真空烧瓶（杜瓦瓶）冷凝液氢，实现了氢液化。1905年，林德获得了纯液氧和液氮。1908年，海克·卡末林·昂内斯（Heike Kamerlingh Onnes，）实现了氦液化。

## 阅读材料

### 摄氏温标和开尔文热力学温标的由来

早在17世纪初，人们将一根上端封有空气且带有刻度的管子的下端与一个盛有水的容器连通，根据管子里的水位因空气的膨胀和收缩而改变来测量空气的冷热。由于这类测温装置不是完全封闭的，因此受大气压的影响较大。后来，出现了全封闭的液体温度计。

1695年，法国物理学家阿蒙顿（G. Amontons，1663—1705）设计了一个J形管来研究气体压力与温度的关系。该J形管由一段水银柱和一个固定的空气团组成，空气团作为温度计的感应部分。温度计的工作原理基于恒定压力下气体的体积与温度的关系。阿蒙顿对水的沸点和冰的熔点的测量结果表明，不管温度计里的空气质量如何，也不管空气支持的水银质量如何，冷却至水的冰点处空气体积减小的比例总是相同的。他根据这一观察结果假定，在足够低的温度下将使空气的体积减小到零。

1742年，瑞典天文学家安德斯·摄氏（Anders Celsius，1701—1744）提出了摄氏温标。在摄氏的原始刻度中，用0表示水的沸点，100代表冰的熔点。他在题为《温度计上两个持续度的观察》（*Observations of two persistent degrees on a thermometer*）一文中指出，冰的熔点实际上不受压力的影响。他还非常精确地确定了水的沸点随着大气压力的改变而改变的情况。1745年，瑞典著名植物学家卡尔·林奈（Carl Linnaeus，1707—1778）将摄氏度的刻度颠倒过来，即刻度0代表冰的熔点，100表示水的沸点，温度值的符号为℃。自此，科学界和测温界都把这个温标称为摄氏温标。

1787年，查尔斯在5个气球中充入相同体积的不同气体，然后把气球的温度升高到80℃，他发现每种气体的体积都增加了相同的量。

1802年，盖-吕萨克在《气体的热膨胀》（*The Expansion of Gases by Heat*）一文中指出，每种气体在融冰温度和沸水温度之间的体积增加量相同。

1848年，威廉·汤姆逊在他的论文《基于卡诺热动力理论的绝对温标》（*On an Absolute Thermometric Scale founded on Carnot's Theory of the Motive Power of Heat*）中提出，空气温度计度数的值取决于测量它的标尺部分。一个单位的热量从温度$T$降至温度（$T$-1），无论$T$是多少，都会产生同样的力学效应。这可以恰当地称为绝对标度，因为它的特性与任何特定物质的物理性质完全无关。汤姆逊还发现气体的温度每降低1℃，气体的体积就会减少0℃时体积的1/273。这就意味着，如果温度可以降低到-273℃，气体的体积将收缩到零。于是，汤姆逊将空气体积减少至零的点标记为-273℃，这个温度称为绝对零度，相当于完全没有热能。由于这个绝对温度的标度是由开尔文勋爵提出的，通常被称为开尔文热力学温标。其实，数值-273是威廉·汤姆逊根据-100/0.366计算得出的，若将其表示为五位有效数字应为-273.22，这与现代标准值-273.15非常接近。

**注：**

威廉·汤姆逊曾于1866年被维多利亚女王封为爵士，成为威廉·汤姆逊爵士。1892年，威廉·汤姆逊再次被授予爵位，成为艾尔郡拉尔斯的第一代开尔文男爵（Baron Kelvin），也称开尔文勋爵（Lord Kelvin）。

## 三、化学热力学的出现与发展

化学热力学是从宏观上研究化学过程的起始态和终止态，只是解决过程能否发生以及发生的方向和最大限度，不考虑反应过程的时间因素。

### 1. 化学反应的动态平衡与质量作用定律

1775年，瑞典化学家贝格曼列出一个化学亲和力表，他已经认识到试剂的数量对反应的影响。1777年，瑞典医生卡尔·弗里德里希·温泽尔（Carl Friedrich Wenzel，1740—1793）也列出了一个化学亲和力表，并指出金属在酸中溶解的速度与酸的“有效质量”成正比。1799年，贝托莱在《亲和力定律的研究》一文中指出了物质的挥发性和溶解度等影响物质浓度的性质对反应的影响。

1803年，贝托莱（C. L. Berthollet）正确认识到化学反应往往是不完全的，生成物之间反应重新生成了反应物，并提出可逆反应和化学平衡的概念。

1850年，德国的威廉米（L.Wilhelm，1812—1864）用旋光计研究了蔗糖在酸的作用下转化的速率，发现酸量、蔗糖量和温度对反应速率均有影响。他还指出，化学平衡是正反应速率与逆反应速率相等的状态。1862年，法国的贝特洛（M. Berthelot）和他的助手研究发现酸与醇生成酯的反应不能完全进行到底，随着反应的进行，反应的速率变慢并逐渐接近一个确定的极限。

1864年，挪威的古德贝格（C. M. Guldberg，1836—1902）和瓦格（P. Waage，1833—1900）发表了《化学亲和力的研究》论文，提出了化学作用与有效质量成正比的论说。这里的“有效质量”（active masses）是指单位体积内的分子数。他们从亲和力角度来解释化学平衡：对于一个化学过程，总有两个方向相反的力同时在起作用，一个推动新物质的生成，另一个则帮助新物质再生成原物质，当两个力相等时，体系便处于平衡状态。他们指出，质量的作用也就是力的作用，形成生成物的化学作用力等于反应物的有效质量的乘积，再乘以正反应的亲和力系数$k$；同理，由生成物形成反应物的化学作用力等于生成物的有效质量的乘积，再乘以逆反应的亲和力系数$k'$。当反应达到化学平衡时，正反应和逆反应的化学亲和力相等。通过实验就可以测出平衡时反应物和生成物的有效质量以及亲和力系数$k$和$k'$。实际上他们已经得出质量作用定律的雏形了，然而遗憾的是他们的论说一直没能引起化学家们的重视。

1877年，范特霍夫结合前面几位化学家的观点，假设反应速率与有效质量成正比，通过化学反应$A + B \rightleftharpoons A' + B'$的正、逆反应速率表达式得出平衡常数$K$的表达式：

$$\frac{[A'][B']}{[A][B]} = \frac{k'}{k} = K$$

1884年，法国化学家勒·夏特列（H. L. Le Chatelier，1850—1936）总结出外界条件改变对化学平衡移动的影响所遵循的原则，即勒·夏特列原理。1888年，他在《化学平衡的实验和理论研究》一文中进一步阐明了这个原理：当平衡的一个因素发生变化时，任何处于平衡状态的系统都会朝着这样的方向发生转变，如果它自己发生，它会朝着相反的方向改变这个因素。

### 2. 化学平衡的化学热力学基础

1865年，克劳修斯在他的《热力学理论》中提出，像燃烧反应中产生的热量这类的热化学原理可以应用于热力学原理。1868年，德国化学家奥古斯特·弗里德里希·霍斯特曼（August Freiedrich Horstmann，1842—1929）在研究氯化铵的热分解化学反应平衡时发现，分解压力随温度的改变与克拉佩隆关于液体蒸发的方程具有相同的形式。

在克劳修斯工作的基础上，美国数学物理学家吉布斯（W. Gibbs，1839—1903）于1873年发表了《流体的热力学图解法》和《物质的热力学性质的曲面表示法》两篇论文。他在熵函数的基础上，引出了平衡的判据。对于只做$p$-$V$功的封闭体系，在恒温、恒容条件下，平衡的判据为系统的状态函数$U-TS$为极小值或d（$U-TS$）=0；对于只做$p$-$V$功的封闭体系，在恒温、恒压条件下，平衡的判据为系统的状态函数$H-TS$为极小值或d（$H-TS$）=0。1876

年，他又发表了《论多相物质的平衡》一文，导出了相律，得到一般条件下多相平衡的规律。吉布斯把热力学和化学在理论上紧密结合起来，奠定了化学热力学的基础。

1884年，范特霍夫在《化学动力学研究》一文中，将热力学定律应用于化学平衡，推导出平衡常数随温度不同而改变的热力学公式：

$$\lg K = -\frac{\Delta H^0}{RT} + C$$

范特霍夫将这个公式称为动态平衡的等压方程，他给出的文字表述为："在物质的两种不同状态之间，因温度下降，则向着产生热量状态的方向移动。"

## 四、电化学的产生与发展

1791年，意大利解剖学教授伽伐尼（A. L. Galvani，1737—1798）在《关于电对肌肉运动的影响》一文中建立了肌肉收缩和电之间的桥梁。1800年，意大利物理学教授伏特（A. Volta，1745—1827）发明了伏特电堆，标志着电化学的诞生。

### 1. 伏特电堆的发明与电池的发展

1749年，美国的富兰克林（B. Franklin，1705—1790）首次使用"电池"一词来描述他用于电实验的一组相连的电容器。自1800年伏特电堆出现以后，至19世纪末先后出现了丹尼尔电池、可充电电池、干电池和燃料电池等。

（1）伏特电堆　1780年，伽伐尼偶然发现，在两种不同金属材质的解剖工具同时触及青蛙腿裸露的神经时，一旦两种工具接触，蛙腿剧烈抽搐。他把这种现象称为"动物电"，并于1791年发表了《关于电对肌肉运动的影响》的论文。伏特对伽伐尼的"动物电"给出了合理的解释。他认为青蛙的腿既是电的导体，也是电的检测器。青蛙的腿与电流无关，电流是由两种不同的金属接触造成的，并将由此产生的电称为"金属电"。1794年，伏特用盐水浸泡过的纸代替了青蛙的腿，证明了当两个金属片和浸过盐水的纸板用导线连接好时，它们会产生电流。1800年，伏特在题为《论仅由不同导电物质相接触而产生的电力》一文中介绍了著名的伏特电堆。电堆的一个基本单元由铜盘、浸过盐水湿润的纸板和锌盘三种导电物质构成，整个电堆由多个单元从下往上按照"（铜盘-纸板-锌盘）-（铜盘-纸板-锌盘）-（铜盘-纸板-锌盘）……"顺序堆积起来（图6-15），当用导线连接顶触点和底触点时，便有电流产生。由于产生电流的大小与单元数成正比，因此可以用导线将多个单元堆的正负极串联起来，以组装成能产生更大电流的组合电堆（图6-16）。这被认为是伏特制造的第一个产生电力的电池。由于这类电池中发生的电化学反应是不可逆的，因此电池不可充电。随着电池中的化学物质不断减少直至被消耗殆尽时，电池就不能产生电了。于是，人们将这类不可充电的电池称为原电池（primary cell）。

1802年，化学家克鲁克香克（W. Cruickshank）针对伏特电堆存在的漏液和易短路等缺陷进行改进。他把方形的铜板和大小相等的锌板焊接在一起，然后将它们放入一个用水泥密封的长方形的木盒中，把这些金属板固定在适当的位置，在每两组金属板之间的空间加入盐水或稀释的酸，相当于平卧的伏特电堆，被称为槽式电池。这种电池的优点是在使用时不会变干，并且比伏特电池能提供更多的能量。

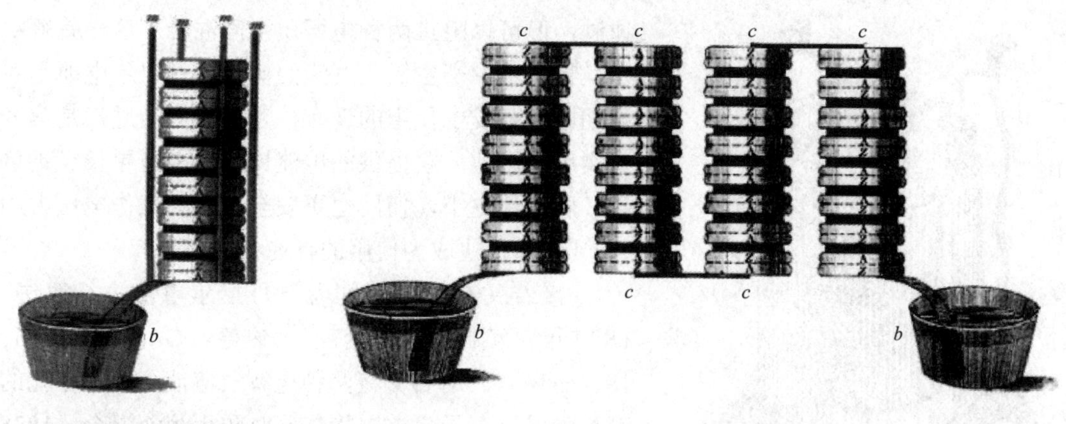


图6-15　伏特电堆　　图6-16　组合电堆

后来，伏特也对起初设计的电堆进行改进，它由一串盛有盐溶液的杯子组成，这些杯子通过浸入液体的弓形金属电极连接在一起，这些弓形金属电极是由两种不同的金属（如锌和铜）焊接在一起制成的（见图6-17）。因为在实验中通常把很多个杯子排列成一个圆圈，所以这种电池被称为“杯之冠”。

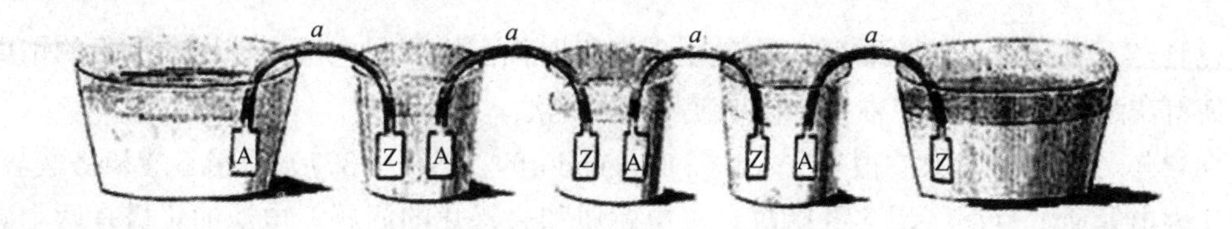


图6-17　伏特改进的电池

在伏特发明电池不久，物理学家和化学家们一直在思考伏特电池是如何产生电流的问题。第一个对伏特电堆产生恒定电流作出解释的是法国的毕奥（J. B. Biot，1774—1862）。他认为伏特电堆产生了一种“流体”，这种“流体”本质上是静电的，这是两种不同金属接触的结果。此外，他认为出现在电池中金属板之间的电动势与这种电“流体”的流动无关，因为静电源的接触力将不同的流体分开，阻止了它们的相互作用，在两板之间插入的导电纸板允许流体向不同方向流动。1805年，年仅20岁的格罗特斯（T. Grotthuss，1785—1822）认为电流来源于组成伏特电池的铜锌元素和电极之间溶液中分子的排列，两者共同构成了一个系统。

伏特电堆和“杯之冠”一直沿用了二十多年。1829年，法国物理学家安托万·卡萨·贝克勒尔（Antoine César Becquerel，1788—1878）用两块金箔把玻璃槽分成三部分，中间装入盐溶液，两边分别加入稀硫酸和硫酸铜溶液，并分别浸入锌板和铜板，建造了一个电流比较稳定的电池，即丹尼尔电池的前身。

（2）丹尼尔电池　1836年，英国化学教授丹尼尔（J. F. Daniell，1790—1845）发明了一种原电池——丹尼尔电池。这种电池外层是一个装满硫酸铜溶液的铜罐，内层浸入一个装有稀硫酸和锌电极的无釉陶瓷容器，如图6-18所示。无釉陶瓷容器是多孔的，它允许离子通过，但可以阻止两种电解质溶液混合。这样就解决了伏特电堆中产生氢气气泡的问题。丹尼尔电池是对早期电池开发中使用的现有技术的巨大改进，是第一个实用的电池。它提供的电流比伏特电池更长、更可靠，腐蚀性更小，使用也更安全。它的工作电压大约为1.1伏，很快成为使用的行业标准。

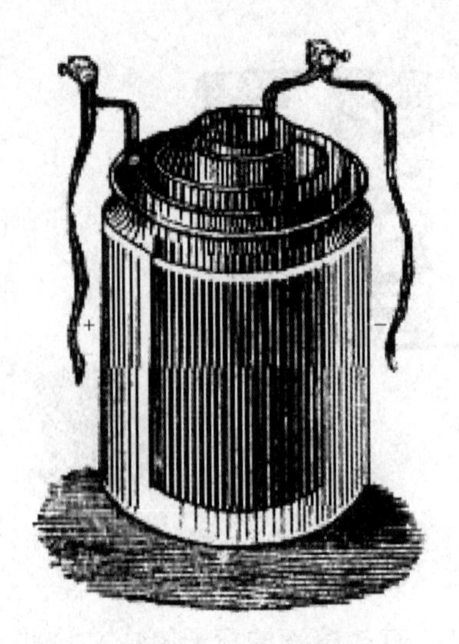

图6-18 丹尼尔电池

接着又有一些研究者对丹尼尔电池进行改进。1837年，英国医生戈尔丁·伯德（Golding Bird，1814—1854）用石膏将两种电解质溶液分开，多孔的石膏可以让离子穿过屏障，同时防止溶液混合。1838年，利物浦乐器制造商约翰·本杰明·丹瑟（John Benjamin Dancer，1812—1887）将硫酸电解质换成硫酸锌溶液。1839年，威尔士物理学家格罗夫（W. R. Grove，1811—1896）将丹尼尔电池中的铜电极改为铂电极，将硫酸铜溶液换成浓硝酸。这个电池能够在1.8伏特的电压下产生大约12安培的电流。相关的化学反应式为：

$$Zn + H_2SO_4 + 2HNO_3 \rightleftharpoons ZnSO_4 + 2H_2O + 2NO_2 \uparrow$$

1841年，德国化学家罗伯特·本生用碳电极取代了格罗夫电池中使用的昂贵的铂电极，从而使得在照明和电镀生产中大规模地使用这种电池。

1842年，德国科学家波根多夫（J. C. Poggendorff，1796—1877）采用硫酸和铬酸盐混合溶液作为电解质，克服了用多孔陶罐分离电解质和去极化的问题。电池的正极是两个碳板，作为负极的锌板位于两个碳板之间。由于锌倾向于与铬酸根反应，因此又被称为铬酸盐电池。该电池能提供1.9伏特的电压，产生稳定电流的能力强，而且没有任何烟雾产生。

19世纪60年代，法国人卡罗（Callaud）根据丹尼尔电池的原理发明了一种重力电池（见图6-19）。铜电极位于玻璃罐底部，将一根外部包裹绝缘层的导线与铜电极相连接，并在铜电极的周围放适量的硫酸铜晶体。将锌电极悬挂在上方，然后用蒸馏水填满玻璃罐。当连通电池的正负极电池工作时，在锌电极周围形成一层硫酸锌溶液，由于上层的硫酸锌溶液比下层的硫酸铜溶液密度小，再加上电池的极性，上层硫酸锌溶液与底层的硫酸铜溶液保持分离。但这种电池一旦停止工作，两种溶液会通过扩散而混合，因此不适合间歇性使用。

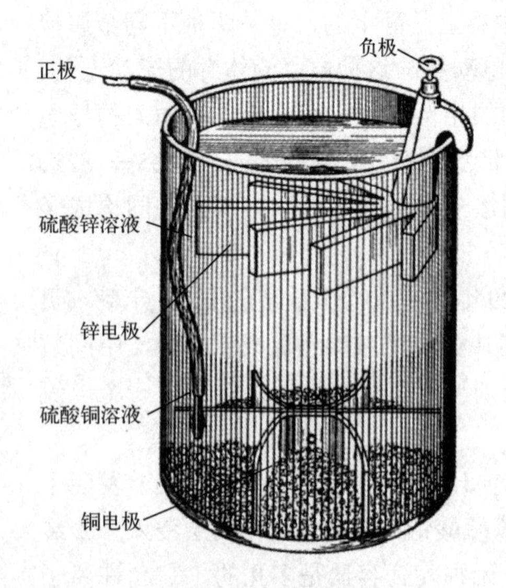

图6-19 重力电池

（3）可充电电池 1859年，安托万·卡萨·贝克勒尔的学生普兰特（G. Planté，1834—1889）发明了铅酸电池，这是第一个可以通过反向电流充电的电池。铅酸电池由浸在硫酸中的铅负极和二氧化铅正极组成。两个电极都与酸反应生成硫酸铅，但铅负极的反应释放电子，而在二氧化铅的反应过程中消耗电子，从而产生电流。这些化学反应可以通过给电池施加反向电流来实现给电池充电。因此，这类电池又被称为二次电池（secondary cell）。普兰特的第一个模型是由两片被橡胶条隔开的铅片组成，并卷成螺旋形。1881年，法国的化学工程师福尔（C. A. Faure，1840—1898）发明了一种更容易大规模生产的改进型，它由铅栅格组成，将氧化铅糊状物压入其中，形成一块板。1886年，卢森堡工程师都铎（H. O. Tudor，1859—1928）提交了关于“蓄电池电极的进一步改进”的专利，在增厚的极板上开出锥形凹槽以提供大的表面，以便于把氧化铅糊状物填充在凹槽中，锥形凹槽允许糊状物颗粒在电池的连续充电和放电循环过程中滑动，而不会导致极板变形。

1899年，瑞典科学家琼纳（W. Jungner）发明了镍镉电池。这种电池是一种蓄电池，它的电极为镍和镉，电解质为氢氧化钾溶液，这是第一个使用碱性电解质的电池。同年，琼纳为一种镍铁电池申请了专利。1901年，发明家托马斯·爱迪生（Thomas Edison，1847—1931）为一种碱性镍铁电池申请了专利。

（4）干电池　1866年，法国的一名电气工程师勒克朗谢（G. Leclanché，1839—1882）发明了一种电池，如图6-20所示。正极由装入罐中的二氧化锰粉末和少量的碳混合而成，并插入碳棒作为电流收集器。负极是一个锌棒，被固定在罐的中央，然后与罐一起被浸入氯化铵溶液中。氯化铵溶液很容易通过多孔罐渗透并与正极材料接触。该电池能提供1.4伏特的电压。因为该电池使用了液体的氯化铵溶液作为电解质，因此属于“湿电池”。它是世界上第一个广泛使用的锌碳干电池的先驱。

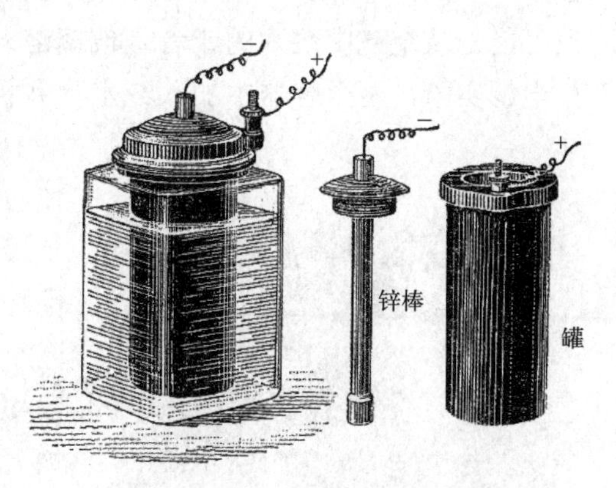

图6-20　勒克朗谢电池

1886年，德国科学家卡尔·加斯纳（Carl Gassner）获得了一项电池专利，由于该电池中没有液体电解质，因此后来被称为干电池。这种干电池是将氯化铵与石膏（后来是淀粉）混合制成糊状，并加入少量氯化锌以延长保质期。二氧化锰正极浸在这种糊状物中，两者都密封在充当负极的锌壳中。这是第一个广泛使用的锌碳干电池，它提供1.5伏的电压，使用方便，不受任何方向限制。第一个批量生产的型号是哥伦比亚干电池，1896年由美国国家碳公司（NCC）首次上市。后来经国家碳公司改进，用卷纸板代替了石膏，使电池更容易组装，直接导致了手电筒的发明。

随后，出现了一种主要使用氯化锌制成的糊状物代替氯化铵的电池，即氯化锌电池。与氯化铵电解质相比，氯化锌电池具有更长的使用寿命和更稳定的电压输出。

（5）燃料电池　1838年，德国科学家舍恩拜因在当时的一本科学杂志上发表了关于燃料电池原理的文章。1839年，格罗夫爵士在《科学杂志》上提出了氢、氧燃料电池的设计原理，即氢和氧结合产生电和水，并于1842年在该期刊上发表了绘制的草图。1889年，路德维希·蒙德（Ludwig Mond，1839—1909）创造了“燃料电池”这一术语。其实，燃料电池真正投入实际应用是在20世纪以后了。

### 2. 电解和法拉第电解定律的确立

1800年，英国化学家尼科尔逊（W. Nicholson，1753—1815）和外科医生安东尼·卡莱尔（Anthony Carlisle，1768—1840）用36枚银币、圆形的锌片和经过盐水浸渍的硬纸片制作电堆，用白金箔为电极，进行施加电流于水的实验。当电极导线与电堆两极接触时，他们发现电极上立刻有气体产生。电解13小时，对收集的气体体积进行测量得知，与电堆负极一端相连的电极上逸出气体的体积是从另一电极上逸出气体的两倍。经过鉴定这两种气体正是氢气和氧气。该实验报告《利用电池电解水》发表在1797年尼科尔逊创办的杂志上，便立刻引起了科学界的轰动。同年，德国的里特（J. W. Ritter，1776—1810）也成功地通过电解将水分离成氢和氧。

水在电解过程中分解了，一个电极产生氢，另一个电极产生氧。人们还发现在阳极附近总有酸性物质产生，而在阴极附近总有碱性物质产生。这又迫使科学家们对这种现象进行解释。戴维认为水是由氢和氧组成的，通过电使水分解的产物只能是氢和氧。而电解过程中产生的酸和碱，可能是由于水不纯而导致的结果。这些杂质可能是水中本来含有的，也可能是从空气中溶入的或者是玻璃溶入的碳酸钠。戴维用纯金制成的两个圆锥形容器进行电解实验，两个容器中加入纯水，并将一条湿的石棉条的两端插入容器的水面以下。电解10分钟后，他发现连接电池正极的容器中的水能使石蕊试纸变红，说明产生了酸性物质；而连接电池负极的容器中的水能使石蕊试纸变蓝，说明产生了碱性物质。为了进一步了解电解的原理，戴维设计了如图6-21所示的实验装置进行电解实验。他在左边的容器中加入硫酸钾溶液，连接电源的负极；中间容器中加入蒸馏水，并加入几滴石蕊，并用湿的石棉条与左右两容器中的液体相连；右边的容器中盛有蒸馏水，连接电池的正极。在电解开始后，发现中间容器右侧石棉条附近的液体先出现了红色。这与戴维的预期完全相反。1806年，戴维在英国皇家学会上宣读了《论电的一些化学作用》的论文。他在文中详细讨论了电解与化学亲和力之间的关系，认为氧与氢之间、金属与氧之间以及酸与碱之间的化学亲和力实际上是一种电力的吸引，而电力又可以将它们分开。

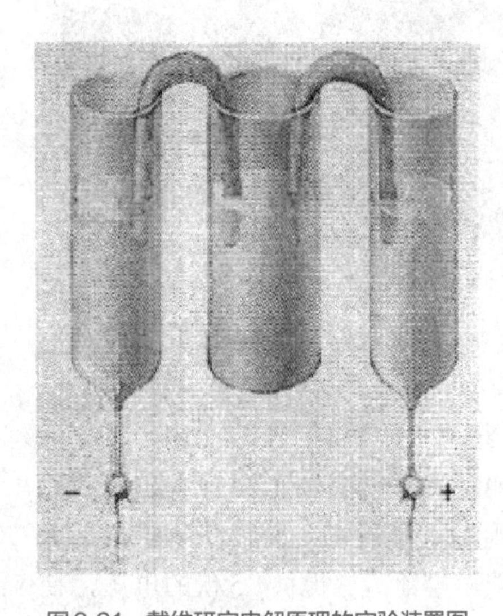

图6-21 戴维研究电解原理的实验装置图

1806年，格罗特斯在《论水及其它物质的分解——借助于原电池》一文中提出了电解理论。他认为水的微粒在电极的作用下被感应成为电的极性体，氧原子带负电朝向阳极，氢原子带正电朝向阴极，并按照一定的顺序排列成链。当分子链接触到电极时，水分子就会分裂成水分子的各个组成部分。氢在负极出现，而氧在正极聚集。这种分子分裂和重组发生在电极之间所有伸展的分子链中。水分子迅速、相互和交替地交换它们的组成部分，从而沿着所有排列的分子线向相反的方向前进。格罗特斯的电解理论为水的分解提供了一个模型。

1807年，戴维着手电解苛性钾的饱和水溶液，结果在阴极上得到了氢气，在阳极上得到了氧气，这表明是水被电解了，于是他想在无水条件下进行电解。由于干燥的固态苛性钾不导电，因此他便想到将其熔化，在接通电源后，他发现阴极的铂丝周围出现了火苗。这使他意识到苛性钾真的被分解了，发生燃烧可能是因为加热的温度太高了。为了降低温度，戴维采用电加热的方法来熔化苛性钾。他把一小块纯的钾碱暴露在空气中几分钟，使其表面潮湿而导电，然后放在铂皿中，把皿与由250对锌板和铜板构成的电堆的负极连接起来，再将与电堆正极连接的铂丝插入苛性钾的上表面。过一会发现，苛性钾与电极接触的部分开始熔化，在铂丝接触的地方剧烈地产生气泡，而在铂皿内壁与苛性钾接触的地方出现了具有金属光泽的物质。这些具有金属光泽的物质，生成便上浮，一旦接触空气就立即燃烧，并生成白色粉末。随后，戴维又在密闭的坩埚中电解潮湿的苛性钾，终于得到了银白色的金属。把这种在阴极上产生出来的金属放入水中，它会在水面上急速地乱转，发出嘶嘶的尖叫声，随后变成一个紫色的小火球在水面上燃烧。因为它是从来自木灰碱（potash）的苛性钾中分解出来的，于是将它命名为“potassium”（钾）。接下来，戴维又用同样的方法从苛性钠中电解出另一种碱金属，并将它命名为“sodium”（钠）。

戴维从苛性碱中制取了钾、钠后，又想尝试从石灰、重土中分离出这两种新的基质。由于石灰和重土的熔点均很高，不能采取分离钾、钠的方法。他又想利用钾还原石灰，但也没有成功。1808年5月，戴维收到贝采里乌斯的信，信中提到他曾经将石灰与水银混合后一起电解，成功地分解了石灰。于是戴维把潮湿的石灰与氧化汞按照3∶1的比例混合，通电后得到了钙汞齐。不久，他又分离出锶、钡和镁三种金属。

法拉第在戴维的指导下对电和电化学现象进行广泛研究。1832年，法拉第试图证明不同方式产生的所有的电都具有完全相同的性质，并产生完全相同的效果。1834年，法拉第在《论电分解》一文中，提出“电解”“电解质”“电极”“阳极”和“阴极”“阳离子”和“阴离子”等术语。

为防止分解释放出的气体重新结合，他制造了几种不同形式的分解装置，有直管、弯管和双电极直管，如图6-22所示。①每个直管都包含一个用金焊接在一起的铂板和铂丝，并密封地固定在管的封闭末端的玻璃中，管上有刻度便于测量。②中间弯曲的管子，a端闭合，并固定着一根金属丝和一块板，电解产生的气体留在a端；弯曲管的b端是开口的，便于产生的气体逸出，并保证不使b端的气体流入a端。③双电极直管被装在一个磨口双颈瓶上，在双颈瓶装满一半或三分之二的稀硫酸的情况下，可通过倾斜整个装置而使稀硫酸流入管中并充满。电的传输和分解比在单独的管道中要快得多，所产生的气体的总量是在两个电极处产生的总和，可通过直管上的刻度测量。

法拉第在对电解进行深入研究的过程中有了两个惊人的发现。首先，电作用力并没有像长期以来人们所认为的那样，远距离作用于分子而使它们分离，正是电流通过导电液体介质，导致分子离解；其次，发现分解的量与通过溶液的电量直接相关。法拉第基于这些发现提出了一种新的电化学理论。他认为，电力使溶液中的分子处于一种紧张状态。当力大到足以扭曲将分子结合在一起的力，从而允

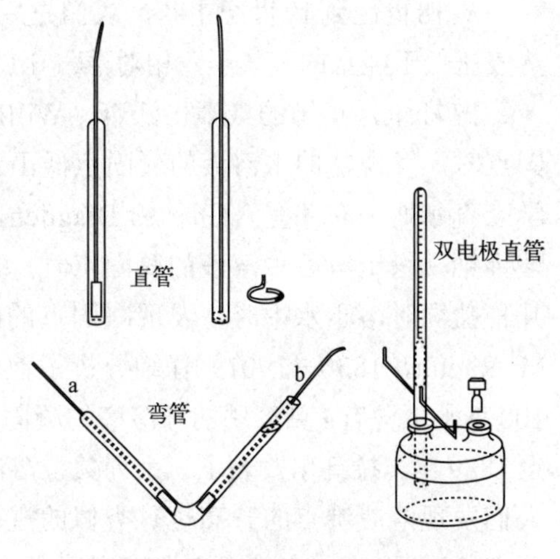

图6-22　法拉第电解实验测量装置

许与邻近的粒子相互作用时，粒子就会沿着张力线迁移，原子的不同部分向相反的方向迁移，从而缓解了张力。因此，通过的电量显然与溶液中物质的化学亲和力有关。法拉第根据这些实验结果提出电解第一定律和第二定律。电解第一定律：沉积在电解槽每个电极上的物质的量与通过电解槽的电量成正比；电解第二定律：当以相同的电量分别通过不同的电解质溶液时，各电极上起反应物质的量与它们的化学当量成正比。

### 3. 关于电动势和电极电势的研究

电化学的理论研究是从伏特电堆为什么能够产生电流开始的。19世纪初，对电堆的“起电力”存在两种观点，即“接触说”和“化学说”。伏特曾经测量了电池的正极-负极界面的接触电位差，他错误地认为接触本身就是电动势的起源。后来，法拉第提出两个电极-电解质界面上的化学反应为电池提供了“电动势场所”。

1852年，德国的魏德曼（G. H. Wiedemann，1826—1899）发现当液体被加压通过多孔的素瓷片时，在液体移动方向上的任意两点之间都会产生一个电位差，他称之为“流动电势”。1878年，德国的道恩（F. E. Dorn，1848—1916）发现液体中的微小粒子在重力的作用下发生沉降时，液体中的两点之间也会产生电位差，他称之为“沉降电势”。1879年，德国的物理学家赫姆霍兹针对上述电动现象给出了解释。他认为在固体-液体界面的两边之间存在着一种固定的“双电层”，一边带正电，另一边带负电，类似于一个平行板电容器，两层间的距离约为分子直径的大小，因此存在一个穿过这个区域的电场。后来，双电层理论又经过多位科学家的完善和发展，并推进了电毛细现象和滴汞电极特性的研究。

1888年，奥斯特瓦尔德的助手瓦尔特·能斯特（Walther Nernst，1864—1941）根据阿伦尼乌斯的理论来研究电解质的扩散理论。他提出电池的渗透理论，并根据化学热力学的原理导出了在平衡状态下电极电势与离子浓度之间的关系，即能斯特方程。

## 五、溶液理论的发展

### 1. 溶液性质的研究

热力学与化学结合的一个重要成就是应用热力学的概念和原理对溶液的依数性进行理论分析，建立起非电解质稀溶液理论。

从18世纪到19世纪中叶，人们先后注意到盐溶于水会使水的凝固点降低，盐水溶液的蒸气压低于纯水的蒸气压，相对蒸气压的降低与不挥发溶质的浓度成正比，而与温度无关。

1771年，英国的威廉·沃森（William Watson，1717—1787）在测定盐的水溶液的凝固点时，发现盐的水溶液的凝固点低于水，降低的值与盐的质量成正比。1788年，英国科学家查尔斯·布莱登（Charles Blagden，1748—1820）在测定食盐、硝石、氯化铵、酒石酸钾钠、绿矾等各种溶液的凝固点时，发现凝固点的降低值依赖于盐与水的比例；如果将几种盐同时溶于水中时，发现凝固点的降低起加和作用。1882年，法国化学家拉乌尔（F. M. Raoult，1830—1901）仔细分析了他以前测定的29种有机化合物的凝固点降低值，发现100克水中含有1克溶质的稀溶液的凝固点降低值与该溶质分子量的乘积为一常数。1886年至1889年，拉乌尔发表了一系列关于溶液蒸气压的文章，提出了著名的拉乌尔定律。不久，人们发现溶液沸点的升高也有类似的规律。这项发现立刻引起有机化学家们的注意，因为他们可以据此测定以前无法测定的不挥发有机化合物的分子量。

1748年，法国的物理学家让-安托万·诺莱（Jean-Antoine Nollet，1700—1770）首次记录了对渗透现象的科学观察。1827年，法国生理学家亨利·德罗切特（Henri Dutrochet，1776—1847）进行定量的渗透压实验。他用膀胱封住一个钟罩形玻璃容器的底部，从上面插进一个玻璃管，容器中分别盛不同浓度的糖水溶液，然后把容器放入水中，结果发现玻璃罩内的液柱升高。于是，他得出结论：压力和容器内溶液的浓度成正比。他指出该压力是由于外面的水透过膜进入溶液而产生的，称之为“渗透压”。1867年，德国化学家莫里茨·特劳贝（Moritz Traube，1826—1894）发明了只让水透过而不让溶质通过的高选择性沉淀膜（单宁-明胶或亚铁氰化铜），为渗透压的测定奠定了基础。1877年，德国植物学家普菲弗（W. Pfeffer，1845—1920）用半透膜进行精确的实验，得出结论：溶液的渗透压（$p$）与溶液的体积（$V$）成反比，与绝对温度（$T$）成正比，数学表达式为：$pV=kT$。

1885年，范特霍夫指出：渗透压与温度的关系遵循盖-吕萨克定律，渗透压与体积的关系遵循波义耳定律。他注意到溶液渗透压公式与理想气体状态方程极为相似，便利用普菲弗的实验数据进行计算，发现式中的$k$与理想气体状态方程中的$R$数值相等。于是，范特霍夫将稀溶液与理想气体进行类比，他认为在气体中气体分子冲击器壁产生压力，在溶液中溶质分子冲击半透膜产生渗透压。因此，溶液渗透压也遵循阿伏伽德罗定律，即$pV=RT$。这就是说，在稀溶液中1mol溶质所产生的渗透压$p$等于溶质在同一绝对温度$T$下转化为$V$体积的理想气体时所产生的压力。

然而，对于盐溶液来说，它的凝固点降低值和蒸气压降低值要比浓度相同的有机化合物溶液的降低值要大。1887年，范特霍夫在酸、碱、盐渗透压公式中引入一个矫正系数$i$，即$pV=iRT$（$i>1$）。对于$i$意义的揭示是电离理论建立后才完成的。

范特霍夫用热力学方法，根据渗透压公式导出凝固点的降低与蒸气压降低公式，证明了它们之间的联系，从而将溶液依数性变化的各个经验定律统一了起来，揭示出拉乌尔公式中常数的热力学意义，创立了通过测定凝固点或沸点来计算渗透压的有效办法，进一步证明了稀溶液理论的实际意义。

### 2. 溶液电离理论的建立

对于电解水现象，威廉逊和克劳修斯分别于1851年和1857年提出另一种观点。他们认为电解质在溶液中离解成“基”，这些“基”又不断结合成电解质分子，二者处于动态平衡之中。克劳修斯认为，在外电力的影响下带正电的原子被电力驱向负极，带负电的原子则被驱向正极，故而产生电解。

在法拉第提出离子概念后，德国的希托夫（J. W. Hittorf，1824—1914）在1853年至1859年间通过研究盐的电解实验，证实了电流依赖朝向电极以不同速度运动的离子而流动。他认为阴、阳离子移动的速度不同，提出了迁移数的概念。从1867年到1875年，德国的大学教授柯尔劳希（F. W. Kohlrausch，1840—1910）发表一系列文章，提出了离子独立运动规律，认为任何离子都具有固定的移动度（迁移率），一种盐的电导率可以由构成盐的离子的移动度之和计算得到。他还发现电导率随着溶液的稀释而增加。

1882年，瑞典的斯万特·奥古斯特·阿伦尼乌斯（Svante August Arrhenius，1859—1927）测定了多种电解质溶液的电导率以完成他的博士论文。1883年，他阅读了威廉逊、克劳修斯、柯尔劳希的著作后，受到了很大的启发。于是，他对自己的实验数据进行分析，并于1884年向乌普萨拉大学提交了一篇150多页，题目为《关于电解质电导率的研究》的博士论文。论文中最重要的观点是解释了固体盐在溶解形成溶液时会分解成带电粒子（离子）。这与法拉第认为离子是在电解过程中产生的观点有所不同。阿伦尼乌斯认为即使在没有电流的情况下，盐的水溶液中也含有离子。因此，他用离子理论来解释电解质的导电性，并提出溶液中的化学反应是离子之间的反应。然而，论文审查委员对阿伦尼乌斯的这篇论文没有给予好的评价。于是，他把论文的副本寄给了克劳修斯、奥斯特瓦尔德和范特霍夫等几位欧洲学者，立即得到了奥斯特瓦尔德的认可。奥斯特瓦尔德亲自到乌普萨拉大学邀请阿伦尼乌斯加入他的研究团队。

1885年，拉乌尔考察了正电基（离子）和负电基（离子）单独产生的物理作用，得出结论：正电基和负电基是以简单混合的状态存在于溶液中的。

1887年，阿伦尼乌斯提出了电解质稀溶液的电离理论。他在题为《关于溶质在水中的离解》的论文中明确指出：盐溶于水中会自发地离解出正、负离子；溶液越稀则电离度越高，当无限稀释时，分子全部变为离子；由于正、负离子各自独立运动，溶液的电导即为它们的电导之和；分子离解成离子后，溶液内独立的粒子数增加，从而引起渗透压等溶液依数性的变化。阿伦尼乌斯进一步指出，凡是不遵守范特霍夫的凝固点降低公式的，都要在等号右边乘上系数$i$才能与实验结果相符，这是电解质离解成离子后使溶液内溶质粒子增加的缘故。

阿伦尼乌斯因提出电离理论于1903年获得诺贝尔化学奖，他被认为是物理化学科学的创始人之一。

### 3.溶液的酸碱理论

1884年，阿伦尼乌斯在他的离子理论的扩展中提出了酸、碱的定义：酸是一种在水中解离生成$H^+$的物质，碱是一种在水中解离形成$OH^-$的物质。

1887年，阿伦尼乌斯通过醋酸钠的水解度对水的离子积进行计算。1893年，奥斯特瓦尔德用浓差电池对水的离子积进行测定，其结果为$0.9\times10^{-14}$~$1.1\times10^{-14}$。

1893年，奥斯特瓦尔德把质量作用定律用于描述有机溶液中离子和分子间的电离平衡，并对酸、碱的概念作出了更加明确的阐述。1894年，奥斯特瓦尔德在《分析化学的科学基础》专著中阐明了酸碱指示剂的变色机理。1909年，索伦森（S. P. L. Sørensen，1868—1939）提出用pH值表达溶液中$H^+$的浓度。此后又采用负对数值（$pK_a$和$pK_b$）的方式表达弱酸和弱碱的电离平衡常数。

1923年，丹麦物理化学家约翰内斯·尼古拉斯·布伦斯特（Johannes Nicolaus Brønsted，1879—1947）和英国物理化学家托马斯·马丁·洛瑞（Thomas Martin Lowry，1874—1936）各自独立提出酸碱质子理论。当酸和碱相互反应时，酸给出质子形成其共轭碱，碱接受质子形成其共轭酸。这个理论又被称为布伦斯特-洛瑞（Brønsted-Lowry）酸碱理论。

同样在1923年，美国的吉尔伯特·牛顿·路易斯（Gilbert Newton Lewis，1875—1946）提出了酸碱反应的电子对理论，将能够提供一个电子对的化合物称为路易斯碱，将可以接收这个电子对的化合物称为路易斯酸。

## 六、初期的化学动力学

化学动力学研究反应的具体过程和途径（主要指各类反应的机理），研究化学反应的速率以及温度、浓度、压力、催化剂等各种因素对速率的影响。

### 1. 质量作用定律的提出

1850年，德国的威廉米用旋光计测定蔗糖在酸的作用下水解的速率，发现该反应与介质的酸量、蔗糖的量和温度有关。他发现在大量水存在的情况下，在时间间隔（d$t$）内，蔗糖的变化（d$M$）与此时蔗糖的量（$M$）成正比：$-\mathrm{d}M/\mathrm{d}t = kM$，$k$表示反应速率常数。1862年，法国的贝特洛和他的助手研究发现酸与醇生成酯的反应不能完全进行到底，他们提出每一瞬间生成酯的量与反应物量的乘积成正比。1866年，英国两位化学家在研究高锰酸钾氧化草酸的反应时发现，化学反应的速率与参加反应的物质的质量成正比。

古德贝格和瓦格在1864年提出化学作用与有效质量成正比的论说，实际上他们已经得出质量作用定律的雏形了，然而遗憾的是他们的论说一直没能引起化学家们的重视。1867年，他们发表了第二篇《关于化学亲和力的研究》的文章，介绍了他们运用自己提出的论说进行计算的结果与贝特洛的实验结果一致。1879年，他们根据分子碰撞理论解释反应速率和质量作用定律，给出了“$\alpha \mathrm{A} + \beta \mathrm{B} + \gamma \mathrm{C} \longrightarrow$产物”这种类型反应的反应速率表达式（反应速率$=kp^{\alpha}q^{\beta}r^{\gamma}$），其中$p$、$q$、$r$分别是A、B、C的有效质量。

### 2. 反应速率指数定律的建立

1889年，阿伦尼乌斯发表了《在酸作用下蔗糖转化的速率》一文。他引入了“活化能”的概念，并给出了反应速率常数$k$随温度变化的公式：$k = A\mathrm{e}^{\frac{-E_a}{RT}}$，式中$E_a$表示活化能，$A$为频率因子。这就是阿伦尼乌斯公式，即反应速率指数定律。

1895年，美国化学家诺伊斯（A. A. Noyes，1866—1936）提出反应级数概念，并指出级数与分子数的区别。

### 3. 催化作用

1794年，苏格兰化学家伊丽莎白·富勒姆（Elizabeth Fulhame）在《论燃烧，以一种新的染色和绘画艺术的视角》一书中详细地介绍了她所做的氧化还原反应实验，提出了“催化”的概念，将“催化”作为一个过程进行了描述。1811年，化学家基尔霍夫（Gottlieb Kirchhoff，1764—1833）研究了硫酸对淀粉和蔗糖水解为葡萄糖的催化作用。1835年，贝采里乌斯使用“催化”一词描述由反应后保持不变的物质加速的反应。

奥斯特瓦尔德拓展了催化剂在物理化学方面的研究。他在对化学反应速率以及酸、碱的研究过程中，发现某些化学反应物溶液中酸的浓度或碱的浓度对化学过程的速率有很大的影响。他意识到这是贝采里乌斯首先提出的化学催化概念的体现，并指出催化剂是一种既不属于反应物也不属于生成物，却能加速化学反应速率的物质。他还指出催化剂加快反应速率，但不改变反应方向。奥斯特瓦尔德因对催化作用、化学平衡以及化学反应速率的基本原理的研究，于1909年获得诺贝尔化学奖。

## 第五节　近代化学工业的兴起

19世纪，随着纯碱生产的发展，相继出现了制碱工业、制酸工业、化学合成染料工业、肥料工业等。

## 一、三酸工业

三酸工业通常是指硫酸、盐酸和硝酸的工业生产。

### 1. 硫酸工业

公元7世纪，我国炼丹术士有炼石胆（$CuSO_4 \cdot 5H_2O$）取精华法的记载。公元8世纪，炼金术士将蒸馏硝石和氯矾（$FeSO_4 \cdot 7H_2O$）得到的气体溶于水制取硫酸。

1740年，英国医生瓦尔德（J. Ward，1685—1761）在伦敦附近建成了第一个硫酸工厂。生产硫酸的方法是在玻璃钟罩的下面放少量的水，水上放一铁盘，将硫黄和硝石的混合物放在铁盘上燃烧，硝石产生的二氧化氮将生成的二氧化硫氧化成三氧化硫，用水吸收制得硫酸。

1746年，英国人罗巴克（John Roebuck，1718—1794）考虑到瓦尔德用于生产硫酸的铁盘易被腐蚀的问题，做成铅衬里的木制矩形室（铅室），在铅室中燃烧硝石和硫黄，用水吸收生成的三氧化硫气体，在玻璃容器中浓缩得到浓度约为65%的硫酸。1749年，罗巴克和加贝特（Samuel Garbett，1717—1805）在苏格兰的Prestonpans建成铅室法生产硫酸的工厂。

1793年，克莱门特（N. Clement，1779—1841）和德索姆斯（C. B. Desormes，1777—1862）将硫黄在铅室外的空气中燃烧，以减少硝石的用量，然后将生成的气体导入铅室与水蒸气接触制取硫酸。19世纪初，希尔（W. Hill）用黄铁矿代替硫黄。1827年，盖-吕萨克提出在铅室的后方增加填充填料的砖石圆柱体淋洗塔，用于吸收氮的氧化物，至1842年得到普遍应用。1859年，英国的格罗弗（J. Glover，1817—1902）又设置了另一个塔，使被吸收的氮氧化物重新被分离出来，送入铅室重复使用。至此，铅室法硫酸工艺基本定型。

铅室法制造硫酸的缺点是流程复杂、产率较低，于是促使人们寻求直接将$SO_2$转变为$SO_3$的方法。

1817年，戴维确认在以铂为催化剂的条件下，二氧化硫可被氧气氧化成三氧化硫。1831年，英国食醋制造商人菲利普斯（P. Phillips）用装有铂的瓷管加热硫黄，在有充分空气混合的条件下制出三氧化硫，并获得专利。1875年，德国化学家迈赛尔（R. Messel，1847—1920）以铂为催化剂，让二氧化硫与氧气作用直接生成三氧化硫，然后用浓硫酸吸收得到发烟硫酸。由此，接触法制硫酸逐渐工业化。

20世纪初，德国化学家克尼奇（R. Knietsch，1854—1906）找到了工业催化剂活性降低的原因是砷等有害物质的存在。1913年，具有优良催化性能的钒催化剂代替铂，使接触法硫酸工艺得到进一步发展。

### 2. 盐酸工业

1658年，德国的格劳伯（J. R. Glauber）描述了用盐（氯化钠）与矾油（硫酸）制备“盐精”（氯化氢）。1727年，英国的黑尔斯将硫酸和氯化铵作用，得到一种气体。1772年，舍勒也报道了这种反应，普利斯特里将硫酸与氯化铵作用产生的气体收集后，制得了盐酸。

1788年，法国的勒布兰（Nicolas Leblanc，1742—1806）在制取纯碱的同时，产生氯化氢，起初这种气体被排放到空气中。1836年，英国人哥赛（W. Gossage，1799—1877）用焦炭填充吸收塔将氯化氢回收，得到盐酸。

1866年，英国的工业化学家威尔登（Walter Weldon，1832—1885）开发出工业上用盐酸与二氧化锰反应制氯气的威尔登工艺。该工艺的特点是实现了锰的回收利用。将盐酸与二氧化锰反应后的氯化锰溶液用石灰、蒸汽和氧气处理生成锰酸钙，然后使锰酸钙与盐酸反应生成氯气、氯化锰和氯化钙，氯化锰可以回收利用。1798年，苏格兰化学家坦南特（Charles Tennant，1768—1838）提出用次氯酸钙溶液代替次氯酸钠溶液进行漂白，并于1799年获得氯气制备漂白粉的专利。

3. 硝酸工业

17世纪，格劳伯（J. R. Glauber）通过用硫酸蒸馏硝酸钾来获得硝酸。1784年，卡文迪许发现电火花可使氮气和氧气反应生成氮的氧化物。1785年，卡文迪许确定了硝酸的组成，表明它可以通过使电火花流穿过潮湿的空气来制取。1898年，两位英国人采用60赫兹、8000伏的电压，利用这种方法每小时能获得65克的硝酸。1903年，挪威的大学物理教授伯克兰德（K. Birkeland，1867—1917）和工程师爱德（S. Eyde，1866—1940）设计第一套电弧法制备硝酸的工业装置，并在1905年成功投入运行。具体的方法是通过电弧法使氮气与氧气反应生成一氧化氮，一氧化氮被氧气氧化成二氧化氮，二氧化氮溶于水得到硝酸。

1902年，奥斯特瓦尔德申请了氨氧化法制硝酸专利。1913年，弗里茨·哈伯（Fritz Haber，1867—194）和卡尔·博世（Carl Bosch，1874—1940）发明了合成氨工艺，可以获取廉价的氨，空气氧化炉设计成功以后，制备出浓度达到50%的硝酸。

## 二、纯碱工业

化学家们根据食盐（NaCl）和纯碱（$Na_2CO_3$）中含有的共同成分，尝试利用食盐制取纯碱。从18世纪上半叶开始，多位研究者虽然制得了碳酸钠，但要么因为消耗硫酸量大，要么因为产率过低，要么因为产品纯度不高而不能满足工业化生产。1783年，法国科学院重金悬赏征求从食盐生产纯碱的工业化新工艺。1791年，法国化学家勒布兰成功地通过两步法从盐中生产出碳酸钠，称为勒布兰制碱法。1861年，比利时化学家欧内斯特·索尔维（Ernest Solvay，1832—1922）发明了一种更直接的方法，利用氨从盐和石灰石中生产纯碱，称为氨碱法。

1. 勒布兰制碱法

1788年，法国化学家和医生勒布兰在前人研究的基础上，以食盐、硫酸、石灰石和煤为原料，通过两步法从食盐制得碳酸钠，并于1792年取得专利。

第一步：将食盐和浓硫酸在炉中混合，加热至600~700℃，产生氯化氢，得到硫酸钠。

$$2NaCl + H_2SO_4 \xlongequal{\triangle} Na_2SO_4 + 2HCl\uparrow$$

第二步：将硫酸钠与木炭和石灰石混合后，在炉中加热至1000℃左右，得到碳酸钠。

$$Na_2SO_4 + 4C \xlongequal{\triangle} Na_2S + 4CO\uparrow$$

$$Na_2S + CaCO_3 \xlongequal{\triangle} Na_2CO_3 + CaS$$

1823年，英国在利物浦成功实现了碳酸钠生产。这种方法在用食盐生产硫酸钠的过程中产生氯化氢会对空气产生污染，硫化钙副产品也存在废弃物处理问题。后来人们采用吸收塔回收氯化氢，采用燃烧炉氧化硫化钙生成硫回收利用，直到19世纪80年代末，该法仍然是碳酸钠的主要生产方法。

## 2. 索尔维制碱法

1861年，比利时工业化学家索尔维以食盐、石灰石和氨（炼焦厂的粗氨水）为原料，制得了碳酸钠，称为氨碱法。1862年实现工业化，1867年索尔维制造的产品在巴黎世界博览会上获得铜制奖章，此法被正式命名为索尔维制碱法。

氨碱法制碱工艺大体上可以分为石灰石煅烧、石灰乳制备、盐水精制、氨盐水制备、氨盐水碳酸化、粗碳酸氢钠的过滤和煅烧、母液中氨的回收等工序。

（1）石灰石煅烧和石灰乳制备　煅烧石灰石产生的二氧化碳用于碳酸钠生产的碳源，将生成的生石灰与水反应后就制成石灰乳。相关化学反应为：

$$CaCO_3 \xlongequal{\triangle} CaO + CO_2\uparrow$$

$$C + O_2 \xlongequal{\triangle} CO_2\uparrow$$

$$CaO + H_2O \xlongequal{} Ca(OH)_2$$

（2）盐水精制　盐水精制分为一次精制和二次精制，一次精制除镁，二次精制除钙。相关化学反应为：

$$MgCl_2 + Ca(OH)_2 \xlongequal{} Mg(OH)_2\downarrow + CaCl_2$$

$$MgSO_4 + Ca(OH)_2 \xlongequal{} Mg(OH)_2\downarrow + CaSO_4$$

$$CaCl_2 + 2NH_3 + CO_2 + H_2O \xlongequal{} CaCO_3\downarrow + 2NH_4Cl$$

$$CaSO_4 + 2NH_3 + CO_2 + H_2O \xlongequal{} CaCO_3\downarrow + (NH_4)_2SO_4$$

（3）氨盐水制备及其碳酸化　经过二次精制的盐水吸收足量氨后即为氨盐水。氨盐水的碳酸化就是使氨盐水吸收足量的二氧化碳，并使碳酸氢钠析出。相关的化学反应为：

$$NH_3 + CO_2 + H_2O \xlongequal{} NH_4HCO_3$$

$$NaCl + NH_4HCO_3 \xlongequal{} NaHCO_3 + NH_4Cl$$

总反应：

$$NaCl + NH_3 + CO_2 + H_2O \xlongequal{} NaHCO_3 + NH_4Cl$$

（4）粗碳酸氢钠的过滤和煅烧　将析出碳酸氢钠固体的碱液进行过滤，过滤后得到粗碳酸氢钠，其中含有碳酸氢铵、氯化铵、氯化钠和水等杂质。粗碳酸氢钠煅烧后便能得到碳酸钠产品，同时生成的二氧化碳气体进行循环利用。相关的化学反应为：

$$2NaHCO_3 \xlongequal{} Na_2CO_3 + CO_2\uparrow + H_2O$$

$$NH_4HCO_3 \xlongequal{} NH_3\uparrow + CO_2\uparrow + H_2O$$

（5）母液中氨的回收　过滤碳酸氢钠后的母液中含有氯化铵，加入石灰水后再进行蒸馏，将得到的氨进行循环利用。相关的化学反应为：

$$2NH_4Cl + Ca(OH)_2 \xlongequal{} 2NH_3\uparrow + CaCl_2 + 2H_2O$$

因为该法生产的产品纯度高，所以产品碳酸钠又被称为纯碱。索尔维制碱法实现了碳酸钠的连续化生产，适合大规模生产，氨也得到了循环利用。

当然，索尔维法也存在不足之处：一是食盐的利用率不高，理论上转化率可达80%以上，实际上只有70%；二是食盐中的氯转化为氯化钙，没有得到利用。

### 3. 侯氏联合制碱法

20世纪30年代，中国化学家侯德榜针对氨碱法的缺点进行改进，发明了侯氏制碱法。

侯氏制碱法的原理也为氨碱法，将合成氨厂的产品氨和副产品二氧化碳与碱厂联合，制造碳酸钠和氯化铵化肥。1943年，中国化学工程师学会一致同意将这一新的联合制碱法命名为"侯氏联合制碱法"。

该法是向饱和食盐水中通入足量氨气成为氨盐水，再向氨盐水中通入二氧化碳，因生成碳酸氢钠的溶解度较低而析出，分离后得到碳酸氢钠，经过煅烧得到碳酸钠产品。

$$NaCl + H_2O + NH_3 + CO_2 = NaHCO_3 + NH_4Cl$$

$$2NaHCO_3 = Na_2CO_3 + CO_2\uparrow + H_2O$$

在分离过碳酸氢钠后的母液中，加入氯化钠粉末，同时在30~40℃的温度下向溶液中加入足量的氨，然后将溶液温度降至10℃以下。在30℃时氯化铵的溶解度高于氯化钠，而在10℃时氯化铵的溶解度低于氯化钠，利用溶解度差异和同离子效应，使氯化铵从溶液中析出。

与索尔维法相比，侯氏联合制碱法具有很强的优势。由于在生产碳酸钠的同时，得到副产品氯化铵作为化肥产品，从而食盐的利用率提高到90%以上。因为合成氨系统中有大量的高浓度的二氧化碳，可以用作氨盐水碳酸化时的原料，所以不需要石灰窑的二氧化碳气体。另外，因为副产品氯化铵可作为化肥产品，也就不用回收母液中的氨，不再产生大量的难于处理的氯化钙，既大大地降低了纯碱的成本，又减少了对环境的污染，充分体现了大规模联合生产带来的节能减排的优越性。

## 三、有机合成工业

18世纪末，由于冶金工业的发展，需要大量的焦炭，在用煤生产焦炭和煤气的过程中得到副产品煤焦油。当时，大量煤焦油被当作废物扔掉，对环境造成污染。19世纪初，人们从煤焦油中分离出多种芳香族化合物，以这些芳香族化合物为原料合成染料、药品、香料、炸药等有机产品。到19世纪中叶，形成了以煤焦油为原料的有机合成工业。

### 1. 染料

1834年，德国化学家米切利希（E. Mitscherlich，1794—1863）用苯和硝酸作用得到硝基苯。1842年，俄国的齐宁（N. N. Zinin，1812—1880）还原硝基苯得到了一种碱。1841年，冯·霍夫曼在煤焦油中发现了苯胺和喹啉，并于1845年从煤焦油中分离出苯。1848年，冯·霍夫曼的学生曼斯菲尔德（C. B. Mansfield）发明了一种煤焦油分馏的方法，分离出苯、甲苯和二甲苯，这是开发煤焦油产品的重要一步。

（1）苯胺类染料的合成　1834年，德国分析化学家龙格（F. F. Runge，1794—1867）从煤焦油中分离出一种物质，当用氯石灰处理时，这种物质会变成美丽的蓝色，这是第一种煤焦油染料苯胺蓝。

1856年，冯·霍夫曼的学生珀金（W. H. Perkin，1838—1907）试图制备治疗疟疾的特效药奎宁时，用重铬酸钾和硫酸氧化从煤焦油中提取出来的粗苯胺，得到了一种黑色的黏稠物。他以为实验失败了，就用酒精进行清洗，结果得到一种紫色溶液，这是一种苯胺染料——苯胺紫。经过实验证明，苯胺紫染料对毛织物、棉织物具有很好的染色效果。当时，年仅18岁的珀金获得了制造苯胺紫的专利。他以实验室合成为基础，设计出苯胺紫染料的工业生产方案，并于1857年在英国投产。

1858年，冯·霍夫曼用四氯化碳处理粗苯胺，得到一种红色染料苯胺红（品红）。1860年，他用苯胺与碱性品红的盐酸盐供热，得到了一种蓝色染料苯胺蓝。1863年，他证明苯胺蓝是玫瑰苯胺的三苯基衍生物，并发现玫瑰苯胺分子中引入不同的烷基可以产生各种紫色或紫罗兰色的染料。1887年他合成了喹啉红。

（2）偶氮染料　1858年，德国化学家格里斯（J. P. Griess，1829—1888）发现了重氮化反应。1864年，他将重氮化进行偶合，第一次获得了偶氮染料。1884年，德国工业化学家伯蒂格（P. Bottiger）用联苯胺合成了刚果红染料。

（3）天然染料的合成　1868年，德国化学家格雷贝（C. Graebe，1841—1927）和柏林工业大学教授李伯曼（K. Liebermann，1842—1914）研究了茜素的结构，并以从煤焦油中提取的蒽为原料，于1869年人工合成了第一种天然染料茜素，1871年实现了工业生产。1878年，冯·拜耳使用三氯化磷、磷和乙酰氯将靛红还原得到靛蓝，1897年开始工业生产。冯·拜耳也因为在有机化学和化学工业的进步中所做的贡献获得1905年诺贝尔化学奖。

### 2. 阿司匹林

2400年前，古人就知道柳树皮可以缓解疼痛和退烧。1828年，德国化学家布赫纳（J. A. Buchner）分离了这种树皮中的活性提取物，称为水杨苷（salicin）。1838年，意大利化学家皮里亚（R. Piria，1815—1865）处理这种活性提取物，与苛性钾一起加热制得了水杨酸。

1853年，化学家热拉尔用乙酰氯处理水杨酸钠首次制得了乙酰水杨酸，但没能引起人们的重视。1897年8月10日，德国的菲利克斯·霍夫曼（Felix Hoffmann，1868—1946）在拜耳公司工作时，在化学家亚瑟·艾肯格（Arthur Eichengr，1867—1949）的指导下合成了乙酰水杨酸。药理学家在调查该物质功效后，发现它是一种镇痛、解热和抗炎物质。1899年，拜耳公司将这种药命名为“阿司匹林（aspirin）”，并在世界各地销售。在20世纪上半叶，阿司匹林成为非常受欢迎的药品。

### 3. 炸药

（1）硝化棉　1845年的一天，舍恩拜因在家中进行化学实验时，不小心将硝酸和硫酸的混合物洒到了棉围裙上，他把围裙擦干净后，挂在炉子上晾干，在此过程中发生了自燃。于是，他将棉花浸于硝酸和硫酸混合液中，发明了硝化棉或火棉。1865年，英国化学家阿贝尔（F. A. Abel，1827—1902）制得化学稳定的硝化棉（硝化纤维）。1868年，阿贝尔建议将压缩的硝化棉用作高级炸药。

（2）硝化甘油　1846年，意大利化学家索布雷罗（A. Sobrero，1812—1888）把半份甘油滴入一份硝酸和两份浓硫酸混合液中首次制得硝化甘油。由于硝化甘油是一种烈性液体炸药，轻微震动即会剧烈爆炸，因此不宜生产。1854年，俄国化学家齐宁首先提出用多孔物质吸收硝化甘油，曾试图将硝化甘油装入手榴弹未取得成功。

1842年，青年时期的诺贝尔（A. B. Nobel，1833—1896）随家人一起来到了圣彼得堡，在那里成为齐宁的私人学生。1850年，诺贝尔在巴黎学习的时候，遇到了三年前发明了硝化甘油的索布雷罗。索布雷罗强烈反对使用硝化甘油，因为当它遇热或受压时很容易发生爆炸。但是诺贝尔对找到一种方法来控制和使用硝化甘油产生了浓厚的兴趣。1862年，他在黑火药中加入10%的硝化甘油，因为容易发生爆炸而无法生产。1863年，他将硝化甘油装进一个金属管或其他密封筒中，放入一个装有黑火药的小木管，然后塞进一根导火线，通过导火线引燃黑火药，再通过黑火药爆炸产生的冲击波引爆硝化甘油。1865年，他将放黑火药的小木管换成装有雷酸汞的金属管，制成了一个发火件雷管。

1864年9月3日，位于瑞典斯德哥尔摩海伦堡工厂的一个用于制备硝化甘油的实验室发生爆炸，造成5人死亡，其中包括诺贝尔的弟弟。诺贝尔当时因不在现场，才得以幸免。后来诺贝尔在亲自点燃雷酸汞引爆试验时，自己还受了伤。尽管发生了很多事故，但他仍坚持不懈，继续专注于提高炸药的稳定性。由于使用雷管实现对硝化甘油的爆炸性的控制，诺贝尔于1865年在斯德哥尔摩和德国汉堡附近相继建立硝化甘油工厂。

由于硝化甘油使用并不安全，多地的硝化甘油运输车发生了爆炸。诺贝尔又经过多次试验，终于成功研制出能够安全使用的黄色炸药。这种黄色炸药是将惰性物质硅藻土（占25%）加入硝化甘油中（占75%）制成的。1867年，诺贝尔申请了制造黄色炸药的专利，成为安全使用硝化甘油的第一人。

1875年，诺贝尔将92%的硝化甘油与类似于胶凝剂的8%的硝化纤维化合物结合起来，得到了一种透明的果冻状物质“gelignite”。这种物质既有硝化甘油那样强大的爆炸力，又有黄色炸药具有的安全性。他还将硝酸铵加入“达纳炸药”（dynamite），代替部分硝化甘油，制成更加安全又廉价的“特种达纳炸药”，又称“特强黄色火药”。

1887年，诺贝尔在等量的硝化棉和等量的硝化甘油中加入10%樟脑，制成“ballistie”无烟炸药。他还获得了无烟推进剂的专利。

（3）其他炸药　1771年，爱尔兰化学家乌尔夫（P. Woulfe，1727—1803）将硝酸作用于靛蓝首次制得苦味酸。1799年，法国化学家让-约瑟夫·韦尔特（Jean-Joseph Welter，1763—1852）用硝酸处理丝绸，制得苦味酸，发现苦味酸钾会爆炸。但直到1830年，化学家才想到用苦味酸作为炸药。1841年，法国化学家罗朗证明苦味酸是三硝基苯酚，可由苯酚合成。1873年，一位德裔英国化学家证明苦味酸是可以引爆的，而在此之前，化学家们认为只有苦味酸盐具有爆炸性，而苦味酸本身并不具有爆炸性。1885年，法国化学家特平（E. Turpin，1848—1927）申请了将苦味酸作为炮弹装填药的专利。由于苦味酸具有酸性，能腐蚀金属弹壳，对摩擦和振动很敏感，因此逐渐被TNT取代。

1863年，德国化学家威尔布兰德（J. Wilbrand，1839—1906）用硝酸、硫酸与甲苯反应首次制得三硝基甲苯（梯恩梯，TNT）。最初TNT被用作黄色染料，由于它很难被引爆，人们一直没有认识到它作为一种爆炸物的潜力。直到1891年，德国化学家豪瑟曼（C. Häussermann）首先发现了它的爆炸特性，20世纪初开始广泛用于装填各种炮弹的弹药。

## 四、化肥工业

19世纪以前，农业上所需的肥料主要来自有机物的副产品。19世纪50年代开始，磷肥、钾肥、氮肥的生产技术都有了很大的提高，这是19世纪化工技术的又一重大成果。

### 1. 磷肥

1840年，李比希用硫酸处理骨粉，制成了易溶于水的过磷酸钙磷肥。1842年，英国的劳斯（J. B. Lawes，1814—1900）申请了用硫酸处理磷酸盐形成过磷酸钙的专利，创立了世界上第一个生产商品肥料过磷酸钙的工厂，成为化学肥料工业的开端。1856年，李比希用硫酸处理天然磷矿石，使矿石中的磷酸三钙转变为水溶性的磷酸一钙。磷酸一钙与石膏混合即得过磷酸钙。1884年，德国的霍耶曼（Hoyermann）考察了托马斯炼钢法的炉渣，发现其中含有易为农作物吸收的磷成分。

随着磷肥生产的发展，各种高浓度磷肥，如富过磷酸钙、重过磷酸钙、磷酸二钙等相继研制成功。

### 2. 钾肥

早期的钾肥是以草木灰的形式施用。1860年，德国化学家阿道夫·弗兰克（Adolph Frank，1834—1916）在德国的斯达斯非特（Stassfurd）发现了世界上著名的钾矿，矿床表层是含有氯化钾和氯化镁的光卤石。1861年，阿道夫·弗兰克获得了以氯化钾为基础的肥料专利。19世纪90年代，开始建设从光卤石中提取氯化钾的工厂。由于氯化镁的溶解度比氯化钾大，把光卤石中的KCl、MgCl溶解，然后冷却溶液，大部分氯化钾就结晶析出。此后，各国根据自己的资源情况建设了从钾石盐矿生产氯化钾以及从盐湖、海水的卤水中提取氯化钾的工厂。

### 3. 氮肥

19世纪初，出现了用硫酸直接吸收煤气中氨进行硫酸铵生产的工艺。19世纪后半叶，很多国家进行了硫酸铵的生产和应用。20世纪初，硫酸铵产量占据世界化肥生产的首位，取代了智利硝石在氮肥中的地位。

阿道夫·弗兰克与尼科登·卡罗（Nikodem Caro）在寻找一种新的生产氰化物的方法时，发现碳化钙在高温下具有吸附大气中氮的能力。1898年，阿道夫·弗兰克、尼科登·卡罗和弗里茨·罗特（Fritz Rothe）发现，在1100℃时，碳化钙与氮气生成的不是氰化钙［$Ca(CN)_2$］，而是氰氨基钙（$CaCN_2$）。1900年，弗兰克又发现以过热蒸汽水解氰氨基钙可得到氨，于是他建议把氰氨基钙用作肥料，这种方法称氰氨法。1904年德国建立了第一个工业装置。但这种方法由于设备笨重，电力消耗大，因此氨的成本过高。

氨是制造各种氮肥的原料，氨本身就是一种氮肥，因此低成本氨的生产工艺意义重大。曾有不少人尝试采用不同的方法试图让氢气与氮气反应得到氨，但都未能成功。

20世纪初，德国化学家哈伯、能斯特和勒·夏特列对合成氨的工艺条件和理论进行了大量的实验研究。1901年，勒·夏特列试图在200大气压和600℃的温度下，将氮气和氢气直接结合起来。他用一台空气压缩机将混合气体压入贝特洛钢制弹中，在那里铂螺旋加热了混合气体和还原铁催化剂。因设备中存在空气导致了一场可怕的爆炸而使实验失败。勒·夏特列曾写道："我让氨合成的发现从我手中溜走了，这是我科学生涯中最大的错误。"

哈伯和他的助手罗伯特·勒·罗西尼奥尔（Robert Le Rossignol）一起开发了高压装置和催化剂，经过多次失败后，终于在1909年7月2日成功建成每小时能产生125毫升氨的实验室装置。在17.5~20兆帕的压力和500~600℃下，以锇为催化剂，使氢气和氮气反应生成氨。哈伯申请了合成氨工艺的专利，随后被德国化学和染料公司巴斯夫（BASF）收购。BASF委托卡尔·博世将哈伯的实验室级氨合成装置扩大到工业生产的水平，并于1910年建成第一个中间试验车间。1913年，在德国建成工业规模的合成氨工厂。

哈伯工艺使用的催化剂是价格昂贵的锇，卡尔·博世要进行的改进工作之一就是研制一种廉价易得的催化剂代替锇。1909年，在卡尔·博世的指导下，巴斯夫研究员米塔什（A. Mittash）选择含有铝镁促进剂的铁基催化剂进行研究，经过约2万次试验，终于制得含有少量钾、镁、铝和钙作促进剂的铁基催化剂。

铁基催化剂的主要活性成分是铁的氧化物（主要是$Fe_3O_4$），是通过金属铁粉在空气中煅烧得到的。催化剂的其他次要成分包括钙和铝的氧化物，它们是催化剂的载体。催化剂毒物会降低催化剂的活性，原料中的杂质如硫化物、磷化物、砷化物和氯化物是永久的催化剂毒物，而水、一氧化碳、二氧化碳和氧气是暂时的催化剂毒物。

制造合成氨的原料氢气的来源曾经过多次重大变革。德国巴斯夫公司先是利用焦炭与水蒸气反应制得半水煤气，再将其中的一氧化碳经第二次变换制得氢气。20世纪30年代又发展直接使用天然气，即以镍为催化剂使甲烷与水蒸气反应制得氢气。

合成氨工艺开创的高温高压工艺，为开辟其他高温高压新工艺提供了范例，采用的催化技术为催化剂的应用奠定了基础。因此，氨的合成在化学工业发展史上具有十分重要的意义。

## 五、氯碱工业的兴起

工业上通过电解饱和食盐水溶液来生产氯气、氢气和氢氧化钠，并以它们为原料生产一系列化工产品，称为氯碱工业。氯碱工艺主要有水银电解池法、隔膜电解池法和离子膜电解池法。

### 1.水银电解池法

1800年，威廉·克鲁克香克通过电解食盐水生成氯。1807年，戴维开始研究氯化钠水溶液的电解。1851年，查尔斯·瓦特（Charles Watt）在英国获得了第一个电解食盐水的专利。由于该方法不能阻止在盐水溶液中形成的氯与氢氧化钠的反应，因此很难得到苛性钠。1892年，美国的汉密尔顿·扬·卡斯特纳（Hamilton Young Castner，1858—1899）开发出使用汞电极电解食盐水溶液生产氯和苛性钠的工艺，并获得了美国专利。同年，出生在奥地利维也纳的卡尔·凯尔纳（Carl Kellner，1851—1905）也开发出类似的工艺，不仅获得了德国专利，还将该专利转让给比利时的索尔维公司。这种汞电解池工艺就被称为卡斯特纳-凯尔纳工艺，其装置如图6-23所示。

图中所示的电解池被石板墙隔成三个部分，构成两种类型的电解池。左侧和右侧部分以氯化钠溶液为电解质，使用石墨阳极（A）和汞阴极（M）。石墨阳极上的反应为：$2Cl^- \longrightarrow Cl_2+2e^-$，氯气通过电解池顶部的排气孔被收集。在汞阴极上发生的反应为：$2Na^+ + 2Hg + 2e^- \longrightarrow 2Na\text{-}Hg$，钠离子在汞阴极表面生成钠，与汞形成钠汞合金。中间部分以氢氧化钠溶液为电解质，使用汞阳极（M）和铁阴极（D）。由于两种电解池

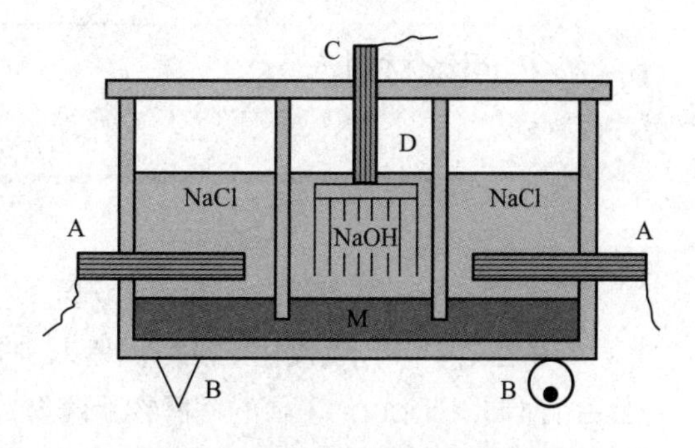

图6-23　卡斯特纳-凯尔纳工艺装置图

的底部是互通的，可以通过偏心轮（B）的转动搅动底部的汞层，使钠汞齐从左右侧电解池的底部扩散至中间电解池的底部汞层中，相当于两种电解池共用汞电极。中间电解池的汞阳极上发生的反应为：$2Na\text{-}Hg \longrightarrow 2Na^+ + 2Hg + 2e^-$；阴极上发生的反应为：$2H_2O + 2e^- \longrightarrow 2OH^- + H_2$。随着这一过程的进行，中间电解池中氢氧化钠的浓度越来越大，可从中提取苛性碱。1895年，卡斯特纳的铝业公司与索尔维公司合并，成立了卡斯特纳-凯尔纳碱公司，并在英国建立了一个大型的氯碱工厂。

该工艺使用大量的水银，容易对环境造成污染。曾经在加拿大安大略省和日本水俣发生了大规模的汞中毒事件，就与使用水银电解池有关。

2. 隔膜电解池法

1886年，德国的布劳尔（A. Brauer）发明了多孔水泥隔膜电解池。该电解池的每个单元包含6个由水泥制成的约1毫米厚的矩形盒子，用磁铁矿或石墨制成阳极，用铁板制成阴极。水泥盒子充当隔膜，是将波特兰水泥与用盐酸酸化过的食盐水混合制成的，并在它固化后浸泡在水中以去除可溶性盐。1890年，英国开发的第一个隔膜电解池是由联合碱公司运营的哈格里夫斯（Hargreaves）-伯德电解池。阳极室内充满了饱和盐水，在电解过程中，阳极上发生了氯的析出。钠离子、氯化钠和水通过隔膜渗透到阴极室，向阴极室内注入二氧化碳和蒸汽以形成碳酸，从而抑制了氢氧根离子的反向迁移。

在法国、意大利建造的电解池中将隔膜替换为圆柱形无釉瓷光管。1890年，美国开发运行了可渗透的隔膜电解池，隔膜被沉积在铁丝网阴极上，阳极是石墨，阳极室被密封。在20世纪，隔膜是用长纤维石棉和硫酸钡混合物覆盖的封闭编织钢丝网。

3. 离子膜电解池法

20世纪60年代后期，由于人们对使用汞电解池所引发的环境问题的关注，离子膜电解池技术的研发得到了重视。离子膜电解池技术实际上是隔膜电解槽的一种改进，其中的膜被一种永久选择性离子交换膜所取代。这种膜抑制氯离子的通过，但允许钠离子自由通过。氯离子在阳极被氧化成氯，水在阴极被还原成氢气，同时在阴极区生成氢氧化钠。20世纪70年代，作为太空计划的副产品，杜邦公司在进行燃料电池研究时开发出一种全氟离子交换膜。这种离子膜不仅具有良好的离子交换性能，而且具有很强的耐腐蚀性，后来被注册为“Nation”。1970年，美国钻石三叶草公司加强了在离子膜技术方面的研究工作。1972年，该公司开发出一个商业规模的离子膜电解槽和试点工厂投入运行。

阅读材料

## 近代化学传入中国

1. 汉语中“化学”一词的由来

“化学”一词是由英文chemistry翻译过来的。那么“化学”一词是什么时候出现的？

19世纪中叶，近代化学从欧洲传入中国。1855年，上海墨海书馆出版了一部由英国医士合信（B. Hobson）著的《博物新编》，这本书的发行被视为近代化学在中国传播的开始。

《博物新编》分为三集，第一集介绍关于气象学、化学和物理学方面的知识，第二集介绍天文知识，第三集介绍有关动物知识。第一集分为地气论、热论、水质论、光论、电气论五个专题，在地气论专题中介绍了养气（氧气）、轻气（氢气）、淡气（氮气）、炭气（一氧化碳）、磺强水（硫酸）、硝强水（硝酸）、盐强水（盐酸）等物质的性质与制备方法，并附有一些插图（见图6-24至图6-27）。“物质物性论”中说：“天下之物，元质（元素）五十有六，万类皆由之而生。”如果这里所说的56种元素是当时人们所发现的全部元素，那么可以推断该书的原稿应该写于1838年前后。

“化学”一词见于正式的出版物是上海墨海书馆于1857年创办的《六合丛刊》的创刊号中。从此，“化学”一词很快在有关的书中出现。

图6-24　蒸馏

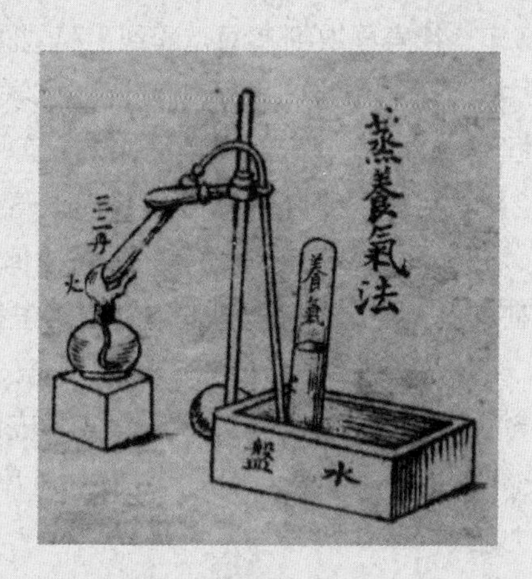


图6-25　加热三仙丹制氧气

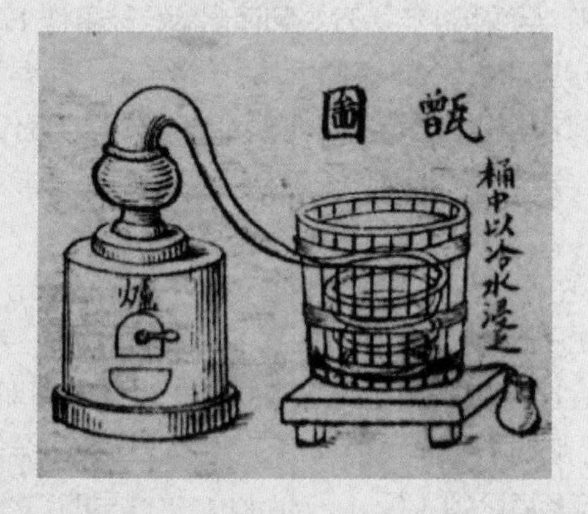


图6-26　蒸馏

图6-27　铁丝在氧气中燃烧

2. 京师同文馆的化学教育

1862年，京师同文馆成立，开设化学课程。在化学课程教学中使用的化学教材包括《化学入门》《化学指南》《化学阐原》和《分化律梁》。《化学入门》是丁良韪编译的一套丛书《格物入门》7卷中的第六卷，于1868年在北京刊行。《化学指南》由来同文馆讲授化学的法国人毕勒金（A. A. Billeguin）翻译，其主要内容为无机化学。《化学阐原》是毕利干（A. A.

Billiquin，1837—1894）从法文翻译过来的，其主要内容是定性分析。《分化律梁》由来同文馆讲授化学的德国人斯图尔曼（C. Stublman）口译，由王钟祥笔述，其内容为分析化学。

3. 中国近代化学的启蒙者徐寿

徐寿（1818—1884），字生元，号雪村，江苏无锡人，清末著名科学家，中国近代化学的启蒙者，中国近代造船工业的先驱。

青少年时代的徐寿曾攻读经史，研讨诸子百家，后转而致力于科学技术的学习。1853年，徐寿、华蘅芳结伴前往上海探求新的知识。他们在英国伦敦会传教士创办的墨海书馆认真学习西方近代物理、动植物、矿物学知识。从上海回乡，他们购买了书籍，采购了有关物理实验的仪器。回家后，徐寿就根据书本上的提示进行了一些物理实验。

1856年，徐寿再次到上海，读到了英国医士合信编著的《博物新编》中译本，在《博物新编》书中学到不少化学知识，并由此对化学产生了极大的兴趣。他购买了一些实验器具和药品，根据书中的记载，一边研读一边进行实验。

1862年3月，徐寿和华蘅芳进入曾国藩创办的安庆内军械所，并决心为中国制造蒸汽机。但是，一无图纸，二无资料，只是从《博物新编》中看到一张蒸汽机的略图。于是，他们到停泊在安庆长江边的一艘外国小轮船上进行观察研究，终于在1862年7月制成中国第一台蒸汽机。1863年，徐寿、华蘅芳以及徐寿的第二个儿子徐建寅，一起在安庆内军械所开始试制蒸汽动力舰船。1864年，徐寿等人随安庆内军械所迁到南京，继续从事制造蒸汽船工作。1866年4月，在徐寿、华蘅芳主持下，南京金陵机器制造局终于制造出中国海军的第一艘蒸汽动力船——“黄鹄号”。

1867年，徐寿被派遣到上海襄办江南机器制造局，从事蒸汽轮船研制。1868年，江南机器制造总局附设翻译馆，翻译西方书籍。同年，徐寿被派到江南制造总局，担任编译工作。在英国传教士伟烈亚力、傅兰雅等人合作下，至1884年徐寿共翻译出版科技著作17部，其中西方近代化学著作6部63卷，包括《化学鉴原》《化学鉴原续编》《化学鉴原补编》《化学考质》《化学求数》《物体通热改易论》等。这些著作比较系统地介绍了当时西方近代无机化学、有机化学、定性分析、定量分析以及化学实验仪器和方法，对近代化学在中国的传播发展发挥了重要作用。

1872年出版的《化学鉴原》共6卷，由傅兰雅口译，徐寿笔述，译自1858出版由英国人韦尔司（D.A. Wells）撰写的*Wells's Principle and Application of Chemistry*一书。《化学鉴原》中介绍了当时已知的64种元素，比门捷列夫1869年的第一张元素周期表中所列的元素多出一个（铽）。后来陆续翻译出版的《化学鉴原续编》共24卷和《化学鉴原补编》共7卷，译自1867年出版由英国人布洛克萨姆（C. L. Bloxam）撰写的*Chemistry, Inorganic and Organic, with Experiments and a comparison of Equivalent and Molecular Formulae*。《化学鉴原续编》的主要内容为有机化学，而《化学鉴原补编》的主要内容为无机化学。《化学考质》8卷，译自1875年由约翰逊（S. W. Johnson）改编的英文版《定性化学分析手册》（*Manual of Qualitative Chemical Analysis*），而约翰逊改编的原本是1841年出版的由德国化学家弗雷泽纽斯用德文撰写的《定性化学分析导论》（*Anleitung zur Qualitativen Chemischen Analyse*）。《化学求数》8卷，译自1876由维切尔（A. Vacher）

译本《定量化学分析》(*Quantitative Chemical Analysis*)，而维切尔翻译的原本是1846出版的由弗雷泽纽斯用德语撰写的《定量化学分析导论》(*Anleitung zur Quantitativen Chemischen Analyse*)。

徐寿在这些化学著作的翻译中创造一套关于化学物质的中文命名方法，他巧妙地采用取自西文中第一个音节来造汉字的原则，创造出化学元素的中文名称。近代时期人们所发现的金属元素名称大部分是出自徐寿的《化学鉴原》中的名字，如铝、钡、铋、钙、镉、钴、铬、镝、铒、铟、铱、钾、锂、镁、锰、钼、钠、铌、镍、钯、铂、铷、钌、锑、钽、铽、钍、铀、钒、钨、锌、锆等。

## 练习题

1. 填空题

(1) 近代时期发现的第一种元素是____；基于电解法发现的第一种金属元素是____；基于光谱分析法发现的第一种元素是____；最早被发现的卤素元素是____；最早被发现的稀土元素是____。

(2) 1869年，门捷列夫的第一张元素周期表中排列的元素有____种。1871年，门捷列夫的第二张元素周期表有____周期、____族。

(3) 门捷列夫预测的未知元素被发现，"类硼"即____，"类铝"即____，"类硅"即____。

(4) 对生命力论产生冲击的事件是____________________。

(5) 提出苯的环状结构学说的化学家是________________。

(6) 提出"电解""电极""阳极"和"阴极"等术语的化学家是__________。

2. 单项选择题

(1) 第一种通过电解分离出来的金属元素是(　　)。

A. 钾　　B. 钠　　C. 钙　　D. 镁

(2) 下列关于门捷列夫元素周期律发现过程的有几种说法，你认为正确的是(　　)。

A. 门捷列夫在梦中设想的

B. 门捷列夫玩带有元素符号和已知元素原子量的纸牌时偶然发现的

C. 门捷列夫用书写元素符号和已知原子量及其性质的卡片玩游戏时发现的

D. 门捷列夫在编写教科书《化学原理》过程中，将用书写元素符号和已知原子量及其性质的卡片按原子量升序在桌子上排列时发现的

(3) 关于李比希发明的测定有机物碳、氢和氧含量的仪器的叙述，(　　)不正确。

A. 燃烧产物先通过装有氯化钙的∪形管，吸收生成的水蒸气

B. 二氧化碳被下面三个球泡中的苛性钾浓溶液吸收

C. 卡利装置示意图中的小球一端应与∪形管连接

D. 卡利装置示意图中的大球一端应与∪形管连接

(4) 1843年，(　　)提出同系列概念。

A. 霍夫曼（A. W. Hofmann） B. 热拉尔（C. Gerhardt）
C. 杜马（J. B. Dumas） D. 威廉逊（A. W. Williamson）

（5）（　　）提出“化学结构”这个术语。

A. 弗兰克兰（E. Frankland） B. 布特列洛夫（A. M. Butlerov）
C. 肖莱马（C. Schorlemmer） D. 马尔可夫尼科夫（Markovnikov）

（6）（　　）第一个给出热力学定义，又给出热力学第一定律的数学表达式。

A. 罗伯特 · 冯 · 迈耶（Robert von Mayer） B. 赫姆霍兹（Helmholtz）
C. 焦耳（J. P. Joule） D. 威廉 · 汤姆逊（William Thomson）

### 3. 多项选择题

（1）提出碳四价和碳链学说的化学家有（　　）。

A. 迈耶（J. L. Meyer） B. 库珀（A. S. Couper）
C. 洛施密特（J. Loschmidt） D. 凯库勒（F. A. Kekulé）

（2）提出了碳的四面体构型学说的化学家有（　　）。

A. 勒贝尔（J. A. Le Bel） B. 路易斯 · 巴斯德（Louis Pasteur）
C. 维克托 · 迈耶（Victor Meyer） D. 范特霍夫（Jacobus Hericus van’t Hoff）

（3）下列表述中，说法正确的有（　　）。

A. 德国商人施莱策（C. Schleicher）制造了无灰滤纸，即定量滤纸
B. 美国化学家古奇（F. A. Gooch）制备了过滤坩埚，即古氏坩埚
C. 布莱克（J. Black）发明了一种电光分析天平
D. 德国化学家艾伦迈耶（E. Erlenmeyer）制造了一种圆锥形烧瓶，即锥形瓶

（4）发明或改进了滴定管的化学家有（　　）。

A. 莫尔（K. F. Mohr） B. 德克劳西（F. A. H. Descroizilles）
C. 盖 - 吕萨克（J. L. Gay-Lussac） D. 艾蒂安 · 奥西安 · 亨利（Étienne Ossian Henry）

（5）（　　）与（　　）设计并制造了一台以光谱分析为目的分光镜。

A. 罗伯特 · 本生（R. W. Bensen）
B. 基尔霍夫（G. R. Kirchhoff）
C. 沃拉斯顿（W. H. Wollaston）
D. 约瑟夫 · 冯 · 弗劳恩霍夫（Joseph von Fraunhofer）

### 4. 简答题

（1）简述元素周期律发现的意义。
（2）简述近代有机化学的形成与发展。
（3）简述几种电池的发展过程。
（4）简述哈伯的合成氨工艺。

### 5. 从化学、热化学、热力学、化学热力学这几个概念来分析物理化学学科的形成过程。

### 6. 比较索尔维制碱法与侯氏联合制碱法的异同点，简述侯氏联合制碱法的优点。

### 7. 话题讨论

话题1：梦见苯环结构。
话题2：元素周期律发现的优先权。

# 第七章
# 现代化学的建立与发展

19世纪末，随着X射线、放射性与电子的发现，人们对化学的研究和认识进入微观领域，标志着化学进入现代发展时期。随着对原子结构的深入了解，揭示了元素周期律的本质；通过对原子核外电子运动规律的认识和把握，建立起量子化学；X射线晶体衍射的发现，促进了结构化学的发展。

## 第一节　原子结构理论的建立与发展

从道尔顿到门捷列夫，化学家们都相信“原子不可分”的古老观点。19世纪末，随着X射线、放射性与电子的发现，“原子不可分”的观点被打破，原子结构之门被撬开。

### 一、电子的发现与汤姆逊的原子结构模型

#### 1. 电子的发现

1838年，法拉第在一根部分抽空的玻璃管两端的两个金属电极之间施加高电压，观察到从阴极发出一个奇怪的光弧。1855年，波恩大学的普吕克尔（Julius Plücker，1801—1868）和希托夫（J. W. Hittorf，1824—1914）在接近真空的玻璃管中进行气体导电研究的过程中发现了阴极射线。英国化学家克鲁克斯制作了改进的放电管，称为克鲁克斯管。

1895年，德国物理学家伦琴（W. K. Röntgen，1845—1923）在利用克鲁克斯管研究阴极射线时，发现射线管中会发出一种射线能使涂有亚铂氰化钡的屏幕发出荧光。实验发现这种看不见的射线能穿透金属箔、硬纸片、玻璃等，还能穿透黑纸使照相底片感光。由于当时人们对这种射线的本质的认识还不太清楚，伦琴称之为X射线，后来也被称为伦琴射线。伦琴也因此获得了1901年第一届诺贝尔物理学奖。

英国物理学家瓦利（C. F. Varley，1828—1883）和克鲁克斯发现阴极射线在磁场中会改变方向。法国物理学家佩兰（J. B. Perrin，1870—1942）发现把阴极射线收集到金属筒内，金属筒就会带负电。1897年，克鲁克斯的学生约瑟夫·约翰·汤姆逊（Joseph John Thomson，1856—1940）发现阴极射线不仅会被磁场偏转，还能被电场偏转。汤姆逊和他

的同事通过实验证明阴极射线是带负电的粒子流，并测出了这种粒子的质荷比，平均值是$1.2\times10^{-11}$千克/库伦。在当时已经知道氢离子的质荷比平均值是$1\times10^{-8}$千克/库伦，这意味着新粒子比氢离子的质量要小很多。汤姆逊进一步实验证明，不管放电管中装入何种气体，也不管电极采用何种材料，阴极射线粒子的质荷比总是保持不变。由此可以断定，这种粒子是一种带负电的独立成分。

1891年，英国物理学家斯通尼（G. J. Stoney，1826—1911）提出用“电子”一词来描述电荷的基本单位。后来，汤姆逊把这种带负电荷的微粒定名为“电子”。1909年，美国科学家密立根（R. A. Millikan，1868—1953）通过油滴实验，确定了电子的电荷为$1.592\times10^{-19}$库伦，计算出一个电子的质量约为$9\times10^{-31}$千克，约为氢原子质量的1/1850。

### 2. 汤姆逊的原子结构模型

1904年，汤姆逊提出了一个原子结构模型。他认为原子是一个均匀的带有正电的球体，电子对称地嵌在这个球中。因为电子在“原子球”中的平衡位置上振动，所以可以发出电磁辐射，而电磁辐射的频率就等于电子振动的频率。

汤姆逊的原子结构模型被称作“葡萄干蛋糕”模型，整个原子像一块蛋糕，蛋糕体是带正电的“原子球”，电子好像嵌在这块蛋糕中的葡萄干。汤姆逊的原子结构模型虽然也解释了化学元素的一些性质，如化学元素电中性等，但是，随着科学的发展，这个模型逐渐被证明是不能成立的。

## 二、放射性的发现与同位素概念的提出

### 1. 放射性的发现

1896年初，X射线的消息一经公布，立即在科学界引起轰动。法国的亨利·庞加莱（Henri Poincaré，1854—1912）好奇地思索着X射线的来源，他设想所有能强烈发出磷光与荧光的物质都有可能发射出X射线。通过实验发现，经过太阳暴晒的硫化锌磷光粉在暗处使照相底片感光了。亨利·庞加莱这项实验把法国科学家从对X射线的研究扩展到对磷光和荧光物质的研究。

1896年，法国物理学家亨利·贝克勒尔（Henri Becquerel，1852—1908）想起十五年前曾经与父亲一起制备过一种能发出磷光的铀盐（硫酸双氧铀钾），并立即进行实验。他发现经过暴晒过的铀盐在暗处能发出绿色磷光，也确实可使照相底片感光。然而有这样一件事让亨利·贝克勒尔感到十分困惑，那就是放在黑暗中密封的照相底片被已经不发磷光的铀盐感光了。他重复了亨利·庞加莱的实验，却始终未发现硫化锌、硫化钙等磷光物质能使密封的底片感光。于是，亨利·贝克勒尔确信铀盐使密封的照相底片感光与磷光使底片感光完全不是一回事，并认为这是由于铀盐放射出的一种奇异的射线导致的，并将这种射线称为“铀射线”。

**注：**

亨利·贝克勒尔的祖父安托万·卡萨·贝克勒尔（Antoine César Becquerel，1788—1878）在1839年研究磷光物质，他的父亲亚历山大·爱德蒙·贝克勒尔（Alexandre Edmond Becquerel，1820—1891）从1875年就研究铀盐的磷光性质。

1897年末，法国籍波兰科学家玛丽亚·居里（Marie Curie，1867—1934）开始研究铀，并认为铀射线是铀原子的一种特性。后来，她发现钍矿石也有这种性质，表明这种辐射现象并非铀元素所独有，于是建议将它称为“放射性”。1898年，居里夫人与她的丈夫皮埃尔·居里（ Pierre Curie，1859—1906）把矿石分解以后，用硫化氢、硫化铵、硫酸等物质使其中的各元素按组逐步分开，从沥青铀矿石中发现了一种放射性更强的化学元素钋。几个月后，居里夫人又从已经富集在氯化钡的结晶中提取出一种新的放射性元素镭。居里夫妇和贝克勒尔共同获得1903年诺贝尔物理学奖。1902年，居里夫人分离出高纯度的金属镭，在1911年获得了诺贝尔化学奖。

自1898年至1906年的几年时间内，科学家们陆续发现了铀、钍、钋、镭、铅、氡、碲、锕等多种放射性核素。

### 2. 放射能的本质

1898年，汤姆逊（J. J. Thomson）的研究生卢瑟福（E. Rutherford，1871—1937）发现了铀的两种放射线，一种是容易被吸收的 α 射线，另一种是穿透力非常强的 β 射线。同年，贝克勒尔发现有一部分放射线像阴极射线一样可在磁场中弯曲，居里夫妇确认 β 射线带负电。据此，卢瑟福确定了 β 射线为电子线。

1903年，卢瑟福观察到 α 射线在强磁场和电场中发生偏转，表明 α 射线也是荷电粒子线。他通过仔细测定，确定 α 射线带正电，其质荷比为氢离子的两倍。1907年，卢瑟福和托马斯·罗伊兹（Thomas Royds，1884—1955）通过观察从镭样品中放射出来的 α 粒子的光谱线，确定 α 粒子是氦核。1908年，卢瑟福因在元素的蜕变以及放射化学方面的研究取得的成就获得了诺贝尔化学奖。

1900年，法国的维拉德（P. U. Villard，1860—1934）发现了一种射线在磁场中不发生偏转，与X射线相似，具有强的穿透力。1903年，卢瑟福将这种射线命名为 γ 射线。

### 3.同位素概念的提出

1903年，卢瑟福和英国化学家弗雷德里克·索迪（Frederick Soddy，1877—1956）提出放射性元素的蜕变理论，阐明放射性是由于放射性原子本身蜕变成为另一种原子引起的。

到1912年，人们在钍和铀的衰变链中发现了近50种不同的放射性物质。美国化学家伯特伦·博尔特伍德（Bertram Boltwood，1870—1927）提出了几个将铀和铅之间的放射性元素连接起来的衰变链。一些元素在当时被认为是新的化学元素，这样势必大大增加了已知“元素”的数量，导致人们猜测在铅和铀之间会不会没有足够的空间容纳这些元素。人们甚至还认为，放射性衰变违反了元素周期表的核心原则之一，即化学元素不能发生嬗变。

1913年，索迪和波兰出生的美籍化学家法扬斯（K. Fajans，1887—1975）在对放射性元素的化学性质进行研究时，提出了放射性位移定律，即 α 衰变产生了元素周期表中向左位移两格的元素，而 β 衰变产生了元素周期表中向右位移一格的元素。1913年，索迪提出了同位素的假说：存在着原子量不同、放射性也不同，但其他物理化学性质完全一样的化学元素的变种。这种化学性质完全相同的化学元素的变种，应处在元素周期表的同一位置上，因此应称为同位素。1921年，索迪也因此获得诺贝尔化学奖。

## 三、原子核的发现与卢瑟福的原子结构模型

1909年，卢瑟福和他的学生汉斯·盖革（Hans Geiger，1882—1945）在欧内斯特·马斯登（Ernest Marsden，1889—1970）的帮助下进行一项实验（见图7-1），即用一束由氡的放射性衰变产生的α粒子在真空室中去轰击极薄（0.4微米厚）的金箔的实验。根据当时流行的“葡萄干蛋糕”模型，α粒子应该全部穿过金箔并击中探测器屏幕，或者发生几度偏转。然而，实际的结果令卢瑟福感到十分惊讶。虽然许多α粒子确实如预期的那样通过了，部分粒子发生了小角度偏转，但也有少数α粒子发生了角度比较大的散射，有极个别的甚至被反射回α源。卢瑟福推断α粒子一定是碰到某种极为坚硬并与α粒子带有同种电荷的东西，而且它的体积一定很小，不然就不会使绝大部分α粒子顺利通过。于是，他设想原子一定有一个带正电的体积小、密度大的中心，并把这个正电荷中心称为“原子核”。

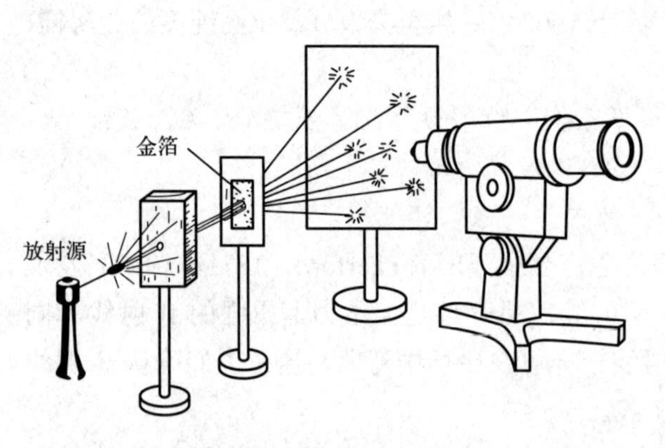


图7-1　α粒子轰击金属箔的散射实验装置示意图

1911年，卢瑟福发表了《α和β粒子的物质散射和原子结构》一文，根据实验结果和理论计算证明原子中存在一个小的带电荷的原子核，核的直径约$10^{-12}$厘米，几乎集中了原子的全部质量。他提出原子核是由若干个氦原子核组成的，每个氦原子核所带的电荷相当于其原子量的一半。

卢瑟福根据研究结果，建立了一个类似于太阳系的原子模型，被称为卢瑟福原子结构模型。原子有一个带正电并集中了原子的绝大部分质量的原子核，原子核居于原子的中心，电子在原子核周围绕核运动，就像行星绕着太阳运动一样。

按照卢瑟福的原子结构模型，电子绕核运动自动地放出能量，发出的光谱应当是连续的，但事实上原子的光谱是不连续的。另外，原子在自动辐射时，能量不断减少，就会使电子最后坠落在原子核上，原子必然是不稳定的体系，而事实上各种化学元素的原子都是稳定的。这暴露了卢瑟福原子结构模型的缺点。

## 四、量子论的出现与玻尔的原子结构模型

### 1. 量子论的出现

1859年，基尔霍夫提出了黑体辐射问题。1877年，玻尔兹曼提出了物理系统的能量状态可以是离散的。1900年德国物理学家马克斯·普朗克（M. Planck，1858—1947）为了解释黑体辐射现象，否定经典物理学中能量连续变化的观点，提出了量子学说。1905年，德国物理学家爱因斯坦（A. Einstein，1879—1955）解释了普朗克的量子假设，并用它来解释光电效应，即光线照射在某些材料上，可以从材料中射出电子。丹麦物理学家玻尔（N. Bohr，1885—1962）随后将普朗克关于辐射的想法发展成一个氢原子模型，成功地预测了氢的光谱线。爱因斯坦进一步发展了这个想法，提出了光量子学说，为量子论提供了实验依

据和理论基础。光量子学说的提出，使当时占统治地位的光的波动学说出现了危机，也使早先已被否定的光的微粒说得以复活。但是，爱因斯坦并不是简单地维护微粒说和否定波动说，而是认为两者都各自反映了光本质的一个侧面。对于统计的平均现象，光表现为波动，对于瞬时的涨落现象，光表现为粒子，即光具有波粒二象性。由此人们对争论了一百多年的光的本性有了正确的认识。在此之后的实验表明，波粒二象性是微观世界的本质特征。

### 2. 玻尔的原子结构模型

1913年，玻尔系统地研究了光谱学，把普朗克的量子化概念引入卢瑟福的原子结构模型，提出了原子结构中量子化的轨道理论。他认为：电子绕核运动是沿着一系列的不连续的轨道进行，电子在这些特定能量状态运动时，并不辐射能量。只有当电子从一个较大能量的定态跃迁到一个较低能量定态时，原子才发出单色光。

在原子中，电子只能在一些特定的轨道上绕核做圆周运动，电子角动量的整数倍决定这些特定轨道的条件，这些整数$n$称为量子数。玻尔根据量子化的理论假定，并用古典力学与电磁学理论，推算出电子跃迁时发出单色光的频率公式，从而解释了原子的线状光谱，也解答了电子为什么不会坠落到原子核上的问题。1922年，玻尔也因此获得了诺贝尔物理学奖。

但是，玻尔理论不能解释后来发现的氢光谱的精细结构，也不能解释谱线在磁场中分裂等实验事实。针对这个问题，德国物理学家索末菲（A. Sommerfeld，1868—1951）不仅考虑到电子的圆形轨道，而且考虑到椭圆轨道。他在表示离椭圆轨道中轴距离的主量子数$n$的基础上，引入角量子数$l$。该量子数决定电子绕核运动的轨道量子化的角动量。对于多电子原子而言，主量子数$n$相同的轨道，$l$越大，电子的能量越高。他还引入确定磁场中轨道面方向的第三个量子数$m$，该量子数与磁场中光谱线的分裂有关，称为磁量子数。

1922年，玻尔用原子内轨道上的电子从能量低的轨道开始填充，并按照（2）、（2，6）、（2，6，10）、（2，6，10，14）分组。由于各轨道上的能量是不同的，可以按照2、6、10、14进一步分成次级组。根据与光谱线的关系，将它们称作s、p、d、f轨道。

1925年，奥地利理论物理学家沃尔夫冈·泡利（Wolfgang Pauli，1900—1958）给电子加上了新的量子数$m_s$，提出原子中的电子状态用$n$、$l$、$m$、$m_s$这4个量子数表示，引入了“泡利不相容原理”。

## 五、质子、中子的发现与原子核的结构

1919年，卢瑟福用α粒子轰击氮时，发现产生一种新的、射程长、质量很小、带正电的微粒，这种带正电的微粒就是氢原子核。随后，他把氢原子核作为基本粒子，并将其命名为质子。

在卢瑟福发现原子核后的一段时间内，包括卢瑟福在内的一些物理学家们认为原子核是由质子和电子构成的。1919年，居里夫人提出了原子核的质子-电子模型，她认为原子核是由质子和电子组成的，电子中和了一部分质子的电荷，而原子序数则是原子核内未被中和的质子数目。

1920年，卢瑟福提出了中子假说。他认为原子核由带正电的质子和带中性电荷的粒子

组成，电子被假定存在于原子核内，并把这种不带电的微粒称为中子。由于中子不带电，因此它周围没有电场。当它通过气体时不会产生离子，在穿透物质时，因本身不带电，也不受静电的排斥作用，所以它必然具有极强的穿透力，只有在与原子核相互碰撞时，才会被弹回或被偏转。1928年，瑞典理论物理学家奥斯卡·克莱因（Oskar Klein，1894—1977）用量子力学的观点对电子被限制在原子核中的观点提出反对意见，因为观察到的原子和分子的性质与质子-电子假说所期望的核自旋不一致。

1930年，德国核物理学家瓦尔特·博特（Walther Bothe，1891—1957）发现用 α 射线照射铍、硼或锂时会产生一种不同寻常的穿透性射线。由于这种射线不受电场的影响，因此他认为这是 γ 射线。1932年，居里夫人的女儿伊伦·约里奥-居里（Irène Joliot-Curie，1897—1956）和女婿弗雷德里克·约里奥-居里（Frédéric Joliot-Curie，1900—1958）也认为用 α 射线照射铍产生了不带电荷的射线是 γ 射线，并且发现这种 γ 射线照射石蜡或任何其他含氢化合物，会产生能量非常高的质子。卢瑟福和他的学生查德威克（J. Chadwick，1891—1974）均怀疑这种"伽马射线"的解释。1932年2月，查德威克进行了一系列实验证明了这种新型的放射线是由与质子质量相同的不带电粒子组成的，并确认这些不带电的粒子就是中子。

在中子被发现不久，苏联理论物理学家伊万年科（D. Ivanenko，1904—1994）和德国物理学家海森堡（W. K. Heisenberg，1901—1976）等人建立了原子核的质子-中子模型。他们认为原子是由一个带正电的原子核和周围一团带负电的电子组成的，它们被静电力束缚在一起。原子的质量几乎全部集中在原子核内，只有极小一部分来自电子云。质子和中子在核力的作用下结合在一起形成原子核。

## 六、元素周期律的新探索

随着新元素的发现和人们对元素认识的不断深入，门捷列夫的化学元素周期表面临着以下几方面的问题：第一，惰性元素排列位置问题；第二，周期表中原子量倒置问题（即氩与钾、钴与镍、碲与碘）；第三，原子量的非整数问题；第四，镧系元素和锕系元素排列问题。

### 1. 惰性气体的发现与零族元素排列位置

惰性元素是指氦、氖、氩、氪、氙、氡，氦是第一个被发现的惰性元素。

1868年8月18日，法国天文学家詹森（J. Janssen，1824—1907）赴印度观察日全食，通过分光镜观察日珥时发现了一条波长为587.49纳米的亮黄色谱线。同年10月20日，英国天文学家洛克耶（N. Lockyer，1836—1920）在太阳光谱中观察到一条黄线，因为它靠近已知的钠光谱线 $D_1$ 和 $D_2$，便将其命名为 $D_3$。他认为该线不属于地球所已知的任何元素，而是太阳中存在的一种新元素，并将其命名为"helium"，来源于希腊语中的"Helios（太阳）"。

1881年，意大利物理学家帕尔米耶里（L. Palmieri，1807—1896）在分析一座火山爆发产生的一种升华物质时，首次通过 $D_3$ 光谱线探测到地球上的氦。1895年，英国化学家拉姆赛（W. Ramsay，1852—1916）用酸处理铀矿时发现了氦。1898年，拉姆赛从空气中分离出氦。

氩是第二个被发现的惰性元素。1785年，卡文迪许从空气中去除氧气和氮气后，发现还有一种未知的残余气体。

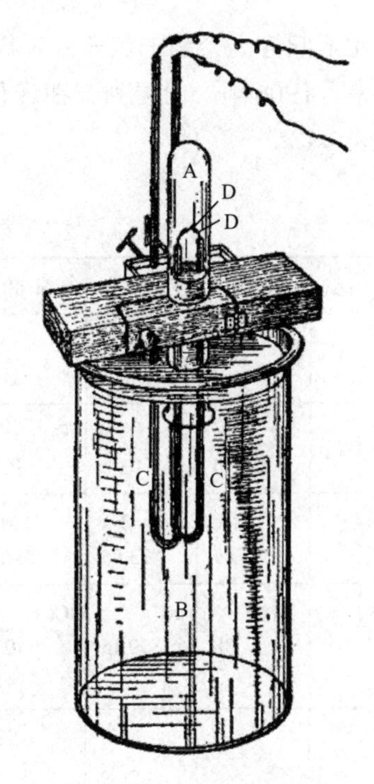

图7-2 从空气中分离氩的实验装置

1894年，拉姆赛和英国物理学家斯特拉特（瑞利勋爵）（R. J. Strutt，1842—1919）采用如图7-2所示的实验装置从清洁空气样本中除去氧气、氮气和二氧化碳后，首次从空气中分离出氩。他们向倒置的试管A中充入空气和氧气的混合物，将试管开口端置于大量稀碱溶液B中，在试管内的气体中放入铂丝电极D，将导线穿过U形玻璃管C以使导线与碱液绝缘，供电电池通过导线给电极输送电流并使其产生电弧。因电弧产生的氮氧化物和空气中的二氧化碳被碱溶液吸收了，实验操作持续至试管内气体的体积不再进一步缩小为止。这时对试管内的气体进行光谱检验，发现氮的谱线消失了，然后将剩余的氧气与焦性没食子酸碱溶液反应，剩下了一种不发生反应的气体。当拉姆赛和斯特拉特发现新元素氩后，立即对氩的化学性质进行研究。他们试图用各种金属、氯、氟、碳、硫等试剂与氩反应，但无论是加热、加压、使用电火花或是用铂作催化剂，结果都没有发生任何化学反应。1894年8月13日，当拉姆赛和斯特拉特在英国牛津自然科学代表大会上宣布这一新元素发现时，大会主席根据它不发生任何化学反应的特征提议将这种气体命名为“argon”（氩）。这个名称有“懒惰”“迟钝”的意思，惰性元素的名称便由此而来。

1895年，斯特拉特利用扩散速率的差异尝试分离氮气和氩气，测定氩气的密度、比热容，确定该气体为单原子分子，并确定它的原子量为40。

1898年，拉姆赛又从液态空气中先后发现了氪、氖和氙。1899年，卢瑟福在研究钍的放射性时，发现钍的放射性变化无常，特别容易受掠过它表面气流的影响。卢瑟福注意到钍的化合物持续释放出一种气体，并将这种气体称为“放射气”。1900年，卢瑟福在《一种从钍化合物中释放出的放射性物质》一文中，将这种“放射气”称为“钍射气”。1900年，德国物理学家多恩（F. E. Dorn，1848—1916）注意到镭化合物会释放出一种气体，并将其命名为“镭射气”。1903年，法国化学家安德列-路易斯·德比恩（André-Louis Debierne，1874—1949）从锕中观察到了类似的放射，称为“锕射气”。当拉姆赛用光谱分析“钍射气”、“镭射气”和“锕射气”时，发现它们是同一种天然放射性元素，并将其命名为氡。1904年，拉姆赛获得了诺贝尔化学奖，斯特拉特获得了诺贝尔物理学奖。

惰性气体相继被发现，那么这些元素在周期表中的排列位置自然就成为化学家们需要解决的问题。从原子量的顺序来看，惰性元素应该位于卤素和碱金属元素之间。1895年，有人建议把它们放在第八族，但这不符合门捷列夫最高价氧化物的排列，因为惰性气体不能形成任何氧化物。

1898年，克鲁克斯建议把氦、氩和氪放在氢族与氟族之间的一列。1900年，拉姆赛和门捷列夫讨论了惰性气体及其在元素周期表中的位置。门捷列夫同意了拉姆赛的建议，把这些元素放在卤素和碱金属之间。比利时植物学家里奥·埃雷拉（Léo Errera）提议将这些元素归为一个新的族——零族。1902年，门捷列夫将这些元素作为零族添加到元素周期表中。1906年，门捷列夫在《化学原理》第八版中发表了他生前最新排列的元素周期表（见表7-1）。

表7-1　门捷列夫元素周期表（1906年）

| 列 | 0族 | Ⅰ族 | Ⅱ族 | Ⅲ族 | Ⅳ族 | Ⅴ族 | Ⅵ族 | Ⅶ族 | Ⅷ族 |
|---|---|---|---|---|---|---|---|---|---|
| 1 | | H 1. 008 | | | | | | | |
| 2 | He 4. 0 | Li 7. 03 | Be 9. 1 | B 11.0 | C 12.0 | N 14.01 | O 16.00 | F 19.0 | |
| 3 | Ne 19.9 | Na 23.05 | Mg 24.36 | Al 27.1 | Si 28.2 | P 31.0 | S 32.06 | Cl 35.45 | |
| 4 | Ar 38 | K 39.15 | Ca 40.1 | Sc 44.1 | Ti 48.1 | V 51.2 | Cr 52.1 | Mn 55.0 | Fe Co Ni （Cu） 55.9 59 59 |
| 5 | | Cu 63.6 | Zn 65.4 | Ga 70.0 | Ge 72.5 | As 75 | Se 79.2 | Br 79.95 | |
| 6 | Kr 81.8 | Rb 85.5 | Sr 87.6 | Y 89.0 | Zr 90.6 | Nb 94.0 | Mo 96.0 | — | Ru Rh Pd （Ag） 101.7 103.0 106.5 |
| 7 | | Ag 107.93 | Cd 112.4 | In 115.0 | Sn 119.0 | Sb 120.2 | Te 127 | J 127 | |
| 8 | Xe 128 | Cs 132.9 | Ba 137.4 | La 138.9 | Ce 140.2 | — | — | — | — — — |
| 9 | | — | — | — | — | — | — | — | |
| 10 | | — | — | Yb 173 | — | Ta 183 | W 184 | — | Os Ir Pt （Au） 191 193 194.8 |
| 11 | | Au 197.2 | Hg 200.0 | Tl 204.1 | Pb 206.9 | Bi 208.5 | — | — | |
| 12 | | — | Rd 225 | — | Th 232.5 | — | U 238.5 | | |

## 2. 门捷列夫周期表中原子量倒置问题的解决

门捷列夫在1871年发表的元素周期表中，钴和镍的原子量均为59，碲和碘的原子量分别为125和127。而门捷列夫在1906年发表的元素周期表中，氩和钾的原子量分别为38和39.15，钴和镍的原子量均为59，碲和碘的原子量均为127。

20世纪初，科学家能够更加准确地测定元素的原子量，人们发现氩的原子量大于钾的原子量，碲的原子量大于碘的原子量。1902年，化学家布劳纳发表的元素周期表中明确地标出氩和钾的原子量分别为40和39，碲和碘的原子量分别为128和127。如果按照元素性质呈现周期性变化的规律进行排列，就必须将氩排在钾之前，将碲排在碘之前。由于门捷列夫元素周期律是按照元素原子量的大小从小到大顺序排列的，这样就出现了所谓原子量的倒置问题。这显然与门捷列夫提出的元素周期律产生了矛盾。这个问题的圆满解决要归功于原子序数的提出和验证。

1911年，荷兰业余物理学家安东尼斯·范登·布鲁克（Antonius van den Broek，1870—1926）在发表的论文中第一个提出元素数（原子序数）决定元素在元素周期表中的位置，并意识到周期表中元素的原子序数与其核电荷相对应。他正确地测定了原子序数为50以下的所有元素的原子序数，但是他没有用任何实验方法来验证。因此，在周期表中仍然根据原子量对元素进行排序。

英国的亨利·莫斯莱（Henry Moseley，1887—1915）研究了玻尔的原子模型，决定要验证安东尼斯·范登·布鲁克的理论。他用各种金属作为X射线管的阴极，测量了产生的特征X射线的波长。他发现特征X射线的波长随着原子量的增大而减小。如果把各元素按所产生的特征X射线的波长排列，就得到一个序数，而且这个序数与元素在周期表中的编号是一致的，称为原子序数。他将X射线的频率（波长的倒数）的平方根对原子序数作图，发现二者呈线性关系，即X 射线频率的平方根与原子序数成正比。这个关于原子发射的特征X射线的经验定律，就是著名的莫斯莱定律。1913年，莫斯莱在《元素的高频光谱》（*The High-Frequency Spectra of the Elements*）一文中介绍了他的研究成果，从而证明了范登布鲁克观点的正确性。

莫斯莱通过X射线波长的测量，确定了元素在周期表中的绝对顺序，同时也解决了周期表中按原子量排序而导致的氩和钾、钴和镍、碲和碘三处原子量倒置的问题。按照莫斯莱的方法确定氩和钾、钴和镍、碲和碘的原子序数分别为18和19、27和28、52和53，因此，按照原子序数排列自然是将氩排在钾之前，钴排在镍之前，碲排在碘之前。

### 3. 原子量的非整数问题

1912年，汤姆逊（J. J. Thomson）在用磁分离器测量电子的核质比的过程中发现了氖的稳定同位素（氖-22），这是人类首次发现稳定同位素。汤姆逊的学生阿斯顿（F. W. Aston，1877—1945）用反复扩散法实现了天然氖气的部分分离，证明了氖-22的存在。1919年，阿斯顿研制出第一台质谱仪，并用该仪器进行同位素研究。1920年，阿斯顿在《大气氖的组成》一文中指出，大气中的氖至少有两种同位素，其原子量分别为20.00和22.00。因此，阿斯顿认为氖的原子量（20.20）明显偏离整数规则是由于氖是由含量不同的氖的同位素组成的混合物。1922年，阿斯顿获得诺贝尔化学奖。

同位素出现后，结合原子结构理论，化学家们进一步认识到，决定元素原子特征的不是原子量，而是它的核电荷。1923年国际原子量委员会做出决议：化学元素是根据原子核电荷的多少对原子进行分类的一种方法，核电荷相同的一类原子称为一种元素。

### 4. 镧系元素和锕系元素排列问题

（1）镧系元素　元素周期表中原子序数为57~71的15种金属元素的化学性质与57号元素镧相似，因此被称为镧系元素。镧系元素再加上化学性质相似的元素钪和钇，通常被称为稀土元素。

至1869年门捷列夫元素周期表建立之时，已经发现的镧系元素有58号铈（1803年）、

57号镧（1838年）、68号铒（1843年）、65号铽（1846年）。门捷列夫在1869年排列的元素周期表是按照原子量的大小进行排列的，而当时铈、镧、铒的原子量分别被确定为92、94、56，与现在的差值很大，因此排列自然是不正确的。门捷列夫在1871年的元素周期表中将铈的原子量修改为138，并将它排在第Ⅳ族第8周期，而其他三种元素没有列出。

至1905年，又有67号钬、69号铥、70号镱、62号钐、64号钆、59号镨、60号钕、66号镝、63号铕9种镧系元素先后被发现。1905年，瑞士化学家阿尔弗雷德·维尔纳（Alfred Werner，1866—1919）把当时已经发现的13种镧系元素在周期表的下面单独排成一行，表示在周期表中共占一个位置。随着71号元素镥于1907年被发现，61号元素钷于1942年被发现，镧系元素在周期表中的位置全部填满，同时形成元素周期表中的超长周期。

挪威矿物学家维克多·戈德施密特（Victor Goldschmidt，1888—1947）于1925年在《元素的地球化学分布规律》的报告中提出"镧系收缩"这一术语。镧系元素的离子半径从原子序数57镧到71镥的减少幅度大于预期，这导致从原子序数72铪开始的后续元素的离子半径比预期的要小。

1985年，国际纯粹与应用化学联合会（IUPAC）"红皮书"建议使用"类镧"（lanthanoid）而不是"镧系"（lanthanide），因为词尾的"ide"通常表示一个阴离子。

（2）锕系元素　1789年，德国化学家克拉普罗斯（M. H. Klaproth，1743—1817）在沥青铀矿石中发现了铀。1827年，挪威的维勒（F. Wöhler）在矿石中发现了钍氧化物。1828年，贝采里乌斯用钾还原四氯化钍，从中分离出金属，并将其命名为"钍"。1899年，居里夫人的助手安德列-路易斯·德比恩在分离出镭和钋后留下的沥青铀矿废料中发现了锕，称之为类钍。

人们认为早期发现的第7周期的钍、镤和铀元素，应分别对应第6周期的铪、钽和钨元素。

1940年，美国加州大学伯克利分校的物理学家埃德温·麦克米伦（Edwin McMillan，1907—1991）领导的团队发现了93号元素，并将其命名为镎。1941年2月，美国化学家西博格（G. T. Seaborg，1912—1999）和他的合作者用氘核轰击铀生产出钚-239。对于发现的超铀元素镎和钚来说，按顺序它们应分别放在第6周期元素铼和锇的下面。然而，对它们化学性质的初步研究表明，它们与铀的相似性大于与同族的过渡金属的相似性，这使得人们对它们在元素周期表中的位置提出了疑问。1943年，西博格在分离元素镅和锔时，发现它们的最高氧化态不超过4价，这与预测的不同。1945年，西博格提出锕系元素的概念。锕系元素形成一个内部过渡系列（5f系列），类似于稀土镧系元素系列。麦克米伦团队通过实验证实了西博格的这个假设。该团队进行的光谱研究表明，镅和锔的5f轨道而不是6d轨道确实被电子填充了。西博格将他的这些分析和对超铀元素化学的解释发表在《化学与工程新闻》上，并得到了广泛的接受。

从20世纪40年代至70年代，西博格与吉奥索（A. Ghiorso，1915—2010）等人先后发现了95号镅、96号锔、97号锫、98号锎、99号锿、100号镄、101号钔、102号锘、103号铹、104号𬬻、105号𬭊、106号𬭳等超铀元素。从此，新的元素周期表确定了89号至103号元素为锕系元素，并将其置于镧系元素之下。

20世纪70年代至80年代，德国的达姆施塔特（Darmstadt）的GSI实验室在物理学家彼得·阿姆布鲁斯特（Peter Armbruster，1931—）的领导下，生产和鉴定了107至109号元素。

20世纪90年代初，达姆施塔特实验室鉴定出了110、111号元素。随后，尤里·奥加内西安（Yuri Oganessian）与一个俄美科学家小组成功地鉴定了113至118号元素，从而完成了元素周期表的第7周期。

# 第二节　化学键理论与分子结构理论的建立

1852年，弗兰克兰提出了原子价（化合价）的概念以后，凯库勒、范特霍夫等人把化合价的概念推广到有机化学中，研究了有机化合物的结构、性质以及它们之间的关系，发展了有机结构理论。1898年，玻尔兹曼在他的《气体理论讲座》中，用价键理论解释了气相分子解离现象，并由此画出了最早的原子轨道重叠图。

阿伦尼乌斯（S. A. Arrhenius）认为食盐溶于水中能离解成大量的钠离子（$Na^+$）和氯离子（$Cl^-$），他将溶解前的食盐视为NaCl分子。1913年，英国的布拉格（W. C. Bragg，1890—1970）通过X射线衍射法测定了氯化钠和氯化钾的晶体结构，证实了食盐不是由NaCl分子所组成的，而是由$Na^+$和$Cl^-$在空间周期排列而成的离子晶体。

19世纪末量子力学问世，用量子力学的理论方法来研究化学问题，产生了量子化学。量子化学的发展又促进了结构化学和计算化学的发展，主要表现为物质结构理论和价键理论的发展。

## 一、配合物的早期理论与维尔纳的配位学说

19世纪中叶，用原子价的概念来解释一些配合物时遇到了困难，例如像$CoCl_3·4NH_3$一类化合物用原子价概念已不能说明化合价已经饱和的$CoCl_3$，如何又能与4个$NH_3$结合在一起，形成比$CoCl_3$更加稳定的$CoCl_3·4NH_3$。1869年，瑞典化学家布洛姆斯特兰（C. W. Blomstrand，1826—1897）联想有机化合物中的碳链结构，提出$CoCl_3·4NH_3$的结构可表示为：

$$\begin{array}{l} \ \ \ \ \ \ \ \ Cl \\ \ \ \ \ / \\ Co—NH_3—NH_3—NH_3—NH_3—Cl \\ \ \ \ \ \backslash \\ \ \ \ \ \ \ \ \ Cl \end{array}$$

这种结构虽然能够解释与钴直接结合的氯原子不能与硝酸银反应生成氯化银沉淀的问题，但不能解释$CoCl_3·4NH_3$存在同分异构的问题。

1893年，瑞士化学家维尔纳（A. Werner）提出了配位理论，成功地解释了这类化合物的结构和化学性质。他认为配合物的中心原子（例如金属原子）除了有正常的“主价”外，还与一些原子或基团用“副价”连接。例如在$CoCl_3·4NH_3$中，钴的主价为3，副价为4。主价使之生成$CoCl_3$，而副价则使得4个配位体$NH_3$与钴配位成键，形成配位化合物$CoCl_3·4NH_3$。他又把配位化合物分为内界和外界两部分：

$$[Co(NH_3)_4Cl_2]^+Cl^-$$

方括号内的是内界，其中的$NH_3$和氯与钴紧密结合，不易离散。而外界的$Cl^-$可被硝酸

银沉淀。维尔纳的配位理论很好地解释了已知配合物的同分异构现象。他指出内界的构型可以是平面的，但也可以是立体的。$CoCl_3 \cdot 4NH_3$的异构现象是因为存在几何异构。在所有的络合物中，围绕中心离子的键称为配位键，与中心离子配位的原子或基团的数目称为配位数。

因在配位理论方面的贡献，为无机化学开辟了新的研究领域，对现代科学技术的发展做出了重要贡献，维尔纳于1913年获得诺贝尔化学奖。

## 二、原子的电子层结构学说及化学键的电子理论

1904年，德国化学家阿贝格（R. Abegg，1869—1910）在题为《价和元素周期表——尝试建立一种分子化合物的理论》一文中，将原子区分为电子供体或受体，从而产生了与现代氧化态概念非常相似的正价态和负价态。在他的模型下，元素的最大正价和负价之间的差值通常为8。

1915年，英国的阿尔弗雷德·劳克·帕森（Alfred Lauck Parson，1889—1970）在题为《原子结构的磁子理论》一文中把电子认为是带有负电的旋转环，由于具有磁力矩，因此被称为“磁子”。作为对玻尔模型的改进，描绘了具有维持稳定、发射和吸收电磁波辐射能力的有限大小的粒子。

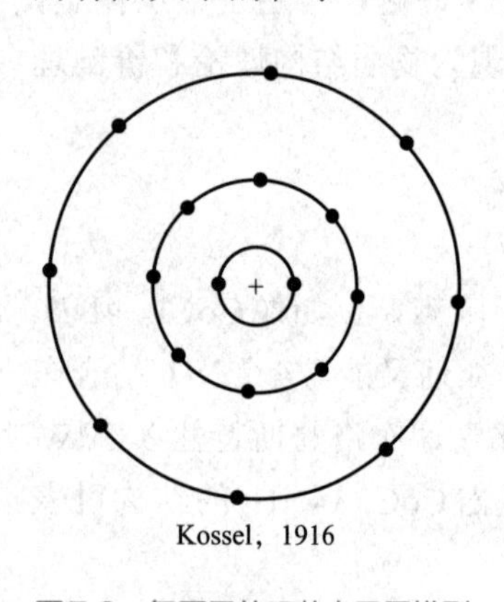


图7-3　氩原子的环状电子层模型

1916年3月，德国化学家瓦尔特·柯塞尔（Walther Kossel，1888—1956）提出了环状的电子层模型，电子围绕在一个带正电的核的周围。氩原子的环状电子层模型如图7-3所示，第一层容纳2个电子，第二层容纳8个电子，第三层（最外层）也容纳8个电子。当其它原子的最外层达到8个电子时就形成一种稳定结构。

他设想分子形成的方法是把不同原子的电子结构结合在一起，原子中可用电子的数目以及它们可能离开原子的条件将是决定原子化学行为的因素。稀有气体本身缺乏接受电子或失去电子的倾向，与其邻近的构型也试图通过失去或接受电子来形成与稀有气体具有相同电子总数的体系。由于中性原子的电子数与原子序数一致，因此原子可以接受或失去的电子数与其在周期表中的位置有简单的关系。比如，在元素周期表中紧邻稀有气体前面的卤素，具有结合一个电子的能力；而位于稀有气体前面第二列的O和S元素，必须相应地占用两个电子才能达到稀有气体元素相同的电子数，依次类推。而紧邻稀有气体后面的碱金属容易失去1个电子，排在后面的碱土金属容易失去2个电子，依次类推。如果一个卤素原子和一个碱金属原子结合在一起，那么碱金属失去最外层的电子，而卤素则接受电子以形成闭合的环。这样，卤素作为一个整体带负电，而碱金属带正电，所以两者都以静电的方式相互“黏附”，两者都达到了8电子的稳定结构。瓦尔特·柯塞尔的理论成功地解释了KCl、NaCl、$CaCl_2$等典型的离子化合物的形成过程及其稳定性。

1916年4月，美国的路易斯（G. N. Lewis）在《原子和分子》一文中将阿贝格的见解称为“阿贝格正价和反价定律”。根据这个定律，一种元素的最大负价和正价或极性数之间的

总差值通常为8，在任何情况下都不超过8。路易斯（G. N. Lewis）提出了立方原子理论。原子由带正电的内核与电子壳层组成，电子排列在一系列同心壳层中，第一个壳层包含2个电子，而其他壳层都倾向于包含8个电子。路易斯（G. N. Lewis）在他1923年出版的名著《价与原子和分子的结构》中给出了氩原子的立方原子模型（见图7-4），第一壳层有2个电子，第二壳层中有8个电子，最外壳层也是8个电子。

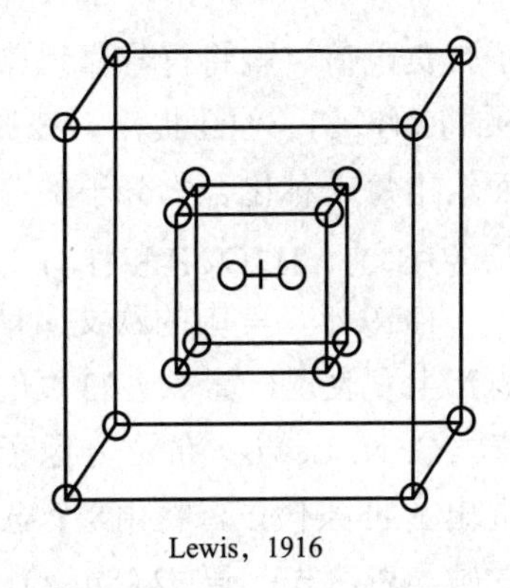


图7-4　氩原子的立方电子层模型

不同元素原子的外壳中含有1到8个电子，外层中的电子被放置在立方体的四个角上，如图7-5所示。在化学变化中，外壳中的电子数趋向于达到8（少数除外）。

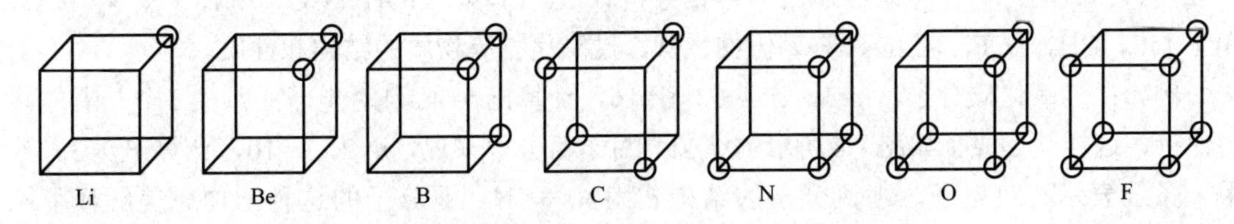


图7-5　路易斯的立方原子结构图（圆圈代表中性原子的外层电子）

路易斯（G. N. Lewis）在论述分子结构时将化合物分子分为极性分子和非极性分子。对于极性化合物来说，他认为$Na^+$和$Ca^{2+}$是没有外壳的核，而氯离子、硫离子、氮离子（在熔融氮化物中）可以分别由一个在外壳中有8个电子的原子表示。在BrCl中，溴原子通常带正电，而在IBr中，溴原子通常带负电。在所有这些极性不太强的分子中，电荷的分离是轻微的，而在金属卤化物中，电荷的分离几乎是完全的，卤素原子几乎完全占有电子。

路易斯（G. N. Lewis）用立方原子结构表示了$I_2$分子（见图7-6）和$O_2$分子（见图7-7）。在$I_2$分子中，一个原子的1个电子进入第二个原子的外壳，同时第二个原子的1个电子可以进入第一个原子的外壳，从而满足这两个八电子基团，形成单键。在$O_2$分子中，一个原子的2个电子进入第二个原子的外壳，同时第二个原子的2个电子进入第一个原子的外壳，从而满足这两个八电子基团，形成双键。

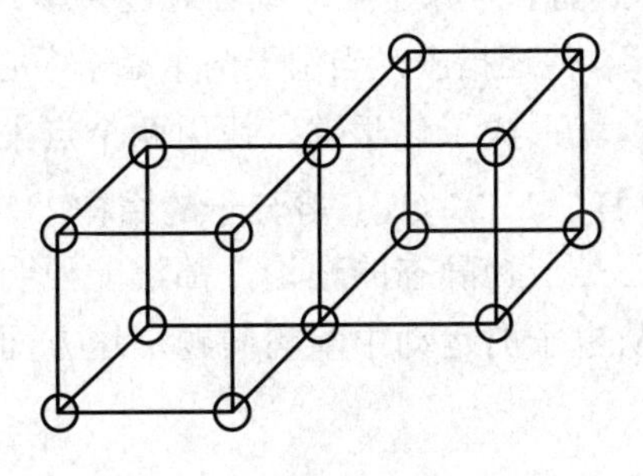

图7-6　$I_2$分子的立方原子结构图

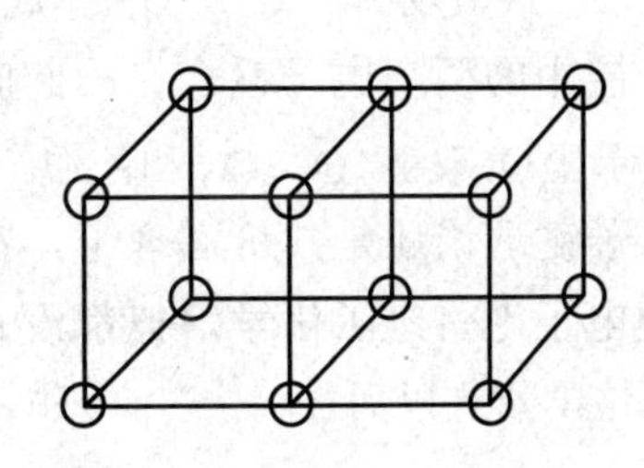

图7-7　$O_2$分子的立方原子结构图

为了用符号表达化学结合的概念，路易斯（G. N. Lewis）建议用两个点来表示作为两个原子之间连接纽带的两个电子，这样可以将$Cl_2$写成Cl∶Cl。如果希望表明分子中的一个原子带负电荷，就将符号靠近带负电荷的元素，并用不同的间距来表示不同的极性程度，如Na∶I和I∶Cl。他还提出，在原子符号旁边加点，点的数目与各原子外层电子数相对应，从而给出每一种化合物分子的完整表达式。这样可以将氢分子、水分子和碘化氢分子分别表示为H∶H、H∶Ö∶H和H∶Ï∶。

1919年，美国的欧文·朗缪尔（Irving Langmuir，1881—1957）在《美国化学学会杂志》上发表了一篇多达73页的超长论文，题目为《电子在原子和分子中的排列》。他在路易斯（G. N. Lewis）的立方原子理论和分子形成以及瓦尔特·柯塞尔的化学键理论的基础上，提出了11条假设，将由8个电子组成的稳定结构称为“八隅体”，并给出了八隅体价键理论的数学表达式：$p=1/2(8n-e)$。式中的$p$为八隅体共用电子对的数目，$n$为形成的八隅体的数目，$e$为构成给定分子的原子壳层中可用电子的总数（H、Li、Be、C、N、O的$e$值分别取1、1、2、4、5、6）。欧文·朗缪尔用该理论分析$H_2O$、$Li_2O$、LiOH、$CO_2$、$N_2$、$F_2$、$S_8$、CO、HF、LiF、$CH_4$、$CF_4$、乙酸、氮氧化物、氨、过氧化物等物质的结构和性质。

例如：二氧化碳分子，$n=3$，$e=4+2\times6=16$，计算出$p=4$。4对电子必须由3个八隅体共同保持，这样就形成了如图7-8所示的结构。对于氮分子来说，$n=2$，$e=10$，计算出$p=3$。若用一条线表示一对电子，则氮分子的结构式为N ≡ N。氮分子的这种结构完美解释了氮元素的所有显著性质。对于一氧化碳分子来说，它的物理性质在很大程度上类似于氮气。由此推断一氧化碳和氮分子的外壳结构必定是几乎相同的。欧文·朗缪尔认为，在较高的温度下，一氧化碳似乎可能以两种互变异构形式存在，一种是外壳为单个八隅体，另一种是两个八隅体。他给出了存在两个八隅体的一氧化碳的结构式为C ≡ O。

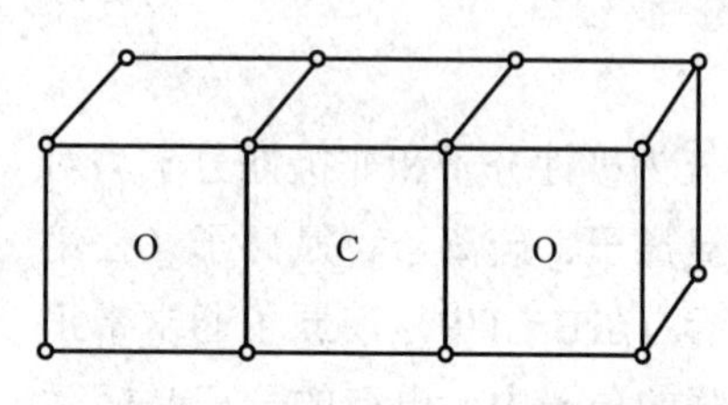

图7-8　$CO_2$分子的立方原子结构图

欧文·朗缪尔将通过共享电子对的原子结合称为“共价”（covalence），将通过电子转移形成的原子结合称为“电价”（electrovalence）或“离子价”（ionicvalence）。

1923年，路易斯（G. N. Lewis）在他的名著《价与原子和分子的结构》中概述了原子理论、元素周期律、几种原子模型、原子中电子的排布、价键理论、化学键、双键和三键、八隅体的例外、价和配位数、电化学理论以及磁化学理论等。他明确给出了新的价键理论的定义：两个原子可以通过电子从一个原子转移到另一个原子上，或者通过共享一对或多对电子，以符合遵守“八数规则”或“八隅体规则”。他还指出，当位于两个原子中心之间的结合在两个原子壳层中的两个电子耦合在一起时，就形成了化学键。他用两个点来表示一对电子的方法，表示出$O_2$双键∶Ö∷Ö∶和乙炔三键H∶C⋮⋮C∶H等分子的结构。

无论是离子键理论还是共价键理论，都还是一种静态的理论，都没能说明化学键的本质。虽然都把电子论引进了化学，但都没有从电子的运动中阐明问题。这方面问题的真正解决是在量子化学建立以后。

## 三、量子化学的诞生与现代价键理论的建立

### 1. 量子化学的诞生

1924年，法国物理学家路易斯·德布罗意（Lauis de Brogle，1875—1960）提出了一个

基于波粒二象性的关于“物质波”的大胆假设。他认为像电子一类的微观粒子也同时具有波动性，并提出了德布罗意关系式：$P=h/\lambda$。他预言在一定条件下的电子也会像光一样呈现出衍射现象。他的这一假设使科学界大为震惊，同时也遭到一些人的反对。爱因斯坦在看到德布罗意的博士论文的副本后，强调了德布罗意工作的重要性。四年后，德布罗意预言的电子衍射得到了实验证实。1929年，德布罗意获得诺贝尔物理学奖。

1925年，海森堡从矩阵力学出发对微观物理作出了根本性的突破。同年，由德国物理学家玻恩（M. Born，1882—1970）和恩斯特·帕斯夸尔·乔丹（Ernst Pascual Jordan，1902—1980）把海森堡的矩阵力学思想发展为系统的理论，并称为量子力学。海森堡在1927年提出了测不准原理。

1926年，奥地利理论物理学家薛定谔（Erwin Schrödinger，1887—1961）发表了奠定量子波动力学基础的论文。他在论文中提出了描述微观粒子运动规律的波动方程，即薛定谔方程，其算符形式为：$[\hat{H}]\ \psi=E\psi$，其中$[\hat{H}]$是哈密顿算符：

$$[\hat{H}]=\left[-\frac{h^2}{2m}\left(\frac{\partial^2}{\partial x^2}+\frac{\partial^2}{\partial y^2}+\frac{\partial^2}{\partial z^2}\right)+V\right]$$

薛定谔波动方程的波函数$\psi$为电子波振幅，根据电磁波类推出$\psi^2$就是表示电子密度的指标。玻恩用概率解释了波函数，认为$\psi^2$表示电子某时在空间某处出现的概率密度。玻恩的统计解释随即得到科学界的公认。薛定谔还进一步证明，波动方程和矩阵力学在数学上是完全等价的，只不过着眼点和处理方法不同而已。

1927年美国的戴维逊（C. J. Davisson，1881—1958）和盖末（L. H. Germer，1896—1971）在贝尔实验室工作时，通过实验证明电子在镍晶体表面被衍射，证实了德布罗意假设，即物质粒子具有波的性质，这是量子力学的核心原则。同年，英国物理学家汤姆逊（G. P. Thomson，1892—1975）使电子束穿过$10^{-8}$米厚的铜、银、锡等金属箔产生衍射，获得了电子衍射环纹图。电子等微观粒子的波粒二象性被证实，为量子力学的建立提供了坚实的实验基础。

1927年，保罗·狄拉克（Paul Dirac，1902—1984）发表了更加简练的量子力学的数学形式。1930年，量子力学被大卫·希尔伯特（David Hilbert，1862—1943）、保罗·狄拉克和约翰·冯·诺伊曼（John von Neumann，1903—1957）进一步统一和形式化。量子力学已经渗透到包括量子化学在内的许多学科。

20世纪30年代中期建立的量子力学应用于原子结构研究取得了巨大的成功，引起了化学界的注意，人们开始把量子力学用于分子结构的研究。

1927年，德国物理学家海特勒（Walter Heinrich Heitler，1904—1981）和弗里茨·沃尔夫冈·伦敦（Fritz Wolfgang London，1900—1954）首次用量子力学的方法处理氢分子。他们设想把两个氢原子放在一起时构成的体系包含两个带正电的核和两个带负电的电子，当两个原子相距很远时，彼此间的作用可以忽略，作为体系能量的相对零点。当两个氢原子逐渐接近时，他们利用近似的方法计算体系的能量和波函数，得到表示氢分子的两个状态（分别用$\psi_s$和$\psi_A$表示）的能量曲线和电子分布的等密度线。由能量曲线可知：与$\psi_s$相当的能量曲线$E_s$有一最低点，所以处于这种状态的氢分子能稳定地存在，这就解释了氢分子中共价键的实质问题；与$\psi_A$相当的能量曲线$E_A$没有最低点，处于这种状态的氢分子能自动分解为两个氢原子，所以是不稳定的。$\psi_s$称为基态，与$\psi_s$对应的原子分布的等密度线在核间比较密集。$\psi_A$称为排斥态，与$\psi_A$对应的电子分布的等密度线在核间是稀疏的。另外，从光谱分析得知，处在基态$\psi_s$的一对电子是自旋方向相反的，而处于排斥态$\psi_A$的一对电子自旋方向是相同的。不难看出，$H_2$中的“共享电子对”并不是静止于两核间，只不过这对电子出现在两核间的概率比别处大，形成了一个类似电桥的化学键，把两个氢原子核拉在一起，从而组成稳定的分子。这样就清楚地阐释了共价键的本质。

海特勒和伦敦用量子力学的方法处理氢分子，建立了崭新的化学键概念。两个氢原子结合成一个稳定的氢分子，是由于电子密度的分布集中在两个原子核之间，体系能量降低，形成了化学键；反之，就不能形成化学键。这也成为量子化学发展的起点，是现代化学发展中的一个重要里程碑。

### 2. 现代化学键理论的建立

海特勒和伦敦的价键理论认为，非惰性气体的原子，在未化合前有未成对的电子，这些未成对的电子在自旋反平行的情况下，就可以互相配对形成电子对，这样一来原子轨道就可以重叠形成一个共价键，一个电子与另一个电子配对以后，就不能再与第三个电子配对了，原子轨道重叠越多，共价键越稳定。由于这一理论与经典的价键理论概念一致，所以容易被人们所接受。1931至1933年，美国化学家鲍林（L. C. Pauling，1901—1994）发表5篇关于化学键本质的系列论文，分析了电子对键、单电子键和三电子键，提出了“杂化轨道”的概念，并举例分析了$sp^3$杂化、$dsp^2$杂化和$d^2sp^3$杂化轨道分子的几何构型。1931年，物理学家斯莱特（J. C. Slater，1900—1976）发表《多原子分子的定向价》一文，成功地解释了氨分子、水分子、甲烷、乙烯、乙炔和其它许多分子的成键和几何构型问题，进一步发展和丰富了现代价键理论。

1927年至1929年，德国物理学家洪德（F. H. Hund，1896—1997）、美国理论化学家穆利肯（R. S. Mulliken，1896—1986）和英国数学家伦纳德-琼斯（J. E. Lennard-Jones，1894—1954）等提出了分子轨道理论。德国物理学家、化学家休克尔（E. Huckel，1896—1980）提出π电子体系近似分子轨道计算的休克尔方法，使分子轨道理论在研究π电子体系上推广开来，从而引起化学家们对分子轨道理论的重视。分子轨道理论把分子看成一个整体，认为分子轨道是由原子轨道组成的，在分子中各电子都按分子轨道运动，这就像原子中电子在原子轨道上运动一样。分子轨道理论认为，能量相近的原子轨道可以组合成分子轨道，由原子轨道组合成分子轨道时，虽然轨道的数目不变，但必须伴随着轨道能量的变化。能量高于原子轨道的分子轨道不可能成键，所以叫反键轨道；能量等于原子轨道的分子轨道一般也不会成键，所以叫非键轨道；能量低于原子轨道的分子轨道，才能成键，故称成键轨道。分子中的电子，都在一定的轨道上运动。在不违背泡利不相容原理的原则下，分子中的电子将优先占据能量最低的分子轨道，并按照洪德规则尽可能分占不同的轨道且自旋平行。在成键时，原子轨道重叠越多，生成的共价键就越稳定。

分子轨道理论在解释分子光谱、分子的磁性及处理多原子的π电子体系等方面都能较好地反映客观实际，并且提出了“单电子键”“三电子键”等新的概念，解决了价键理论不能解释的许多问题。

至20世纪50年代，分子轨道法已在有机合成与结构分析方面得到广泛的应用。1952年，福井谦一（1918—1998）提出了“前线轨道”理论。他指出分子轨道中最高占据轨道（HOMO）和最低空轨道（LUMO）处于反应的前沿，在反应中起主导地位，并称这两种特殊的分子轨道为前线轨道。这一观念成为研究分子动态化学反应的一个起点。1965年，美国有机化学家伍德沃德（R. B. Woodward，1917—1979）在合成维生素$B_{12}$的过程中，深入地研究了反应机理与产物空间构型的关系，注意到分子轨道对称因素在反应中的重要作用，他与美国量子化学家霍夫曼（R. Hoffmann，1937— ）合作，提出了分子对称守恒原理，对分子轨道理论的发展做出了贡献。

现代化学键理论的发展，也促进了配合物化学键理论的发展。这些理论说明了配合物中心离子或原子与配位体间结合力的本质。1923年，英国化学家西奇维克（N. V. Sidgwick，1873—1952）提出了配位键的概念。20世纪30年代，鲍林从电子轨道角度进一步提出了共价配键和电价配键，对配合物磁性等性质给出了满意的解释。但它对配合物的一些构型及稳定性等问题没能给出合理的解释。

1929年，物理学家贝特（H. A. Bethe，1906—2005）和化学家约翰·范·弗莱克（John Hasbrouck van Vleck，1899—1980）提出了配位场理论。他们认为在配合物中，中心离子与周围配位体的相互作用是纯粹静电作用，从而使中心离子的5个d轨道发生能级分裂。1952年，英国化学家奥格尔（L. E. Orgel，1927—2007）在晶体场理论的基础上进一步考虑了分子轨道理论，把d轨道的能级分裂看成是静电作用和生成共价分子轨道的结合，由此建立了配位场理论。该理论成功地解释了配合物的颜色、磁性、络合催化及羰基配合物和金属有机化合物的结构。1957年，约翰·斯坦利·格里菲斯（John Stanley Griffith）和奥格尔在《配体场理论》一文中用分子轨道理论来解释金属-配体相互作用的差异，从而解释了过渡金属配合物的晶体场稳定和可见光谱等现象。他们提出溶液中过渡金属配合物色差的主要原因是过渡金属的未被占据的d轨道参与成键，影响了它们在溶液中吸收的颜色。

总之，化学键理论的发展，经历了古典价键理论、化合价电子理论和现代化学键理论。随着量子化学的发展，化学正在从宏观向微观深入，从定性向定量进一步发展。可以说化学在自身发展的历史上，已经跨过了以描述性为主的阶段，发展到推理的阶段，把归纳演绎结合起来，建立了严密的理论体系。

中国量子化学的发展：1949年至1959年，中国量子化学和化学键理论研究得到了迅速发展。唐敖庆提出了计算一般键函数的方法，并建议用双电子波函数计算方法来讨论分子结构问题。徐光宪等应用分子轨道理论、电子配对理论和变分法来讨论分子结构。1965年以后，唐敖庆在分子轨道领域取得了较快的进展。1975年，唐敖庆提出了具有自己特点的分子轨道图形理论。1990年10月，在山东济南举行了第四届全国量子化学会议暨庆祝中国量子化学奠基人唐敖庆执教50周年。会议共提交256篇研究论文，论文内容表明量子化学与其他学科的关联度越来越高。

# 第三节　现代晶体结构学的建立

## 一、X射线晶体衍射的发现

1912年初，德国的保罗·彼得·埃瓦尔德（Paul Peter Ewald，1888—1985）在向马克斯·冯·劳厄（Max von Laue，1879—1960）讲述他的论文时，提出了晶体可以用作X射线衍射光栅的想法。埃瓦尔德在他的论文中提出了一个晶体谐振器模型，但该模型无法使用可见光进行验证，因为可见光的波长远大于谐振器之间的间距。冯·劳厄意识到需要更短波长的电磁辐射来观察如此小的间距，并提出X射线的波长可能与晶体中的晶胞间距相当。于是，冯·劳厄立即采用实验进行验证工作。他与两名技术人员沃尔特·弗里德里希（Walter Friedrich）和保罗·尼平（Paul Knipping）合作，用一束X射线穿过硫酸铜晶体，并将其衍射记录在照相板上。当照相板被显影后，他们发现该板在中心光束产生的斑点周围显示出大量轮廓分明的斑点（劳厄斑），排列成相交的圆形（见图7-9）。冯·劳厄成功实现了晶体对X射线的衍射，这也证实了X射线是电磁辐射的一种形式，而不是粒子流。1914年，冯·劳厄因发现了晶体对X射线的衍射获得了诺贝尔物理学奖。

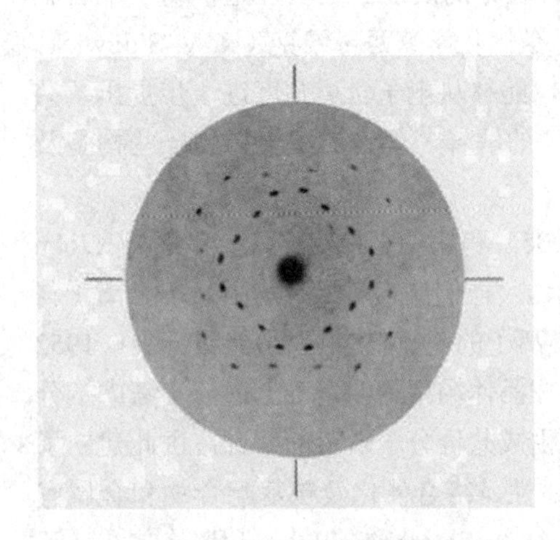

图7-9　X射线晶体衍射劳厄斑

## 二、X射线晶体结构分析方法的建立

1912年，冯·劳厄为了解释晶体的X射线衍射图，从一维点阵对X射线的衍射出发，推导出决定晶体衍射方向的劳厄方程。同年，劳伦斯·布拉格（Lawrence Bragg，1890—1971）和他的父亲亨利·布拉格（Henry Bragg，1862—1942）在研究晶体对X射线的反射时发现，在特定的波长和入射角下，晶体会产生强烈的反射辐射峰。为了解释这种现象，他们提出X射线衍射的布拉格公式（$2d\sin\theta=n\lambda$）。如果散射体以间隔$d$对称排列，则这些球面波将仅在其路径长度差$2d\sin\theta$等于波长$\lambda$的整数倍的方向上同步。在这种情况下，入射光束的一部分被偏转了一个角度$2\theta$，在衍射图样中产生一个反射点，如图7-10所示。

1913年，亨利·布拉格用自己制造的X射线光谱仪测定氯化钠、氯化钾等晶体的结构，证实氯化钠、氯化钾晶体是阴阳离子空间周期排列的无限结构。1914年，亨利·布拉格提出X射线衍射强度的定义与测量方法。X射线晶体结构分析被建立起来，标志着经典晶体学发展为现代的结构晶体学。布拉格公式的建立和X射线光谱仪的发明，为研究X射线晶体衍射提供了新工具。1915年，劳伦

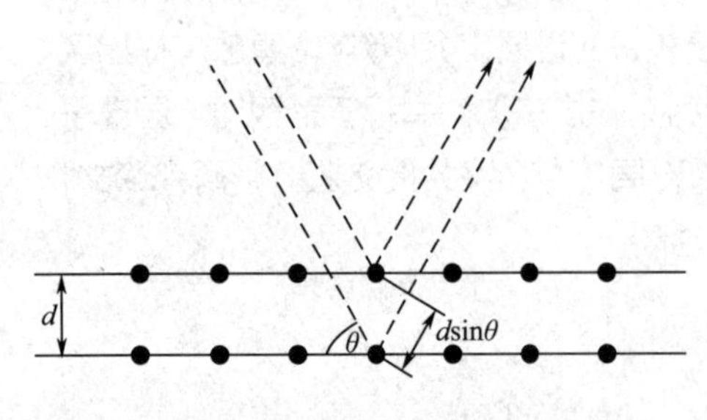


图7-10　X射线晶体衍射布拉格公式示意图

斯·布拉格和他的父亲亨利·布拉格被授予诺贝尔物理学奖，以表彰他们利用X射线分析晶体结构的工作。他们是唯一一对共同获得诺贝尔奖的父子，年仅25岁的劳伦斯·布拉格也是最年轻的诺贝尔物理学奖得主。

1916年，荷兰的德拜（P. J. W. Debye，1884—1966）与瑞士的谢尔（P. Scherrer，1890—1969）根据布拉格公式创立了X射线衍射粉末法。1924年，卡尔·魏森伯格（Karl Weissenberg，1893—？）发明了一种新的X射线测角仪，首次实现对三维晶体结构的测定。这些方法的建立促进了X射线晶体结构分析的发展。

## 三、对晶体结构的认识

从20世纪20年代开始，通过对一系列无机盐、金属、硅酸盐晶体的X射线结构分析，认识了一些晶体的结构。在食盐晶体的结构被确定之后，金刚石的结构也被确定，证明了金刚石结构中化学键是四面体排列，并表明C—C单键的长度为1.52埃。1914年，氟化钙（$CaF_2$）、方解石（$CaCO_3$）和黄铁矿（$FeS_2$）的结构被确定。1920年，尖晶石（$MgAl_2O_4$）的结构为人所知。1924年，由两组独立的单晶衍射测定确定了石墨的结构。

通过X射线衍射对晶体结构的测定，揭示了原子的典型半径，并证实了许多化学键的理论模型。1928年，凯瑟琳·朗斯代尔（Kathleen Lonsdale，1903—1971）根据六甲基苯结构建立了苯的六方对称性，并显示出脂肪族C—C键和芳香族C—C键之间键长的明显差异。这一发现导致人们产生了化学键之间存在共振的想法，这对化学的发展产生了深远的影响。

X射线晶体学研究在无机化学中发现了更奇特的键合类型，如金属-金属双键、金属-金属四键和乙硼烷的三中心双电子键。在有机金属化学领域，二茂铁的X射线结构开创了夹心化合物的科学研究。

## 练习题

1. 填空题

（1）________发现了电子，________发现了原子核，________发现了质子，________发现了中子。

（2）索迪和法扬斯提出了放射性位移定律，即 α 衰变产生了元素周期表中______的元素，而 β 衰变产生了元素周期表中______的元素。

（3）发现了晶体对X射线的衍射的科学家是________________。

（4）________科学合理地解释了原子量的非整数问题。

（5）劳伦斯·布拉格因在______________________________________方面的贡献而成为20世纪最年轻的诺贝尔物理学奖得主。

2. 单项选择题

（1）（　　）首先发现了铀原子核的天然放射性。

A. 玛丽亚·居里于1897年　　B. 皮埃尔·居里于1898年

C. 亨利·贝克勒尔于1896年　　D. 约瑟夫·约翰·汤姆逊于1897年

（2）（　　）在1913年提出了同位素概念。

A. 英国化学家弗雷德里克·索迪　　B. 波兰出生的美籍化学家法扬斯

C. 美国化学家伯特伦·博尔特伍德　　D. 德国物理学家基尔霍夫

（3）（　　）通过X射线波长的测量，确定了元素在周期表中的绝对顺序，即原子序数。

A. 荷兰的范登布鲁克　　B. 英国的亨利·莫斯莱

C. 英国的阿斯顿　　D. 英国的查德威克

（4）关于惰性元素氦发现的叙述，（　　）的说法不正确。

A. 1868年，在太阳中发现了氦，氦也是第一种被发现的惰性元素

B. 1881年，意大利物理学家帕尔米耶里首次在月球上发现了氦

C. 1895年，英国化学家拉姆赛用酸处理铀矿时发现了氦

D. 1898年，拉姆赛从空气中分离出氦

（5）关于经典价键结构理论的叙述，（　　）不正确。

A. 配位理论是维尔纳在1893年提出的

B. 共价键理论是路易斯（G. N. Lewis）提出的

C. 离子键理论是德国的柯塞尔（W. Kossel）提出的

D. 离子键理论是阿伦尼乌斯（S. A. Arrhenius）提出的

（6）量子化学诞生的标志是（　　）。

A. 1926年，薛定谔提出了描述微观粒子运动规律的波动方程

B. 1927年，海森堡提出了测不准原理

C. 1927年，海特勒和伦敦用量子力学的方法处理氢分子，建立了新的化学键概念

D. 1931年，鲍林和斯莱特发展了价键理论，提出了“杂化轨道”的概念

（7）制造X射线光谱仪的科学家是（　　）。

A. 劳伦斯·布拉格　　B. 亨利·布拉格

C. 冯·劳厄　　D. 沃尔特·弗里德里希

3. 简答题

（1）简述周期表中所谓原子量倒置问题及解决过程。

（2）为什么大部分元素的原子量是非整数？

（3）简述现代化学键理论。

（4）X射线晶体结构分析方法建立的过程。

4. 试分析比较汤姆逊、卢瑟福和玻尔的原子结构模型。

# 第八章
# 化学分支学科的发展

20世纪化学发展的特点：一是传统分支学科无机化学、有机化学、物理化学和分析化学得到进一步发展；二是因学科交叉渗透，又出现了生物化学、高分子化学、化学物理学、应用化学、药物化学、环境化学、材料化学等分支学科。

## 第一节　无机化学分支学科的发展

20世纪，稀有气体和稀土元素、配位化合物、簇状化合物、硼烷等内容成为现代无机化学研究的热点。无机化学与物理化学交叉形成了物理无机化学；与有机化学相互渗透，形成元素有机化学；与材料学科结合，形成无机固体化学；向生物化学渗透，形成生物无机化学。

### 一、稀有气体化学

1900年惰性元素氡被发现后，卢瑟福和索迪等人用硫酸、盐酸和硝酸来处理氡气，让氡气通过炽热的铬酸铅、铬酸镁，均未发现有化学反应发生。在制取惰性元素化合物无一成功的大量事实面前，大多数化学家确信惰性元素不能形成化合物。人们研究这些惰性元素原子的最外层电子排布时发现，所有惰性气体元素原子最外层的s亚层和p亚层均被电子填满，这种结构特征正是惰性气体化学性质不活泼的本质原因。

1933年，鲍林预测了六氟化氪（$KrF_6$）和六氟化氙（$XeF_6$）的存在。

1961年，化学家巴特利特（N. Bartlett，1932—2008）制得一种氧化性极强的$PtF_6$。将$PtF_6$蒸气与等摩尔氧气在室温条件下混合，制得一种深红色固体化合物。该化合物属于离子化合物$O_2^+[PtF_6]^-$，在形成过程中，有一个电子从$O_2$转移到$PtF_6$。这个发现给巴特利特带来启示，氧分子的第一电离势（12.2eV）与Xe的第一电离势（12.1eV）十分接近，于是他得出Xe与$PtF_6$可能形成$XePtF_6$的预言。

1962年3月23日，巴特利特在一个玻璃容器内充满已知量的深红色的$PtF_6$蒸气，在另一个容器中充入一定量的无色氙气，两个容器间用玻璃膜隔开。当玻璃膜被打破后，发现两种气体立即反应，生成一种橙色固体物质$XePtF_6$。$XePtF_6$是人们制备的第一个惰性元素化合物。

1962年6月，巴特利特在伦敦化学会的一次会议上报告了这一实验结果。美国原子能委员会的研究人员很快验证了这个实验结果。$XePtF_6$的制备成功，使持续了半个多世纪之久的惰性气体不能参加化学反应的信条被推翻了，并立即在化学界掀起了合成惰性元素化合物的高潮。随后，人们陆续制备出$XeRhF_6$、$XeRuF_6$，以及$XeF_2$和$XeF_4$。

随着氙元素化合物被相继制备出来以后，人们认为将氦、氖、氩、氪、氙、氡称为惰性元素已不科学。由于这些元素在地壳中的含量都很低，因此一些化学家建议将惰性气体改称为稀有气体，这一建议很快被普遍采用。这样人们就开启了一个新的研究领域——稀有气体化学。

1963年4月，在美国芝加哥召开了稀有气体化学的第一次国际会议。在此前后，化学家们制备出数以百计的稀有气体化合物，主要包括氙的氟化物（$XeF_6$）、氙的氟氧化物（$XeOF_2$、$XeOF_4$）、氙的氧化物（$XeO_3$、$XeO_4$）及氪的氟化物（$KrF_2$）和氡的氟化物（$RnF_2$）。

## 二、配位化学的发展

1893年，维尔纳在德国《无机化学学报》上发表了题为《对无机化合物结构的贡献》的第一篇论文。这篇论文篇幅共有62页，维尔纳在该文中提出了配位化合物、配体、配位数（又称副价）等概念，现在常称之为维尔纳配位理论学说，从而奠定了配位化学的理论基础。维尔纳也因此成为配位化学的奠基人。

在配位化学发展的早期，它的研究对象主要是一些经典配合物（维尔纳型配合物）。1910年至1940年，由于红外光谱、紫外光谱、X射线、电子衍射与磁学测量等许多现代研究方法应用于配合物研究，特别是高速大型计算机在数据处理方面的应用，使人们清楚地了解到大多数复杂分子的结构和化学键的本质。在量子理论、价键理论、分子轨道理论确立之后，配位化学得到了蓬勃发展。

### 1. 螯合物

1904年，德国的莱伊（H. Ley，1872—1938）在研究了甘氨酸铜［$Cu(NH_2CH_2CO_2)_2$］的分子量和导电性后，指出这一化合物是一种特殊的金属多配位化合物。他用维尔纳的主价和副价的概念进一步指出该化合物是由两个五元环构成的环状结构。1920年，英国化学家摩根（G. T. Morgan）等人将这类化合物称为螯合物（chelate compounds）。螯合这一术语来自希腊文螃蟹的螯（chela）。

1926年，德国化学家威尔施塔尔（R. Willstatter，1872—1942）经过二十多年的研究，终于弄清楚叶绿素a和b都是居于卟啉环中央的镁原子与4个吡咯环上的氮原子配位形成的螯合物（叶绿素a的结构式见图8-1）。

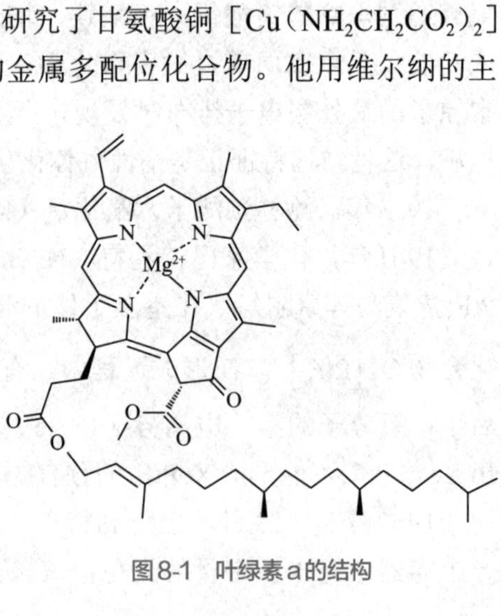

N N Mg²⁺ N N O O O O O

图8-1 叶绿素a的结构

### 2. 夹心化合物

夹心化合物（sandwich compound）的特征是金属通过共价键与两个芳烃配体结合。因为金属通常位于两个环之间，所以被称为夹心化合物。

1951年，第一个夹心化合物——双环戊二烯基铁（二茂铁）被意外合成。1952年，威尔金逊（G. Wilkinson，1921—1996）、伍德沃德和恩斯特·奥托·费歇尔（Ernst Otto Fischer，1918—2007）等人推断出二茂铁的结构。每个环戊二烯环阴离子构成6个π电子体系，通过这些π电子，环戊二烯环再与$Fe^{2+}$离子形成夹心配合物，这类化合物又被称为π键配合物（见图8-2）。

### 3. 大环配位化合物

在杜邦公司工作的化学家佩德森（C. J. Pedersen，1904—1989）在试图制备二价阳离子的配位剂时，意外发现了被称为二苯并-18-冠-6的化合物（见图8-3）。这是第一个被发现的芳香族冠化合物。佩德森在无意中发现了一种合成冠醚的简单方法。1967年，佩德森发表了有关冠醚的合成及其对金属阳离子识别能力的论文。冠醚环的大小不同可以识别不同的阳离子，如18-冠-6可以识别$K^+$，$K^+$配位的18-冠-6如图8-4所示。

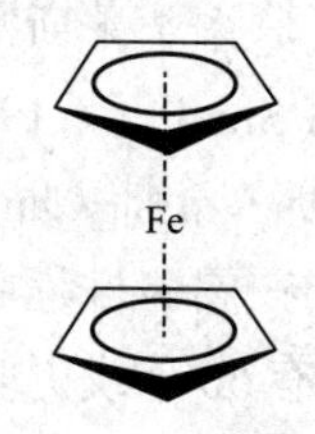


图8-2 二茂铁

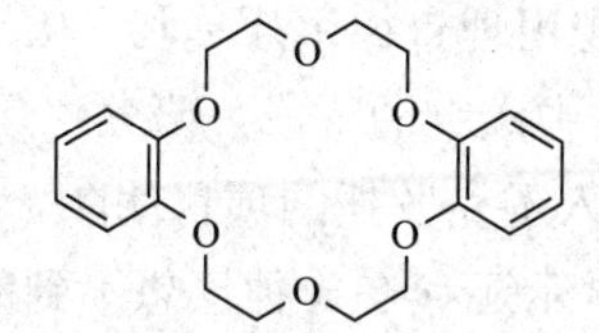


图8-3 二苯并-18-冠-6

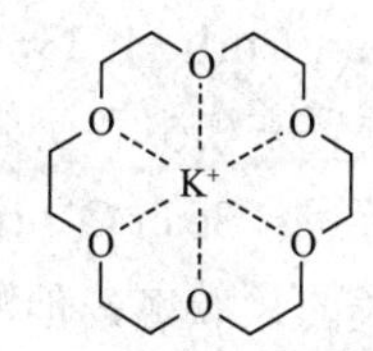


图8-4 $K^+$配位的18-冠-6

20世纪80年代后，我国配位化学取得了突飞猛进的发展。在国家自然科学基金委员会、科学技术部及国际纯粹和应用化学联合会（IUPAC）发起下，1987年在我国召开了“25届国际配位化学会议”，标志着我国配位化学开始走向国际。南京大学配位化学研究所、北京大学稀土研究中心、中国科学院长春应用化学研究所和福建物质结构研究所的建立，标志着我国配位化学研究已步入国际先进行列。

## 三、原子簇化学

### 1. 金属原子簇化合物

20世纪60年代初，美国的科顿（F. A. Cotton，1930—2007）提出“簇（cluster）”一词，专门用来指含有金属-金属键的化合物。

在1906年所报道的组成为$Ta_6Cl_{14}\cdot 7H_2O$的化合物就属于金属原子簇化合物。1946年用X射线衍射法测定了$K_3W_2Cl_9$的结构。20世纪60年代以来，被合成和结构鉴定具有金属-金属键的化合物越来越多。1964年，科顿提出在金属原子簇化合物中金属与金属之间存在四重键，即金属原子间存在四对电子，并给出了$Re_2Cl_8^{2-}$的结构。他还指出金属原子间存在双键和三键。

自20世纪30年代合成并测定$Fe_2(CO)_9$的结构之后，逐渐形成了过渡金属（Fe、Co、Ni、Ru、Pt、Rh、Os等）同核或异核羰基簇合物体系。另外，还有分子式为$M_8C_{12}$的过渡金属团簇（金属M包括Ti、V、Cr、Fe、Zr、Nb、Mo等），以及过渡金属的阴离子团簇，如［$Sn_9$］$^{4-}$、［$Pb_9$］$^{4-}$和［$Sb_7$］$^{3-}$等。

中国科学院福建物质结构研究所卢嘉锡带领的研究团队，从20世纪70年代起开展了过渡金属原子簇化学的研究，是我国较早从事这一领域的单位之一。在过渡金属原子簇化合物的合成化学、结构化学、量子化学探讨和表征方面进行了综合研究，并提出了一些新概念，如原子簇化合物的"活性元件组装"理论和簇合物的"类芳香性"概念等。1972年，卢嘉锡在提出固氮酶催化固氮活性中心$MoFe_3S_3$网兜状原子簇"福州模型"的基础上，开展模型化合物合成研究，使中国在化学模拟生物固氮方面的研究居于世界先进行列。1978年，卢嘉锡在中国化学会年会上发表了《原子簇化合物的结构化学》的论文。

### 2. 碳原子簇化合物

1984年，埃里克·罗尔芬（Eric Rohlfing）、唐纳德·考古斯（Donald Cox）和安德鲁·卡尔多（Andrew Kaldor）在《化学物理杂志》上发表一篇论文，描述了他们在实验中首次探测到碳原子簇的过程。实验中石墨被激光蒸发，气态的石墨被氦气氛骤冷，质谱仪对缩合产物的分析揭示了具有某些"幻数（magic numbers）"的分子的优势。

1985年，英国的哈罗德·克罗托（Harold Kroto，1939—2016）联系了莱斯大学的罗伯特·柯尔（Robert Curl，1933—），他想用理查德·斯莫利（Richard Smalley，1943—2005）建造的激光束装置来模拟和研究红巨星中碳链的形成。研究生詹姆斯·希斯（James Heath）和肖恩·奥布莱恩（Sean O'brien）加入了克罗托的项目团队。他们在实验过程中确实找到了克罗托要寻找的长碳链，但质谱峰显示还存在一种意想不到的具有60个或更多碳原子的分子。科研团队用11天的时间确定了它是由60个碳原子组成的碳原子簇结构（化学式$C_{60}$），60个碳原子通过20个六元环和12个五元环连接成为球形32面体的空心对称分子（见图8-5）。当他们注意到该分子的形状与建筑师巴克敏斯特·富勒（Buckminster Fuller，1895—1983）设计的建筑圆顶相似后，将其命名为巴克敏斯特富勒烯，简称富勒烯。同年，按照克罗托、希斯、奥布莱恩、柯尔、斯莫利署名，在《自然》上发表了题为《$C_{60}$：巴克敏斯特富勒烯》的论文。2015年，该论文获得了美国化学学会化学史部颁发的化学突破引文奖。1996年，柯尔、克罗托和斯莫利因发现了$C_{60}$共同获得诺贝尔化学奖。

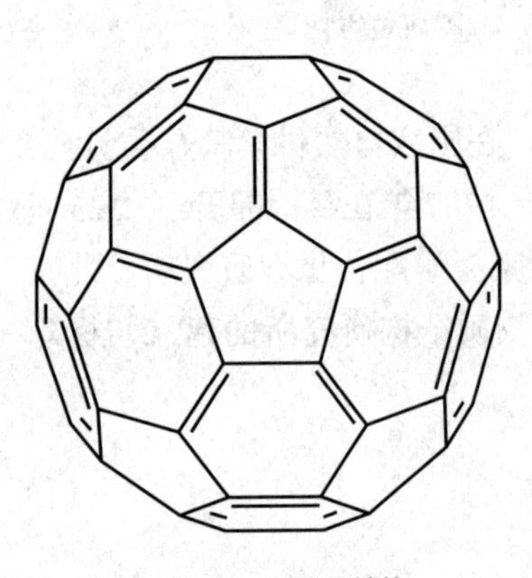

图8-5　$C_{60}$分子结构

在富勒烯家族中，还有$C_{20}$、$C_{70}$、$C_{72}$、$C_{74}$、$C_{76}$、$C_{78}$、$C_{80}$、$C_{82}$、$C_{84}$、$C_{86}$、$C_{88}$、$C_{90}$等封闭型的碳原子簇。

## 第二节　有机化学分支学科的发展

19世纪末到20世纪初，随着电子的发现和原子结构的揭示以及物质结构理论的建立，特别是现代化学键理论的建立，使得经典结构理论所困惑的许多现象得到了清晰的解释。

19世纪下半叶发展起来的物理化学在很大程度上促进了有机化学的发展。20世纪，有机物合成、分离、提纯、分析实验技术有了重大发展，相继出现了元素有机化学（包括有机金属化学）、天然产物有机化学、有机合成化学、物理有机化学和生物有机化学等分支学科。

## 一、元素有机化学

元素有机化学通常是指除氢、氧、氮、卤素等常见元素之外的其他元素与碳成键的有机化合物的化学，通常分为金属有机化学和非金属有机化学。金属有机化学即为有机金属化学（organometallic chemistry），主要研究含有M—C键的物质的化学反应、合成等内容。中文习惯上将有机金属化学称为金属有机化学。

### 1. 有机金属化学

有机金属化学的早期，法国的卡代（L. C. Cadet）合成了与羰基有关的甲基砷化合物（1760年）；蔡泽（W. C. Zcise，1789—1847）合成了铂基金属有机化合物（蔡泽盐）（1830年）；弗兰克兰发现二乙基锌和二甲基锌（1848年）；路德维希·蒙德（Ludwig Mond，1839—1909）发现了金属羰基化合物$Ni(CO)_4$（1890年）；维克多·格利雅（Victor Grignard，1871—1935）发现了有机镁化合物（格氏试剂），介绍了格氏反应（1899年）；约翰·乌尔里克·奈夫（John Ulric Nef，1862—1915）用乙酰化钠发现了炔基化（1899年）。下面介绍二乙基锌和二甲基锌的发现过程。

1848年7月28日，弗兰克兰在一个厚壁玻璃管中填充了细粒状的锌和乙基碘，然后将其密封。他没有意识到自己已经建立了将产生有机金属化合物（乙基碘化锌和二乙基锌）的反应。因为他的目标是制备和分离乙基“自由基”。要想弄清这个过程的来龙去脉，还要从弗兰克兰的研究兴趣说起。1840年，年仅15岁的弗兰克兰给当地的一位药剂师当学徒，在药剂师那里他第一次接触到化学物质，他还在业余时间进行一些化学实验。1845年，弗兰克兰加入了里昂·普莱费尔（Lyon Playfair，1818—1898）实验室，担任普莱费尔的助教。恰好在此期间，德国的赫尔曼·科尔贝（Hermann Kolbe，1818—1884）担任普莱费尔的助理，从事气体分析。这样，弗兰克兰和科尔贝相识并成为好朋友。因为科尔贝在1942年曾任罗伯特·本生的助手，1847年夏天，弗兰克兰陪同科尔贝前往德国马尔堡菲利普斯大学本生实验室，在那里弗兰克兰遇见了罗伯特·本生。科尔贝和弗兰克兰为了制备乙基自由基，让$C_2H_5CN$与钾作用，他们发现两者发生剧烈反应，迅速释放出气体并伴随闪光。他们认为这种气体是“甲基”，而不是“乙基”（实际上是乙烷）。弗兰克兰由此对自由基产生了浓厚的兴趣。

1847年8月，弗兰克兰成为英国汉普郡一所新成立的昆伍德学院（Queenwood College）的硕士研究生。他在那里进行的第一个实验是在密封管中进行的乙基碘（碘乙烷）与钾反应。他发现这个反应也相当剧烈，反应产物与$C_2H_5CN$和钾的反应产物相似。1848年7月28日，弗兰克兰尝试锌与乙基碘反应。他在厚壁玻璃管中填充了细粒状锌和乙基碘，然后将其密封。他发现加热直到150℃时才发生反应，在约200℃时，锌与乙基碘的反应以“可容忍的速度”进行，产生了白色晶体并留下无色的流动液体。由于用于分析气体燃烧所需的唯一测量计损坏了，因此装有这种反应混合物的密封管一直被密封保存。1848年10月，弗兰克兰成为马尔堡（Marburg）菲利普斯大学的全日制学生，在罗伯特·本生的指导下攻读博士学位。

在1848年冬至1849年春，弗兰克兰专注于锌与乙基碘反应的研究，目的是寻找乙基自由基，以完成他的博士论文。当那个密封管被打开时，大量的气体被释放出来，流动液体消失了。他详细描述了气体的收集和以体积计的分析结果：乙烯，21.70%；乙基，50.03%；甲基，25.79%；氮（来自空气），2.48%。在当时和后来的一段时间里，弗兰克兰坚信自己已经制得了乙基自由基，并把他的论文题目定为《论有机自由基的分离》。后来人们认识到，这些气体根本不是甲基和乙基自由基，而是乙烷和正丁烷。

在获得博士学位后，弗兰克兰在本生实验室继续他的研究工作。他对锌与乙基碘反应所产生的一些气体和一种他没有识别的白色结晶固体进行研究。

1849年秋，弗兰克兰离开马尔堡来到吉森大学，在当时著名化学家李比希实验室工作了三个月。在那里，他研究锌与*n*-戊基碘化物的反应。与甲基碘和乙基碘相比，这种碘化物对锌的反应性要弱得多。

弗兰克兰制备并鉴定的第一个有机锌化合物是二甲基锌。1849年11月5日，在伦敦举行的化学学会会议上，弗兰克兰关于有机自由基的论文被宣读。1850年，弗兰克兰在《化学学会杂志》上的一篇论文中提到他一直在研究甲基碘与锌的作用。他报告说："打开密封管时，甲基气体被分离出来，分解管中残留着白色的结晶残留物。这种残留物与水的特殊行为分解了它，产生明亮的火焰，并导致纯轻质碳化氢（$CH_4$）的演变，这促使我更仔细地研究它。当这种物质在充满干氢的设备中进行蒸馏时，一种无色透明液体在接收器中冷凝，这种液体具有特别刺鼻和令人作呕的气味，与空气或氧气接触时会自发燃烧，发出明亮的绿蓝色火焰，形成密集的锌氧化物云。"

1851年，弗兰克兰成为曼彻斯特新成立的欧文斯学院的化学教授。在那里，他撰写了关于二甲基锌和二乙基锌的完整论文。1852年，弗兰克兰发表题为《一系列新的金属有机物》的论文。他设计了一套实验装置（如图8-6所示），用来获取高纯度的具有挥发性、自燃性、对水分极为敏感、气味十分难闻的无色液体（二甲基锌）。A是分解管，通过双孔软木塞c与接收器B连接。接收器B通过卡套管接头与氯化钙管C连接，氯化钙管的另一端与氢气发生装置D连接。d和e是已经称重的用于保存冷凝液体的两个小玻璃球泡。在D中产生的氢气通过氯化钙管C时被干燥，进入接收器B，通过管b排出空气。氢气如此流经设备至少25分钟，并通过扩散排出接收器B和小玻璃球泡d、e中的空气后，密封管b的末端，同时中断氢气的释放。此时，B、d和e仍然充满了纯的干燥的氢气，A中充满了不含氧的气体混合物。然后将B浸入冷水中直至其颈部，并用酒精灯小心地对A进行温和且均匀的加热，A中的流动流体很快进入沸腾状态，并蒸馏到接收器B中。一旦蒸馏完成，A变冷后，用吹管法使其在a处熔断，A仍保持密封状态。然后将接收器B从水中取出并干燥，将热量施加到靠近玻璃球泡d、e的一侧，以便从它们在f处的开口端排出一部分气体。在随后的冷却中，一定量的液体上升到球泡d、e中，随着球泡交替被加热和冷却，进入球泡中的液体越来越多，直至没有液体进入球泡d、e为止，并使毛细管分支充满氢气。然后移除软木塞c，尽可能快地取出球泡d、e，并立即密封开放的毛细管末端。对玻璃球泡称重，增加的质量即为进入液体的质量。A中的残留物几乎不溶于水，它由锌的碘化物和过量的金属锌混合而成。通过燃烧分析产生的气体特性，即测量放出气体的体积和形成氧化锌的质量，确定了这种液体馏出物是锌甲基（二甲基锌）。弗兰克兰通过类似的程序制备了锌乙基（二乙基锌）。

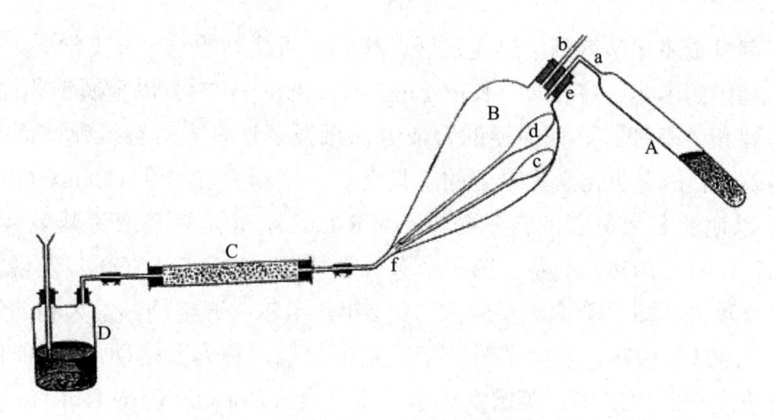


图8-6　弗兰克兰用于分离二甲基锌的装置

弗兰克兰还在1852年发表的论文中描述了他制备乙基锡化合物的情况。他声称自己是制备这种化合物的第一人之后，不久便引起了争议。1853年，苏黎世大学的卡尔·雅各布·勒维格（Carl Jacob Löwig）在《有机金属化合物的历史》一文中报告了自己在1842年使一种锑钾合金与乙基氯反应，得到了一种在空气中能剧烈发烟的无色液体产品。勒维格声称在利用乙基溴与钾或钠的锑、铋、锡和铅的合金反应发现和制备有机金属化合物方面具有优先权，并特别指出他对这些有机金属化合物的探索是经过预先思考的，而弗兰克兰只是在寻找乙基自由基的过程中意外获得的。弗兰克兰仔细调查了勒维格的论文所提交和发表的日期后，拒绝了勒维格的诉求声明。

由于密封管合成方法产率低、制备量小，弗兰克兰在一位工程师的帮助下，建造了产量大且耐高压的金属设备，一次可以制备4~5盎司的二乙基锌。他进行的另一个重大改进是使用乙醚作为溶剂，并于1855年发表论文报告了他改进后的蒸馏装置（如图8-7所示）。A是一个用于产生碳酸气（二氧化碳）的沃氏瓶，碳酸气流经氯化钙管B和盛有浓硫酸的沃氏瓶C，然后进入有1英寸深浓硫酸的储液罐D。干燥气体可以通过管e从该储液罐逸出到容器f中，或者通过管h穿过蒸馏器g并逸出。在将储液罐、管e和h以及蒸馏器g中的空气和水分排出后，就使蒸馏器g与一个充满纯净和干燥碳酸气的储液罐D组成一个被碳酸气保护起来的系统。用煤气炉和油浴器给蒸馏器g加热，一旦蒸馏器的温度超过液体的沸点，就有挥发性物质被蒸馏出来。在所有挥发性产品通过后，从g中取出管i，并立即用插入温度计的干燥软木塞塞住蒸馏器。断开蒸馏器的壶嘴与管h，并插入一个合适的管状接收器中，然后进行精馏，在118℃下得到的液体产品即为纯的二乙基锌。

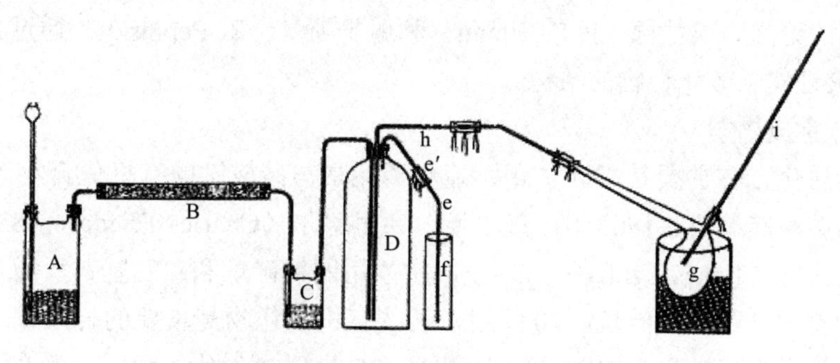


图8-7　弗兰克兰用于大量分离二乙基锌的装置

20世纪，有机金属化学得到了迅速发展，成为有机化学的一个分支学科。

1930年，德国的卡尔·齐格勒（Karl Ziegler，1898—1973）以金属锂和卤代烃为原料，直接合成烷基锂和芳基锂。这种简便的合成方法激发了许多人对有机锂试剂的研究，从而使有机锂试剂成为合成有机化学家通用的工具之一。亨利·吉尔曼（Henry Gilman，1893—1986）发现了以他的名字命名的吉尔曼试剂（$R_2CuLi$，R是烷基或芳基）。沃尔特·希伯（Walter Hieber，1895—1976）制备了第一个金属羰基氢化物$H_2Fe(CO)_4$，发现金属羰基受到氢氧化物的亲核攻击，即“希伯碱反应”。1952年，卡尔·齐格勒和意大利的朱利奥·纳塔（Giulio Natta，1903—1979）发现了第一个钛基催化剂，称为齐格勒-纳塔催化剂，用于各种聚烯烃的商业生产。1955年，英国女化学家霍奇金（Dorothy Crowfoot Hodgkin，1910—1994）确定了维生素$B_{12}$的结构，这是发现的第一个含有金属-碳键的生物分子。

二茂铁以及其他茂金属的合成和结构的确定，促进了有机金属化学的发展。

1951年，《自然》杂志上以《一种新型的有机铁化合物》为题报道了鲍森（P. L. Pauson，1925—）和基利（T. J. Kealy，1917—2012）的新发现。鲍森和基利将格氏试剂环戊二烯基溴化镁在乙醚中与作为氧化剂的氯化铁反应，以尝试制备富瓦烯（见图8-8）。他们并没有得到预期的富瓦烯，而是得到一种具有显著稳定性的浅橙色粉末。鲍森和基利推测该化合物有两个环戊二烯基，每一个环戊二烯基都有一个由饱和碳原子与铁原子形成的共价键（见图8-9）。然而，这种结构与当时存在的键模型不一致，也不能解释该化合物具有意想不到的稳定性。

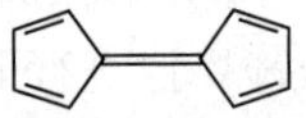

图8-8　富瓦烯结构 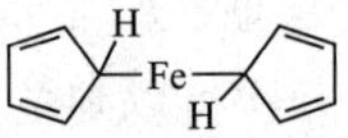　　图8-9　鲍森和基利推测的化合物分子结构

1952年，三个研究小组各自独立研究并报道了鲍森和基利新发现化合物的结构。威尔金森（G. Wilkinson，1921—1996）和伍德沃德等根据红外光谱、磁化率、偶极矩的测定结果，推测出这是由两个环戊二烯基离子夹着$Fe^{2+}$的三明治结构（夹层结构），伍德沃德将这个化合物称为二茂铁。他们在《美国化学会志》上发表了题为《双环戊二烯基铁的结构》的论文。

在同一时期，德国化学家恩斯特·奥托·费歇尔等根据X射线结构推断出这种化合物是“双锥”结构，并开始合成其他茂金属，发表了题为《二价铁、钴和镍双环戊二烯基化合物的晶体结构》的论文。埃兰德（P. F. Eiland）和佩平斯基（R. Pepinsky）通过X射线晶体学和后来的NMR证实了该化合物的结构。

### 2. 有机非金属化学

有机非金属化合物主要是指硅、硼、硫和磷元素与碳成键的有机化合物。1857年，维勒就发现了硅烷和硅氯仿。1863年，查尔斯·弗里德尔（Charles Friedel，1832—1899）和詹姆斯·克拉夫特（James Crafts，1839—1917）用四氯硅烷和二乙基锌反应，制备了第一个有机硅化合物——四乙基硅烷。20世纪，某些有机硅化物是重要的合成试剂，它们使得天然有机化学和元素有机化学的关系更为密切。20世纪50年代，我国开始在有机硅化合物及其聚合物方面进行较系统的研究。

早期有机硼化合物主要集中于高能燃料方面的研究，继而转向了硼氢化反应、碳硼烷合成等领域。有机硫和磷化合物是维持生命所不可或缺的物质，但一些硫和磷的化合物又会对生命过程产生不利影响甚至危及生命。20世纪，对有机硫和磷化合物的研究迅速发展。许多药物都是有机硫化合物，如青霉素、磺胺类药物、头孢噻吩等。维生素$B_6$、$B_{12}$就是有机硫化合物。生物体内的重要能源就是通过磷酸酯类化合物得到的，而直接可利用的能量是由三磷酸腺苷供给的。磷酸酯类化合物同时也是核酸分子主链的成分。这些都构成了20世纪研究有机磷化合物的重要内容。

## 二、物理有机化学

物理有机化学是一门渗透热力学、动力学、立体化学、结构化学等方面的分支学科。物理有机化学的发展可以追溯至19世纪下半叶，化学动力学一开始的研究对象就是有机化合物的反应，如蔗糖转化反应。20世纪上半叶，物理有机化学逐渐形成化学的分支学科。

1903年，英国物理化学家拉普沃斯（A. Lapworth，1872—1941）提出酮与HCN反应生成氰醇的历程是氰基加到极化了的酮的羰基上，然后夺取了酸中的质子。1922年，英国化学家罗伯特·鲁宾逊（Robert Robinson，1886—1975）提出在芳香化合物和共轭体系分子中，存在电子对的移动和静电诱导两种电子效应。1926年前后，英国化学家克里斯多夫·英戈尔德（Christopher Kelk Ingold，1893—1970）引入了诱导效应和中介效应，认为这些效应使分子内的电子密度发生变化，对反应会产生很大的影响。1928年，英戈尔德将给予电子并使之共有的试剂称作亲核试剂，将作为电子接受体的试剂称为亲电试剂。英戈尔德和休斯（Hughes，1906—1963）在研究反应机理时引入反应速率理论。从1933年至1935年，他们提出用$S_N1$、$S_N2$分别表示单分子亲核取代反应和双分子亲核取代反应，用$E_1$、$E_2$分别表示单分子消除反应和双分子消除反应。

1935年，哥伦比亚大学的哈米特（L. P. Hammett，1894—1987）提出了苯衍生物的反应或平衡的取代基效应经验规则（Hammett规则）。根据这个规则，对于某个反应或平衡的取代基的影响可用公式$\lg(k/k_0)=\rho\sigma$表示。式中的$k$、$k_0$分别表示有取代基和无取代基时的反应速率或平衡常数，$\rho$是由反应条件决定的值，$\sigma$是由取代基位置和种类决定的常数。因此，取代基的亲电子或给电子效应就可以定量讨论了。

## 三、有机合成化学

20世纪有机合成发展具有以下三个特点：首先，原料来源多样化。有机合成原料主要来源从煤转移到石油和天然气，形成了石油化学基础研究领域和重要的石油化学工业；其次，有机合成的范围不断扩大，有机合成从小的、简单的、低级有机分子向大的、复杂的、高级有机分子发展，特别是合成许多材料高分子、生物大分子和其他功能大分子化合物；第三，合成方法、途径和技术有了较大的发展。

1899年，法国化学家维克多·格利雅发现异丁基碘和镁在无水乙醇中混合得到的反应剂很稳定，能与苯甲醛反应生成苯基异丁基乙烯醇。这种由卤代烷烃与镁制得的试剂（RMgX）称为格氏试剂。到1912年，与格氏试剂相关的论文超过了700篇。1912年，格利雅获得诺贝尔化学奖。

19世纪末至20世纪初，法国的保罗·萨巴蒂埃（Paul Sabatie，1854—1941）和森德伦斯（J. B. Senderens，1856—1937）开展了催化加氢反应研究。1897年，他们发现用镍作催化剂时苯很容易就转变成为环己烷。此后，保罗·萨巴蒂埃及其共同研究者用各种具有还原性的金属对有机化合物的加氢接触还原进行系统性研究，开创了有机化学的新领域。1912年，保罗·萨巴蒂埃获得诺贝尔化学奖。

20世纪初，有机合成中出现了许多用开发者的名字命名的人名反应，如Bucherer反应（1904）、Fries重排（1908）、Dakin反应（1909）、Clemmensen还原（1913）、Schmidt反应（1924）、Diels-Alder反应（1928）、Wolff-Kishner-黄鸣龙还原（1946）等。1946年，我国化学家黄鸣龙（1898—1979）对Wolff-Kishner还原法进行改进。他用氢氧化钠或氢氧化钾代替金属钠，在碱性介质中将羰基转变为亚甲基。改进后的还原法具有成本低、产率高、选择性强、适应于工业化生产等优点，被称为Wolff-Kishner-黄鸣龙还原法。

在天然有机化合物靛蓝被成功合成以后，人们又陆续合成了一些其他天然有机化合物。罗伯特·鲁宾逊成功地合成了阿托品、可卡因，他在1917年成功地合成了一种生物碱莨菪酮（$C_8H_{13}NO$）；1931年，瑞士的保罗·卡勒（Paul Karrer，1889—1971）成功地合成了角鲨烯（$C_{30}H_{50}$）；1934年，卡勒和德国的理查德·库恩（Richard Kuhn，1900—1967）各自独立合成出更复杂的维生素$B_2$；1938年，卡勒成功合成出维生素E中的一种。

复杂有机化合物的多步合成称为全合成。维生素$B_{12}$是所有维生素中体积最大、化学成分最复杂的，它有氰钴胺素、羟钴胺素、腺苷钴胺素和甲基钴胺素四种化学形式（如图8-10所示）。1948年，剑桥大学的肖布（M. S. Shorb）等人使用LLD（乳酸杆菌）分析法从肝脏提取物中提取抗恶性贫血因子，对其进行纯化，并将其命名为维生素$B_{12}$。1955年，托德（R. Todd，1907—1997）阐明了维生素$B_{12}$的结构，并因此于1957年获得诺贝尔化学奖。1956年，霍奇金根据晶体学数据确定了维生素$B_{12}$分子的完整化学结构，并因此于1964年获得诺贝尔化学奖。她也成为第三位获得诺贝尔奖的女性科学家。1965年，被认为是现代有机合成之父的伍德沃德获得诺贝尔化学奖以后，他组织了一个由十几个国家一百多名博士后和博士生组成的攻关团队，探索维生素$B_{12}$的人工合成问题。伍德沃德设计了一个拼接式合成方案，即先合成维生素$B_{12}$的各个局部，然后再把它们对接起来。这种方法后来成为合成所有有机大分子普遍采用的方法。1972年，伍德沃德和阿尔伯特·艾申莫瑟（Albert Eschenmoser，1925—）在实验室中完成了对$B_{12}$的完全合成。由于该合成需要72个化学步骤，总化学收率低于0.01%，因此没有商业潜力。当时，维生素$B_{12}$的工业生产是通过选定的微生物发酵来实现的。

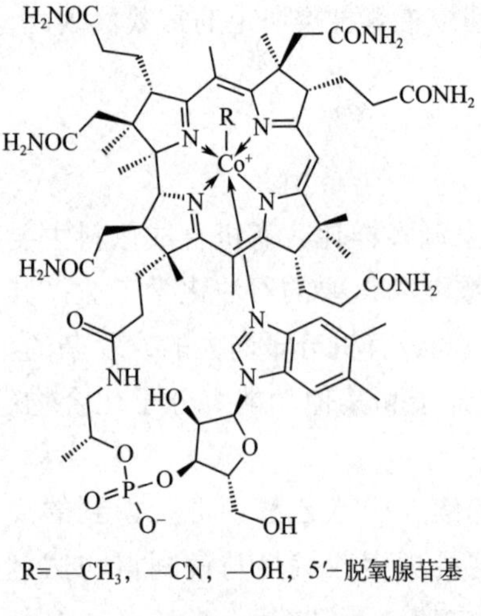

R=—$CH_3$，—CN，—OH，5′–脱氧腺苷基

图8-10 维生素$B_{12}$化学结构式

继维生素$B_{12}$被合成出来之后，哈佛大学科研团队于1989年完成了海葵毒素的全合成。海葵毒素有40个羟基、8个双键，有64个手性中心和超过1021个可选择的立体异构体。这个化合物的成功合成标志着有机合成达

到了新的高度，被誉为“有机合成的珠穆朗玛峰”。

## 四、天然产物有机化学

人们对与生命过程密切相关的天然有机化合物的认识可以追溯至古代时期，19世纪后半叶才开始对它们开展比较全面深入的研究，20世纪取得了重大突破，并逐渐形成了专门研究这类有机化合物的分支学科。

### 1. 糖类化合物

1747年，德国化学家安德烈亚斯·马格拉夫（Andreas Marggraf，1709—1782）首次从葡萄干中分离出葡萄糖。1792年，洛维茨（J. T. Lowitz）在葡萄中发现了葡萄糖，并将其与蔗糖区分开来。1838年，杜马（J. B. Dumas）创造了“葡萄糖”这个术语。

1849年，李比希的学生赫尔曼·冯·斐林（Hermann von Fehling，1812—1885）发明了斐林溶液，用以区分还原糖和非还原糖。1875年，德国化学家埃米尔·路易斯·费歇尔（Emil Louis Fischer，1852—1919）创立了用苯肼鉴定糖的方法。1882年，德国化学家伯恩哈德·托伦斯（Bernhard Tollens，1841—1918）发明托伦斯试剂，用于测定醛和芳香醛官能团。托伦斯试剂与斐林溶液配合可以更好地区分还原糖和非还原糖。

1887年，费歇尔（E. L. Fischer）和塔费尔（J. Tafel，1862—1918）从丙烯醛和乙醛合成了果糖；后来又合成了庚糖、辛糖和壬糖以及有旋光性的葡萄糖和甘露糖，并证明甘露糖也是一个直链的己醛糖。1891年，费歇尔（E. L. Fischer）测定了己醛糖旋光异构体的构型，并制备了几种立体异构体。1891年至1894年间，他运用不对称碳原子理论，建立了所有已知糖的立体化学结构，正确预测了可能的同分异构体，用费歇尔投影式表示它们的对映异构体。1902年，费歇尔（E. L. Fischer）因对糖类化合物研究的卓越成就和对嘌呤衍生物的研究，获得诺贝尔化学奖。

1925年至1930年，英国化学家哈沃斯（N. Haworth，1883—1950）提出了葡萄糖、甘露糖等单糖的环状结构。根据低聚糖可水解为单糖，人们进而确定了蔗糖和麦芽糖的结构。1933年，哈沃斯合成了己糖的衍生物维生素C。1937年，他获得诺贝尔化学奖。

### 2. 生物碱化合物

生物碱一般是指存在于植物中的碱性含氮化合物。1805年，德国化学家塞尔杜纳（F. W. Serturner，1783—1841）从鸦片中离析出吗啡，并在1816年证明它是第一个被提纯得到的生物碱。1925年，英国化学家罗伯特·鲁宾逊给出了它的正确结构式。1952年，盖兹（M. Gates，1915—2003）实现了它的全合成。

在20世纪50年代以前，我国老一辈有机化学家从事过中草药有效成分的分离工作。1948年，我国学者从中草药常山中取得几种生物碱，并于1952年完成对常山碱的结构和合成工作。50年代后，完成了具有抗癌作用的长春新碱的分离，并投入生产。

### 3. 萜类化合物

首先对萜烯化合物进行研究的是德国化学家奥托·瓦拉赫（Otto Wallach，1847—1931）。他发现亚硝基氯等试剂可以与萜烯化合物发生加成反应，生成的固体产物可以通过结晶的方法进行提纯和分离，然后再把这些固体物质转化为萜烯化合物进行研究。他对环状不饱和萜烯重排反应的研究使得通过重排为已知的萜烯结构来获得未知萜烯的结构成为可能。1909年，他在《萜烯和樟脑》一书中，总结了他多年来对萜烯化合物的研究工作。1910年，奥托·瓦拉赫获得诺贝尔化学奖。

20世纪，萜类合成化学也得到了较大的发展。许多以前所不能合成的化合物被合成出来，特别是有价值的药用萜类化合物。我国科学家经过多年努力，从中药青蒿中提取的抗疟药青蒿素和从中药鹰爪中提取的抗疟成分鹰爪素，均属于倍半萜过氧化合物。

# 第三节　物理化学分支学科的发展

从19世纪至20世纪，物理化学形成了很多分支学科，化学热力学、化学动力学、结构化学、量子化学、胶体化学和界面化学、催化化学、热化学、光化学、磁化学、高能化学、计算化学等。20世纪前半叶，化学热力学、化学键理论和分子结构理论逐渐完善，结构化学因X射线和电子衍射的应用发展迅速，化学动力学、胶体化学和界面化学等逐步发展。

## 一、化学热力学的完善

随着热力学第三定律的建立，以平衡体系的热力学为基础处理宏观现象的经典热力学已基本完成。由于可逆过程是理想化的，而真实过程都是不可逆的，因此研究不可逆过程或非平衡态热力学就成为20世纪物理化学的重要任务。

### 1. 热力学第三定律

热力学第三定律是化学家能斯特在1906年至1912年间建立并发展起来的，因此常被称为能斯特定律。1906年，能斯特从测定比热容和反应热来预测化学反应过程的结果。若反应吸热，那么所吸收的热量将随温度的降低而减少，当温度达到绝对零度时反应吸收的热量将为零。由此得出能斯特定律：在温度趋近于0K时反应在纯粹的结晶固体之间发生，则熵变就趋近于零。爱因斯坦从理论上证实了固体的比热容在0K时为零。1912年，能斯特这样表述该定律：任何过程都不可能在有限的步骤中达到等温线$T=0$。

1910年，普朗克对能斯特定律提出补充：每一化学组成为均相的固体或液体在绝对零度时的熵等于零。1923年，路易斯（G. N. Lewis）和莫尔·兰德尔（Merle Randall，1888—1950）提出了热力学第三定律的另一个版本：如果在温度为绝对零度时，将处于某种结晶状态的每种元素的熵取为零，则每种物质都具有有限的正熵；但是在绝对零度的温度下，物质的熵可能变为零，而完美结晶物质的熵确实变为零。1927年，路易斯（G. N. Lewis）指出普朗克对能斯特定律的补充不完全，认为液体和无定形体在绝对零度时的熵并不为零，只有纯粹的完美晶体在绝对零度时的熵才为零。

热力学第三定律的这个版本表明，不仅$\Delta S$会在0K时达到零，而且只要晶体只有一种构型的基态，$S$本身也会达到零。有些晶体会因为缺陷而产生残余熵，当过渡到一个基态的动力学障碍被克服时，这个剩余熵就消失了。

随着统计力学的发展，热力学第三定律从一个基本定律变成了一个派生定律。它主要是从一个大系统的熵的统计力学定义中推导出来的基本定律：$S-S_0=k_B\ln\Omega$，式中$S$是熵，$S_0$是绝对0K时参考状态对应的熵，$k_B$是玻尔兹曼常数，$\Omega$是与宏观构型一致的微观状态数。

### 2. 非平衡态热力学

非平衡态热力学是通过将经典热力学的概念和方法推广到非平衡和有不可逆过程的情况下的一种热力学理论。不可逆过程热力学的发展分为线性不可逆热力学和非线性不可逆热力学两个阶段。非平衡态线性区的热力学理论通称为线性非平衡态热力学。1931年，化学家拉尔斯·昂萨格（Lars Onsager，1905—1976）发表了《不可逆过程的倒易关系》论文，他从微观可逆性原理推导出了昂萨格倒易关系。1968年，他因此获得诺贝尔化学奖。

1947年，物理化学家伊利亚·普里高金（llya Prigogine，1917—2003）发现，由体系内部的不可逆过程导致的熵产生速率在非平衡线性区的定态取极小值。这就是最小熵产生原理。

昂萨格倒易关系和普里高金最小熵产生原理是线性不可逆热力学的两块基石。在这个基础上，逐步形成了线性不可逆过程热力学。

1955年，普里高金对于远离平衡的化学体系可以出现非阻尼振荡的化学反应作出理论预言。1969年，普里高金提出在远离平衡态的非线性区，可以在一定条件下形成稳定的有序结构，并将这种结构称为耗散结构。耗散结构理论是非线性不可逆过程热力学的重要成果，它首先在化学领域的应用中取得成功，现在已逐步被用来解释生命现象和社会现象。1977年，普里高金获得诺贝尔化学奖。

### 3. 溶液理论的发展

20世纪产生了多种溶液理论，形成了溶液理论多元化发展的趋势。

（1）非电解质溶液　非电解质溶液的热力学性质、依数性、溶解度、相平衡等是基于热力学进行讨论的。人们对溶液理论的研究常从讨论理想溶液入手。理想溶液是指在任何温度和压力下都遵循拉乌尔定律的溶液，而实际溶液对拉乌尔定律是有偏差的。1907年，路易斯（G. N. Lewis）为处理实际溶液引入活度的概念。1927年，希尔德布兰德（J. H. Hildebrand，1881—1983）提出“正规溶液（regular solution）”的概念，指出“正规溶液”混合时与理想溶液一样具有相同的熵变值，但“正规溶液”的混合热不为零。1931年，斯卡查德（G. Scatchard）用比较抽象的方法导出了混合液体分子间相互作用能的公式。1933年，希尔德布兰德借助于连续径向分布函数重新推导，得出“正规溶液”的混合热公式，现在称为Scatchard-Hildebrand公式。

（2）电解质溶液　1923年，德拜（P. W. Debye，1884—1966）和休克尔提出第一个有影响的电解质溶液理论——Debye-Huckel理论。他们认为强电解质在水溶液中是完全电离的，但由于离子间的相互吸引和排斥，离子在溶液中并不完全自由，只有在溶液被无限稀释时，离子才能完全自由，活度系数等于1。该理论经昂萨格等人发展为强电解质溶液离子互吸理论。

从1926年开始，有十余位学者提出了不同的理论，以便使离子互吸理论能够用于高浓度电解质溶液。1973年至1979年，皮策（K. S. Pitzer，1914—1997）连续发表12篇论文，对Debye-Huckel理论作了重要改进。他建立了一个半经验式的统计力学理论，得出了形式较简洁的皮策方程。

## 二、化学动力学的发展

化学动力学是以研究化学反应过程为主要对象的一个物理化学分支学科。20世纪以来，化学动力学逐步发展为从基元反应层次来研究化学反应的速率和历程。20世纪50年代以后，由于分子束和激光技术在化学上的应用，化学动力学进入微观层次。

### 1. 碰撞理论和过渡态理论

海德堡大学的马克斯·特劳茨（Max Trautz，1880—1960）和利物浦大学的威廉·路易斯（William Lewis，1885—1956）在气体分子运动论的基础上分别于1916年和1918年独立提出反应速率的碰撞理论。他们认为只有能量足够大的活化分子的有效碰撞才能使反应发生，这个足够大的能量就是活化能。

1931年，亨利·艾林（Henry Eyring，1901—1981）和迈克尔·波拉尼（Michael Polanyi，1891—1976）在统计力学和量子力学的基础上建立了另一个反应速度理论。该理论仍以有效碰撞为反应发生的前提，但同时认为化学反应不只是通过简单的有效碰撞就直接形成产物，反应物在反应过程中首先形成活化络合物的过渡状态。迈克尔·波拉尼称之为过渡态理论，而亨利·艾林称之为活化络合物理论。1935年，亨利·艾林推导出过渡态理论关于反应速率常数的普遍公式。

### 2. 化学链式反应

1913年，德国化学家马克斯·博登斯坦（Max Bodenstein，1871—1942）首次提出了化学链式反应的概念。如果分子发生反应，不仅会形成最终反应产物的分子，还会形成一些不稳定的分子，这些分子可以与母体分子进一步反应，其概率远大于初始反应物。1918年，瓦尔特·能斯特提出氢和氯之间的光化学反应是链式反应，以解释所谓的量子产率现象。他认为光子将$Cl_2$分子解离成两个Cl原子，这两个Cl原子分别引发形成HCl的长链反应步骤。

1923年，丹麦的克里斯琴森（J. A. Christiansen，1843—1917）和荷兰的克莱默斯（H. A. Kramers，1894—1952）指出，马克斯·博登斯坦从光化学反应研究中得到的链反应概念可以应用到热化学反应中去。他们在解释爆炸反应机理时还指出，如果在反应链的一个环节中产生两个或两个以上的不稳定分子，反应链就会分支并生长，从而导致反应速率的爆炸性增长。

1926年，英国的西里尔·诺曼·欣谢尔伍德（Cyril Norman Hinshelwood，1897—1967）的著作《化学变化动力学》出版。他研究了氢和氧的爆炸反应，并描述了链式反应的现象。1934年，苏联的尼古拉·谢苗诺夫（Nikolay Semyonov，1896—1986）出版了《化学动力学与链式反应》一书，创立了定量链式化学反应理论。1956年，欣谢尔伍德和谢苗诺夫共同获得诺贝尔化学奖。

### 3. 单分子反应理论

20世纪初，化学家们提出单分子反应为一级反应，并认为一级反应也都是单分子反应。那么活化分子的能量从何而来呢？

1913年，法国的佩兰（J. B. Perrin，1870—1942）提出，在单分子反应中反应物的活化能来自对容器壁的红外辐射的吸收。这就是佩兰的单分子辐射理论。

1920年，欧文·朗格缪尔（Irving Langmuri，1881—1957）用实验证明佩兰的单分子辐射理论与实验的速率常数值不相符合。1921年，林德曼（F. A. Lindemann，1886—1957）提出了单分子反应的时滞理论设想。他认为单分子反应的活化过程为双分子的热碰撞，但在高压区域内被活化的分子$A^*$与另外的A分子碰撞而失活，$A^*$的浓度与A成正比，这种情况下的单分子反应表现为一级反应。而在低压区域内活性分子难以失活，反应速率与$A^*$分子生成的速率成正比，所以这种情况下的单分子反应表现为二级反应。由于林德曼对碰撞激发速率常数的计算忽略了分子内能的影响，因此预测值与实验值不一致。

1927年，欣谢尔伍德指出被活化的分子的能量除碰撞外，部分来自分子的振动自由度，并对它进行修正。同年，赖斯（O. K. Rice，1903—1978）、拉姆斯佩尔格（H. C. Ramsperger）和卡赛尔（L. S. Kassel）都对林德曼假说进行了修正，于是发展成为众所周知的单分子反应“RRK”理论。

### 4. 快速反应动力学

由于自由基的存在时间极短，因此在自由基概念提出来以后，化学家们为获取自由基的各种信息就需要建立和发展各种快速反应测定方法。从20世纪30年代开始，人们广泛利用各种物理学原理和方法对快速反应进行研究，逐步形成了如荧光猝灭法、极谱法、磁共振法、质谱法、闪光光解法和弛豫法等一系列研究方法。其中，闪光分解法和弛豫法是比较有效的方法。

1949~1955年，英国化学家诺里什（R. G. W. Norrish，1897—1978）和乔治·波特（George Porter，1920—2002）开发出闪光光解技术。他们用可见光区或紫外光区的某种强光脉冲干扰所研究的反应体系的平衡，在约1微秒内从闪光灯释放出数千乃至数十万焦耳的能量，这种强辐射使体系的全部分子都转变成活化粒子，然后使体系快速恢复平衡，同时用分光光度法进行记录。

1954年，德国的曼弗雷德·艾根（Manfred Eigen，1927—2019）提出弛豫法研究极为快速的化学反应。他对一个已达化学平衡的反应体系，通过压力、温度或电场强度对体系进行瞬时扰动，使其稍微偏离平衡态，然后用光谱或电导等手段对这种偏离过程中的效应进行测量，即可求出某些极快反应的速度常数。他研究的第一个反应是$H^+$和$OH^-$形成水分子的反应。他指出单纯的$H^+$和$OH^-$碰撞并不形成水分子，反应离子是4个水分子与质子形成的水和质子（$H_9O_4^+$）以及3个水分子结合的氢氧根离子（$H_7O_4^-$）。1967年，因在用弛豫方法进行的极快化学反应动力学研究方面的贡献，艾根、诺里什和波特共同获得诺贝尔化学奖。

## 三、胶体化学的发展

19世纪后半叶，胶体和表面成为物理化学的研究对象。20世纪，胶体化学成为物理化学的一个分支学科。

1845年至1850年，意大利的塞尔米（F. Selmi，1817—1881）发表了关于无机胶体的论文，主要是对氯化银、普鲁士蓝和硫胶体的系统研究。1861年，英国的格雷阿姆（T. Graham，1805—1869）对胶体进行了大量的实验研究，提出胶体（colloid）这一术语，被认为是胶体化学的奠基人之一。

1869年，丁达尔（J. Tyndall，1820—1893）在研究空气中的辐射热时，要使用去除了所有浮尘和其他微粒的空气。他想出了一个简单的方法来获得“光学纯净”的空气，即没有可见颗粒物的空气。他做了一个带有几扇玻璃窗的方木盒，盒子的内壁和底板上涂上甘油。盒子被放置几天后，当用强光束透过玻璃窗进行检查时，他发现盒子里空气中的颗粒物已经检测不到了。

空气和其他气体以及液体中的微粒杂质对光的散射现象，即被称为丁达尔效应或丁达尔散射。这样就可以利用在黑暗背景下的集中光束来显示气溶胶和胶体的特性。

**注：**

当阴天时，阳光穿过浑浊的云层，在地面上产生散射的漫射光。这是米氏散射（Mie scattering）而不是丁达尔散射，因为云滴比光的波长大，并且对所有颜色的散射大致相等。当白天的天空万里无云时，天空的颜色是蓝色的，这是瑞利散射（Rayleigh scattering）造成的而不是丁达尔散射，因为散射粒子是空气分子，比可见光的波长小得多。有时，丁达尔效应一词被用于空气中大尘埃颗粒的光散射也是不严谨的。

1893年至1899年，齐格蒙迪（R. A. Zsigmondy，1865—1929）从事胶体和玻璃着色方面的研究。1903年，他与别人合作研制出超显微镜，借助于超显微镜测定胶体胶粒的大小，研究胶体的性能随胶粒的细度或分散度变化的规律性，解决了金质红宝石玻璃的形成和结构问题，阐明了胶体金在水溶液中的性质。他还与别人一起对胶体的凝聚机理进行了卓有成效的研究。齐格蒙迪工作的意义不仅在于他阐明了胶体溶液的许多性质，更重要的是他为人们研究胶体提供了直接的观测方法和手段。1925年，齐格蒙迪获得诺贝尔化学奖。

1907年，威廉·沃尔夫冈·奥斯特瓦尔德（Wilhelm Wolfgang Ostwald，1883—1943）定义“胶体是物质以0.2~1微米大小分散的状态”。同年，瑞典的斯维德贝格（Theodor Svedberg，1884—1971）发表了题为《胶体溶液的理论研究》的博士论文。他采用电粉碎法制得一系列新的金属胶体体系。1923年，斯维德贝格研制出超离心机。由于用超离心法可以测得胶体粒子和高分子的分布、大小、形状、质量或分子量，这就为胶体观测提供了另一种有效的手段。斯维德贝格还用这种方法首次测定了蛋白质的分子量。1926年，他获得诺贝尔化学奖。

斯维德贝格的学生阿尔内·蒂塞利乌斯（Arne Tiselius，1902—1971）改进了电泳方法，将其用于胶体和高分子物质的研究。他根据不同物质具有不同的吸附能力的原理，提出了吸附分析的方法。这类方法既可以进行定性吸附分析，又可进行定量吸附分析。1948年，阿尔内·蒂塞利乌斯因电泳和吸附分析方面的研究获得诺贝尔化学奖。

## 四、表面与界面化学的发展

从1913年起，朗格缪尔提出了气体在固体表面上的单分子吸附层理论，固体表面原子对气体分子的吸引在于固体表面原子的不饱和价力，这种价力可以键合一个外来的分子，在固体表面吸附一层气体分子。

1917年，朗格缪尔根据水面油膜实验，提出水面油膜的分子定向说。朗格缪尔发现，较大的烷基很难溶于水，而羧基则可溶于水，所以脂肪酸的羧基端可以被水面吸附，因此脂肪酸以单分子层在水面上定向排列。当这种排列达到饱和状态时，脂肪酸分子便竖立在水面上。每个分子占据的区域由烃链的横截面积决定，膜的厚度由烃链的长度决定。他还设计了一种“表面天平”，用来测定水面上不溶物引起的水的表面张力的微小变化，从而由不溶物的表面积计算出分子截面积，计算结果与后来的X射线分析结果是吻合的。朗格缪尔的工作帮助人们认识到有关单分子表面膜的行为和性质，也对20世纪的各种催化学说产生了一定的影响。1932年，朗格缪尔因在表面化学方面的发现和研究而获得诺贝尔化学奖。

# 第四节　分析化学分支学科的发展

1923年，法扬斯引入吸附性指示剂荧光素及其衍生物，对用银离子滴定氯化物样品的终点指示起到了明显的作用。20世纪40年代至50年代初发展的配位滴定法，对容量分析的发展起了重要作用。借助于物理化学的成就，利用溶液平衡理论、动力学理论、沉淀理论、指示剂作用的原理、终点误差、缓冲作用原理以及配位理论等，从理论上丰富了化学分析的内容。

随着原子能工业、半导体技术、环境保护、石油化工、生物化学、医药化学等方面的发展，在产品研发和质量检测方面尤其需要精密、快速的分离技术以及灵敏、快速、准确的分析方法。因此，20世纪初逐渐兴起的仪器分析得到了迅速发展。

## 一、光谱分析的发展

### 1. 光谱定量分析法

19世纪末，在光谱定性分析的基础上开展了光谱定量分析的研究。20世纪30年代，在人们弄清了谱线强度与浓度之间的关系后，“黑度差分析线对法”成为光谱定量分析中普遍采用的方法。20世纪60年代以来，先后研制成功了高频直流低压火花、控制波形高压火花、电感耦合高频等离子焰矩、直流电弧等离子喷焰、辉光放电光源和激光光源等，不仅使灵敏度和准确度得到了提高，同时也扩大了分析范围，开辟了微区和表面逐层分析的新领域。

### 2. 原子吸收分光光度法

1898年，出现了原子吸收实验装置。伍德逊（R. Woodson）利用汞电弧发出的谱线被气态汞原子吸收，测定了空气中的汞。这种原子吸收技术仅限于天文研究方面。直到1953年，澳大利亚物理学家艾伦·沃尔什（Alan Walsh，1916—1998）正式提出利用原子吸收光谱的分光光度法，并于1955年发表题为《原子吸收光谱在化学分析中的应用》的论文，从理论上奠定了原子吸收分光光度法的基础。几乎与此同时，荷兰的阿克麦德（J. T. J. Alkemade）设计了一个用火焰作光源，以第二个火焰作吸收池的原子吸收分光光度计。他指出了原子吸收可以作为一个普遍应用的分析方法，并在理论和实践上取得了新的突破。1958年，德维德（D. J. Dvid）发表了用原子吸收法测定植物中锌、镁、铜、铁等元素的实验报告。

1965年，威利斯（J. B. Willis）和曼宁（D. C. Maning）分别采用乙炔-氧化亚氮和乙炔-氧化氮火焰，其温度能够达到3000℃，从而扩大了测定元素的范围。1968年，马斯曼（H. Massmann）研究了石墨管原子化法。

### 3. 分子吸收分光光度法

朗伯特-比尔定律的建立，奠定了分光光度法定量分析的基础。1941年，贝克曼（A. O. Beckman，1900—2004）发明了DU分光光度计。这种装置使用棱镜将光分成被溶液吸收的光谱，采用光电管对光谱中的光能进行测量，在光谱的紫外和可见区域产生了精确的吸收光谱。1979年，惠普公司制造出第一台光栅光电二极管阵列分光光度计。

红外光谱与分子的结构及其环境相关联，正确解析红外光谱可以得出某物质的结构、存在状态和性质，从而用于定性鉴别、结构分析、定量测定和机理研究等。1905年，美国物理学家科布伦茨（W. W. Coblentz，1873—1962）出版了《红外光谱研究》著作，从理论上奠定了红外光谱的基础。1942年，贝克曼和他的公司制造出IR-1型红外分光光度计。1947年，第一代（双光束棱镜）红外分光光度计研制成功，但分辨率较低。1961年，出现了具有高分辨率的第二代（光栅）红外分光光度计。

我国于1963年试制了第一台棱镜红外分光光度计，以后又研制出光栅红外分光光度计。

## 二、电化学分析的发展

### 1. 电解分析法

1864年，吉布斯首次利用电解分析法测定铜，经改进后适用于冶金生产方面的快速分析要求，并将该方法应用于汞、铅、锌、铝、镉等金属的测定。德国的大学教授克拉森（A. Classen，1843—1934）发现在电解过程中，不断搅拌电解液可以大大提高电解速度，从此改进为快速电解法。至1899年，德国化学家文克勒（Clemens Winkler，1838—1904）将阴极设计成网状圆柱形的铂电极，并以螺旋状铂丝为阳极，从而提高了电解分析效率。人们在改进电极的实验中发现汞阴极电解时，氢气在汞上的超电压很大，几乎所有重金属的离子都可以从汞阴极上还原为金属形成汞齐而分离出来。

### 2. 极谱分析法

1873年，法国化学家李普曼（J. F. G. Lippmann，1845—1921）在研制毛细管电量计的过程中，发现了玻璃毛细管汞电极与电解质溶液接触界面上的表面张力与外加电压之间的关系。1903年，科塞拉（B. Kucéra）通过称量汞滴的质量来测定不同电压下汞的表面张力。1922年，捷克化学家雅罗斯拉夫·海罗夫斯基（Jaroslav Heyrovský，1890—1967）发表研究成果，提出电流-电压曲线（第一张极谱图）可以作为被电解物质进行定性和定量的基础，建立了极谱法。1925年，他研究出第一台自动照相记录的极谱仪。1959年，海罗夫斯基获得了诺贝尔化学奖。

### 3. 库仑分析法

1938年出现了一种控制恒电位的库仑分析法，后来又出现了一种控制恒电流的库仑分析法。库仑分析法发展到20世纪50年代已被广泛采用。20世纪70年代又发展出一种自动滴定微库仑计，它具有快速、灵敏、准确等优点，主要应用于石油化工和环境监测方面。

### 4. 电容量分析法

电容量分析法主要有电位滴定和电导滴定两种方法。电位滴定法是依赖于电极电势的测定而建立起来的，而电极电势的测定需要有稳定的电极作为参比。19世纪末，德国化学家柯尔劳希（F. W. Kohlrausch，1840—1910）发明了甘汞电极。1893年，勒·布兰（Le Blance）制出标准氢电极。不久之后，又出现了氢醌电极。

1893年，罗伯特·贝伦德（Robert Behrend，1856—1926）发表了关于电位滴定的第一篇论文，他用氯化钾、溴化钾和碘化钾滴定亚汞溶液，并绘制出第一条电位滴定曲线。

1897年，德国的威廉·柏特格尔（Wilhelm Böttger，1871—1949）利用氢电极滴定了14种不同的酸碱，并撰写了酸碱电位滴定的论著。

1906年，生物学家克里莫（M. Cremer）在研究生物组织时发现，用非常薄的玻璃片将氯化钠溶液隔开，再向隔膜一侧的溶液中加入硫酸，在两侧溶液间产生了约0.23伏的电位差。1909年，哈伯（F. Haber）和克莱门西维兹（Z. Klemensiewicz，1886—1963）根据这个现象制作了第一支玻璃电极，但使用的玻璃电阻太大。多年以后，一种适合制作玻璃电极的低电阻玻璃被发现，再配合电子管电位计的发明和使用，才使得精确测量电位差和溶液的pH值有了实现的可能，从而为酸碱电位滴定奠定了基础。1909年，丹麦生物化学家索伦森（S. P. L. Sørensen，1868—1939）在研究离子浓度对蛋白质的影响的过程中，提出pH值的概念，并利用氢电极与甘汞电极测定溶液的pH值。1934年，贝克曼注册了测量pH值的完整化学仪器的第一项专利，起初称为酸度计，后来更名为pH计。这被认为“彻底改变了化学和生物学的研究”。

1919年，荷兰的霍斯泰特（J. C. Hostetter，1852—1911）和罗伯茨（H. S. Roberts）首创了双金属电极电位滴定法。这种方法是基于不同的惰性电极铂-钯电极和铂-钨电极在同一溶液中产生不同的电极电位而形成一个电池，在到达化学计量点时电位差发生突变。

1903年，德国的米宁（Mining）和科斯脱（F. W. Koster，1861—1917）提出电导滴定法。此法基于滴定过程中溶液电导率在化学计量点时发生突变。起初用耳机检定平衡点，以后改为电流计指针的偏转作指示。

## 三、色谱分析的兴起

1855年，德国化学家龙格（F. F. Runge，1794—1867）观察到将几滴染料混合液滴到吸墨纸上时会扩散成一层层的彩色圆环，这可谓色谱法的萌芽。1896年，德国化学家李泽刚（Liesegang，1869—1947）将硝酸银溶液滴在含有重铬酸钾的薄层凝胶上，几个小时后，发现生成的不溶的重铬酸银形成了同心圆。这种同心圆环被称为李泽刚环。化学家们发现，若在试管中从顶部扩散一种成分时，会形成沉淀物的层或带，而不是环。

1900年，植物学家米哈伊尔·茨维特（Mikhail Tsvet，1872—1919）为了分离出叶绿素、类胡萝卜素和叶黄素，以碳酸钙为吸附剂，以石油醚/乙醇混合物为洗脱液淋洗植物色素。这些成分在碳酸钙填充柱中被分离时分别呈现绿色、橙色和黄色的色带。1906年，茨维特在德国植物学杂志上发表的两篇关于叶绿素的论文中首次使用了“色谱”一词。1931年，库恩（R. Kuhn，1900—1967）用茨维特的方法将单一结晶状的胡萝卜素分离为α和β两种同分异构体，制取了叶黄素晶体。从此，吸附色谱法得到了各国科学家的关注和重视。库恩也因此获得1938年的诺贝尔化学奖。

色谱分析的另一种形式是离子交换分离法。20世纪40年代，人们第一次合成离子交换树脂，并用离子交换树脂成功分离了单个稀土元素。

1941年，英国生物化学家马丁（A. J. P. Martin，1910—2002）和辛格（R. L. M. Synge，1914—1996）在《采用两种液相的一种新的色谱形式》一文中，介绍了一种液-液萃取分离的分配色谱理论及其应用。1943年，马丁和辛格又发明了在蒸气饱和环境下进行的纸色谱法。1952年，他们共同获得诺贝尔化学奖。

1947年，德国物理化学家埃里卡·克雷默（Erika Cremer，1900—1996）与她的研究生弗里茨·普莱尔（Fritz Prior）一起发展了气相色谱的理论基础，并组装了第一台气相色谱仪。他们使用的柱子是直径为1厘米的U形玻璃管，柱内填充高度约为20厘米的硅胶和活性炭，由杜瓦瓶保持温度恒定，气体混合物在一个带旋塞的气体滴定管中制备，并由此引入柱子中。用启普发生器产生并经过提纯的氢气作载气，以自制的热导池作检测器。

1954年，马丁和詹姆斯（A. T. James）在题目为《气-液色谱：一种分析和鉴定挥发性物质的技术》的论文中报告了气-液色谱的发现。1956年，作为珀金-埃尔默（Perkin-Elmer）公司顾问的戈莱（M. J. E. Golay，1902—1989）发明了一种高效玻璃毛细管柱，使色谱分离速率大大提高。随着热导检测器、氢火焰离子化检测器、电子俘获检测器、火焰光度检测器的相继研制成功，气相色谱仪的灵敏度和选择性得到不断提高。

1948年，瑞典生物化学家阿尔内·蒂塞利乌斯（Arne Tiselius，1902—1971）因对电泳和吸附分析的研究，特别是对血清蛋白复杂性质的发现，获得了诺贝尔化学奖。1951年，斯特兰（H. H. Strain）在《分析化学》杂志上发表题为《电迁移加色谱分析》的文章，将电泳法与色谱法结合起来，开创了一种新的色谱分离方法，即电色谱法。

20世纪50年代，出现了高效液相色谱分析技术。1967年，耶鲁大学化学工程师浩尔瓦（C. Horváth，1930—2004）制造出第一台高性能液相色谱仪。他运用化学工程科学技术开发了支撑涂层开管（SCOT）柱，这种柱被广泛使用，直到被毛细管柱的进一步发展所取代。20世纪80年代初出现了超临界流体色谱，20世纪80年代末发展的毛细管电泳，使色谱分析得到进一步发展。

## 四、质谱分析的兴起

1886年，德国物理学家尤金·戈尔茨坦（Eugen Goldstein，1850—1930）观察到在低压下气体放电中的射线从阳极穿过阴极的通道，与带负电荷的阴极射线（从阴极到阳极）的方向相反。

1899年，德国物理学家威廉·维恩（Wilhelm Wien，1864—1928）发现强大的电场或磁场能使阳极射线偏转，并建造了一个具有垂直电场和磁场的装置，根据阳极射线的电荷质量比（$Q/m$）将阳极射线分开。威廉·维恩发现，电荷质量比取决于放电管中气体的性质。

1913年，英国物理学家汤姆逊（J. J. Thomson）使电离的氖流通过磁场和电场，并在氖流通过的路径上放置一个照相板来测量其偏转。他观察到照相底片上有两个光斑（见图8-11），这表明有两条不同的抛物线偏转。于是，他得出结论，氖气是由两种不同原子质量的氖原子（20和22）组成的。

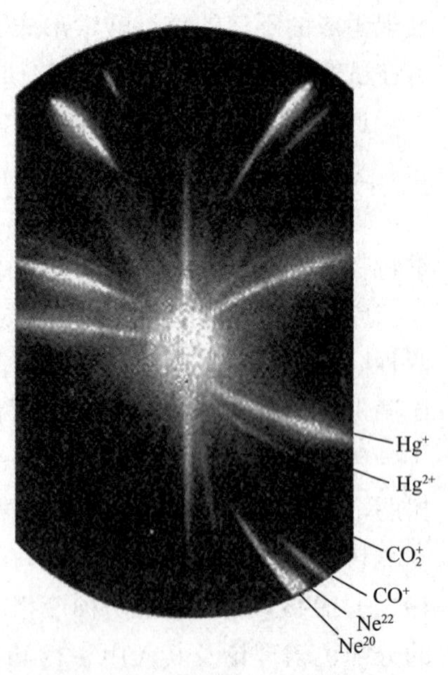

图8-11　照相底片上的光斑

1918年，物理学家登普斯特（A. J. Dempster，1886—1950）报道了他的质谱仪，并建立了质谱仪的基本理论。1919年，阿斯顿（F. W. Aston，1877—1945）

建造了第一台全功能质谱仪。通过这台仪器，他能够识别同位素氯（35和37）、溴（79和81）和氪（78、80、82、83、84和86），证明这些自然存在的元素是由同位素的组合组成的。阿斯顿因为通过质谱仪发现了大量非放射性元素的同位素，于1922年获得诺贝尔化学奖。

1932年，物理学家肯尼斯·班布里奇（Kenneth Bainbridge，1904—1996）建造了一种分辨率为600，相对精度为万分之一的质谱仪。1937年，阿斯顿建造了一台分辨率为2000的质谱仪。1959年，陶氏化学公司的研究人员开发了气-质联用技术。1974年，傅里叶变换离子回旋共振质谱法被开发出来。1989年，物理学家汉斯·德梅尔特（Hans Dehmelt，1922—2017）和沃尔夫冈·保罗（Wolfgang Paul，1913—1993）获得了诺贝尔物理学奖，因为他们在20世纪50年代和60年代发展了离子阱技术。

**阅读材料**

### 放射性核素年代测定法

放射能一经发现，放射性核素就被应用于分析化学研究。1905年，美国化学家博尔特伍德（B. B. Boltwood，1870—1927）首先开展放射能矿物年代测定。他提出根据铀的半衰期和累积的氦量可以推测矿物的年代。1907年，认识到铀-238衰变的最终产物是铅-206，根据铀和铅的含量比可以推断岩石的年代。

1937年，阿里斯蒂德·冯·格罗斯（Aristid von Grosse，1905—1985）指出通过宇宙线碰撞产生放射线核素。1939年，塞尔日·科尔夫（Serge Korff）发现宇宙射线在上层大气中产生中子，中子与空气中的氮-14作用产生碳-14。

1946年，芝加哥大学的威拉德·利比（Willard Libby，1908—1980）利用这一结果建立了碳-14年代测定法。碳-14具有5730年±40年半衰期，碳-14变成二氧化碳，通过包括光合作用在内的生物碳循环过程进入生物体内。由于在动植物死亡后对碳-14的吸收也终止，因此根据碳-14的含量，就可以推断出年代。1955年，威拉德·利比出版了《放射性碳测年法》专著。他还开发了可以使用该技术的灵敏辐射探测器。对红杉进行的测试表明，放射性碳年代测定法是可靠和准确的。这项技术彻底改变了考古学、古生物学和其他研究古代人工制品的学科。1960年，他因碳-14测定年代的方法在考古学、地质学、地球物理学和其他科学分支中的应用而被授予诺贝尔化学奖。他还发现，氚可以用来测定水和酒的年代。

# 第五节　核化学的诞生与发展

## 一、人工核反应的实现

1919年，卢瑟福在用α粒子轰击氮时发现了质子。卢瑟福让他的同事帕特里克·布莱克特（Patrick Blackett，1897—1974）使用云室来寻找用α粒子轰击氮时原子核分裂的可见轨迹。1925年，布莱克特报告了他的实验结果。在他拍摄的23000张照片所显示的415000

个电离粒子的轨迹中，有8个轨迹是分叉的。这表明氮原子和 α 粒子的结合形成了一个氟原子，然后氟原子分解成氧的同位素和一个质子。布莱克特证实了卢瑟福的人工核反应，他也因此成为证明一种化学元素发生核嬗变转变为另一种化学元素的第一人，于1948年获得了诺贝尔物理学奖。这是人类历史上第一次实现人工核反应，其反应可用下式所示：

$$^{4}_{2}He + ^{14}_{7}N \longrightarrow ^{17}_{8}O + ^{1}_{1}H$$

在这个反应中，原子的核发生了质的变化，从一种化学元素变成了另一种化学元素。这也使得古代炼金术士将贱金属转变为贵金属的梦想有了实现的可能性。

**注：**

云室（cloud chamber）被认为是苏格兰物理学家查尔斯·汤姆森·里斯·威尔逊（Charles Thomson Rees Wilson，1869—1969）发明的。它由含有过饱和的水或酒精蒸气的密封系统组成。高能带电粒子（α 粒子或 β 粒子）在碰撞过程中通过静电力将电子从气体分子中撞出，从而与气体混合物相互作用，产生电离气体粒子的轨迹。所产生的离子充当凝结中心，如果气体混合物处于凝结点，则在其周围形成雾状的小液滴。这些液滴以“云”轨迹的形式出现，当液滴穿过水蒸气时，这种轨迹会持续几秒钟。

在1919年至1932年期间，科学家们还只是采用天然的 α 射线轰击原子核来实现核反应。由于天然放射物质放出的 α 射线能量比较低，因此只实现了十几种核反应。对于原子序数大于钾的化学元素来说，因为核的斥力大，所以都没能实现人工核反应。卢瑟福等还曾试图用 α 粒子轰击铍，但也没能产生出质子来。

1930年，德国核物理学家瓦尔特·博特用钋的 α 粒子轰击铍，再用铅板吸收钋的 α 粒子，发现仍有一股射线透过铅板使盖革计数器放电，这种射线的穿透能力非常强。约里奥-居里夫妇进一步研究指出，这种射线遇到含氢物质时能射出速度极高的质子。1932年，查德威克又重复了这个实验，证明这种射线就是卢瑟福假说提到的中子，其反应式表示如下：

$$^{9}_{4}Be + ^{4}_{2}He \longrightarrow ^{12}_{6}C + ^{1}_{0}n$$

人工核反应的实现，奠定了核反应的基础，标志着核化学这门新的化学学科的诞生。

## 二、核化学的发展

### 1. 人工放射性核素

1934年，约里奥-居里夫妇用钋的 α 粒子轰击铝箔靶核，发现除产生中子以外，还会放射正 β 射线（正电子）。他们发现一旦停止 α 粒子的照射，铝释放中子的过程也立即终止，但正电子继续释放。这表明通过 α 粒子轰击产生的物质是具有放射性的。根据之后的实验确认铝转变成放射性的磷，反应式表示如下：

$$^{27}_{13}Al + ^{4}_{2}He \longrightarrow ^{30}_{15}P + ^{1}_{0}n$$

$$^{30}_{15}P \longrightarrow ^{30}_{14}Si + e^{+}$$

在用 α 粒子轰击硼和镁的实验中也观察到同样的现象，硼转变成放射性的氮-13，镁转变成放射性的硅-27。由于磷-30的半衰期只有3分15秒，因此在自然界中根本不存在，只有在人工核反应中才能制得，这也开拓了人工获得放射性元素的新方法。1935年，约里奥-居里夫妇也因此获得诺贝尔化学奖。

加速器产生之后，有了研究核化学的有力工具。同时，又有了较强的镭-铍中子源，这也为制造同位素和研究新的核反应创造了条件。利用这些有利条件，在1934年至1937年间制造出200多种放射性同位素，到1939年底，人类研究过的核反应已达200多种。

### 2. 人工核裂变的实现

20世纪30年代，粒子加速器问世。这一实验工具的产生，极大地促进了核化学的发展。

1928年，德国亚琛大学（Aachen University）建造了50keV的线性粒子加速器。1931年，美国加州大学伯克利分校建造了1000keV的9英寸回旋加速器，用于概念的验证。1932年，英国物理学家约翰·科克罗夫特（John Cockcroft，1897—1967）和欧内斯特·沃尔顿（Earnest Walton，1903—1995）在剑桥大学的卡文迪许实验室制造了一台700keV的粒子加速器，即Cockroft-Walton 加速器。他们用经过粒子加速器加速的质子流轰击锂原子核，通过云室照片分析表明，在锂靶的反方向产生了α粒子。进一步研究表明，锂的同位素$^{7}_{3}Li$被转变为$^{4}_{2}He$，反应式表示如下：

$$^{7}_{3}Li + ^{1}_{1}H \longrightarrow ^{4}_{2}He + ^{4}_{2}He$$

科克罗夫特和沃尔顿利用粒子加速器，实现了由人工加速的粒子引起的首个人工核裂变。他们也因此获得了1951年的诺贝尔物理学奖。

### 3. 核裂变的发现

查德威克提出电中性的中子比质子或其他粒子更容易穿透原子核的观点。意大利核物理学家费米（E. Fermi，1901—1954）与他在罗马的同事们接受了这个想法，并开始用中子照射各种化学元素。结果发现化学元素周期表中前8种元素没有反应，而氟以后的元素几乎全都发生了核反应。1934年，费米用中子轰击92号元素铀后，得到了半衰期分别为10秒、40秒和13分钟的放射性混合物。根据放射性位移定律，β蜕变后生成原子序数高的元素。于是，费米团队认为$^{238}U$捕获中子生成了$^{239}U$，并转变为原子序数大于92的超铀元素（93号镎）。但费米的这个观点没能得到其他研究者的认可。德国化学家艾达·诺达克（Ida Noddack，1896—1979）不同意费米的见解。她认为用中子轰击重核，原子核会分裂成几个大的碎片，而不是产生一种新的更重的元素。

1934年，费米的论文发表后，德国的奥托·哈恩（Otto Hahn，1897—1968）、弗里茨·斯特拉斯曼（Fritz Strassmann，1902—1980）和出生在奥地利维也纳的莉泽·迈特纳（Lise Meitner，1878—1968）一起在柏林大学进行与费米类似的实验，以确定半衰期为13分钟的同位素是否为原子序数为91的镤的同位素。1934年至1938年间，他们发现了大量的放射性嬗变产物，认为这些产物都是超铀元素，并确定了至少四种这样的元素存在多种同位素，甚至还错误地将它们识别为原子序数为93到96的元素。

1938年3月12日奥地利并入德国后，莉泽·迈特纳失去了奥地利国籍，她几经周折逃到了瑞典。哈恩与斯特拉斯曼继续进行中子轰击铀的实验研究，经过反复实验验证，证明用中子轰击原子序数为92的铀得到了原子序数为56的钡。这让哈恩与斯特拉斯曼非常吃惊而又感到困惑。因为这个实验结果与放射性位移定律不相符合，这说明铀原子核发生了分裂。1938年12月19日，哈恩把他们的新发现写信告诉迈特纳，并征求她的看法。1938年的圣诞节前夕，莉泽·迈特纳收到哈恩的信，信中描述了铀被中子轰击的一些产物是钡的化学证据。这令莉泽·迈特纳也感到疑惑，因为钡的原子质量比铀的小40%，以前已知的放射性衰变方法都无法解释这种原子核质量差异如此巨大的现象。尽管如此，她还是立即给哈恩回信说："目前，我很难假设这样彻底的分裂，但在核物理学中，我们经历了如此多的意外，所以我们不能无条件地说这是不可能的。"莉泽·迈特纳和她的外甥奥托·罗伯特·弗里希（Otto Robert Frisch，1904—1979）设计了一个简单的实验来证明他们的说法，即使用盖革计数器测量裂变碎片的反冲力，通过比较裂变碎片与α粒子的阈值大小来判断铀原子核是否发生了分裂。1939年2月13日，弗里希用实验证明了他们的预测。1939年2月，莉泽·迈特纳和弗里希在《自然》杂志上发表的论文中正确地解释了哈恩的实验结果，认为铀的原子核大致分裂为两半，并将这种现象命名为"核裂变"，以类比活细胞分裂成两个细胞的过程。

玻尔将发现核裂变的新闻带到了美国。1939年1月25日，哥伦比亚大学的一个研究小组在地下室里进行了美国的第一次核裂变实验。该实验包括将氧化铀放入电离室用中子照射，并测量由此释放的能量。

## 三、核能的开发与利用

### 1. 核链反应

据报道核链反应的概念是由匈牙利科学家西拉德（L. Szilárd，1898—1964）在1933年提出的。西拉德在一份报纸上读到一个实验，用加速器里的质子把锂-7分裂成α粒子，而且这个反应产生的能量比质子提供的能量大得多。卢瑟福在文章中评论说，该过程的低效率使其无法用于发电。西拉德联想到1932年发现中子的核试验，意识到如果一个核反应产生中子，然后引起进一步类似的核反应，这个过程可能是一个自我延续的核链式反应，自发地产生新的同位素和能量，而不需要质子或加速器。然而，西拉德并没有提出裂变作为链式反应的机制，因为裂变反应还没有被发现。他建议使用较轻的已知同位素的混合物，这些同位素可以产生大量的中子。1934年，西拉德为自己的简单核反应堆的设想申请了专利。1936年，西拉德试图用铍和铟制造核链反应，但没有成功。

人们根据爱因斯坦的质能方程（$E=mc^2$）估算出一个铀核裂变时会释放出2亿电子伏特的能量，这比碳燃烧时的化学能（一个碳原子和两个氧原子结合的能量）要大5000万倍。1939年4月，费米在巴黎的团队在《自然》杂志上发表报告称，铀的核裂变释放出的中子数为3.5个，后来他们修正为2.6个。约里奥-居里夫妇、费米等人分别用实验证明了核链反应确实是可能的。1939年，约里奥-居里等申请了三项专利，前两项专利描述了核链反应产生的能量，最后一项名为"完美炸药"，这是原子弹的第一项专利。

核化学的进一步发展，开启了核能时代，特别是在军事和能源方面的应用。

### 2. 原子武器

1942年夏天，美国总统罗斯福接受爱因斯坦等美国科学家的建议，启动研制原子武器的"曼哈顿计划"，并任命著名物理学家奥本海默（J. R. Oppenheimer，1904—1967）负责该项目。奥本海默集中了理论物理、实验技术、数学、辐射化学、冶金、爆炸工程、精密测量等各方面的专家，进行了大规模、多学科的协同研制。1942年10月，由费米领导的一个小组在美国芝加哥大学建成了世界上第一座核反应堆。12月2日下午，首次实现了核反应的受控。这标志着人类真正进入了核能时代。“曼哈顿计划”采取了系统管理与多种方案齐头并进的办法，按电磁分离法、热扩散法、气体扩散法等多种方法同时生产铀-235，还建造了三座石墨水冷生产堆和一个后处理厂，生产另一种裂变核材料钚-239。1945年7月16日，第一颗原子弹试验成功，就在同年的8月6日和9日美国先后把一枚铀弹和一枚钚弹分别投在日本的广岛和长崎。

1952年11月1日，美国进行了第一次氢弹试验。这是用液态氘和氚的聚变能量的“湿法”氢弹。1953年，苏联爆炸了以锂为主要原料的氢弹，从而使这一武器进入实用阶段。1954年1月，美国的第一艘核潜艇“鹦鹉螺”号建成下水，标志着核动力也进入到实用阶段。

1958年，我国建成由苏联援建的研究用重水反应堆和回旋加速器，当年生产出钠-23、磷-24、钴-60等多种放射性核素。中国的科学家们迅速开展了天然放射性元素的提取、纯化、分析、测定工作，铀化学及从矿石中提取铀的研究，重水的制备和测定的研究，反应堆用石墨的制备工艺的研究，用放射化学方法测定铀-235和铀-238含量比等工作。1961年建成了六氟化铀简法生产装置，1964年开展萃取法提取钚的研究。1964年10月16日和1967年6月17日，我国先后成功地进行了原子弹和氢弹爆炸试验。

#### 3. 核电站

1954年6月，苏联采用石墨水冷反应堆（以石墨为减速剂，普通水为冷却剂），建成了一座小型的核能发电站。1956年，英国建成了第一座天然铀石墨气冷发电和产钚两用堆。1957年12月，美国建成了实验型压水堆核电站。

20世纪50年代以后，核电站逐步进入实用阶段。到20世纪70年代中期以后，各国核电站的发电成本已普遍比火电站低。

进入20世纪80年代以后，中国也开始研制和建立核电站。1991年建成并投入运行的秦山核电站是我国自行设计、建造和运营管理的第一座30万千瓦压水堆核电站。1994年，大亚湾核电站投入商业营运。

## 第六节　化学其他学科的诞生与发展

### 一、生物化学的确立与发展

生物化学是研究生命现象的化学本质的科学。自20世纪以来，生物化学的发展尤为迅速，逐步发展成为一门十分活跃的交叉学科。

生物化学的研究对象除蛋白质外，还有动植物机体内各种各样的物质，如核酸、碳水化合物、类脂物、酶、维生素、激素等。

（1）蛋白质　1833年，荷兰化学家穆德（G. J. Mulder，1802—1880）从明胶和鲜肉的碱水解产物中提取出赖氨酸和甘氨酸。1838年，穆德的同事贝采里乌斯（J. J. Berzelius）用“蛋白质”一词来描述这些分子。1902年，费歇尔（E. L. Fischer）借鉴了前人的研究方法，将蛋白质水解得到氨基酸混合物，再把氨基酸逐一分离出来，从而确定组成蛋白质的氨基酸的种类和数量，使人们认识到蛋白质是多肽。1926年，人们充分认识到蛋白质作为生物体内酶的中心作用。

1944年至1952年，弗雷德里克·桑格（Frederick Sanger，1918—2013）正确地确定了牛胰岛素的两条多肽链A和B的完整氨基酸序列，从而确凿地证明了蛋白质是由氨基酸的线性聚合物组成的，也证明了蛋白质具有确定的化学成分。1958年，桑格因这一成就获得诺贝尔化学奖。

（2）核酸　1869年，瑞士的弗里德里希·米舍尔（Friedrich Miescher，1844—1895）从白细胞的细胞核中分离出一种富含磷酸盐的化学物质，称之为“核蛋白”。1871年，德国生物化学家阿尔布雷希特·科塞尔（Albrecht Kossel，1853—1927）进一步纯化了这种物质，并发现了它的高酸性特性。1889年，里查德·奥尔特曼（Richard Altmann，1852—1900）将它重新命名为“核酸”。1893年，阿尔布雷希特·科塞尔成功地识别了腺嘌呤、鸟嘌呤、胞嘧啶和胸腺嘧啶四种核酸碱基。1910年，阿尔布雷希特·科塞尔获得诺贝尔生理学或医学奖。

1909年，莱文（P. Levene，1869—1940）证明核酸由四种不同的含氮碱和糖组成，并发现核酸所含的糖是五碳的戊糖，称为核糖。1929年，莱文等人成功地鉴定了胸腺核酸中的糖也是一个戊糖，但失去了一个氧原子，因此称之为脱氧核糖核酸（DNA）。这是首次发现脱氧核糖核酸，因此核酸也就有了脱氧核糖核酸（DNA）和核糖核酸（RNA）之分。1938年，阿斯特伯里（W. H. Astbury，1898—1961）发表了第一个DNA的X射线衍射图。1953年，分子生物学家沃森（J. D. Watson，1928—）和克里克（F. Crick，1916—2004）共同提出了著名的DNA双螺旋结构。

（3）酶和辅酶　关于酶的研究是从古代时期利用酵母酿酒开始的。1858年，法国生物学家、微生物学家和化学家路易斯·巴斯德（Louis Pasteur，1822—1895）撰文提出了发酵理论，认为酵母使糖发酵产生酒精。他还证明当一种微生物污染葡萄酒时，会产生乳酸而使葡萄酒变酸。1877年，德国的威廉·库恩（Wilhelm Kühne，1837—1900）首次使用“酶”这一术语来描述这一过程。

1897年，德国化学家爱德华·布希纳（Eduard Buchner，1860—1917）提交了一篇关于酵母提取物研究的论文。他发现即使混合物中没有活的酵母细胞，糖也可以通过从酵母中提取的具有酶活性的无细胞溶液使其发酵，并将这种可以使蔗糖发酵的活性发酵制剂命名为酶。1907年，他因发现无细胞发酵而获得诺贝尔化学奖。

1906年，英国生物学家哈登（A. Harden，1868—1940）等人证明酶至少由两部分组成，一部分具有热敏性，另一部分具有热稳定性。他将具有热稳定性的部分称为辅酶。汉斯·冯·欧拉-切尔平（Hans von Euler-Chelpin，1873—1964）测定了辅酶的分子量是490，其性质类似于核苷酸。哈登和欧拉-切尔平分享了1929年的诺贝尔化学奖。

1926年，萨姆纳（J. B. Sumne，1887—1955）从植物中提取并结晶出脲酶，证明脲酶是一种纯蛋白质。1929年，美国的诺斯罗普（J. H. Northrop，1891—1987）分离并得到胃蛋白酶结晶。1938年，诺斯罗普和他的同事又得到了胰蛋白酶和凝乳胰蛋白酶。1946年，萨姆纳、诺斯罗普和美国的斯坦利（W. M. Stanley，1904—1971）三位科学家共同获得诺贝尔化学奖。

20世纪30年代，人们弄清了许多酶含有一定的化学基团（辅酶），它可以与酶的蛋白部分（酶蛋白）分离。

（4）维生素　1912年，波兰生物化学家卡西米尔·芬克（Casimir Funk，1884—1967）将一种微量营养素复合物命名为维生素。从1910年至1948年，人们相继发现了13种维生素：维生素$B_1$、维生素A、维生素C、维生素D、维生素$B_2$、维生素E、维生素$K_1$、维生素$B_5$、维生素$B_7$、维生素$B_6$、维生素$B_3$、维生素$B_9$、维生素$B_{12}$。

1929年，荷兰的克里斯蒂安·艾克曼（Christiaan Eijkman，1858—1930）和英国生物化学家霍普金斯（F. G. Hopkins，1861—1947）因在维生素发现方面所做出的贡献获得诺贝尔生理学或医学奖。保罗·卡雷尔（Paul Karrer，1918—2013）阐明了维生素A的主要前体β-胡萝卜素的正确结构，并鉴定了其他类胡萝卜素，在1937年获得诺贝尔化学奖。诺曼·霍沃斯（Norman Haworth，1883—1950）因对碳水化合物和抗坏血酸（维生素C）的开创性研究成果，与保罗·卡雷尔分享了1937年的诺贝尔化学奖。1938年，理查德·库恩（Richard Kuhn，1900—1967）因其在类胡萝卜素和维生素特别是$B_2$和$B_6$方面的研究而被授予诺贝尔化学奖。1964年，霍奇金因确定青霉素和维生素$B_{12}$分子的完整化学结构获得了诺贝尔化学奖。

阅读材料

## 牛胰岛素的化学合成

牛胰岛素由51个氨基酸组成，是一种五十一肽。它又由A和B两条肽链组成，由二硫键将A肽链和B肽链联结起来。其中21个氨基酸属于A肽链，30个氨基酸属于B肽链。它是已经弄清化学结构的最小的蛋白质。

1958年的上半年，中科院上海生化所的科技人员提出研究“人工合成胰岛素”项目。生化所成立了由蛋白质人工合成组、蛋白质结构功能组和酶组组成的联合攻关团队。攻关团队分别从天然胰岛素A链和B链拆合、多肽合成、氨基酸和多肽合成试剂生产、胰岛素构象研究、肽链的酶促合成和转肽反应等五个方面齐头并进开展研究工作。

1959年，胰岛素B链中几个小片段的人工合成获得成功。随后，研究团队发现天然胰岛素A、B链经磺酸化后，不仅能分离纯化得到稳定产物，而且容易进行A、B链的重组，并得到有5%~10%的胰岛素活性产物。这证明了胰岛素的合成可以采用化学合成A、B链的路线。1963年，天然胰岛素A、B链重组生成胰岛素的产率由原来的5%~10%提高到50%左右。1964年，胰岛素 B链的人工合成获得成功，随后与天然胰岛素A链重组构建胰岛素获得成功。

1965年，中国科学院有机所和北京大学化学系合作，由汪猷和邢其毅领导的联合研究小组完成了胰岛素A链的化学合成。胰岛素A链和B链进行重组取得成功，纯化后得到了人工合成牛胰岛素结晶，其结晶形状和酶切图谱与天然牛胰岛素相同。人工合成的牛胰岛素具有与天然胰岛素完全相同的比活性和抗原性。这一重要科学研究成果首先以简报形式发表在1965年11月的《中国科学》杂志上，并于1966年4月全文发表。

人工合成牛胰岛素标志着人工合成蛋白质时代的开始，是生命科学发展史上一个新的重要里程碑，是科学发展上的一次重大飞跃，也是中国自然科学基础研究的一项重大成就。

## 二、高分子化学的建立与发展

人类对天然橡胶和纤维的认识和利用自古就有。人们在对橡胶、蛋白质、纤维素、淀粉等天然物质进行研究的过程中，逐渐认识到这些物质的分子量都很大。后来，人们就提出“大分子”或“高分子”这一术语。

### 1. 高分子化学的建立

1917年，德国化学家施陶丁格（H. Staudinger，1881—1965）提出分子量很大的分子是以共价键连接成长链形成的。由于施陶丁格的这个观点与人们通常认为的高分子化合物是胶体的观点不同，因此遭到了强烈的反对。1929年，施陶丁格总结了有关聚甲醛的研究成果，为聚合物是长链巨大分子提供了可靠的证据。1932年，施陶丁格提出溶液的固有黏度与分子的摩尔质量成正比关系。到20世纪30年代，他的巨大分子之说已被普遍接受。与通常的有机分子不同，高分子由不同大小的分子组成，分子量表示其平均值。他从异戊二烯聚合物的研究开始，推进了苯乙烯、乙酸乙烯酯等聚合物的研究，奠定了高分子化学的基础。1953年，施陶丁格获得诺贝尔化学奖。

对高分子化学的发展做出重大贡献的还有马克（H. F. Mark，1895—1992）等人。马克将X射线结构解析技术用于对纤维素的结构解析，从物理化学的角度研究高分子化学。1942年，哈金斯（M. L. Huggins）等人提出高分子溶液混合熵的“体积-分数”公式。此后，有关有机高分子化学的反应热力学、反应动力学、反应过程等的研究逐步深化。20世纪70年代，对高分子化学的催化研究取得很大发展。化学家们研究出新的高效催化剂、新型的酶催化过程。

### 2. 高分子化合物的合成

1907年，美国的贝克兰（L. Baekeland，1863—1944）研究苯酚与甲醛的反应成功合成了酚醛树脂。这种黑色的塑料具有优良的绝缘性，在电话机、汽车、无线电等领域得到了广泛应用。1919年，捷克斯洛伐克的汉斯·约翰（Hans John，1891—1942）用尿素替换酚与甲醛缩合，成功地得到了氨基树脂——脲醛树脂，并获得了由甲醛和尿素或硫脲或其他尿素衍生物生产缩合产物的第一个专利（奥地利专利）。

1928年，美国的卡罗瑟斯（W. H. Carothers，1896—1937）在杜邦（DuPont）公司进行乙炔聚合物研究。他的助手柯林斯（A. M. Collins）博士分离出氯丁二烯，聚合后得到类似橡胶的固体。这就是最早的合成橡胶——氯丁橡胶。1933年，美国杜邦公司将氯丁橡胶推向市场。

1935年，杰拉德·贝切特（Gerard Berchet）在卡罗瑟斯的指导下，将己二酸与己二胺进行缩聚，成功合成聚己二酰己二胺（尼龙66）。这是人类合成的第一种高分子纤维，1939年实现工业化生产。

## 三、药物化学

19世纪，人们主要是利用化学方法提取天然药物中的有效成分，如吗啡、可卡因、阿托品、奎宁等。19世纪中期以后，染料等化学工业的发展促进了药物化学的发展，以焦化产品或染料工业的中间体和副产品为原料，合成出一些化学药物，如安替比林、阿司匹林、非那西丁等。这段时间抗疟药物得到极大重视。20世纪初至50年代，药物化学的研究重点转向改变结构上的取代基团来得到有效药物，进入以合成药物为主的发展时期。30年代合成了许多磺胺类药物，40年代青霉素的疗效得到肯定，抗生素、抗生素类药物得到快速发展。20世纪60年代，进入药物分子设计时期。

### 1. 麻醉剂

1772年，普利斯特里制造出笑气（$N_2O$）。1842年，美国外科医生和药剂师克劳福德·威廉姆森·朗（Crawford Williamson Long，1815—1878）因发现乙醚与氧化亚氮具有相同的生理作用，首次将乙醚用作麻醉剂为病人切除颈部肿瘤。1844年，美国牙科医生霍勒斯·威尔斯（Horace Wells，1815—1848）率先在牙科中使用笑气作为麻醉剂，先在自己身上成功进行了无痛拔牙试验。

南美洲土著居民一直咀嚼古柯红杉的叶子以解除疲劳。1855年，德国化学家弗里德里希·盖德克（Friedrich Gaedcke，1828—1880）最先从古柯树叶中分离出来一种生物碱，并将其命名为“红木碱”。1860年，德国的博士生阿尔伯特·尼曼（Albert Niemann）在他的博士论文《古柯叶中的新有机碱》中描述了分离一种新有机碱的过程，并提到将这种生物碱涂抹在舌头上会留下一种特殊的麻木感。他将这种生物碱命名为“可卡因（cocaine）”。

1898年，德国有机化学家理查德·维尔施泰特（Richard Willstätter，1872—1942）首次合成了可卡因，并阐明了它的分子结构（见图8-12）。

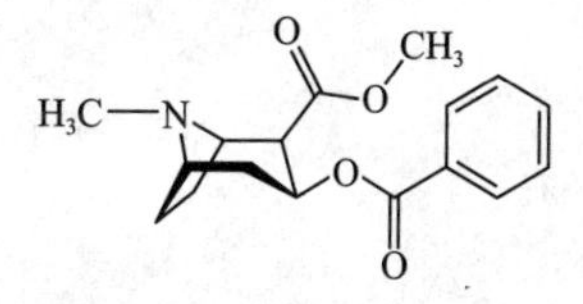


图8-12 可卡因的分子结构

### 2. 抗疟药

17世纪，欧洲人用一种原产于秘鲁的金鸡纳（Cinchona）树皮的提取物来治疗疟疾。1820年，人们首次从金鸡纳树皮中分离出奎宁。自此开始，奎宁一直是抗疟疾的首选药物，直到20世纪40年代，才被其他药物取代。1944年，伍德沃德和多林（W. E. Doering，1917—2011）正式完成了奎宁的化学合成，其分子结构见图8-13。

1934年，拜耳实验室的汉斯·安德萨格（Hans Andersag）发现了氯喹，其分子结构见图8-14。

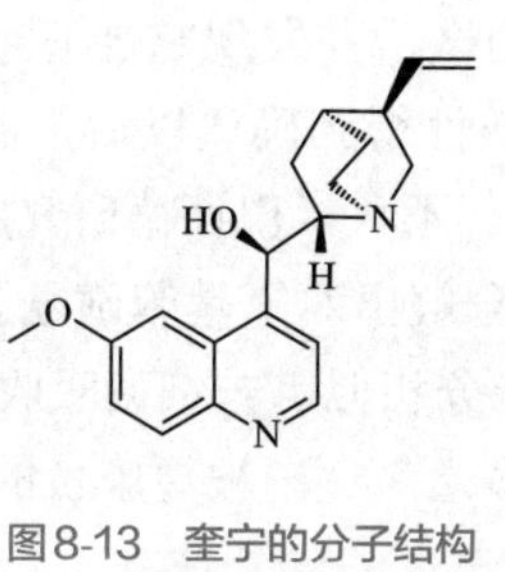

图8-13 奎宁的分子结构

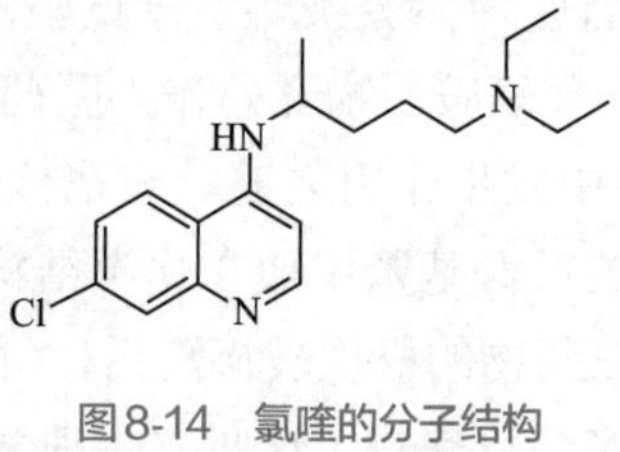

图8-14 氯喹的分子结构

1969年，北京中医研究院中药研究所加入“523项目”课题组，课题组科研团队在筛选了中国古籍文献中记录的数千种传统抗疟药物后，发现中药青蒿是一种抗疟药。1971年，屠呦呦所在团队从葛洪的《肘后备急方·治寒热诸疟方》中“青蒿一握，以水二升渍，绞取汁，尽服之”的记述中受到启发，她将原先使用的乙醇提取剂改为沸点较低的乙醚。1972年，她从中药青蒿（菊科植物黄花蒿）中成功提取出具有抗疟活性的青蒿素。1977年，《科学通报》上发表了题为《一种新型的倍半萜内酯——青蒿素》的论文，首次揭示了青蒿素（arteannuin）的分子结构，确定青蒿素的化学分子式为$C_{15}H_{22}O_5$，证明其分子内存在过氧基团，是一种新型的倍半萜内酯。1978年11月，在江苏省扬州市召开了青蒿素治疗疟疾科研成果鉴定会，宣告中国抗疟新药青蒿素诞生。青蒿素是新中国研制的第一个化学药品，被国际社会誉为抗疟药研究史上的里程碑。

1979年，北京中医研究院中药研究所的刘静明、倪慕云、樊菊芬、屠呦呦和中国科学院上海有机化学研究所的吴照华等人在《化学学报》上发表《青蒿素的结构和反应》一文。这篇文章介绍了青蒿素的结构（见图8-15），以及青蒿素与酸、碱、硼氢化钠的化学反应。

1981年，中国科学院上海药物研究所的李英等在《药学学报》上发表了关于还原青蒿素的醚类、羧酸酯类及碳酸酯类衍生物的合成。同年，青蒿素的第一种衍生物蒿甲醚通过成果鉴定，它比青蒿素具有更高的抗疟活性。青蒿素的其他衍生物如青蒿琥珀酸酯、双氢青蒿素（结构见图8-16）也被临床证明比青蒿素具有更高的抗疟活性。

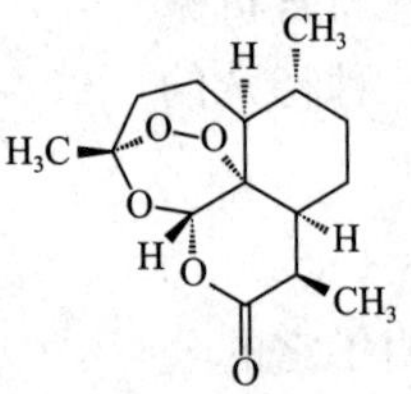

图8-15　青蒿素的分子结构

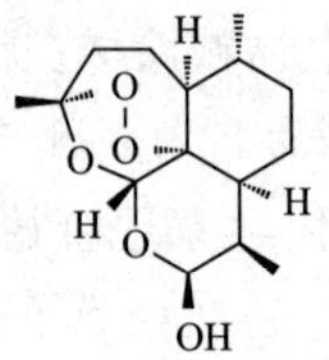

图8-16　双氢青蒿素的分子结构

1984年，屠呦呦被国家授予第一批有突出贡献的中青年科技专家称号；1987年，她获得世界文化理事会授予的“阿尔伯特·爱因斯坦”世界科学奖；2011年，她因在发现和开发青蒿素中的作用被授予拉斯克-德贝基临床医学研究奖；2015年，她因发现青蒿素获得诺贝尔生理学或医学奖。

### 3. 磺胺药

1932年，一种偶氮染料在拜耳公司实验室被合成出来。格哈德·多马克（Gerhard Domagk，1895—1964）对这种偶氮分子进行了测试，并发现它能有效对抗小鼠体内一些重要细菌的感染。当这种偶氮染料临床试验的有效性得到确认以后，商品名为“百浪多息（Prontosil）”的第一种磺胺药物开始作为医药使用。不久，巴斯德研究所的研究小组揭开了“百浪多息”在活体中发生作用之谜。它在体内能分解出对氨基苯磺酰胺，对氨基苯磺酰胺与细菌生长所需要的对氨基苯甲酸在化学结构上十分相似，被细菌吸收而又不起养料作用，细菌就无法存活。在药物的机理被搞清后，“百浪多息”逐渐被更廉价的磺胺类药物所取代。1939年，格哈德·多马克获得了诺贝尔生理学或医学奖。

### 4. 抗生素

1928年9月3日，亚历山大·弗莱明（Alexander Fleming，1881—1955）度假后回到了他的实验室。在去度假之前，他在培养皿上接种了葡萄球菌，并把它们放在实验室角落的长凳上。回来后，他注意到一种培养物被真菌污染了，真菌周围的葡萄球菌菌落已经被破坏，而其他更远的葡萄球菌菌落则是正常的。他在纯培养基中培养霉菌，发现培养基中含有一种抗菌物质。1929年3月7日，弗莱明将霉菌中存在的抗菌物质命名为青霉素，并发表了题为《论青霉菌培养物的抗菌作用》的论文。虽然临床试验中也治好了几个病例，但由于存在着稳定性和大批量生产方面的问题，因此它在预防和治疗人的感染方面的价值一直未被看好。

1939年，霍华德·弗洛雷（Howard Florey）和牛津大学的钱恩（E. B. Chain，1906—1979）、爱德华·亚伯拉罕（Edward Abraham，1913—1999）等人组成的研究团队在青霉素的体内杀菌作用方面取得了进展。到1940年末，该团队设计出一种生产青霉素的方法，但产量仍然很低。1943年，辉瑞公司（Pfizer Inc.）的科学家建议使用深罐发酵法以大量生产药用级青霉素。1945年，开发出批量生产青霉素的方法以后，青霉素开始在临床普遍使用。

青霉素是一种具有稠合双环系统的新型$\beta$-内酰胺结构，它最早由亚伯拉罕在1942年提出，在1945年由霍奇金（D. C. Hodgkin）用X射线进行晶体测试得到证实。1948年，麻省理工学院的化学家希恩（John C. Sheehan）开始对青霉素合成进行研究，在1957年完成了青霉素的第一次化学合成。

20世纪中叶，链霉素（1944）、金霉素（1948）、氯霉素（1949）、土霉素（1950）、红霉素（1952）、庆大霉素（1964）、头孢噻吩（1964）等抗生素陆续在临床使用。

## 四、环境化学

### 1. 温室效应

1824年，法国的约瑟夫·傅立叶（Joseph Fourier，1768—1830）在他的文章中提到了霍勒斯·德·索绪尔（Horace de Saussure，1740—1799）的一个实验。他在花瓶里衬上了发黑的软木塞，软木塞里插入了几块透明玻璃，玻璃之间隔着一段空气。正午的阳光透过玻璃窗从花瓶的顶部照进来。这个装置的内部隔间越多，温度就越高。傅立叶据此得出结论：大气中的气体可以像玻璃板一样形成稳定的屏障。这一结论可能有助于后来使用“温室效应”来比喻对大气温度的影响。1827年和1838年，法国的克劳德·普雷特（Claude Pouillet，1790—1868）推测水蒸气和二氧化碳可能会在大气中捕获红外辐射，使地球变暖。

1859年春天，丁达尔用差分吸收光谱法研究可见和不可见的热辐射如何影响不同的气体和气溶胶。1859年6月10日，他在英国皇家学会的一次讲座中提到煤气和乙醚强烈吸收（红外）辐射热。他根据测量氮气、氧气、水蒸气、二氧化碳、臭氧、甲烷和其他微量气体的相对红外吸收能力，得出结论：水蒸气是大气中最强的辐射热吸收剂，也是控制空气温度的主要气体。1862年，丁达尔利用自己对气体辐射吸收热量的专业知识，发明了一种测量呼出气体样本中二氧化碳含量的系统。

1896年，阿伦尼乌斯（S. A. Arrhenius）在提出解释冰河期的理论时，第一个利用物理化学的基本原理计算大气中二氧化碳的增加将通过温室效应使地球表面温度升高。他在

《大气中的二氧化碳对地球温度的影响》一文中指出，二氧化碳能吸收从地球表面辐射出来的红外线，而大气中的二氧化碳含量是可以改变的。在火山活动的频繁时期，大气中的二氧化碳含量增高了，因此地球的温度也相应增高。并指出，由化石燃料燃烧和其他燃烧过程引起的二氧化碳排放足以导致全球变暖。

1901年，瑞典气象学家尼尔斯·古斯塔夫·埃克霍姆（Nils Gustaf Ekholm，1848—1923）首次使用“温室”一词。

### 2. 酸雨

1852年，罗伯特·安格斯·史密斯（Robert Angus Smith，1817—1884）在英国曼彻斯特首次展示了酸雨与大气污染之间的关系。1872年，他通过分析发现伦敦市的雨水呈酸性。他在《空气和降雨：化学气候的开端》一书中首先使用了“酸雨（acid rain）”这一术语。书中还介绍了他对大气降水的化学研究，指出1852年在英国北部城市发现的酸雨是燃烧含硫丰富的煤导致的结果。

20世纪70年代，《纽约时报》发表了来自新罕布什尔州（New Hampshire）哈伯德布鲁克实验森林（Hubbard Brook Experimental Forest）的报告，报告显示酸雨对环境造成了严重影响。1972年瑞典政府向联合国人类环境会议提出报告《穿越国界的大气污染：大气和降水中的硫对环境的影响》。

### 3. 臭氧层空洞

1930年，英国的地球物理学家西德尼·查普曼（Sydney Chapman，1888—1970）发现形成臭氧层的光化学机制。在大气平流层中，$O_2$分子在紫外线照射下，将其分裂成单个氧原子，氧原子与$O_2$结合生成臭氧（$O_3$）。臭氧分子是不稳定的，当紫外线照射到臭氧时，它会分裂成一个$O_2$分子和一个氧原子。氧原子与臭氧（$O_3$）也可能发生重组反应，生成$O_2$分子。这一持续的过程被称为臭氧-氧气循环。

20世纪50年代，大卫·贝茨（David Bates，1916—1994）和马塞尔·尼科莱特（Marcel Nicolet）证明各种自由基，特别是羟基自由基（OH·）和一氧化氮自由基（NO·），可以催化臭氧的重组反应，而使臭氧的总量减少。

1970年，荷兰化学家保罗·克鲁岑（Paul Crutzen，1934—）指出从地球表面排放出来的一氧化二氮（由土壤细菌产生）会影响平流层中一氧化二氮的含量。他还指出，增加化肥的使用量可能导致自然背景下一氧化二氮排放量的增加，这样会导致平流层中一氧化氮自由基含量的增加。因此，人类活动可能会影响平流层臭氧层。

1974年，加州大学欧文分校的化学教授罗兰（F. S. Rowland，1927—2012）和他的博士后助理提出，氯氟烃类的有机卤素化合物可能表现出与保罗·克鲁岑提出的一氧化二氮相似的行为。因为在平流层中，氯氟化碳（$CFCl_3$）在电磁辐射作用下会产生氯自由基（Cl·），氯自由基（Cl·）与臭氧反应生成氧气。

1976年，美国国家科学院在一份报告中指出，臭氧损耗假说得到了科学证据的有力支持。1978年，美国、加拿大和挪威禁止在气雾剂喷雾罐中使用氟氯化碳。

1985年5月16日，英国地球物理学家法曼（J. C. Farman，1930—2013）等人在《自然》杂志上发表了一篇论文，首次宣布发现了南极上空的臭氧层空洞。2004年，人们发现北极的臭氧层空洞。2006年，在西藏上空探测到一个250万平方千米的臭氧层空洞。

1994年，联合国大会将9月16日定为国际保护臭氧层日或“世界臭氧日”。

阅读材料

## 臭氧的发现

1839年，舍恩拜因在做电解水的实验时，注意到实验室里有一种独特的气味。舍恩拜因将这种具有独特气味的气体称为“臭氧”。这个词来自希腊语“ozein”，意思是“气味”。1865年，雅克-路易斯-索莱（Jacques-Louis-Solet，1827—1890）测定了臭氧的化学成分和密度以及臭氧产生的条件，并指出臭氧分子由三个氧原子组成。1867年，舍恩拜因确认了臭氧分子就是$O_3$。舍恩拜因发现臭氧气味与闪电风暴附近的气味相同，这种气味表明大气中存在臭氧。

## 练习题

1. 填空题

（1）1962年________制备了第一个惰性元素化合物，该化合物是________。

（2）______________被认为是配位化学的奠基人。

（3）罗伯特·柯尔、哈罗德·克罗托、理查德·斯莫利因为__________共同获得1996年诺贝尔化学奖。

（4）人类历史上第一次实现的人工核反应为：______________________。

（5）1933年，________提出了核链反应的概念。

（6）我国在1991年建成并投入运行的核电站是______________。

（7）________年法曼（J. C. Farman）等人在《自然》上发文首次宣布发现南极上空的臭氧层空洞。

2. 选择题

（1）下列关于新物质的发现的说法中，（　　）不正确。

A. 鲍森和基利在尝试制备富瓦烯时意外得到了二茂铁。

B. 佩德森试图制备二价阳离子的配位剂时意外发现了二苯并-18-冠-6

C. 克罗托项目团队在寻找长碳链的实验过程中意外发现了$C_{60}$

D. 巴特利特在寻找惰性元素化合物时意外发现了$XePtF_6$

（2）下列关于二茂铁结构确定的过程的叙述，（　　）不正确。

A. 1951年鲍森和基利在《一种新型的有机铁化合物》一文中提出了二茂铁的正确结构

B. 威尔金森和伍德沃德根据红外光谱、磁化率和偶极矩数据推测出它的结构

C. 费歇尔等根据X射线结构推断出它的结构

D. 埃兰德和佩平斯基通过X射线晶体学和NMR证实了该化合物的结构

（3）（　　）的成功合成被誉为“有机合成的珠穆朗玛峰”。

A. 维生素$B_{12}$　　B. 吗啡　　C. 海葵毒素　　D. 二苯并-18-冠-6

（4）下列关于胶体的叙述，（　　）不正确。

A.“胶体（colloid）”这一术语是英国的格雷阿姆在1861年提出的

B. 威廉·沃尔夫冈·奥斯特瓦尔德定义“胶体是物质以0.2~1微米大小分散的状态”

C. 齐格蒙迪用超显微镜观测金胶体胶粒的大小时发现了丁达尔效应

D. 丁达尔在研究气体和气溶胶的过程中发现了丁达尔效应

（5）第一台光栅光电二极管阵列分光光度计的制造时间和公司是（　　）。

A. 1941年，贝克曼公司　　B. 1942年，贝克曼公司

C. 1963年，惠普公司　　D. 1979年，惠普公司

（6）核化学诞生的标志是（　　）。

A. 人工放射性核素的获得　　B. 人工核裂变的实现

C. 核裂变的发现　　D. 人工核反应的实现

（7）关于核裂变的发现过程的叙述中，（　　）表述不正确。

A. 哈恩与斯特拉斯曼证明用中子轰击铀，得到了铀核裂变产物钡

B. 弗里希用盖革计数器测量裂变碎片的反冲力实验证明了铀核产生裂变

C. 迈特纳和弗里希在《自然》上发文，提出“核裂变”术语

D. 哈恩与斯特拉斯曼提出“核裂变”术语

（8）2015年，屠呦呦因（　　）获得诺贝尔生理学或医学奖。

A. 发现青蒿　　B. 发现青蒿素

C. 合成青蒿素　　D. 测定青蒿素的结构

（9）首次使用“温室”一词的科学家是（　　）。

A. 约瑟夫·傅立叶　　B. 尼尔斯·古斯塔夫·埃克霍姆

C. 丁达尔　　D. 阿伦尼乌斯

3. 简答题

（1）我国化学家黄鸣龙对Wolff-Kishner还原法进行改进，改进后的方法有何优点？

（2）人工核反应与人工核裂变的异同。

4. 弗兰克兰发现二乙基锌和二甲基锌的过程对你在科学研究方面有什么启示？

# 附录一 化学大事记

| 17世纪之前 | |
|---|---|
| 约40万年前 | “北京直立人”已掌握保存火种的方法 |
| 公元前8000至公元前6000年 | 中国人在新石器时代早期已开始制作陶器 |
| 约公元前5500年 | 属于今天塞尔维亚的普洛尼克地区出现了铜冶炼 |
| 约公元前4000年 | 伊朗南部、美索不达米亚一带已开始使用青铜器，人类进入青铜时代 |
| 约公元前17世纪 | 中国人已开始冶铸青铜器 |
| 约公元前1200年 | 小亚细亚的赫梯人已掌握冶铁技术，开始了铁器时代 |
| 约公元前1200年 | 中国商代已能使用锡、铅、汞 |
| 公元前16至11世纪 | 中国的黄金加工技术已有一定水平 |
| | 中国人发明了石灰釉，出现釉陶，随后又有了原始青瓷 |
| 公元前7至6世纪 | 古希腊的泰勒斯（Thales）提出万物之源是水 |
| 约公元前6世纪 | 中国人发明了生铁冶炼技术 |
| 公元前6至5世纪 | 古希腊的赫拉克利特（Heracleitus）提出“万物之源是火”的主张 |
| 约公元前5世纪 | 中国春秋末年的《墨子》中提出物质最小单位是“端”的观点 |
| | 恩培多克勒（Empedoles）提出万物由水、火、空气和土四种基本元素组成 |
| | 古希腊留基伯（Leucippus）和德谟克里特（Democritus）提出朴素原子论 |
| 公元前4世纪 | 中国战国时期的《周礼·冬官考工记》记载了世界上最早的青铜器成分配比 |
| | 亚里士多德（Aristotle）描述了火、水、土、气和以太的五元素说 |
| 公元前3世纪 | 中国战国时期的《尚书·洪范》记载了“五行说” |
| | 伊壁鸠鲁（Epicurus）发展了原子论的思想 |
| 公元前2世纪 | 中国西汉劳动人民发明了造纸术 |
| | 中国西汉已有胆水炼铜的湿法冶金记载 |
| 公元前1世纪 | 卢克莱修（Lucretius）出版了《论自然》，这是对原子论思想的诗意描述 |
| | 中国《本草经》成书 |
| 公元1世纪初 | 罗马的老普林尼（Pliny the Elder）在《自然史》一书中记载采矿和铜、铅等金属的冶炼知识，以及加热熔化含银方铅矿分离银的方法和试金石法检验金 |
| 105年 | 中国东汉蔡伦改进造纸术 |
| 2世纪 | 中国东汉魏伯阳《周易参同契》成书 |
| 344年至533年 | 贾思勰《齐民要术》问世 |
| 659年 | 世界上第一部药典《新修本草》（又名《唐本草》）问世 |
| 750年 | 贾比尔（Geber）进行结晶、过滤、蒸馏、升华等操作，制硫酸、硝酸 |

续表

| 17 世纪之前 | |
|---|---|
| 8 世纪至 9 世纪 | 中唐时期成书的《真元妙道要略》有“伏火法”的记载 |
| 1022 年至 1063 年 | 中国北宋的曾公亮、丁度编撰的《武经总要》是中国第一部由官方主持编修的兵书，该书记载了最早的火药配方 |
| 1092 年 | 中国北宋科学家沈括的《梦溪笔谈》成书 |
| 1267 年 | 罗吉尔·培根（Roger Bacon）出版了《哲学评论》，其中提出了科学方法的早期形式，并包含了他对火药的实验结果 |
| 1530 年 | 瑞典医生帕拉塞尔苏斯（Paracelsus）提出万物是由“盐、硫、汞”三元素以不同比例构成的“三要素说” |
| 1556 年 | 阿格里柯拉（G. Agricola）的《论金属》出版 |
| 1596 年 | 中国明代李时珍著《本草纲目》（金陵版）出版，载药 1892 种 |
| 1597 年 | 安德烈亚斯·李巴维乌斯（Andreas Libavius）的《炼金术》出版 |
| **17 世纪至 18 世纪** | |
| 1605 年 | 弗朗西斯·培根（Sir Francis Bacon）出版了《学习的收获与进步》（*The Proficience and Advancement of Learning*），其中描述了后来被称为科学方法的内容 |
| 1615 年 | 让·贝尚（Jean Beguin）出版了早期的化学教科书《化学元素》（Tyrocinium Chymicum），并在其中绘制了有史以来第一个化学方程式 |
| 1637 年 | 勒内·笛卡尔（René Descartes）出版了《方法论》，其中包含了科学方法的概述 |
| | 明朝宋应星《天工开物》问世 |
| 1648 年 | 范·海尔蒙特（Jan Baptist van Helmont）作品集《奥图斯医学》出版 |
| 1661 年 | 罗伯特·波义耳（Robert Boyle）出版了《怀疑派化学家》 |
| 1662 年 | 罗伯特·波义耳提出波义耳定律 |
| 1669 年 | 布兰德（Hennig Brand）从尿液中得到磷 |
| 1679 年 | 约翰·昆克尔（Johann Kunckel）发明吹管分析 |
| 1727 年 | 斯蒂芬·黑尔斯（Stephen Hales）发明了气动槽，即通过排水法收集气体 |
| 1746 年 | 罗巴克（J. Roebuck）用铅室法制硫酸 |
| 1754 年 | 约瑟夫·布莱克（Joseph Black）分离出二氧化碳，他称之为“固定空气” |
| 1758 年 | 约瑟夫·布莱克（Joseph Black）提出潜热的概念来解释相变的热化学 |
| 1766 年 | 亨利·卡文迪许（Henry Cavendish）发现氢 |
| 1772 年 | 卡尔·威廉·舍勒（Carl Wilhelm Scheele）加热氧化锰得到氧气，称为“火空气”<br>安托万·拉瓦锡（Antoine Lavoisier）确定化学反应中的质量守恒定律<br>卢瑟福（D. Rutherford）发现氮气 |
| 1774 年 | 约瑟夫·普利斯特里（Joseph Priestley）分解氧化汞得到氧气，称为“脱燃素空气” |
| 1778 年 | 安托万·拉瓦锡（Antoine Lavoisier）命名氧，建立燃烧的氧化学说 |
| 1785 年 | 亨利·卡文迪许（Henry Cavendish）用电火花流穿过潮湿的空气合成硝酸 |
| 1787 年 | 安托万·拉瓦锡出版了《化学命名方法》，为第一个现代化学命名系统<br>雅克·查尔斯（Jacques Charles）提出了查尔斯定律 |

续表

| 17世纪至18世纪 | |
|---|---|
| 1789年 | 安托万·拉瓦锡出版了第一本现代化学教科书《化学基础论》<br>尼古拉斯·勒布兰（Nicolas Leblanc）制碱法问世 |
| 1792年 | 里希特（J. B. Richter）发现当量定律 |
| 1797年 | 约瑟夫·普鲁斯特（Joseph Proust）提出了定比定律 |
| 1800年 | 亚历山德罗·伏特（Alessandro Volta）设计了第一个化学电池，即伏特电堆<br>尼科尔森（J. W. Nicholson）和里特（J. W. Ritter）电解水成功 |
| 19世纪 | |
| 1803年 | 约翰·道尔顿（John Dalton）提出了道尔顿定律 |
| 1805年 | 约瑟夫·路易·盖-吕萨克（Joseph Louis Gay-Lussac）发现水是由2份氢和1份氧组成的 |
| 1808年 | 约翰·道尔顿（John Dalton）出版了《化学哲学新体系》，其中包含了对原子理论的第一次现代科学描述，以及对倍比定律的描述 |
| | 约瑟夫·路易·盖-吕萨克（Joseph Louis Gay-Lussac）发现气体反应定律 |
| 1811年 | 阿伏伽德罗（Amedeo Avogadro）提出了阿伏伽德罗定律 |
| 1813年 | 贝采里乌斯（Jöns Jakob Berzelius）提出化学符号和化学方程式的书写规则 |
| 1815年 | 汉弗莱·戴维（Humphry Davy）发明安全灯 |
| | 让·巴蒂斯特·比奥（Jean Baptiste Biot）建立了光偏振的平面旋转定律，发现蔗糖、酒石酸和松节油的旋光作用 |
| 1825年 | 弗里德里希·维勒（Friedrich Wöhler）和尤斯图斯·冯·李比希（Justus von Liebig）确认异构体的发现并进行解释 |
| | 迈克尔·法拉第（Michael Faraday）发现苯 |
| 1827年 | 威廉·普劳特（William Prout）将生物分子分为碳水化合物、蛋白质和脂质<br>盖-吕萨克（Joseph Louis Gay-Lussac）提出铅室法的盖-吕萨克塔 |
| 1828年 | 弗里德里希·维勒（Friedrich Wöhler）人工合成尿素 |
| 1830年 | 贝采里乌斯（Jöns Jakob Berzelius）发现同分异构现象 |
| | 尤斯图斯·冯·李比希（Justus von Liebig）发明了测定有机物碳、氢和氧含量的仪器 |
| 1832年 | 弗里德里希·维勒（Friedrich Wöhler）和李比希发现安息香酸基 |
| 1834年 | 弗里德利布·龙格（Friedlieb Runge）从煤焦油中分离苯胺 |
| | 迈克尔·法拉第（Michael Faraday）发现电解定律 |
| | 让·巴蒂斯特·杜马（Jean Baptiste Dumas）发现有机物的取代反应 |
| 1839年 | 克里斯蒂安·弗里德里希·舍恩拜因（Christian Friedrich Schönbein）发现臭氧 |
| | 让·巴蒂斯特·杜马（Jean Baptiste Dumas）提出类型论 |
| | 查尔斯·弗雷德里克·热拉尔（Charles Frédéric Gerhardt）提出残基理论 |
| 1840年 | 热尔曼·赫斯（Germain Hess）提出了赫斯定律 |
| 1843年 | 查尔斯·弗雷德里克·热拉尔（Charles Frédéric Gerhardt）提出同系列概念 |

续表

| 19 世纪 | |
|---|---|
| 1845 年 | 奥古斯特·威廉·冯·霍夫曼（August Wilhelm von Hofmann）从煤焦油中分离出苯 |
| | 克里斯蒂安·弗里德里希·舍恩拜因（Christian Friedrich Schönbein）制得硝化纤维 |
| | 赫尔曼·科尔贝（Hermann Kolbe）从完全无机的来源中获得醋酸 |
| 1846 年 | 阿斯卡尼奥·索布雷罗（Ascanio Sobrero）首次制得硝化甘油 |
| 1847 年 | 赫尔曼·冯·亥姆霍兹（Hermann von Helmholtz）论证了能量守恒和转化定律 |
| 1848 年 | 开尔文勋爵（Lord Kelvin）提出了绝对零度的概念 |
| 1849 年 | 路易斯·巴斯德（Louis Pasteur）发现酒石酸的外消旋形式是左旋和右旋的混合形式 |
| 1852 年 | 奥古斯特·比尔（August Beer）提出了比尔定律 |
| 1855 年 | 小本杰明·西利曼（Benjamin Silliman Jr.）通过蒸馏分馏石油 |
| | 罗伯特·本生（Robert Bunsen）发明本生灯 |
| 1856 年 | 威廉·珀金（William Henry Perkin）成功合成了第一种合成染料珀金紫（苯胺染料） |
| 1857 年 | 弗里德里希·奥古斯特·凯库勒（Friedrich August Kekulé）提出碳四价学说 |
| 1859 年 | 古斯塔夫·基尔霍夫（Gustav Kirchhoff）和罗伯特·本生（Robert Bunsen）发明了光谱分析用的分光镜 |
| 1860 年 | 斯坦尼斯劳·康尼扎罗（Stanislao Cannizzaro）在卡尔斯鲁厄会议上散发他论证分子学说的小册子 |
| 1861 年 | 欧内斯特·索尔维（Ernest Solvay）发明了氨碱法 |
| 1862 年 | 德·尚库尔图瓦（de Chancourtois）提出元素的螺旋状排列 |
| | 亚历山大·帕克斯（Alexander Parkes）在伦敦国际展览会上展出了最早的合成聚合物帕克森，奠定了现代塑料工业的基础 |
| | 弗里德里希·维勒（Friedrich Wöhler）制备了碳化钙 |
| 1864 年 | 约翰·纽兰兹（John Newlands）提出了元素的“八度律” |
| | 加托·马克西米利安·古德贝格（Cato Maximilian Guldberg）和彼得·瓦格（Peter Waage）提出了质量作用定律 |
| 1865 年 | 约翰·洛施密特（Johann Josef Loschmidt）决定了摩尔中分子的确切数量，后来被命名为阿伏伽德罗常数 |
| | 弗里德里希·奥古斯特·凯库勒（Friedrich August Kekulé）建立了苯的结构 |
| | 阿道夫·冯·拜尔（Adolf von Baeyer）开始研究靛蓝染料 |
| 1866 年 | 埃米尔·艾伦迈耶（Emil Erlenmeyer）提出萘的结构式 |
| 1867 年 | 阿尔弗雷德·伯恩哈德·诺贝尔（Alfred Bernhard Nobel）申请了制造黄色炸药的专利 |
| 1869 年 | 德米特里·门捷列夫（Dmitri Mendeleev）发表了第一张元素周期表 |
| 1873 年 | 范德华（Johannes Diderik van der Waals）导出气体状态方程 |
| 1874 年 | 雅各布斯·亨利库斯·范特霍夫（Jacobus Henricus van't Hoff）和约瑟夫·阿奇利·勒贝尔（Joseph Achille Le Bel）提出碳的四面体构型 |

续表

| 19 世纪 | |
| --- | --- |
| 1875 年 | 鲁道夫·梅塞尔（Rudolph Messel）发明以铂为催化剂的接触法制硫酸 |
| 1876 年 | 约西亚·威拉德·吉布斯（Josiah Willard Gibbs）出版了《关于多相物质平衡》 |
| 1877 年 | 路德维希·玻尔兹曼（Ludwig Boltzmann）建立了物理化学概念的统计推导，如熵 |
| 1883 年 | 斯万特·奥古斯特·阿伦尼乌斯（Svante August Arrhenius）发展了离子理论来解释电解质的导电性 |
| 1884 年 | 雅各布斯·亨利库斯·范特霍夫（Jacobus Henricus van' t Hoff）出版《化学动力学研究》 |
| | 赫尔曼·埃米尔·费歇尔（Hermann Emil Fischer）提出了嘌呤的结构 |
| | 亨利·路易·勒夏特列（Henry Louis Le Chatelier）发展了勒夏特列原理 |
| 1885 年 | 尤金·戈尔茨坦（Eugene Goldstein）命名阴极射线 |
| 1887 年 | 斯万特·奥古斯特·阿伦尼乌斯（Svante August Arrhenius）提出电解质稀溶液的电离理论 |
| | 瓦尔特·赫尔曼·能斯特（Walther Hermann Nernst）提出能斯特方程 |
| 1888 年 | 弗里德里希·威廉·奥斯特瓦尔德（Friedrich Wilhelm Ostwald）发现稀释定律 |
| 1893 年 | 阿尔弗雷德·维尔纳（Alfred Werner）提出了配位理论 |
| 1894 年 | 威廉·拉姆齐（William Ramsay）发现了惰性气体氩 |
| | 弗里德里希·威廉·奥斯特瓦尔德（Friedrich Wilhelm Ostwald）对酸碱指示剂的变色机理进行了解释 |
| 1895 年 | 威廉·康拉德·伦琴（Wilhelm Conrad Röntgen）发现X射线 |
| 1896 年 | 亨利·贝克勒尔（Henri Becquerel）发现了铀原子核的天然放射性 |
| 1897 年 | 约瑟夫·约翰·汤姆逊（ Joseph John Thomson）利用阴极射线管发现了电子 |
| 1898 年 | 威廉·维恩（Wilhelm Wien）证明了通道射线（正离子流）可以被磁场偏转，偏转的量与质荷比成正比 |
| | 玛丽亚·斯克洛多夫斯卡-居里（Maria Sklodowska-Curie）和皮埃尔·居里（Pierre Curie）从沥青铀矿中分离出镭和钋 |
| 1900 年 | 欧内斯特·卢瑟福（Ernest Rutherford）发现放射性的来源是衰变的原子 |
| | 马克斯·普朗克（Max Planck）提出量子理论基础 |
| 20 世纪 | |
| 1901 年 | 维克多·格里纳德（Victor Grignard）制得格氏试剂，命名格氏反应 |
| 1902 年 | 弗里德里希·威廉·奥斯特瓦尔德（Friedrich Wilhelm Ostwald）申请了氨氧化法制硝酸专利 |
| 1903 年 | 米哈伊尔·谢苗诺维奇·茨维特（Mikhail Semyonovich Tsvet）发明了色谱法 |
| | 克里斯蒂安·伯克兰（Kristian Birkeland）和萨姆·埃德（Sam Eyde）开发电弧法制备硝酸的工业装置 |

续表

| 20世纪 | |
|---|---|
| 1904年 | 长冈汉太郎（Hantaro Nagaoka）提出了一个原子的早期核模型，电子围绕着一个致密的大质量原子核运行 |
| 1905年 | 阿尔伯特·爱因斯坦（Albert Einstein）解释布朗运动的方式明确地证明了原子理论 |
| 1906年 | 瓦尔特·赫尔曼·能斯特（Walther Hermann Nernst）提出热力学第三定律 |
| 1909年 | 罗伯特·米利肯（Robert Millikan）通过油滴实验证实了所有电子都有相同的电荷和质量 |
| | 瑟伦·彼得·劳里茨·索伦森（ Soren Peter Lauritz Sørensen）提出酸碱度的概念，提出氢离子的浓度 |
| 1911年 | 欧内斯特·卢瑟福（Ernest Rutherford）、汉斯·盖格（Hans Geiger）和欧内斯特·马斯登（Ernest Marsden）进行了金箔实验，证明了原子中存在一个小的带电荷的原子核 |
| 1912年 | 威廉·亨利·布拉格（William Henry Bragg）和威廉·劳伦斯·布拉格（William Lawrence Bragg）提出了布拉格定律，建立了X射线散射技术领域 |
| | 彼得·德拜（Peter Debye）提出了分子偶极子的概念 |
| 1913年 | 尼尔斯·玻尔（Niels Bohr）提出量子化的原子结构模型理论 |
| | 亨利·莫斯莱（Henry Moseley）引入原子序数的概念 |
| | 弗雷德里克·索迪（Frederick Soddy）提出了同位素的概念 |
| 1913年 | 约瑟夫·约翰·汤姆逊（Joseph John Thomson）扩展了维恩的工作，表明带电的亚原子粒子可以通过它们的质荷比分离，这种技术被称为质谱法 |
| | 弗里茨·哈伯（Fritz Haber）用氮气和氢气合成氨成功 |
| | 钒为催化剂的接触法制硫酸获得成功 |
| 1916年 | 吉尔伯特·牛顿·路易斯（Gilbert N. Lewis）出版《原子与分子》，这是价键理论的基础 |
| 1921年 | 奥托·斯特恩（Otto Stern）和沃尔瑟·格拉赫（Walther Gerlach）在亚原子粒子中建立了量子力学自旋的概念 |
| 1923年 | 吉尔伯特·牛顿·路易斯（Gilbert N. Lewis）和莫尔·兰德尔（Merle Randall）出版了《热力学和化学物质的自由能》，这是第一本关于化学热力学的现代著作 |
| | 吉尔伯特·牛顿·路易斯（Gilbert N. Lewis）发展了酸碱反应的电子对理论 |
| 1924年 | 路易·德布罗意（Louis de Broglie）介绍了基于波粒二象性思想的原子结构的波模型 |
| 1925年 | 沃尔夫冈·泡利（Wolfgang Pauli）提出泡利不相容原理 |
| 1926年 | 埃尔温·薛定谔（Erwin Schrödinger）提出了薛定谔方程 |
| 1927年 | 维尔纳·海森堡（Werner Heisenberg）提出测不准原理 |
| | 弗里茨·伦敦（Fritz London）和沃尔特·海特勒（Walter Heitler）应用量子力学来解释氢分子中的共价键，这标志着量子化学的诞生 |
| 1929年 | 莱纳斯·鲍林（Linus Pauling）提出了鲍林规则，这些规则是利用X射线散射技术推断分子结构的关键原则 |

续表

| 20世纪 | |
|---|---|
| 1931年 | 埃里克·休克尔（Erich Hückel）提出了休克尔规则，该规则判断平面环分子的芳香性 |
| | 哈罗德·尤里（Harold Urey）通过分馏液态氢发现了氘 |
| 1932年 | 詹姆斯·查德威克（James Chadwick）发现了中子 |
| 1935年 | 华莱士·卡罗瑟斯（Wallace Carothers）发明了尼龙 |
| 1937年 | 尤金·霍德里（Eugene Houdry）发展了一种工业规模的石油催化裂化方法 |
| | 彼得·卡皮塔（Pyotr Kapitsa）、约翰·艾伦（John Allen）和唐·米塞纳（Don Misener）制造出过冷的氦-4 |
| 1938年 | 奥托·哈恩（Otto Hahn）发现了铀和钍的核裂变过程 |
| 1939年 | 莱纳斯·鲍林（Linus Pauling）出版了《化学键的本质》 |
| 1940年 | 埃德温·麦克米伦（Edwin McMillan）和菲力普·艾贝尔森（Philip H. Abelson）发现了镎 |
| 1942年 | 侯德榜研制侯氏联合制碱法获得成功 |
| 1952年 | 罗伯特·伯恩斯·伍德沃德（Robert Burns Woodward）、杰弗里·威尔金森（Geoffrey Wilkinson）和恩斯特·奥托·菲舍尔（Ernst Otto Fischer）推断出二茂铁的结构 |
| 1953年 | 詹姆斯·D. 沃森（James D. Watson）和弗朗西斯·克里克（Francis Crick）提出了DNA的结构 |
| 1962年 | 尼尔·巴特利特（Neil Bartlett）合成了六氟合铂酸氙，首次证明了惰性气体可以形成化合物 |
| 1964年 | 理查德·恩斯特（Richard R. Ernst）进行的实验导致傅里叶变换核磁共振技术的发展 |
| 1965年 | 罗伯特·伯恩斯·伍德沃德（Robert Burns Woodward）和罗尔德·霍夫曼（Roald Hoffmann）提出了伍德沃德-霍夫曼规则 |
| | 邢其毅等人工合成牛胰岛素 |
| 1972年 | 屠呦呦等发现青蒿素 |
| | 伍德沃德（R. B. Woodward）和阿尔伯特·艾申莫瑟（Albert Eschenmoser）在实验室中完成了对维生素$B_{12}$的完全合成 |
| 1985年 | 哈罗德·克罗托（Harold Kroto）、罗伯特·科尔（Robert Curl）和理查德·斯莫利（Richard Smalley）发现了富勒烯 |
| 1991年 | 饭岛澄夫（Sumio Iijima）利用电子显微镜发现了一种被称为碳纳米管的圆柱状富勒烯 |
| 1994年 | 罗伯特·霍尔顿（Robert A. Holton）及其团队首次完全合成紫杉醇 |

# 附录二 化学学科分类代码表

摘自《学科分类与代码》（GB/T 13745—2009）

| 代码 | 学科名称 | 代码 | 学科名称 |
|---|---|---|---|
| **150** | **化学** | | |
| 15010 | 化学史 | 15030 | 物理化学 |
| 15015 | 无机化学 | 1503010 | 化学热力学 |
| 1501510 | 元素化学 | 1503015 | 化学动力学 |
| 1501520 | 配位化学 | 1503020 | 结构化学 |
| 1501530 | 同位素化学 | 1503025 | 量子化学 |
| 1501540 | 无机固体化学 | 1503030 | 胶体化学与界面化学 |
| 1501550 | 无机合成化学 | 1503035 | 催化化学 |
| 1501550 | 无机分离化学 | 1503040 | 热化学 |
| 1501570 | 物理无机化学 | 1503045 | 光化学 |
| 1501580 | 生物无机化学 | 1503050 | 电化学 |
| 1501599 | 无机化学其他学科 | 1503055 | 磁化学 |
| 15020 | 有机化学 | 1503060 | 高能化学 |
| 1502010 | 元素有机化学 | 1503065 | 计算化学 |
| 1502020 | 天然产物有机化学 | 1503099 | 物理化学其他学科 |
| 1502030 | 有机固体化学 | 15035 | 化学物理学 |
| 1502040 | 有机合成化学 | 15040 | 高分子物理 |
| 1502050 | 有机光化学 | 15045 | 高分子化学 |
| 1502060 | 物理有机化学 | 1504510 | 无机高分子化学 |
| 1502070 | 生物有机化学 | 1504520 | 天然高分子化学 |
| 1502075 | 金属有机光化学 | 1504530 | 功能高分子 |
| 1502099 | 有机化学其他学科 | 1504540 | 高分子合成化学 |
| 15025 | 分析化学 | 1504550 | 高分子物理化学 |
| 1502510 | 电学分析 | 1504560 | 高分子光化学 |
| 1502515 | 电化学分析 | 1504599 | 高分子化学其他学科 |
| 1502520 | 光谱分析 | 15050 | 核化学 |
| 1502525 | 波谱分析 | 1505010 | 放射化学 |
| 1502530 | 质谱分析 | 1505020 | 核反应化学 |
| 1502535 | 热化学分析 | 1505030 | 裂变化学 |
| 1502540 | 色谱分析 | 1505040 | 聚变化学 |
| 1502545 | 光度分析 | 1505050 | 重离子核化学 |
| 1502550 | 放射分析 | 1505060 | 核转变化学 |
| 1502555 | 状态分析与物相分析 | 1505070 | 环境放射化学 |
| 1502560 | 分析化学计量学 | 1505099 | 核化学其他学科 |
| 1502599 | 分析化学其他学科 | 15055 | 应用化学 |
| | | 15060 | 化学生物学 |
| | | 15065 | 材料化学 |
| | | 15099 | 化学其他学科 |

# 参考文献

[1]《中华大典》编纂委员会.中华大典·理化典·化学分典［M］.济南：山东教育出版社，2018.
[2] 卢嘉锡总主编，李家治主编.中国科学技术史·陶瓷卷［M］.北京：科学出版社，2016.
[3] 卢嘉锡总主编，潘吉星著.中国科学技术史·造纸与印刷卷［M］.北京：科学出版社，2016.
[4] 卢嘉锡总主编，赵匡华，周嘉华著.中国科学技术史·化学［M］.北京：科学出版社，2016.
[5] 卢嘉锡总主编，韩汝玢，柯俊主编.中国科学技术史·矿冶卷［M］.北京：科学出版社，2016.
[6] 卢嘉锡总主编，金秋鹏主编.中国科学技术史·人物卷［M］.北京：科学出版社，2016.
[7] 李约瑟著.中国科学技术史·化学及相关技术［M］.北京：科学出版社，2018.
[8]（明）宋应星著，管巧灵，谭属春注释.天工开物［M］.长沙：岳麓书社，2001.
[9]（北宋）沈括著.梦溪笔谈［M］.上海：上海书店出版社，2009.
[10] 耿东升主编.中国陶器定级图典［M］.上海：上海辞书出版社，2008.
[11] 耿东升主编.中国瓷器定级图典［M］.上海：上海辞书出版社，2008.
[12] 杜迺松主编.中国青铜器定级图典［M］.上海：上海辞书出版社，2008.
[13]（春秋）老子著，姬英明译注.姬氏道德经［M］.北京：朝华出版社，2019.
[14]（北魏）贾思勰著，缪启愉校释.齐民要术校释［M］.北京：农业出版社，1982.
[15]（晋）葛洪著，张广保编著.抱朴子内篇［M］.北京：北京燕山出版社，1995.
[16]（汉）魏伯阳著，（清）仇沧柱集注.古本周易参同契集注［M］.北京：中医古籍出版社，1990.
[17]（宋）苏易简撰.文房四谱［M］.长春：时代文艺出版社，2008.
[18]（明）李时珍编著.本草纲目［M］.北京：人民卫生出版社，1957.
[19] 中华中医药学会编.中医必读百部名著·本草纲目［M］.北京：华夏出版社，2009.
[20] 潘启明著.《周易参同契》通析［M］.上海：上海翻译出版公司，1990.
[21] 崔高维校点.周礼［M］.沈阳：辽宁教育出版社，2000.
[22]（英）波义耳著.怀疑的化学家［M］.袁江洋译.北京：北京大学出版社，2007.
[23]（法）安托万-洛朗·拉瓦锡著.化学基础论［M］.任定成译. 北京：北京大学出版社，2008.
[24]（英）道尔顿著.化学哲学新体系［M］.李家玉，盛根玉译.北京：北京大学出版社，2006.
[25]（美）韦克思 M E 著.化学元素的发现［M］.黄素封译.北京：商务印书馆，1965.
[26]（日）广田襄著.现代化学史［M］.丁明玉译.北京：化学工业出版社，2018.
[27] 凌永乐编著.世界化学史简编［M］.沈阳：辽宁教育出版社，1989.
[28] 赵匡华编著.化学通史［M］.北京：高等教育出版社，1990.
[29] 凌永乐编著.世界化学史简编［M］.沈阳：辽宁教育出版社，1989.
[30] 郭保章著.世界化学史［M］.南宁：广西教育出版社，1992.
[31] 袁莉，白蒲婴，郭效军编.化学史简明手册［M］.兰州：甘肃科学技术出版社，2006.
[32] 青蒿素结构研究协作组.一种新型的倍半萜内酯——青蒿素［J］.科学通报，1977，3：142.

[33] 刘静明，倪慕云，樊菊芬，屠呦呦. 青蒿素（Arteannuin）的结构和反应［J］. 化学学报，1979，37（2）：139.

[34] 李英，虞佩琳，陈一心，等.青蒿素类似物的研究［J］. 药学学报，1981，16（6）：429.

[35] Frankland，E. On a New Series of Organic Bodies Containing Metal［J］. Philosophical Transactions of the Royal Society，1852，142：417-444.

[36] Newlands，John A. R.On Relations Among the Equivalents［J］. Chemical News，1864，10：94-95.

[37] Newlands，John A. R.On the Law of Octaves. Chemical News［J］. 1865，12：83.

[38] Archibald S. Couper. On a new chemical theory. Philosophical Magazine［J］. 4th series，1858，16：104-116.

[39] Lewis，Gilbert N. The Atom and the Molecule. Journal of the American Chemical Society［J］. 1916，38（4）：762-785.

[40] KOSSEL W. Molecule Formation as a Question of Atomic Structure［J］. Annalen der Physik，1916，49：229-362.

[41] Langmuir，Irving. The Arrangement of Electrons in Atoms and Molecules［J］. Journal of the American Chemical Society，1919，41（6）：868-934.

[42] Lewis，Gilbert Newton. Valence and the Structure of Atoms and Molecules. New York，U.S.A.：The Chemical Catalog Company Inc.1923.

[43] Pauling，L. The Nature of the Chemical Bond. Application of Results Obtained from the Quantum Mechanics and from a Theory of Paramagnetic Susceptibility to the Structure of Molecules［J］. Journal of the American Chemical Society，1931，53（4）：1367-1400.

[44] Pauling，L. The Nature of the Chemical Bond. Ⅱ. The One-Electron Bond and the Three-Electron Bond. Journal of the American Chemical Society.1931，53（9）：3225-3237.

[45] Pauling，L. The Nature of the Chemical Bond. Ⅲ. The Transition from One Extreme Bond Type to Another［J］. Journal of the American Chemical Society.1932，54（3）：988-1003.

[46] Pauling，L. The Nature of the Chemical Bond. Ⅳ. The Energy of Single Bonds and the Relative Electronegativity of Atoms［J］. Journal of the American Chemical Society. 1932，54（9）：3570-3582.

[47] Pauling，L.; Wheland，G. W. The Nature of the Chemical Bond. Ⅴ. The Quantum-Mechanical Calculation of the Resonance Energy of Benzene and Naphthalene and the Hydrocarbon Free Radicals［J］. The Journal of Chemical Physics. 1933，1（6）：362.

[48] Slater，J.C. Directed valence in polyatomic molecules［J］. Physical Review，1931，37：481-489.